中国地质调查成果 CGS 2016-096
西北地区矿产资源潜力评价与综合（1212010881632）项目资助
西北地区矿产资源潜力评价系列丛书
丛书主编　李文渊　王永和

西北地区重要矿产概论

Xibei Diqu Zhongyao Kuangchan Gailun

杨合群　姜寒冰　谭文娟　赵国斌　杨乐田　李　英　等编著

内 容 提 要

本书反映国家地质矿产调查专项"全国矿产资源潜力评价及综合"计划项目所属"西北地区矿产资源潜力评价与综合"(2006—2013)工作项目成矿规律课题研究的单矿种汇总研究内容。书中对西北地区 23 种重要矿产(铁、锰、铬、铜、铅、锌、铝、镍、钨、锡、钼、锑、金、银、锂、稀土、磷、硫、钾盐、硼、重晶石、菱镁矿、萤石)的每个矿种的矿产概况、成矿时段、矿床类型及主要矿床式进行了论述。对每个矿床式概略论述了成矿区带、建造构造、成矿时代、成矿组分、矿床(点)实例、简要特征及成因认识。

本书可供矿产资源调查人员、地质科研人员及地球科学师生参考使用。

图书在版编目(CIP)数据

西北地区重要矿产概论/杨合群等编著. —武汉:中国地质大学出版社,2017.4

ISBN 978-7-5625-3979-7

Ⅰ.①西…
Ⅱ.①杨…
Ⅲ.①矿产资源-概况-西北地区
Ⅳ.①P617.24

中国版本图书馆 CIP 数据核字(2017)第 072585 号

西北地区重要矿产概论	杨合群 姜寒冰 谭文娟 赵国斌 杨乐田 李 英 等编著
责任编辑:张旻玥 王 荣	选题策划:毕克成 刘桂涛　　　责任校对:张咏梅

出版发行:中国地质大学出版社(武汉市洪山区鲁磨路 388 号)　　邮政编码:430074
电　　话:(027)67883511　　传　　真:67883580　　E-mail:cbb@cug.edu.cn
经　　销:全国新华书店　　http://www.cugp.cug.edu.cn

开本:880mm×1230mm 1/16　　字数:452 千字　　印张:14.25
版次:2017 年 4 月第 1 版　　印次:2017 年 4 月第 1 次印刷
印刷:武汉市籍缘印刷厂　　印数:1—1 000 册

ISBN 978-7-5625-3979-7　　　　　　　　　　　　　　　　定价:258.00 元

如有印装质量问题请与印刷厂联系调换

《西北地区重要矿产概论》

编 委 会

主编：杨合群

编委：姜寒冰　谭文娟　赵国斌　杨乐田　李　英
　　　董福辰　冯　京　余　超　杨生德　艾　宁
　　　袁旭东　董连慧　吴正寿　孟　方　祝国柱
　　　张发荣　谢　群　杨在峰　董王仓　赵呈祥
　　　牛卯胜　毛自力　王方成　赵俊伟　郭力宏
　　　徐仕琪　郝伟杰　田江涛　张满社　王　成
　　　李凤鸣　易平乾　梁明宏　张省举　向连格

目 录

第一章 绪论 …………………………………………………………………………………………… (1)
    第一节 前期基础 ………………………………………………………………………………… (1)
    第二节 汇总准则 ………………………………………………………………………………… (2)
    第三节 本书内容、编写分工及致谢 …………………………………………………………… (7)

第二章 铁矿 …………………………………………………………………………………………… (8)
    第一节 矿产概况和成矿时段 …………………………………………………………………… (8)
    第二节 矿床类型及矿床式 ……………………………………………………………………… (9)

第三章 锰矿 …………………………………………………………………………………………… (28)
    第一节 矿产概况和成矿时段 …………………………………………………………………… (28)
    第二节 矿床类型及矿床式 ……………………………………………………………………… (28)

第四章 铬矿 …………………………………………………………………………………………… (34)
    第一节 矿产概况和成矿时段 …………………………………………………………………… (34)
    第二节 矿床类型及矿床式 ……………………………………………………………………… (34)

第五章 铜矿 …………………………………………………………………………………………… (39)
    第一节 矿产概况和成矿时段 …………………………………………………………………… (39)
    第二节 矿床类型及矿床式 ……………………………………………………………………… (40)

第六章 铅锌矿 ………………………………………………………………………………………… (59)
    第一节 矿产概况和成矿时段 …………………………………………………………………… (59)
    第二节 矿床类型及矿床式 ……………………………………………………………………… (60)

第七章 铝矿 …………………………………………………………………………………………… (77)
    第一节 矿产概况和成矿时段 …………………………………………………………………… (77)
    第二节 矿床类型及矿床式 ……………………………………………………………………… (77)

第八章 镍矿 …………………………………………………………………………………………… (79)
    第一节 矿产概况和成矿时段 …………………………………………………………………… (79)
    第二节 矿床类型及矿床式 ……………………………………………………………………… (79)

第九章 钨矿 …………………………………………………………………………………………… (86)
    第一节 矿产概况和成矿时段 …………………………………………………………………… (86)
    第二节 矿床类型及矿床式 ……………………………………………………………………… (86)

第十章 锡矿 …………………………………………………………………………………………… (93)
    第一节 矿产概况和成矿时段 …………………………………………………………………… (93)
    第二节 矿床类型及矿床式 ……………………………………………………………………… (93)

第十一章 钼矿 ………………………………………………………………………………………… (96)
    第一节 矿产概况和成矿时段 …………………………………………………………………… (96)
    第二节 矿床类型及矿床式 ……………………………………………………………………… (96)

第十二章 锑矿 …… (100)
第一节 矿产概况和成矿时段 …… (100)
第二节 矿床类型及矿床式 …… (100)

第十三章 金矿 …… (105)
第一节 矿产概况和成矿时段 …… (105)
第二节 矿床类型及矿床式 …… (106)

第十四章 银矿 …… (138)
第一节 矿产概况和成矿时段 …… (138)
第二节 矿床类型及矿床式 …… (139)

第十五章 锂矿 …… (146)
第一节 矿产概况和成矿时段 …… (146)
第二节 矿床类型及矿床式 …… (146)

第十六章 稀土矿 …… (150)
第一节 矿产概况和成矿时段 …… (150)
第二节 矿床类型及矿床式 …… (150)

第十七章 磷矿 …… (154)
第一节 矿产概况和成矿时段 …… (154)
第二节 矿床类型及矿床式 …… (154)

第十八章 硫矿 …… (160)
第一节 矿产概况和成矿时段 …… (160)
第二节 矿床类型及矿床式 …… (161)

第十九章 钾盐 …… (166)
第一节 矿产概况和成矿时段 …… (166)
第二节 矿床类型及矿床式 …… (166)

第二十章 硼矿 …… (170)
第一节 矿产概况和成矿时段 …… (170)
第二节 矿床类型及矿床式 …… (170)

第二十一章 重晶石矿 …… (173)
第一节 矿产概况和成矿时段 …… (173)
第二节 矿床类型及矿床式 …… (173)

第二十二章 菱镁矿 …… (177)
第一节 矿产概况和成矿时段 …… (177)
第二节 矿床类型及矿床式 …… (177)

第二十三章 萤石矿 …… (180)
第一节 矿产概况和成矿时段 …… (180)
第二节 矿床类型及矿床式 …… (180)

参考文献 …… (185)

第一章 绪 论

为了贯彻落实《国务院关于加强地质工作的决定》中提出的"积极开展矿产远景调查和综合研究,科学评估区域矿产资源潜力,为科学部署矿产资源勘查提供依据"的要求和精神,国土资源部2006年初部署了全国矿产资源潜力评价工作,组建了综合研究性质的"全国重要矿产资源潜力预测评价及综合"计划项目。该计划项目下设47个工作项目,包括省级项目、六大区项目和全国汇总项目三类。

西北大区项目的总体目标任务是:①指导省级项目组开展成矿地质背景、成矿规律、物探、化探、遥感、自然重砂、矿产预测等项研究,编图和建库工作;开展西北地区成矿地质背景、成矿规律、物探、化探、遥感、自然重砂、矿产预测等综合研究和汇总工作;编制西北地区大地构造相图、矿产预测类型分布图、成矿规律图、成矿预测成果图、勘查部署建议图等。汇总建立西北地区各类区域工作的空间数据库。参加全国汇总研究工作。②负责对省级项目组的组织实施与管理,指导省级项目组开展各项技术工作,组织大区相关业务活动。

本书仅反映"西北地区矿产资源潜力评价与综合(2007—2013)"工作项目成矿规律课题对23种重要矿产(铁、锰、铬、铜、铅、锌、铝、镍、钨、锡、钼、锑、金、银、锂、稀土、磷、硫、钾盐、硼、重晶石、菱镁矿、萤石)汇总研编的部分成果,而对成矿单元和成矿系列等区域成矿规律的详细论述尚未编在本书中。

第一节 前期基础

本次研究主要是综合集成工作,而找矿勘查成果的原创者是一代又一代野外一线地质骨干与配合进行岩矿鉴定、化验分析及专题研究的科技人员,这些贡献者的工作成果为本次综合研究奠定了雄厚的资料基础。

全国矿产资源潜力评价项目办公室2007年在北京统一组织技术路线和技术要求培训后,研究工作全面启动。各省参研人员在省级项目办的协调下对几十年来积累的地质勘查资料进行了查阅、收集、研究。

西北大区成矿规律课题负责人杨合群和矿产预测课题负责人董福辰多次到新疆、甘肃、青海、宁夏、陕西与广大地质科技人员交流,多次组织省级矿产课题骨干开展研讨会,逐步推进西北5省(区)成矿规律研究及矿产预测工作。

2010年1—3月验收了各省区铁、铝矿资源潜力评价报告;2011年4月验收了各省(区)铜、铅锌、钨、锑、金、钾、磷、稀土矿资源潜力评价报告;2012年6月验收了各省(区)锰、镍、锡、铬、钼、银、硼、锂、硫、萤石、菱镁矿、重晶石矿资源潜力评价报告。2013年6月验收了各省区重要矿产区域成矿规律研究报告(表1-1)。

表1-1 西北各省区重要矿产区域成矿规律参研人员

省区	最终报告人员名单(2013年6月验收)
新疆	董连慧、冯京、杨在峰、徐仕琪、田江涛、李凤鸣、王磊、周刚、屈迅、彭湘萍、高永峰、涂其军、高鹏、邓洪涛、赵树铭、张兵、吕明松、张维洲、王君良、刘德权、唐延龄、刘斌、门国发、邱曼
青海	杨生德、吴正寿、赵呈祥、赵俊伟、郝伟杰、易平乾、马生龙、马彦青、陈文林、穆一清、郭贵恩、李青林、张永胜、甘艳辉、赵志飞、贺领兄、刘宝山、路超
甘肃	余超、张发荣、牛卯胜、王方成、梁明宏、谷升岳、王养学、刘士改、刘升有、牛海平、刘强、周会武、王强国、李克存、宋秉田、卫治国、田继孝、何智祖、李少雄、王聪燕、吴霞、柴作霞
陕西	袁旭东、祝国柱、董王仓、郭力宏、张满社、张省举、张开盾、王满仓、张云峰、张银龙、王娅娅
宁夏	艾宁、孟方、毛自力、王成、王振藩

本书中的矿床实例标注（新）（甘）（青）（宁）（陕）的地质资料主要来源于对应省区矿产资源潜力评价报告；部分来源于西安地质调查中心（西安地质矿产研究所）地质调查与科研工作积累，还有部分来源于中国知网学术论文及专著（详见书后全部参考文献）。

第二节　汇总准则

在参照全国计划项目陈毓川和王登红等（2010）编制的《重要矿产和区域成矿规律研究技术要求》进行工作的基础上，本书编研具体遵循如下准则。

一、成矿单元

成矿单元是成矿意义上的地质单元，是按一定地质构造遗迹为标志划分的用以阐明矿产分布的空间范围，通常划分5级：Ⅰ级（成矿域）、Ⅱ级（成矿省）、Ⅲ级（成矿区带）、Ⅳ级（成矿亚区带）、Ⅴ级（矿田和远景区）。

成矿区带一般按地块与周缘造山带各自范围划定，但考虑较大地块边部经常受晚期造山的影响，隆起遭强烈剥蚀，而地块中心盆地常常为中新生代沉积覆盖，表现矿产分布特色很不同，因此进一步划分。例如，塔里木（盆地）成矿区、塔里木地块北缘（隆起）成矿带、铁克里克（隆起）成矿带等。

将全国计划项目徐志刚等（2008）划分的Ⅲ级单元（即成矿区带）移植于西安地质调查中心徐学义等编制的《西北地区地质图（1∶100万）》上，修正划分界线，最终又利用本项目成矿地质背景课题王永和等新编制的《西北大地构造相图（1∶150万）》进行了再次修订，个别名称也随着界线的调整作了修订，编号基本沿用徐志刚等（2008）编号方法，例如，Ⅲ-20河西走廊成矿带、Ⅲ-21北祁连成矿带、Ⅲ-22中祁连成矿带、Ⅲ-23南祁连成矿带（图1-1）。

二、矿床类型

本书23矿种类型划分参照陈毓川等（2010）的《重要矿产和区域成矿规律研究技术要求》和《重要矿产预测类型划分方案》中列出的23个矿种的矿床类型，有的矿种按西北地区实际情况作了少量修订。必要时，尽力归纳为通用的矿床类型（表1-2）：岩浆型、伟晶岩型、斑岩型、接触交代型、热液型、海相火山岩型、陆相火山岩型、海相沉积型、陆相沉积型、变质型、砂矿型、风化壳型、不明成因型、多因复成型。

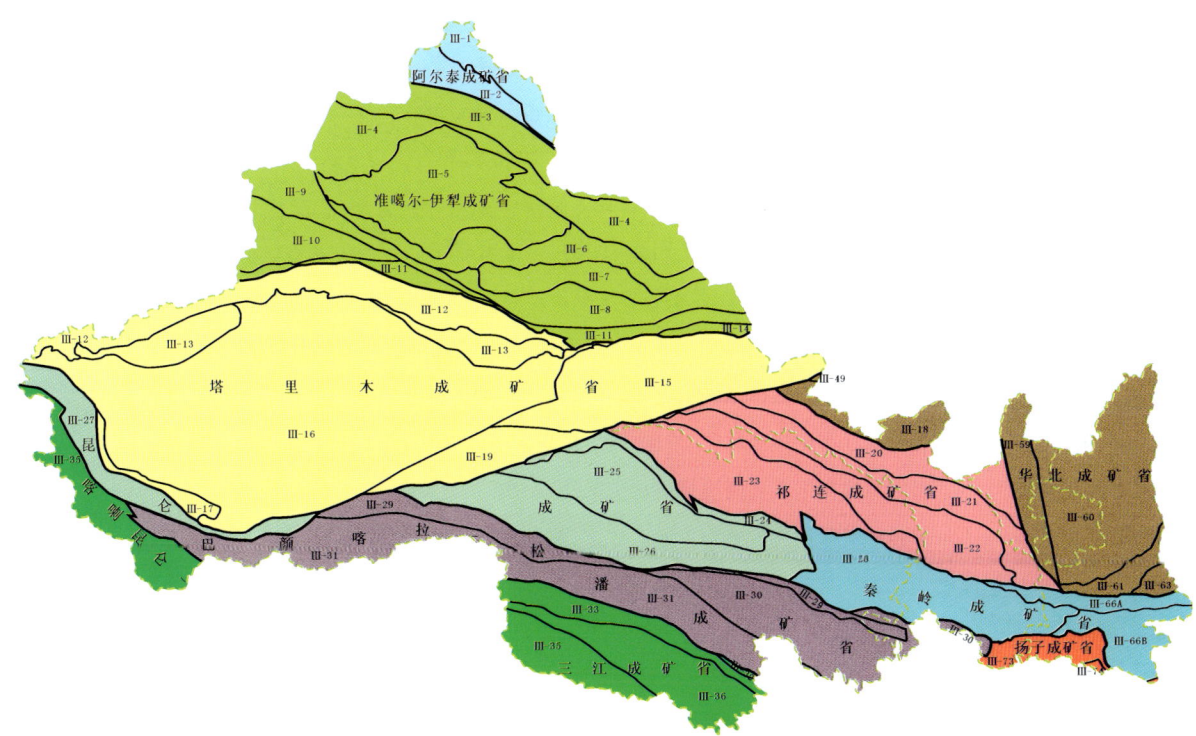

图 1-1 西北地区成矿省与成矿区带分布略图

Ⅲ-1 北阿尔泰成矿带；Ⅲ-2 南阿尔泰成矿带；Ⅲ-3 准噶尔北缘成矿带；Ⅲ-4 唐巴勒-卡拉麦里成矿带；Ⅲ-5 准噶尔盆地成矿区；Ⅲ-6 准噶尔南缘成矿带；Ⅲ-7 吐哈盆地成矿带；Ⅲ-8 觉罗塔格-黑鹰山成矿带；Ⅲ-9 伊犁北缘成矿带；Ⅲ-10 伊犁南缘-中天山-旱山成矿带；Ⅲ-12 塔里木板块北缘成矿带；Ⅲ-13 塔里木陆块北缘成矿带；Ⅲ-14 金窝子-公婆泉-东七一山成矿带；Ⅲ-15 敦煌成矿带；Ⅲ-16 塔里木盆地成矿区；Ⅲ-17 铁克里克成矿带；Ⅲ-18 阿拉善成矿带；Ⅲ-19 阿尔金成矿带；Ⅲ-20 河西走廊成矿带；Ⅲ-21 北祁连成矿带；Ⅲ-22 中祁连成矿带；Ⅲ-23 南祁连成矿带；Ⅲ-24 柴达木北缘成矿带；Ⅲ-25 柴达木盆地成矿区；Ⅲ-26 东昆仑成矿带；Ⅲ-27 西昆仑成矿带；Ⅲ-28 南秦岭成矿带西段(西秦岭成矿带)；Ⅲ-29 喀拉米兰(阿尼玛卿)成矿带；Ⅲ-30 北巴颜喀拉-马尔康成矿带；Ⅲ-31 南巴颜喀拉-雅江成矿带；Ⅲ-32 义敦-香格里拉成矿带；Ⅲ-33 金沙江成矿带；Ⅲ-35 喀喇昆仑-羌北成矿带；Ⅲ-36 昌都-普洱成矿带；Ⅲ-59 鄂尔多斯西缘成矿带；Ⅲ-60 鄂尔多斯成矿区；Ⅲ-61 山西成矿带；Ⅲ-63 华北陆块南缘成矿带；Ⅲ-66A 北秦岭成矿带；Ⅲ-66B 南秦岭成矿带东段；Ⅲ-73 龙门山-大巴山成矿带

表 1-2 通用矿床类型

矿床类型	简要说明
岩浆型	岩浆岩同生矿床，例如与基性—超基性岩有关的橄榄石、铬铁矿、铜镍矿、钒钛磁铁矿，与碳酸岩—碱性偏碱性岩有关的透辉石、磷灰石、稀土矿等矿床
伟晶岩型	伟晶岩中矿床，常有白云母、宝石(水晶、祖母绿、碧玺等)，锂、铍、铌、钽等稀有金属等矿床
斑岩型	与浅成—超浅成斑岩体有关的细脉浸染型矿床，常产在斑岩体内外接触带及附近爆破角砾岩筒
接触交代型 (矽卡岩型)	中酸性岩体与碳酸盐岩相互作用形成在接触带矽卡岩及延伸到围岩的顺层或穿层裂隙沉淀的矿床。注意有些层状矽卡岩矿床不属于接触交代型，而是海相火山型矿床受后期改造的产物
热液型 (脉型-破碎蚀变岩型)	除与斑岩、接触交代、海相火山、陆相火山有关的热液之外，其他所有不同来源热液有关的矿床。若明显受地层层位控制，则可称层控热液型
海相火山型 (海相火山岩型)	海底火山活动提供热动力，火山气液＋火山岩与下渗海水反应而成的热液混合，循环上升充填于喷流通道沉淀的网脉状矿石及喷出海底沉淀的层块状矿石组成的矿床，也称火山喷流型矿床

续表1-2

矿床类型	简要说明
陆相火山型（陆相火山岩型）	陆相火山活动提供热动力，火山气液+火山岩与下渗雨水反应而成的热液混合，循环上升充填于火山机构（环状与放射状裂隙）沉淀的矿床
海相沉积型	海相环境中沉积的矿床，包括各种文献所述海相碎屑岩型、碳酸盐岩型、碳硅泥岩型、黑色岩型、沉积喷流型、海底喷气型、生物化学沉积型等
陆相沉积型	陆相环境沉积的矿床，包括各种文献所述湖泊、河流沉积矿床等
变质型	分为受变质型和变成型。沉积变质型（包括火山沉积变质型）属于受变质型
砂矿型	现代未固结的滨海、河滩、洪积、坡积、残积等砂砾物中有用矿物组成矿床
风化壳型	岩石及已有矿体经风化、淋滤、次生富集作用形成的矿床
不明成因型	暂时尚难判定其成因类型的矿床
多因复成型	多种地质作用先后叠加形成的矿床，例如叠生矿床、沉积-改造矿床

三、矿床式

对各矿床类型将进一步论述主要矿床式。应当说明，矿床式是通用矿床类型在一个构造单元或一个成矿单元的表现形式，同时又是进一步区域成矿规律研究中总结成矿系列所需要的模块。按照程裕淇等（1979，1983）及陈毓川等（2006）建立的矿床成矿系列概念，它是指在一定的地质构造单元和一定的地质历史发展阶段内，与一定的地质成矿作用有关、在不同成矿阶段（期）和不同地质构造部位形成的不同矿种和不同类型，但具有成因联系的一组矿床的自然组合。概括地说，对于每一个具体的矿床成矿系列而言，构造空间、成矿时间、地质成矿作用、元素或矿种的这"四个一"是厘定成矿系列的四要素。而矿床式是成矿系列之下一小组相同类型的矿床，即一定区域内有成因联系的同类型矿床。矿床式在成矿系列序次中的位置见表1-3。

表1-3 矿床式在成矿系列序次中的位置

序次	名称	含义
第1序次（从不同视角概括成矿系列组合规律）	矿床成矿系列组合	由不同地质成矿作用各自所形成的矿床成矿系列集合
	矿床成矿系列类型	不同时代、不同地区在类似的地质构造和同类成矿作用下，形成的各具特色的矿床成矿系列组成
	矿床成矿系列组	在一个成矿区带内，同一个大地构造旋回活动过程中，在不同阶段、不同大地构造环境条件中形成的各种成矿系列的组合
	矿床成矿系列家族	同一套地质建造有关的几个世代（同生、准同生、后生、表生风化）的成矿系列，构成一个成矿系列家族
第2序次	矿床成矿系列	在特定的四维时间-空间域中，由特定的地质成矿作用形成的有成因联系的矿床组合
第3序次	矿床成矿亚系列	对于地质构造区较大，形成时间相对较长，而不同地段成矿的地质构造条件有一定差异形成的矿床组合构成成矿系列内的成矿亚系列
第4序次	矿床式	矿床成矿系列中由相同成因和相似的矿物构成的矿床类型组成一个矿床式，一般常以其中的代表性矿床来命名
第5序次	矿床	单个矿床作为成矿系列最基础的组成单元（工作程度低的地区，矿点、矿化点可列入研究范围）

注：除"矿床成矿系列家族"据杨合群等（2012，2015）外，其他概念均据陈毓川等（2006）。

本次全国矿产资源潜力评价,正是选定矿床式作为矿产预测类型来分别研究成矿要素及预测要素,建立成矿模式及预测模型,划定预测工作区,开展各工作区潜力预测评价。

顺便指出,英文地学文献对"矿床类型"与"矿床式"是混为一谈的;而我国矿床学领域对矿床的"型"与"式"是有区别的。矿床的"型"应是世界通用的矿床类型,而矿床的"式"应是具地方特点的矿床类型。英文"type"既可译为"型"也可译为"式",以往翻译为中文时注意不够,不加区别地全部译为"型",此种问题应该得到纠正。例如:以往翻译来的"阿尔戈马型"和"苏必利尔型"铁矿应该修正为"阿尔戈马式"和"苏必利尔式"铁矿,分别归属于火山-沉积变质型铁矿和沉积变质型铁矿;"塞浦路斯型"、"诺兰达型"、"别子型"铜矿,应该修正为"塞浦路斯式"、"诺兰达式"、"别子式"铜矿,均归属海相火山岩型铜矿;"密西西比河谷型"铅锌矿应该修正为"密西西比河谷式"铅锌矿,归属于碳酸盐岩中热液脉型-破碎蚀变岩型铅锌矿;"卡林型"金矿应该修正为"卡林式"金矿,归属于沉积岩中热液微细浸染型金矿;"穆龙套型"金矿应该修正为"穆龙套式"金矿,归属黑色岩系中热液脉型-破碎蚀变岩型金矿。

四、成矿时段

各矿床成矿时段的分布按前寒武纪、加里东期、海西期(即华力西期)、印支期、燕山期、喜山期(即喜马拉雅期)。统计之前,要对涉及的单个矿床成矿时代进行具体判定,而认真分析矿床与地质建造的关系是基础。自然界矿床与地质建造的关系可概括为 4 种:同生、准同生、后生、表生风化。按这 4 种关系,可将矿床划分为五大类别:同生矿床、准同生矿床、后生矿床、表生风化矿床、多因复成矿床。

1. 同生矿床时代判定

同生矿床指与含矿地质建造同时生成的矿床,其成矿时代一般可以用含矿建造的地质时代来代表。

(1) 与岩浆岩建造有关的岩浆型矿床。例如,镁质超基性岩同生 Cr-Os-Ir-Ru-镁橄榄石矿;铁质基性—超基性岩同生 Cu-Ni-Co-Pt-Pd 矿;富铁质基性—超基性岩同生 Fe-Ti-V 矿;偏碱性基性—超基性岩同生 Fe-RE[①]-磷灰石-透辉石矿;碳酸岩—碱性超基性岩同生 Nb-RE-磷灰石矿;金伯利岩或钾镁煌斑岩同生金刚石矿;花岗伟晶岩同生 Li-Cs-Be-Nb-Ta-宝石(水晶、祖母绿、碧玺等)-白云母矿。

(2) 与沉积岩建造有关的沉积型矿床。例如,海相或陆相蒸发岩系同生石膏-钠盐-钾盐矿;海相黑色岩系同生 V-U-Mo-Ni-Co-Mn-磷块岩矿;陆相或海相杂色砂页岩同生 Cu-Pb-Zn-Ag 矿。

(3) 与沉积岩建造有关的沉积喷流型矿床。例如,海相细碎屑—碳酸盐岩同生 Pb-Zn-Ag-Fe-(Cu)重晶石矿,尽管在热液喷流活动中心的矿层之下沉积岩中常可发现网脉状矿石,代表热液喷流通道,矿层相对于下伏沉积岩而言应属准同生,但相对于矿上和矿下整套含矿沉积建造而言,仍应按同生矿床对待。

(4) 与火山-沉积岩建造有关火山喷流型矿床。例如,海相基性火山-沉积岩系同生 Cu-Zn-Au-Ag-硫铁矿;海相中酸性或中基性火山-沉积岩系同生 Fe-Mn 矿。这些矿床一般形成于火山喷发期后或两次喷发间歇期,海底热液喷流活动的热量来源于炽热的火山岩及隐伏岩浆房等,成矿物质来源于海水与下伏火山岩的水岩作用。若相对于矿层下伏火山岩而言应属准同生,但考虑矿上和矿下火山-沉积岩系作为整套地质建造,也应按同生矿床对待为宜。

(5) 与沉积变质岩或火山-沉积变质岩有关的沉积变质型矿床。例如:火山-沉积变质岩系同生 Fe-Cu-Zn-Au 矿;沉积变质岩系同生 Fe-Pb-Zn-重晶石矿;镁质大理岩同生白云石-菱镁矿-石膏矿。这类矿床的成矿时代按地质建造的沉积时代,而变质时代只能作为改造时代。

(6) 河流、滨海沉积物同生砂矿床。例如:河流冲积砂砾层同生砂金矿;滨海或河流沉积物同生砂矿型磁铁矿、钛铁矿、金红石、锆石、独居石或金刚石矿。这些沉积物为第四纪形成,砂矿成矿时代当然

---

① 本书 RE 指稀土元素。

也为第四纪。

2. 准同生矿床时代判定

准同生矿床指与地质建造接近同时，常常略晚，地质构造环境未变，但成矿阶段转变之后生成的矿床，其成矿时代可以专门测定，也可以用地质建造的时代近似代表。

（1）与火成岩建造有关的岩浆期后热液型矿床。例如，基性次火山岩或浅成侵入岩（辉绿岩）准同生 Fe-Co 矿；中基性次火山岩或浅成侵入岩（玢岩）准同生 Fe-Co-磷灰石矿；中酸性次火山或浅成侵入岩（斑岩，I 型）准同生 Cu-Mo-Au 矿；中酸性侵入岩（I 型）准同生 Fe-Cu-Zn-Pb-Co-Au-Ag 矿；中酸性侵入岩（S 型）准同生 W-Sn-Mo-Bi-Li-Be-Nb-Ta-萤石矿；碱性或偏碱性中酸性岩（A 型）准同生 Sn-Nb-Ta-U-Th-RE 矿；陆相火山岩准同生自然硫-雄黄-雌黄-硫铁矿；陆相火山-次火山岩准同生 Au-Ag 矿（该类型矿脉一般受火山机构的环状、放射状裂隙控制）。

（2）与沉积岩建造有关的压实-成岩期流体交代型矿床。例如沉积碳酸盐岩准同生白云石矿。

3. 后生矿床时代判定

后生矿床指比地质建造明显晚得多，并且地质构造环境已彻底改变后再造生成的矿床，其成矿时代一般不能用含矿地质建造的时代，而应按后生再造成矿事件的时代。

（1）各类岩石建造中矿源受热动力活化再造的矿床。例如，镁质超基性岩后生 Fe-Ni-Co-Au-蛇纹石-石棉-滑石-菱镁矿；火山-沉积岩系或火山-沉积变质岩系后生 Au-Ag-Cu-Pb-Zn 矿；热水沉积岩系或热水沉积变质岩系后生 Au-Ag-Cu-Pb-Zn 矿；碳酸盐岩后生 Pb-Zn-Ag 矿；黑色岩系后生 Au-Ag 矿；沉积岩系后生 Hg-Sb-As 矿。

（2）变质过程变成的矿床。例如，镁质大理岩后生滑石-石棉矿；富碳质岩系变质后生石墨矿；富铝岩系变质后生红柱石、矽线石、蓝晶石或刚玉矿；富硼岩系变质后生硼镁铁矿-硼镁石矿；富锰岩系变质后生蔷薇辉石-锰铝榴石-红帘石矿；硅铁建造超变质后生富 Fe 矿。

（3）地下水常温氧化迁移再还原沉淀富集的矿床。例如，陆相砂岩后生 U(-V-Mo-Re-Se-Sc) 矿。

4. 表生风化矿床时代判定

表生风化矿床指各类地质建造剥蚀出露地表经长期风化形成的矿床，分布范围与原生岩（矿）石出露的范围大体一致或相距不远。它们可由各类地质建造直接风化产生，也可由这些地质建造同生、准同生、后生矿床再遭受风化而产生。第四纪风化壳矿床成矿时代即为第四纪；古风化壳矿床成矿时代按当时风化事件年代。

（1）风化壳残积、淋滤型矿床。例如含锰岩（矿）石表生风化 Mn 矿；富云母质岩石表生风化蛭石矿；富长石质岩石（玄武岩、正长岩、花岗岩、长石砂岩等）表生风化吸附型 RE-耐火黏土-高岭土-红土型铝土矿；镁质超基性岩表生风化红土型 Fe-Ni-Co 矿；硅铁建造表生风化富 Fe 矿。

（2）残积、坡积型砂矿床。例如，含钨锡矿花岗岩表生风化残坡积锡石-黑钨矿-白钨矿；含铌钽矿花岗岩表生风化残坡积铌铁矿-钽铁矿；含金刚石金伯利岩或钾镁煌斑岩表生风化残坡积金刚石矿；镁质超基性岩表生风化残坡积铬铁矿-铱铱矿。

5. 多因复成矿床时代判定

概括地讲，多因复成矿床常常是上述不同矿床类型的复合，成矿时代视具体矿床特点而定，一般应判定各期成矿时代，但有时也可按主要成矿时代，忽略次要成矿时代。

（1）沉积改造型矿床。同生＋后生均有显示，但以同生为主。同生沉积时已成矿，后生作用仅使其改造复杂化，或局部有所加富，一般可按沉积事件的时代来表达矿床时代，但论述成因时应阐明全过程。

（2）沉积再造型矿床。同生＋后生均有显示，但以后生为主。同生沉积时仅形成矿源层、矿化、表外矿，后生作用再造才形成工业矿床。一般可按再造事件的时代来表达矿床时代，但论述成因时应阐明全过程。

（3）叠生矿床。两期或多期成矿作用叠加在同一位置，均产生不可忽略的工业矿体，应分别判明成矿时代。

五、矿床规模

原则上按国土资源部2000年4月24日发布并实施的《矿产资源储量规模划分标准》规定的各类矿产大型、中型和小型3种标准划分规模。此外，按计划项目的技术要求，本次研究将矿产资源储量超过大型下限5倍的矿床划为超大型；将达不到小型上限标准1/10的暂不统计于小型矿床数量中。为从时间、空间、类型等不同角度概括矿产分布规律，本书选择累计探明资源量进行统计。

六、主矿种及伴生矿种

矿床命名一般只涉及主要矿种，对于伴生矿种，在矿床式成矿组分论述时将在括号内注明。例如，乔夏哈拉式海相火山岩型铁铜矿床成矿组分：Fe、Cu、(Au)。

第三节 本书内容、编写分工及致谢

对西北地区23种重要矿产（铁、锰、铬、铜、铅、锌、铝、镍、钨、锡、钼、锑、金、银、锂、稀土、磷、硫、钾盐、硼、重晶石、菱镁矿、萤石），总结矿产概况、成矿时段、矿床类型及主要矿床式。对每个矿床式概略阐述成矿区带、建造构造、成矿时代、成矿组分、矿床（点）实例、简要特征和成因认识。

最终完成本书的主要人员分工见表1-4。

表1-4 主要编著人员简表

姓 名	单 位	完成内容
杨合群	中国地质调查局西安地质调查中心	绪论，铁、锰、铬、铝、钨、锡、金矿综合研编；全书最终统稿
姜寒冰	中国地质调查局西安地质调查中心	铜、镍、钼、锂、稀土、钾盐综合研编
谭文娟	中国地质调查局西安地质调查中心	铅锌、锑、银、磷、硫、菱镁矿综合研编
赵国斌	中国地质调查局西安地质调查中心	硼、萤石、重晶石综合研编
杨乐田	中煤航测遥感集团有限公司地理信息分公司	23矿种成矿时段/矿床类型数据统计
李英	长安大学地球科学与资源学院	23矿种的省级矿床地质资料初步梳理

鸣谢：对全国矿产资源潜力评价学术委员会的指导，西北地区矿产资源潜力评价项目负责人李文渊的支持，成矿地质背景课题负责人王永和、矿床预测课题负责人董福辰、物探信息应用课题负责人刘宽厚和冯治汉、化探重砂信息应用课题负责人李宝强、遥感信息应用课题负责人李建强、信息综合集成课题负责人李林及综合管理负责人谢群的协作，西北地区项目办李智明、赵东宏的帮助，尤其是西北5省（区）矿产资源潜力评价项目及矿产课题成员系统地对几十年来海量地质勘查资料的消化归纳，表示衷心感谢！

第二章 铁 矿

铁是生产各种钢材的主要原料。在新中国建立初期,贯彻"工业以钢为纲"的方针,地质界也组织过"铁矿会战",均可体现铁矿在国民经济建设中具有极其重要的地位,属国民经济建设需要的大宗矿产。

第一节 矿产概况和成矿时段

截至 2009 年,西北地区探获铁矿床 369 处,其中,超大型 1 处(甘肃镜铁山),大型 9 处(新疆蒙库、天湖、磁海、查岗诺尔、智博、切列克其、迪木那里克,甘肃红山,陕西大西沟),中型 69 处,小型 290 处。按此时累计查明铁矿石资源量对比,新疆占 36.91%,甘肃占 32.48%,陕西占 21.59%,青海占 8.96%,宁夏占 0.059%。近年,西北地区铁矿找矿勘查又取得重大突破。

新疆:蒙库深部发现隐伏矿体,新增铁矿石 1.1×10^8 t(董连慧等,2011)。喀喇昆仑塔什库尔干累计查明铁矿石量 8.58×10^8 t,其中 2011—2015 年新增 3.56×10^8 t,目前达亿吨级的矿床有老并、赞坎、莫喀尔、叶里克、切列克其;伊犁阿吾拉勒累计查明铁矿石量 16.3×10^8 t,其中 2011—2015 年新增 4.07×10^8 t,目前达亿吨级的矿床有备战、智博、查岗诺尔、敦德,其中最大的备战累计查明铁矿石量 4.68×10^8 t,智博累计查明铁矿石量 3.53×10^8 t;祁曼塔格累计查明铁矿石 4.08×10^8 t,其中 2011—2015 年新增 2.01×10^8 t;阿尔金喀腊大湾累计查明铁矿石 1.04×10^8 t,其中 2011—2015 年新增 1.02×10^8 t。

甘肃:北祁连镜铁山 2012 年在桦树沟西新增铁矿石 3637×10^4 t,使累计探获矿石达 5.95×10^8 t(赵建仓等,2013);镜铁山东侧外围地区新探获 5.44×10^8 t 铁矿石,目前有卡瓦和黄沙泉铁矿达大型,塔里干沟、沙梁、小龙孔铁矿达中型。中祁连北缘发现并勘查出德勒诺尔(1.71×10^8 t)大型铁矿床。北山地区红山铁矿累计查明铁矿石量 2.1×10^8 t,其中 2011—2015 年新增 0.76×10^8 t,并在西侧外围罗亚楚山复向斜靶位钻探验证发现隐伏磁铁矿体,需继续评价。

青海:东昆仑祁曼塔格累计查明铁矿石 4.61×10^8 t,其中 2011—2015 年新增 0.33×10^8 t,目前规模最大的尕林格矿区累计探获铁矿石量 1.21×10^8 t,其中 332+333 超过 1.14×10^8 t。北祁连小沙龙矿区估算 332+333+334 铁矿石资源量 1.79×10^8 t,其中 332+333 铁矿石资源量达 1.5×10^8 t。

陕西:新增铁矿石 6.38×10^8 t,主要为钒钛磁铁矿石。例如,扬子地块北缘洋县毕机沟钒钛磁铁矿区新增矿石量 1.6×10^8 t;勉县-略阳-宁强县三角地带略阳中坝子钒钛磁铁矿探获 517×10^4 t;南秦岭东段紫阳县朱溪河、岚皋县官元一带分别探获亿吨以上资源量的大型铁矿床。

宁夏:卫宁北山茶梁子、马道梁新发现风化壳型铁钴矿,经评价提交茶梁子铁钴矿床 1 处。

按截至 2009 年累计查明资源量分析(图 2-1),西北地区铁矿形成时段主要在前寒武纪(43.04%)和海西期(40.91%),其次在加里东期(9.12%)和印支期(5.66%),仅很少量在燕山期(0.80%)及喜山期(0.47%)。

新增铁矿的时代,塔什库尔干、红山外围、镜铁山外围和德勒诺尔的属前寒武纪;小沙龙、切列克其、喀腊大湾的属加里东期;阿吾拉勒的属海西期;祁曼塔格的属印支期;茶梁子的属喜山期。

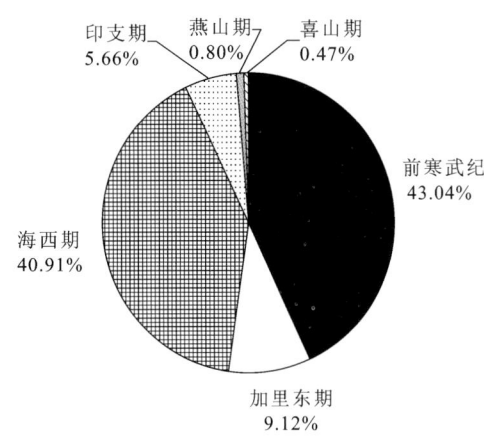

图 2-1　西北地区铁矿时代统计分布图(截至 2009 年数据)

第二节　矿床类型及矿床式

按截至 2009 年累计查明资源量分析(图 2-2),西北地区铁矿类型主要为沉积变质型(41.66%),次为海相火山型(21.66%)、海相沉积型(16.45%)、接触交代型(7.66%)及热液型(5.89%),很少量陆相火山岩型(2.86%)、岩浆型(2.00%)、陆相沉积型(1.37%)及风化壳型(0.47%)。

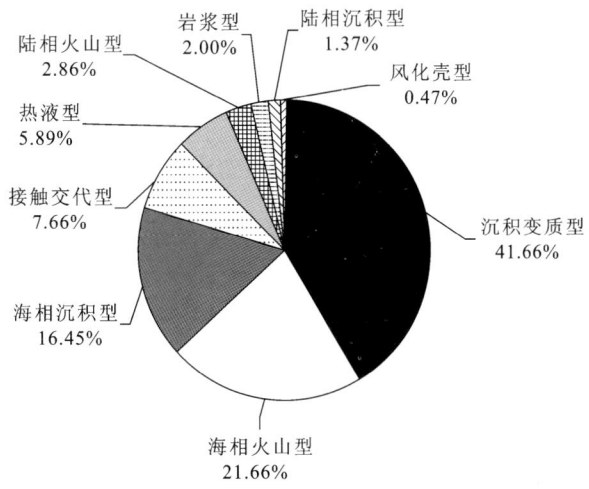

图 2-2　西北地区铁矿类型统计分布图(截至 2009 年数据)

下面对各类型铁矿矿床式的论述,广泛利用了课题进行时(截至 2009 年)西北 5 省(区)矿产资料,还尽可能地收集补充了大量 2010—2015 年新的成果信息。

一、沉积变质型

【蒙库式】

成矿区带:南阿尔泰成矿带(Ⅲ-2)。

建造构造:下泥盆统康布铁堡组下亚组一套火山-沉积变质岩系,细分为 3 个岩性段。其中第三岩性段下部为黑云角闪片岩夹斜长角闪岩、角闪变粒岩、大理岩透镜体,上部为角闪更长片麻岩、黑云更长片麻岩、变粒岩夹薄层大理岩等,为铁矿床的最重主要赋矿层位。

成矿时代：早泥盆世。

成矿组分：Fe,(Cu,硫铁矿)。

矿床(点)实例：(新)富蕴县蒙库、阿巴宫、喇嘛昭铁矿床。

简要特征：矿体形态呈似层状、透镜状。矿体产状与顶板、底板围岩产状基本一致。矿体顶板为变粒岩、角闪变粒岩、黑云角闪斜长片麻岩，底板为角闪变粒岩、条带状角闪变粒岩、石榴石矽卡岩、大理岩。矿石自然类型主要为块状、浸染状、条带状磁铁矿矿石。矿石金属矿物主要为磁铁矿（35%～95%），次为黄铁矿、磁赤铁矿、磁黄铁矿、赤铁矿、黄铜矿、钛磁铁矿等。铁矿体TFe平均品位39.00%～43.43%。

成因认识：泥盆纪裂谷裂陷环境，海底火山喷流沉积形成铁矿；后来受变质变形改造；晚期中酸性岩侵入局部叠加矽卡岩化。

【天湖式】

成矿区带：伊犁南缘-中天山-旱山成矿带（Ⅲ-11）。

建造构造：古元古界天湖群变质岩系。以黑云母为主的片麻岩属于变中酸性火山岩；以角闪石为主的片麻岩属于变基性火山岩；以角闪石为主的片岩属于基性凝灰岩；以黑云母为主的片岩属于变中酸性凝灰岩和变泥质岩；白云质大理岩属于变碳酸盐岩。

成矿时代：古元古代。

成矿组分：Fe。

矿床(点)实例：(新)哈密市天湖、沙垄铁矿床。

简要特征：矿体多呈似层状或大透镜体状产出。矿体顶板为绿泥片岩、黑云斜长片岩、蛇纹岩及大理岩；底板为斜长黑云母片岩、角闪斜长片岩、角闪黑云母片岩及黑云母石英片岩。矿石矿物主要为磁铁矿。天湖矿区TFe平均品位41.97%。

成因认识：古元古代裂谷裂陷环境，火山活动间歇期，海底喷流沉积成矿，后来受变质变形改造。

【红山式】

成矿区带：敦煌成矿带（Ⅲ-15）。

建造构造：蓟县系平头山组沉积-变质岩系，其含矿岩段顶部为绢云绿泥千枚岩夹石英砂岩，上部为磁铁石英岩、磁铁矿层，中部为石英白云石大理岩、石英砂岩，下部为黑云绿泥绢云千枚岩、板岩；红山铁矿四矿区含铁岩系中发现有安山岩、安山质凝灰岩。

成矿时代：蓟县纪。

成矿组分：Fe。

矿床(点)实例：(甘)瓜州县红山铁矿床，杨岭、岔路口铁矿点。

简要特征：矿体呈层状、似层状，其条带多平行于围岩层理，围岩的产状一致，并共同褶皱。铁矿石中含有大量灰紫色碧玉团块或硅质条带。矿石矿物以磁铁矿为主，少量赤铁矿。矿石TFe品位变化于20.63%～38.67%。红山四矿区铁矿出现微量铜多金属硫化物矿化，局部含铜达到1%左右。

成因认识：中元古代裂谷裂陷环境，微弱火山活动之后，海底喷流沉积成矿，后来受变质变形改造。

【布穹式】

成矿区带：铁克里克成矿带（Ⅲ-17）。

建造构造：赋存于古元古界埃连卡特群石英片岩-磁铁石英岩-黑云片麻岩变质建造。

成矿时代：古元古代。

成矿组分：Fe,(Cu,Au)。

矿床(点)实例：(新)皮山县布穹、乌尊克尔铁矿床。

简要特征：赋矿岩石为磁铁石英岩，矿层顶底板岩性为含铁石英岩和黑云母石英长石片麻岩，矿层与围岩为渐变接触关系。矿石以条带状构造为主，次为稀疏-稠密浸染状构造、块状构造。金属矿物主要为磁铁矿，次为赤铁矿，TFe平均品位27.45%。矿石局部叠加磁铁矿细脉和石英脉，伴生铜和金矿化，有黄铜矿、磁黄铁矿、黄铁矿，铜最高品位0.26%，金最高品位0.78×10^{-6}。

成因认识：古元古代裂谷裂陷环境，海底喷流沉积成矿；后来受变质变形改造，叠加铜金矿化。

【东大山式】

成矿区带:阿拉善成矿带(Ⅲ-18)。

建造构造:赋矿地层为中太古界龙首山岩群东大山岩组,该岩组地层为一套中、深变质的混合岩及多期变质变形的岩石。主要岩性为黑云变粒岩、黑云斜长片麻岩、斜长角闪岩、镁橄榄石白云质大理岩、磁铁角闪石英岩等。原岩为碎屑岩、含磁铁石英岩、基性火山岩、碳酸盐岩建造。

成矿时代:中太古代。变基性火山岩即斜长角闪岩 Sm-Nd 模式年龄为 3182Ma(汤中立等,2002)。

成矿组分:Fe,(重晶石)。

矿床(点)实例:(甘)永昌县东大山铁矿床。

简要特征:矿体呈似层状、扁豆状、豆荚状,赋存于黑云母二长片麻岩、云母石英片岩和条带状混合岩中。矿石类型以黑云母石英磁铁矿矿石、石英磁铁矿矿石为主,次为重晶石磁铁矿矿石和角闪磁铁矿矿石。矿石 TFe 品位 28%～50%。

成矿认识:中太古代裂谷裂陷环境,海底火山活动间歇期,喷流沉积成矿;后来遭受变质变形改造。

【英格布拉克式】

成矿区带:阿尔金成矿带(Ⅲ-19)。

建造构造:赋矿地层为蓟县系卓阿布拉克组下岩性段,主要为千枚岩、板岩、硅质板岩、结晶灰岩、变钠长霏细岩、变英安岩、火山凝灰岩及千糜岩夹铁矿层。

成矿时代:蓟县纪。

成矿组分:Fe。

矿床(点)实例:(新)若羌县英格布拉克铁矿床。

简要特征:矿体形态呈层状、似层状、透镜状,并与围岩地层产状基本一致,含矿岩性均为磁铁硅板岩、千枚岩。金属矿物主要为磁铁矿、赤铁矿、褐铁矿,少量菱铁矿,非金属矿物以石英为主,铁白云石、铁碧玉岩次之。矿体的 TFe 平均品位 25%～42%。

成因认识:蓟县纪裂谷裂陷环境,海底火山活动,喷流沉积成矿;后来受变质变形改造。

【迪木那里克式】

成矿区带:阿尔金成矿带(Ⅲ-19)。

建造构造:为奥陶系一套浅变质火山沉积岩系,从上到下为千枚岩、石英砂岩、大理岩化灰岩、结晶灰岩、火山凝灰岩、火山角砾岩、火山集块角砾岩(杨文强等,2012)。

成矿时代:奥陶纪。

成矿组分:Fe。

矿床(点)实例:(新)且末县迪木那里克铁矿床,苏巴里克、玉岭、河肃铁矿点。

简要特征:矿体形状为似层状、透镜状。矿体顶底板围岩均为绢云千枚岩,有些铁矿体过渡为灰褐色含铁粉砂千枚岩、含铁石英岩。矿体与顶底板岩层平行,并共同褶皱。矿石矿物主要为磁铁矿和赤铁矿,非金属矿物主要为钠长石、绿泥石或绢云母。矿区 TFe 平均品位 28%左右。

成因认识:奥陶纪海底喷流沉积成矿;后来受变质变形改造。

【小东索式】

成矿区带:北祁连成矿带(Ⅲ-21)。

建造构造:矿体赋存于古元古代托赖岩群黑云石英片岩、含透辉大理岩、硅线黑云石英片岩、含石榴黑云石英片岩中,沿片岩片理产出,受层位控制明显。

成矿时代:古元古代。

成矿组分:Fe,重晶石,(Pb)。

矿床(点)实例:(青)祁连县小东索铁-重晶石矿床,菜日德沟重晶石矿点。

简要特征:依据小东索磁铁矿体的空间产出位置,将矿床分为甲、乙、丙、丁 4 个含矿层,其中甲、丙、丁 3 个含矿层共伴生有重晶石矿。重晶石矿为铁矿的共伴生矿产,其中Ⅰ、Ⅲ号铁矿体共生有重晶石矿。矿体呈似层状、扁豆状、分支脉状。矿石自然类型为重晶石磁铁矿矿石,TFe 品位 37.17%,$BaSO_4$

品位38.70%～77.55%。

成因认识：古元古代裂谷裂陷环境海底喷流沉积形成铁、重晶石矿层；后来变质变形改造，热液改造形成重晶石矿脉。

【镜铁山式】

成矿区带：北祁连成矿带（Ⅲ-21）。

建造构造：中元古界（缺乏火山岩的）沉积变质岩系，为一套杂色千枚岩。铁矿层为黑褐色条带状镜铁矿、菱铁矿夹薄层碧玉，夹于灰绿色绿泥石英绢云千枚岩与黑灰色石英绢云母千枚岩之间，其下伏岩层为褐灰色钙质千枚岩、灰黑色碳质千枚岩、灰白色绢云母千枚岩、灰色石英岩等，千枚岩中普遍含铁白云石。在镜铁山一带，含铁岩系不整合于古元古界北大河群古老变质岩系之上。（另外，有铜矿受断裂破碎带控制，属后生再造成因。）

成矿时代：中元古代。桦树沟条带状铁建造Sm-Nd等时线年龄为1309±80Ma（杨合群等，1999）。

成矿组分：Fe，重晶石。

矿床（点）实例：（甘）肃北县柳沟峡铁矿床；肃南县桦树沟铁-重晶石矿床，黑沟、白尖、头道沟、小柳沟、道龙要公马铁矿床。

简要特征：矿层产于杂色千枚岩中，与围岩共同褶皱。矿石类型为碧玉镜铁矿矿石、碧玉菱铁矿矿石、碧玉菱铁矿镜铁矿矿石、碧玉镜铁矿菱铁矿矿石，构成相间条带。矿石矿物主要为镜铁矿、菱铁矿。铁矿石TFe品位30%～55%；共生的重晶石矿层位分布于铁矿层之上，伴生的分散于铁矿层中，矿床$BaSO_4$平均品位7.32%。

成因认识：中元古代裂谷裂陷环境，海底喷流沉积形成铁、重晶石矿层及铜的矿源层；变质变形改造主要使赤铁矿重结晶为镜铁矿，重晶石颗粒也变大；加里东期热液再造形成脉状铜矿。

【卡瓦式】

成矿区带：北祁连成矿带（Ⅲ-21）。

建造构造：中元古界（夹火山岩的）沉积变质岩系，为一套杂色板岩。上部主要为泥质粉砂质板岩、细晶灰岩、碳质泥质板岩、含铁矿层板岩、赤铁碧玉岩、硅质板岩；下部为灰绿色中基性熔岩、凝灰岩、硅质岩、粉砂质板岩、灰黑色细晶灰岩、灰白色变砂岩。在朱龙关一带含铁岩系整合于中基性火山岩之上。

成矿时代：中元古代。

成矿组分：Fe。

矿床（点）实例：（甘）肃南县卡瓦、黄沙泉、龙孔、双龙、古浪峡、九个青羊、金儿泉、夹皮沟铁矿床。

简要特征：矿体呈层状、似层状、透镜状，与围岩共同褶皱。矿体顶底板为灰绿色泥质粉砂质板岩、黑色泥质粉砂质板岩。矿石类型主要为赤铁矿-磁铁矿矿石。一般矿层上部以赤铁矿为主，中部含磁铁矿，下部含菱铁矿，黄铁矿含量增加。矿石铁矿物主要为赤铁矿、磁铁矿，少量菱铁矿、黄铁矿；非金属矿物主要为石英，次为绿泥石、绢云母、方解石、白云石。铁矿石TFe品位21.86%～35.79%（孔维琼，2015）。

成因认识：中元古代裂谷裂陷环境，区域火山喷发之后，海底喷流在火山岩之上沉积岩系中形成赤铁矿-磁铁矿矿层；变质热动力改造不强，赤铁矿未能重结晶为镜铁矿。

【塔里干式】

成矿区带：北祁连成矿带（Ⅲ-21）。

建造构造：中元古界（缺乏火山岩的）沉积变质岩系，上部为互层的灰绿色粉砂质板岩和浅灰色薄层状灰岩夹菱铁矿层；中部为互层的灰黑色粉砂质板岩和灰绿色粉砂质板岩；下部为石英岩夹少量灰岩透镜体。

成矿时代：中元古代。

成矿组分：Fe，(Pb)。

矿床（点）实例：（甘）肃南县塔里干沟、西柳沟菱铁矿床（伴生铅）。

简要特征:矿体呈层状、似层状、透镜状,与围岩共同褶皱。顶底板及局部夹石岩性均为浅绿色粉砂质板岩。矿石类型主要为菱铁矿矿石。矿石铁矿物主要为菱铁矿,少量赤铁矿、黄铁矿;非金属矿物主要为石英,次为绿泥石、绢云母、方解石。铁矿体TFe平均品位25.46%~40.96%(孔维琼,2015)。

成因认识:中元古代裂谷裂陷环境,区域火山喷发之后,海底喷流在火山岩之上沉积岩系中形成菱铁矿矿层;变质热动力改造不强,重结晶不明显。

【德勒诺尔式】

成矿区带:中祁连成矿带(Ⅲ-22)。

建造构造:蓟县系花儿地组中岩组泥硅质板岩及含钙质千枚状板岩,矿体呈层状与围岩整合接触。

成矿时代:蓟县纪。

成矿组分:Fe。

矿床(点)实例:(甘)肃北县德勒诺尔铁矿床。

简要特征:矿体呈层状、似层状、透镜体状产出。铁矿石自然类型有碧玉岩型、纤闪石片岩型、泥硅质板岩型。矿石主要为变余结构、条带状构造。矿石矿物主要为磁铁矿,少量赤铁矿;非金属矿物由石英、黏土矿及少量绿泥石、绢云母、方解石、黄铁矿组成(张铖等,2010)。矿体TFe平均品位23.12%~27.87%(张新虎等,2010)。

成因认识:中元古代裂谷裂陷环境,海底热液喷流沉积成矿;后来受变质变形改造。

【陈家庙式】

成矿区带:北祁连成矿带(Ⅲ-21)。

建造构造:赋矿地层为古元古界陇山群,总体为一套中深变质的火山-陆源碎屑复理石-碳酸盐岩建造,依据岩性、岩石组合自下而上划分为4个岩组:斜长角闪岩组、大理岩组、片麻岩组、钙硅酸岩组。

成矿时代:古元古代。

成矿组分:Fe,Cu,S,(Au,Ag)。

矿床(点)实例:(甘)清水县陈家庙铁铜矿床。

简要特征:矿体产于黑云母斜长片麻岩所夹磁铁石英(片)岩中。矿体形态以似层状、扁豆状为主,次为透镜状,与围岩呈界线清楚的整合接触,部分地段具渐变过渡现象。矿石有磁铁矿矿石、黄铁黄铜矿矿石、黄铁矿矿石、黄铁磁铁矿矿石等类型。铁矿石TFe平均品位32.45%,铜矿石Cu平均品位0.73%,硫矿石S平均品位13.28%。

成因认识:古元古代裂谷裂陷环境,海底火山喷发间歇期,喷流沉积形成铜矿和铁矿;后来受变质变形改造。

【清水河式】

成矿区带:东昆仑成矿带(Ⅲ-26)。

建造构造:赋矿地层为蓟县纪狼牙山组,主要为一套白云质大理岩夹千枚岩建造。铁矿体位于千枚岩类建造中。

成矿时代:蓟县纪。

成矿组分:Fe,(Mn,Ag)。

矿床(点)实例:(青)都兰县清水河铁矿床。

简要特征:矿体呈层状、似层状、透镜状。矿石主要金属矿物主要有磁铁矿、赤铁矿,次为黄铁矿、磁黄铁矿、菱铁矿。矿石TFe平均品位34.27%~38.13%。

成因认识:中元古代裂谷裂陷环境,海底喷流沉积成矿;后来受变质变形改造。

【赞坎式】

成矿区带:喀喇昆仑-羌北成矿带(Ⅲ-35)。

建造构造:赋存于古元古界布伦阔勒岩群的变质岩系中,主要岩性组合为斜长角闪片岩-黑云石英片岩-石英片岩-大理岩。

成矿时代:古元古代。布伦阔勒岩群变流纹岩的锆石U-Pb年龄2481±14Ma(计文化等,2011)。

成矿组分：Fe。

矿床(点)实例：(新)塔什库尔干县赞坎、老并、叶里克、莫喀尔、吉尔铁克沟、乔普卡里莫铁矿床。

简要特征：矿体呈似层状、透镜状分布，产状与顶板、底板围岩产状基本一致。顶板多为铁染黑云石英片岩。矿石中金属矿物主要为磁铁矿，次为磁赤铁矿、赤铁矿等。矿石具浸染状构造、块状构造、条带状构造。矿石TFe平均品位27.58%。

成因认识：古元古代裂谷裂陷环境，海底火山活动间歇期喷流沉积成矿，后来受变质变形改造。

【鱼洞子式】

成矿区带：龙门山-大巴山成矿带(Ⅲ-73)。

建造构造：赋矿地层为鱼洞子群中深变质岩系，主要由长英质浅粒岩、变粒岩类、灰色条带状磁铁石英岩、斜长角闪岩、磁铁阳起石片岩、绿泥绿帘阳起片岩、钠长绿泥片岩和绿泥绢云片岩等组成。原岩为碎屑岩、基性—酸性火山岩。

成矿时代：新太古代。斜长角闪岩锆石U-Pb年龄2657±9Ma(秦克令等，1992)；斜长角闪岩Sm-Nd等时线年龄2688±100Ma；磁铁石英岩锆石U-Pb年龄2645±25Ma(王洪亮等，2011)。

成矿组分：Fe。

矿床(点)实例：(陕)略阳县鱼洞子、阁老岭、高家湾、水木树、林口、黄家营、乱石窑、白果树马厂、毛山湾铁矿床；宁强白崖沟铁矿床。

简要特征：矿体形态呈层状、似层状，赋存于黑云母二长片麻岩、云母石英片岩和条带状混合岩中；矿石类型有石英磁铁矿矿石、阳起石磁铁矿矿石、黑云母磁铁矿矿石。矿石TFe品位28%～50%，平均品位31.64%。

成因认识：新太古代裂谷裂陷环境，海底火山喷发间歇期，喷流沉积成矿；后来受变质变形改造。

二、海相火山型

【乔夏哈拉式】

成矿区带：准噶尔北缘成矿带(Ⅲ-3)。

建造构造：中泥盆统北塔山组安山岩、玄武安山岩、火山角砾岩、火山凝灰岩、钙质砂岩、结晶灰岩；晚期闪长玢岩侵入体(锆石U-Pb年龄377.6±1.4Ma；张志欣等，2012)。

成矿时代：中泥盆世。绿帘石磁铁矿矿石和黄铜矿磁铁矿矿石中辉钼矿Re-Os年龄为380.1±2.7Ma(张志欣等，2012)。

成矿组分：Fe、Cu、(Au)。

矿床(点)实例：(新)富蕴县乔夏哈拉铁铜矿床；青河县老山口铁铜矿床。

简要特征：矿体赋存于玄武岩、凝灰岩、大理岩、闪长玢岩和绿帘石矽卡岩中，呈层状、似层状、透镜状，可划分为磁铁矿矿体、含金铜磁铁矿矿体和铜金矿体，具上铁下铜分布规律。铁、铜矿石普遍含金，以伴生为主。矿石中金属矿物主要为磁铁矿，次为黄铜矿、黄铁矿、赤铁矿等。矿石TFe品位20%～62%，Cu品位0.55%～2.21%，伴生Au品位$0.13×10^{-6}$～$2.40×10^{-6}$。

成因认识：中泥盆世裂谷裂陷，火山活动，海底喷流形成上铁下铜矿层；晚期闪长玢岩侵入体接触交代使局部铜金矿更为富集。

【宝山式】

成矿区带：唐巴勒-卡拉麦里成矿带(Ⅲ-4)。

建造构造：铁矿体产于下泥盆统大南湖组下亚组，含矿层为一套海相中—基性火山熔岩及中—酸性火山碎屑岩夹碳酸盐岩地层。晚期中酸性岩侵入体的接触带局部赋存矽卡岩型铁矿体。

成矿时代：早泥盆世。

成矿组分：Fe。

矿床(点)实例：(新)伊吾县宝山、琼河坝、老爷庙铁矿床，黑园山、琼西、条山、老窑岭、石灰窑、塔里尔巴斯铁矿点。

简要特征：矿体形态主要为似层状，次为透镜状。局部叠加矽卡岩型铁矿。矿石矿物主要为磁铁矿、穆磁铁矿，少量赤铁矿，其他金属矿物有黄铜矿、闪锌矿及黄铁矿。各矿体TFe平均品位41.61%～49.56%。

成因认识：早泥盆世岛弧火山活动，海底喷流成矿；晚期中酸性岩侵入叠加矽卡岩型铁矿。

【雅满苏-狼娃山式】

成矿区带：觉罗塔格-黑鹰山成矿带（Ⅲ-8）。

建造构造：赋矿地层为下石炭统雅满苏组、白山组、绿条山组，由玄武质-流纹质集块岩、角砾岩、凝灰岩、次火山岩及碳酸盐岩组成。

成矿时代：早石炭世。雅满苏辉石安山玢岩全岩Rb-Sr等时线法年龄374±44Ma，石榴石矽卡岩中石榴石和绿帘石的Sm-Nd等时线法年龄为352±47Ma（李华芹等，2004）；黑鹰山富铁矿床致密块状铁矿体中的6件磷灰石样品Sm-Nd等时线年龄为322.0±4.3Ma（聂凤军等，2005）。

成矿组分：Fe。

矿床（点）实例：（新）哈密市雅满苏、白山泉、红云滩、百灵山、赤龙峰、库姆塔格、沙泉子、赤龙峰铁矿床。（甘）肃北县狼娃山铁矿床，狼娃山东、红石山西、野马泉、吉勒大泉铁矿点。（蒙）额济纳旗黑鹰山、碧玉山铁矿床。

简要特征：矿体形态呈似层状、透镜状，产状与顶板、底板围岩产状基本一致，顶板为石榴石矽卡岩，底板为大理岩、火山角砾岩、凝灰岩，少量脉状矿体。矿石构造主要为块状构造，次为条带状、浸染状构造。矿石中金属矿物主要为磁铁矿，次为赤铁矿、黄铁矿。矿体TFe平均品位46.18%～56.32%。

成因认识：早石炭世裂谷环境，火山岩活动，海底喷流形成铁矿；有的地段略晚有中酸性岩侵入叠加矽卡岩化改造。

【查岗诺尔式】

成矿区带：伊犁成矿带（Ⅲ-10）。

建造构造：位于阿吾拉勒一带。下石炭统大哈拉军山组第一岩段为安山质晶屑凝灰岩、安山岩；第二岩段为流纹质熔凝灰岩、大理岩、晶屑岩屑凝灰岩；第三岩段为安山质晶屑玻屑凝灰岩夹闪长玢岩、安山玢岩。铁矿赋存于第一、第二岩段。查岗诺尔火山岩锆石U-Pb年龄为321Ma（汪帮耀等，2011）；铁木里克铁矿下盘的安山岩以及玄武安山岩锆石U-Pb年龄分别为320.2±2.2Ma和318.2±2.1Ma，上盘的英安岩测得的年龄为318.4±3.4Ma（王大川等，2016）。各矿区出露有二叠纪花岗岩。

成矿时代：石炭纪。查岗诺尔矿石石榴石Sm-Nd等时线年龄为316.8±6.7Ma（蒋宗胜等，2012）。

成矿组分：Fe，(Cu)。

矿床（点）实例：（新）和静县备战、智博、查岗诺尔铁矿床；尼勒克县松湖、尼新塔格矿床；新源县铁木里克铁矿床。

简要特征：矿体形态呈层状、似层状、透镜状；矿体顶板以阳起石-石榴石化凝灰质安山岩为主，底板多为绿帘石化凝灰质安山岩和阳起石岩等。矿体产状与顶板、底板围岩产状基本一致。铁矿石具有明显的层状、块状和角砾状构造。矿石金属矿物主要为磁铁矿，次为赤铁矿、黄铁矿、黄铜矿等。各矿体TFe平均品位25%～55%。

成因认识：石炭纪裂谷裂陷，火山活动间歇期，海底喷流成矿；晚期中酸性岩侵入叠加矽卡岩化改造（备战矿区尤为突出）。

【敦德式】

成矿区带：伊犁成矿带（Ⅲ-10）。

建造构造：位于阿吾拉勒东段智博与备战之间。下石炭统大哈拉军山组第一岩段为安山质晶屑凝灰岩、安山岩；第二岩段为流纹质熔凝灰岩、大理岩、晶屑岩屑凝灰岩；第三岩段安山质晶屑玻屑凝灰岩夹闪长玢岩、安山玢岩。敦德铁锌矿床赋存于第三岩段。矿区西南部有二叠纪花岗岩出露。

成矿时代：早石炭世。

成矿组分：Fe，Zn，(Au)。

矿床(点)实例：(新)和静县敦德铁锌矿床。

简要特征：铁矿体呈似层状、透镜状。已圈定3个磁铁矿矿体、31个铁锌矿矿体、21个锌矿体。矿石金属矿物主要为磁铁矿、闪锌矿，次为磁黄铁矿、黄铁矿、白铁矿、毒砂、钴毒砂、砷钴矿等(金属硫化物呈星点状、细脉状、浸染状、团块状产于石英脉及两侧)；非金属矿物有石英、方解石、石榴石、辉石，次为绿泥石、绿帘石、蛇纹石、透闪石、阳起石、磷灰石、斜长石、角闪石、钾长石、绢云母等。矿体TFe品位一般为20%～66.96%，平均为40.04%；MFe品位一般为13.0%～65.1%，平均为35.62%；Zn品位为0.1%～6.4%。伴生金矿物为银金矿，粒径10～20μm的占60.66%；1～5μm的占39.34%，与钴毒砂和砷钴矿关系密切(刘通等，2013)。

成因认识：石炭纪裂谷裂陷，火山活动间歇期，海底喷流成矿；晚期中酸性岩侵入叠加矽卡岩化改造。

【式可布台式】

成矿区带：伊犁成矿带(Ⅲ-10)。

建造构造：位于阿吾拉勒一带，赋矿地层为上石炭统伊什基里克组第一段，火山凝灰岩、凝灰砂岩、粉砂岩，局部为碳酸盐岩。火山岩Rb-Sr等时线法年龄320±11Ma(新疆维吾尔自治区地质矿产勘查开发局，2011)；南部被晚石炭世侵入岩所切。

成矿时代：石炭纪。

成矿组分：Fe，(Cu)。

矿床(点)实例：(新)新源县式可布台铁矿床。

简要特征：矿体呈层状、似层状、透镜状，与围岩同步褶皱。块状赤铁矿石夹透镜状红碧玉和层纹状重晶石赤铁矿；个别钻孔在铁矿体底部见块状含铜黄铁矿。矿石类型有含碧玉块状赤铁矿石及含铜黄铁矿石。矿石金属矿物主要为磁铁矿，次为赤铁矿、镜铁矿、黄铁矿、黄铜矿等；非金属矿物为石英、长石、绿泥石、绿帘石、阳起石、方解石等。铁矿石TFe平均品位56.66%；块状含铜黄铁矿矿石Cu品位为0.96%。

成因认识：石炭纪裂谷裂陷，火山喷发活动间歇期，海底喷流成矿。

【莫托萨拉式】

成矿区带：伊犁南缘-中天山-旱山成矿带(Ⅲ-11)。

建造构造：赋矿地层为下石炭统阿克沙克组一套浅海相正常沉积碎屑岩夹碳酸盐岩沉积建造，岩性为砾岩、含砾粗砂岩、细砂岩、灰岩，底部可见少量安山质沉火山角砾岩、安山质熔结火山角砾岩。

成矿时代：早石炭世。

成矿组分：Fe，Mn。

矿床(点)实例：(新)和静县莫托沙拉铁锰矿床。

简要特征：铁矿体呈层状，夹有碧玉条带及含重晶石的硅质岩；主要矿石矿物为赤铁矿、菱锰矿等；铁矿石TFe品位28.40%～57.78%；矿体底板为深灰色、灰绿色粉砂岩、细砂岩。矿体顶板一般为含铁锰砂岩。锰矿层分布于铁矿层之上，一般相距16～30m，其中间为含铁锰条带、砂岩和硅质岩。锰矿石平均品位：Mn 18.77%，Fe 5.17%。

成因认识：早石炭世裂谷裂陷，火山活动间歇期，海底喷流形成铁锰矿。

【喀腊大湾式】

成矿区带：阿尔金成矿带(Ⅲ-10)。

建造构造：赋矿地层为中奥陶统拉配泉组，中厚层状大理岩、基性火山岩、千枚岩夹薄层大理岩；石炭纪花岗岩与大理岩接触有矽卡岩化。

成矿时代：中奥陶世。灰岩中大量腕足类 *Onychoplecia* sp. 和海百合茎 *Crinidea* sp. 等化石(新疆维吾尔自治区地质矿产勘查开发局，2011)。

成矿组分：Fe，Cu。

矿床(点)实例：(新)若羌县喀腊大湾铁铜多金属矿床。

简要特征：矿体形态呈似层状，底板岩性为基性火山岩，顶板岩性为大理岩。晚期叠加的矽卡岩型矿体呈脉状。矿石金属矿物以磁铁矿为主,少量钛铁矿、黄铁矿。各矿体 TFe 平均品位 26.09%～42.15%;矿床 TFe 平均品位 34.55%。

成因认识:中奥陶世裂谷-小洋盆,火山活动,海底喷流成矿;晚期花岗岩侵入叠加矽卡岩化。

【沙龙式】

成矿区带:北祁连成矿带(Ⅲ-21)。

建造构造:下奥陶统阴沟群上部含矿碎屑岩段和下部火山岩段。碎屑岩段,以泥钙质板岩为主,夹硅质岩、灰岩、硅质板岩,泥质灰岩、石英岩、含磁铁矿结晶灰岩、硬砂岩、凝灰岩、硬砂质长石砂岩等;火山岩段,以中基性火山岩、火山碎屑岩为主,夹硅质岩、硅质板岩。

成矿时代:早奥陶世。

成矿组分:Fe,(Mn)。

矿床(点)实例:(青)祁连县小沙龙、大沙龙铁矿床。

简要特征:矿体主要呈透镜状,少数呈似层状,矿石类型有绿泥石磁铁矿矿石、绿泥石菱铁矿矿石、绿泥石赤铁矿磁铁矿矿石、绿泥石磁铁矿菱铁矿矿石、次闪石磁铁矿矿石、黄铁矿化菱铁矿矿石等。矿石矿物主要为磁铁矿、赤铁矿、菱铁矿,次为磁赤铁矿、黄铁矿等。标志矿物有铁白云石。小沙龙矿床 TFe 平均品位 36.73%,伴生 MnO 0.66%。

成因认识:早奥陶世火山弧环境,火山活动间歇期,海底喷流沉积形成铁矿。

【住藏沟式】

成矿区带:北祁连成矿带(Ⅲ-21)。

建造构造:赋矿地层为下奥陶统阴沟群和中奥陶统中堡群海相火山岩,基性岩浆喷溢的间歇期沉积控制了住藏沟、栏门石铁矿的含矿层位。下部为深灰色凝灰质千枚岩、变凝灰质砂岩夹浅灰色薄—中厚层硅质岩;上部为灰绿色变块状基性火山岩夹灰黑色含铁硅质岩(局部为紫红色碧玉),由磁铁矿与硅质岩相间组成条带状构造。

成矿时代:早—中奥陶世。

成矿组分:Fe。

矿床(点)实例:(甘)天祝县住藏沟、向前山、柏木峡铁矿点(阴沟群);栏门石、马路沟、东闸子、嘎达井铁矿点(中堡群)。

简要特征:矿体形态呈似层状、透镜状,与围岩产状一致,局部见有磁铁矿脉。矿石矿物以磁铁矿为主,有少量赤铁矿、黄铁矿。

成因认识:早—中奥陶世火山弧环境,火山活动间歇期,海底喷流形成铁矿。

【赵卡隆式】

成矿区带:金沙江成矿带(Ⅲ-33)。

建造构造:赋矿地层为上三叠统巴塘群上部碎屑岩组,为一套含海绿石杂色碎屑岩,局部夹安山质凝灰岩。在砂岩、板岩顶部与火山岩接触部位有含铜磁铁矿、菱铁矿体、含铅锌菱铁矿透镜体。

成矿时代:晚三叠世。

成矿组分:Fe,Cu,Pb,Zn,(Ag,Au)。

矿床(点)实例:(青)玉树县赵卡隆铁多金属矿床,征毛涌铁矿点。

简要特征:矿体呈层状、似层状及透镜状顺层产出。矿石自然类型有菱铁矿矿石、黄铜矿菱铁矿磁铁矿矿石、磁铁矿赤铁矿矿石、闪锌矿方铅矿菱铁矿矿石、闪锌矿方铅矿、黄铜矿矿石。矿床平均 Fe 品位 31.34%,Cu 品位 0.70%,Pb 品位 0.91%,Zn 品位 0.71%,伴生 Ag 品位 25.47×10^{-6},Au 品位 0.41×10^{-6}。

成因认识:晚三叠世弧后前陆盆地,中酸性火山活动,海底喷流成矿。

【小唐古拉式】

成矿区带:喀喇昆仑-羌北成矿带(Ⅲ-35)。

建造构造:赋矿地层为中侏罗统雁石坪群雀莫错组,由厚层细砂岩、薄层灰岩,夹少量流纹质凝灰岩的细砂岩、豆状砂岩组成。矿体多赋存于薄层灰岩下部和细砂岩底部。

成矿时代:中侏罗世。

成矿组分:Fe,(Mn,Cu,Zn,Pb,Ag)。

矿床(点)实例:(青)格尔木市小唐古拉山铁矿床,八字错、床巴尔、扫加格曲、扫白曲铁矿点。

简要特征:矿体呈层状、似层状,局部有脉状、网脉状矿体。矿石矿物主要为镜铁矿、赤铁矿、褐铁矿,少量黄铁矿、黄铜矿、方铅矿等。矿石一般TFe品位45%~55%,Mn品位2%~3%,其他组分在层状、似层状矿体中Pb品位0.26%~4.47%,Zn品位0.04%~0.55%,Cu品位0.02%~0.03%,Ag品位1.7×10^{-6}~29.9×10^{-6};在脉状、网脉状矿体叠加地段Pb品位0.43%~15.2%,Zn品位0.22%~9.76%,Cu品位0.03%~0.68%,Ag品位8.9×10^{-6}~370.8×10^{-6}。

成因认识:弧后前陆盆地滨海,火山喷发活动,海底喷流沉积形成矿层;晚期热液改造叠加脉状矿。

【开心岭式】

成矿区带:昌都-普洱成矿带(Ⅲ-36)。

建造构造:赋矿地层为下二叠统开心岭群诺日巴尕日保组,下部碎屑岩夹含铁安山岩;中部安山质火山熔岩、火山角砾岩、凝灰岩、板岩及少量英安岩;上部火山碎屑岩夹砂岩、结晶灰岩。火山角砾岩-安山岩-英安岩-粉砂岩-灰岩反映一个火山喷发旋回的结束。

成矿时代:二叠纪。

成矿组分:Fe,Zn,(Cu,Pb,Ag)。

矿床(点)实例:(青)格尔木市开心岭铁矿床。

简要特征:赋存于安山岩建造夹层的似层状的赤铁矿、镜铁矿,局部少量菱铁矿层,闪长岩与矿层接触处产脉状磁铁矿矿石,少量磁铁矿黄铁矿矿石。矿体东矿带TFe平均品位32.9%,西矿带TFe平均品位51.17%。共生锌矿体Zn品位1.15%~1.74%。

成因认识:早二叠世弧间盆地,中酸性火山岩活动,海底喷流形成铁矿层;晚期闪长岩侵入形成脉状铁多金属矿。

三、海相沉积型

【梧桐沟式】

成矿区带:塔里木板块北缘成矿带(Ⅲ-12)。

建造构造:赋矿地层为下泥盆统阿尔彼什麦布拉克组的上亚组第二岩段,由白云质大理岩、黑云绿泥石大理岩,绢云绿泥石英片岩、绿泥石英片岩、角闪绿泥片岩、黑云石英片岩、钙质石英绿泥片岩组成,局部夹碳质或钙质片岩,大理岩透镜体,属浅变质的碎屑岩-碳酸盐岩建造。

成矿时代:早泥盆世。

成矿组分:Fe,Mn。

矿床(点)实例:(新)鄯善县梧桐沟、库都克、尖山、哈尔尕提、库米什铁矿床,六六一沟、西沟、乌勇布拉克铁锰矿床。

简要特征:矿体多呈似层状、豆荚状,赋存于大理岩和绿泥石英片岩之间,表现出明显的层控性和变质改造富集的特征。矿石中金属矿物主要为菱铁矿(含锰),次为黄铁矿、闪锌矿、黄铜矿等。浅部氧化矿石主要为褐铁矿。梧桐沟TFe平均品位42.23%。

成因认识:早泥盆世浅海,富碳质弱还原环境,含锰铁碳酸盐沉积成矿。

【黑拉式】

成矿区带:南秦岭成矿带西段,即西秦岭成矿带(Ⅲ-28)。

建造构造:下泥盆统当多沟组,下部碎屑岩见底砾岩,从粗到细过渡到中部以灰岩为主,至顶部重现碎屑岩,其间层理构造、条带状构造、鲕状构造发育,沉积韵律及相变明显,常见海绿石。

成矿时代:早泥盆世。

成矿组分:Fe。

矿床(点)实例:(甘)迭部县黑拉铁矿床。

简要特征:矿体呈层状、似层状、透镜状,均产于砂岩中,与赋矿沉积建造呈整合接触。矿石自然类型为块状、条带状、鲕状赤铁矿矿石。矿石 TFe 品位一般 30%～32%。

成因认识:早泥盆世滨浅海,氧化环境,铁氧化物沉积成矿。

【查居式】

成矿区带:南秦岭成矿带西段,即西秦岭成矿带(Ⅲ-28)。

建造构造:含矿地层中泥盆统下吾那组为一套碎屑岩夹碳酸盐岩建造,主要由砂岩、含铁砂岩、板岩、泥灰岩、生物碎屑灰岩等组成。其中厚层灰岩为主要赋矿岩性。与下伏地层下泥盆统当多组呈整合或断层接触。

成矿时代:中泥盆世。

成矿组分:Fe。

矿床(点)实例:(甘)迭部县查居铁矿床(柴马山矿段,查居-绿坝-翠古山矿段)。

简要特征:矿体多呈似层状、透镜状、扁豆状及脉状,与围岩呈整合接触或斜交,矿体具"雁行"状排列,可见交代现象,有的产于灰岩与板岩接触顺层破碎带中或灰岩一侧的派生小断裂中。柴马山矿段主要矿石类型为赤铁矿型,矿体 TFe 品位 24.19%～44.48%。查居-绿坝-翠古山矿段矿石类型为菱铁矿型,矿体 TFe 品位 30%～60%。

成因认识:中泥盆世滨浅海,氧化-还原过渡环境,铁氧化物-碳酸盐沉积成矿。

【切列克其式】

成矿区带:喀喇昆仑-羌北成矿带(Ⅲ-35)。

建造构造:赋矿地层为中下志留统达坂沟群,主要岩性为钙质粉砂岩、石英砂岩、千枚岩夹大理岩。该群可分 3 个岩性段:下段为灰色—深灰色黑云母石英片岩夹黄褐色白云母片岩,偶见大理岩透镜体;中段为白色含石英白云母大理岩夹有较多黑云母石英片岩透镜体;上段为黑云母石英片岩、二云母石英片岩和白云母石英片岩互层,偶夹大理岩透镜体。

成矿时代:早中志留世。

成矿组分:Fe,(Cu,Pb,Zn)。

矿床(点)实例:(新)阿克陶县切列克其、黑黑孜占干铁矿床。

简要特征:菱铁矿体形态为似层状、透镜状,多顺层产出于片岩与其中所夹大理岩,或者大理岩与其中所夹片岩的接触带上,少数顺层产于片岩中。矿石矿物主要是菱铁矿。矿体 TFe 平均品位 40.68%～41.86%。黑黑孜占干在矿体周围往往分布铁白云石,东矿段局部含铜,铜含量在 0.03%～0.3%,个别样品达 0.86%;含铅一般小于 0.39%,个别样品达 10%;含锌一般小于 0.50%,个别样品达 1.55%。

成因认识:早志留世裂陷浅海,海底喷流活动成矿。

【王全口式】

成矿区带:鄂尔多斯西缘成矿带(Ⅲ-59)。

建造构造:赋矿地层为长城系黄旗口组,属于石英砂砾岩建造、粉砂岩-泥岩建造、铁质岩建造、硅质泥岩-硅质岩建造,代表了以陆源碎屑为物源的滨浅海地理环境。沉积相属于滨浅海相浅滩亚相,底部含海绿石。它不整合于前长城纪片麻岩、变粒岩和黑云斜长花岗岩之上,其上被蓟县系王全口组平行不整合覆盖。

成矿时代:长城纪。

成矿组分:Fe。

矿床(点)实例:(宁)石嘴山市王全口、塔什克梁、陶思沟、老树湾、陈家沟铁矿点。

简要特征:矿体形状呈似层状、扁豆体,各矿体主要由赤铁矿和褐铁矿矿石组成,深部见少量的菱铁矿(浅部风化形成褐铁矿)。块状赤铁矿石 TFe 品位 48%～68%;含绿泥石石英赤铁矿矿石,TFe 品位 35%～45%。矿床 TFe 平均品位 53.45%。

成因认识:长城纪滨浅海,弱还原-氧化过渡环境,沉积形成铁矿层。

【大西沟式】

成矿区带：南秦岭成矿带东段（Ⅲ-66B）。

建造构造：中泥盆统青石垭组，主要为一套粉砂岩、黏土岩夹少量碳酸盐岩地层。而多金属矿体出现在从黏土岩向碳酸盐岩开始增多的黏土岩和粉砂岩层位中，含矿岩石具纹层状构造。在大西沟-银硐子矿田，车房沟西侧主要为菱铁矿、重晶石（大西沟矿床），而车房沟东侧主要为银多金属硫化物（银硐子矿床）；在纵向上银铅锌铜等多金属产于下部，往上变为菱铁矿、重晶石矿。矿体下盘围岩以深灰—灰黑色含碳质千枚岩、含碳钙质千枚岩为主；矿体上盘围岩主要为白云质绢云结晶灰岩夹绿泥绢云千枚岩，矿体恰好位于细碎屑岩向碳酸盐岩的过渡部位。

成矿时代：中泥盆世。

成矿组分：Fe，重晶石，(Cu)。

矿床（点）实例：(陕)柞水县大西沟菱铁矿-重晶石矿床，砂巴沟、长沟-南沟铁矿床；山阳县黑沟、英哥山、胡家台-葛条沟、九岔沟铁矿点；镇安县千担沟黑沟午峪重晶石矿床。

简要特征：大西沟铁矿体17个，重晶石矿体5个，铜矿体2个。从下向上菱铁矿→铜矿体→磁铁重晶石矿体→重晶石矿体。以层状菱铁矿体为主，另外有石英磁铁矿脉及石英菱铁矿脉沿晚期裂隙产出。铁矿石TFe平均品位28.01%，$BaSO_4$品位1.26%。伴生铜矿以含铜磁铁重晶石岩为主，矿石矿物以黄铜矿为主，少量的黝铜矿、闪锌矿等，矿石Cu平均品位0.61%，含Ag $9.33×10^{-6}$；重晶石含量较高，$BaSO_4$平均为40%。重晶石矿体呈层状产于伴生铜矿上盘磁铁重晶石绢云千枚岩中，矿石$BaSO_4$平均为41.17%。非金属矿物为石英、绢云母、绿泥石。

成因认识：东秦岭泥盆纪海槽中仅有少量火山活动存在，柞水-山阳凹陷中，既有中基性火山岩，又有中酸性火山岩。大西沟-银硐子以东地区的中泥盆统中含有大量凝灰岩夹层。到中泥盆世后期，含矿岩系以陆源碎屑沉积为主，火山喷发处于相对宁静时期，但海底喷流活动强烈。柞水大西沟-银硐子热水盆地总体远离火山中心，车房沟东侧以喷流热液自身沉淀银多金属硫化物为主，形成银硐子银多金属矿床；车房沟西侧海水中溶解的HCO_3^-受热流影响转化为CO_3^{2-}，与热液带来的中Fe^{2+}结合沉积为菱铁矿，海水中SO_4^{2-}离子与热液带来的Ba^{2+}离子结合沉积为重晶石矿层，形成大西沟菱铁矿-重晶石矿床。经印支期—燕山期热液改造，矿田普遍产生一些脉状矿体。

四、陆相沉积与海陆交互相沉积型

【和什托洛盖式】

成矿区带：唐巴勒-卡拉麦里成矿带（Ⅲ-4）。

建造构造：赋矿地层主要为不整合于泥盆系、石炭系之上的下侏罗统八道湾组和三工河组，其次为中侏罗统西山窑组，各组之间为整合接触。其岩性从下到上大体呈现从砾岩、砂岩、泥岩到碳质泥岩、菱铁矿薄层（或结核）、煤层（线）的韵律性变化。八道湾组底部为厚层砾岩，上部为厚层砂质泥岩、泥岩互层，夹有菱铁矿15~20层，含煤15~27层，属河流-沼泽相沉积，为主要含矿层带。西山窑组为灰绿色砂质泥岩、泥岩与砂岩互层，含菱铁矿4~7层，以河流沼泽相沉积为主。

成矿时代：早—中侏罗世。

成矿组分：Fe。

矿床（点）实例：(新)和丰县和什托洛盖铁矿床。

简要特征：菱铁矿层呈薄层状及透镜体状、结核状产出。矿层一般长1~5m，与煤层、砂质泥岩、泥岩呈互层出现，有时在砂岩中呈结核状体。矿层最小厚度0.05m，最大厚度0.6m，一般厚0.1~0.3m，含矿总厚为7.11~7.95m，其中八道湾组中含矿总厚为2.44~3.39m，三工河组中含矿总厚为3.02~4.6m。矿石自然类型为菱铁矿，矿物成分以菱铁矿为主，其次为褐铁矿及少量的石英。矿石TFe品位一般20%~25%。矿层的分布、发育与相应地段的煤层、碳质泥岩等的分布成正比关系。

成因认识：早—中侏罗世河流沼泽，富碳质弱还原环境，铁碳酸盐沉积成矿。

【大黄山式】

成矿区带:准噶尔盆地成矿区(Ⅲ-5)。

建造构造:赋矿地层为下侏罗统八道湾组,主要由湖-沼相碎屑岩组成。共分4个段,第一段、第二段夹有煤层;第四段为灰绿色的粉砂岩、铁质粉砂岩、铁质细砂岩、薄层砂砾岩、泥岩、碳质页岩,含似层状菱铁矿矿体 8~13 层,含小透镜状菱铁矿 70~90 余层。

成矿时代:早侏罗世。

成矿组分:Fe。

矿床(点)实例:(新)阜康市大黄山、沙沟-小龙口菱铁矿床;昌吉市昌吉河东菱铁矿床;米泉县白杨河菱铁矿床;吉木萨尔县石场沟、水西沟、铁厂沟-碱泉子菱铁矿床。

简要特征:矿体形态呈似层状,少数呈透镜状、鸡窝状及结核状。矿石中金属矿物主要有菱铁矿、褐铁矿及少量磁铁矿,非金属矿物主要有长石、石英、方解石,次为绢云母、白云母等。矿石 TFe 品位大于 35% 以上者占 25%,品位 20%~30% 者占 40%~45%,品位 20% 以下者占 20%~35%。

成因认识:早侏罗世湖泊沼泽,富碳质弱还原环境,铁碳酸盐沉积成矿。

【阿力克式】

成矿区带:北祁连成矿带(Ⅲ-21)。

建造构造:赋存于石炭纪地层中,为海陆交互相沉积,其沉积特征为碎屑岩。页岩、灰岩夹碳质页岩,煤层或煤线及菱铁矿薄层或结核。

成矿时代:石炭纪。

成矿组分:Fe。

矿床(点)实例:(青)祁连县阿力克菱铁矿床。

简要特征:菱铁矿体主要呈薄层或结核状产出,不稳定。

成因认识:石炭纪海陆交互相,富碳质弱还原环境,铁碳酸盐沉积成矿。

【口镇式】

成矿区带:山西成矿带(Ⅲ-61)。

建造构造:上石炭统太原组为铁矿含矿层位,为一套碎屑岩系及铁铝煤岩系,沿奥陶系灰岩古侵蚀面分布。岩性主要为杂色页岩、黏土岩、含铁页岩,底部黑色硅质岩,下部夹赤铁矿、菱铁矿层;上部为浅灰色、浅灰黄色伊利石黏土岩、高岭土黏土岩、铝土矿层等。

成矿时代:晚石炭世。

成矿组分:Fe。

矿床(点)实例:(陕)泾阳县口镇阎家沟铁矿床;铜川市陈炉镇铁矿点;合阳县金水沟、麟游县上永安铁矿点;千阳县红石沟铁矿点。

简要特征:铁矿呈透镜状、团块状或鸡窝状。矿石矿物为赤铁矿、菱铁矿。矿床 TFe 平均品位 38.07%。

成因认识:寒武系—奥陶系古侵蚀面之上,上石炭统太原组底部,潟湖相古风化壳沉积形成铁氧化物-铁碳酸盐。

五、岩浆型

【普昌式】

成矿区带:塔里木陆块北缘成矿带(Ⅲ-13)。

建造构造:石炭纪基性侵入岩体,岩性主要为辉长岩,其次为斜长岩,并含少量橄榄辉长岩、苏长辉长岩、异剥辉长岩。

成矿时代:石炭纪。

成矿组分:Fe,(Ti,V)。

矿床(点)实例:(新)阿图什市普昌钒钛磁铁矿床。

简要特征:钛磁铁矿呈似层状、囊状产于中粒辉长岩相中。矿石中金属氧化物主要有钛磁铁矿、钛磁赤铁矿、钛铁矿;金属硫化物主要为磁黄铁矿,次有黄铜矿、黄铁矿。矿石构造主要为条带状、浸染状构造,次为块状。矿床 TFe 平均品位 26.70%,TiO_2 4.17%,伴生 V_2O_5 0.17%。

成因认识:晚古生代裂谷环境,富铁质基性岩浆分异成矿。

【尾亚式】

成矿区带:伊犁南缘-中天山-旱山成矿带(Ⅲ-11)。

建造构造:主要为角闪辉长岩-辉石岩-角闪橄榄辉长岩建造,主要含矿岩石类型为后者。

成矿时代:二叠纪。辉长岩 Rb-Sr 等时线年龄为 270.67±30.70Ma(李嵩龄等,2002)。

成矿组分:Fe,Ti(V)。

矿床(点)实例:(新)哈密市尾亚钒钛磁铁矿床。

简要特征:矿体与围岩的界线多为渐变过渡关系。矿石类型有块状和浸染状 2 种,以浸染状贫矿为主。矿物组分比较简单,主要是磁铁矿和钛铁矿,其次是赤铁矿,偶见少量黄铁矿和个别黄铜矿,非金属矿物为辉石、角闪石、橄榄石和斜长石。矿石有用金属组分是铁、钛,伴生钒,依据矿石品位不同,大致可分两级。Ⅰ级矿石占 5%,TFe>30%,TiO_2 13.5%,V_2O_5 0.24%;Ⅱ级矿石占 95%,TFe 20%~30%,TiO_2 8.6%,V_2O_5 0.14%。

成因认识:晚古生代裂谷环境,偏碱性富铁质基性岩浆分异成矿。

【小红山式】

成矿区带:敦煌成矿带(Ⅲ-15)。

建造构造:海西期辉长岩体侵入长城系白湖群火山沉积变质岩系(变砂岩、千枚岩、大理岩、安山玄武岩),具有火成堆晶构造和韵律层发育特点,粒径下粗上细,岩石 m/f 值 0.24~0.39,属富铁质基性岩。

成矿时代:海西期。

成矿组分:Fe,Ti,(V)。

矿床(点)实例:(蒙)小红山钒钛磁铁矿床,索索井东钒钛磁铁矿点。

简要特征:地表浅部细粒辉长岩中主要见贯入的脉状钒钛磁铁矿体;下部中粗粒辉长岩中分布呈似层状钒钛磁铁矿体。矿石矿物以钛磁铁矿为主,次为钛铁矿。矿石 TFe 品位 15.00%~40.16%,TiO_2 为 5.00%~12.16%,伴生 V_2O_5 为 0.15%~0.38%(杨福新等,2010)。

成因认识:晚古生代裂谷环境,富铁质基性岩浆分异形成钒钛磁铁矿。

【瓦吉里塔格式】

成矿区带:塔里木盆地(中央地块)成矿区(Ⅲ-16)。

建造构造:侵入体为基性—超基性岩-碱性岩杂岩体,由橄榄岩、橄榄辉石岩、辉石岩、碱性辉长岩、碱性角闪正长岩及方钠霓霞正长岩组成的杂岩体;略晚有方解石白云石碳酸岩脉和似金伯利岩脉、煌斑岩脉等,反映了岩浆多期活动的特点。

成矿时代:石炭纪。锆石 U-Pb 年龄 357.9±6.5Ma(新疆维吾尔自治区地质矿产勘查开发局,2011)。

成矿组分:Fe,Nb,RE,(Ti,V,磷)。

矿床(点)实例:(新)巴楚县瓦吉里塔格钒钛磁铁矿床与瓦北稀有-稀土矿床。

简要特征:在基性—超基性岩中有钒钛磁铁矿,赋存于辉石岩相,呈浸染状和极少量的致密块状;金属矿物主要有磁赤铁矿、磁铁矿、钛铁晶石,次有钛铁矿、假象赤铁矿;矿石 TFe 品位一般 20.00%左右,局部 25%~40%,TiO_2 5.5%~8.5%,伴生 V_2O_5 0.15%~0.2%。瓦北碳酸岩脉中有稀土-铌-磷矿,稀土矿物以独居石为主,有少量氟碳铈矿;铌矿物为烧绿石;磷矿为磷灰石。矿石含 RE_2O_3 为 0.61%~2.08%,平均 1.14%左右;Nb_2O_5 为 0.0210%~0.2998%,平均 0.105%;伴生 P_2O_5 为 0.70%~7.38%,平均 2.97%。

成因认识:晚古生代裂谷环境,碱性、基性、超基性岩浆分异形成钒钛磁铁矿床,略晚碳酸岩脉形成稀有-稀土矿床。

【板凳沟式】

成矿区带：阿拉善成矿带（Ⅲ-18）。

建造构造：加里东晚期富铁质中基性侵入体。从岩体内部向外依次为粗粒（伟晶）角闪岩→中细粒含磁铁矿角闪岩→中细粒角闪岩→闪长岩→细粒闪长岩。

成矿时代：志留纪。

成矿组分：Fe，Ti。

矿床（点）实例：（甘）高台县板凳沟钛磁铁矿点。

简要特征：铁矿体产于中细粒含磁铁矿角闪岩相中，矿体形态为不规则状、扁豆状及条状，并有分叉现象。致密块状矿石形态较浸染状矿石形态规则，并常产于浸染状矿石中心。矿石金属矿物主要为磁铁矿，其次为钛铁矿，少量黄铁矿、黄铜矿及铁尖晶石类矿物。矿石 TFe 品位 22%～49%。

成因认识：阿拉善地块南缘活动带，志留纪富铁质中基性岩浆分异成矿。

【朱溪河-官元式】

成矿区带：南秦岭成矿带东段（Ⅲ-66B）。

建造构造：安康紫阳—岚皋—平利一带分布加里东期偏碱性辉绿岩墙 400 多个，绝大部分岩体侵入于寒武纪和奥陶纪地层中。岩体边部一般有 5～10cm 的冷凝边，为微粒正长辉绿岩（赵长缨等，2012），规模较大的岩体内部显示一定分异，上部一般为浅色相，下部为暗色相。已发现钒钛磁铁矿化岩体 32 个，其中 19 个可圈出矿体，赋存于暗色相带。

成矿时代：早志留世。柞木沟辉绿岩锆石 U-Pb 年龄为 437.9±3.7Ma（王坤明等，2014）。

成矿组分：Fe，(Ti，V)。

矿床（点）实例：（陕）紫阳县朱溪河、桃园、柞木沟、铁佛寺、宝金寨钛磁铁矿床；岚皋县官元、罗家坪钛磁铁矿床；镇坪县花桥钛磁铁矿床，二台子、妖魔岩磷-钛磁铁矿床。

简要特征：矿体分布于岩体偏下部位置，呈似层状、透镜状。从上侧围岩到矿体再到底板的过渡关系为：辉绿岩→含钛磁铁矿辉绿岩→钛磁铁矿化辉绿岩→稀疏浸染状钛磁铁矿体→浸染状钛磁铁矿体→含钛磁铁矿辉绿岩→辉绿岩。矿石中主要金属矿物以钛磁铁矿、钛铁矿、磁铁矿为主，少量的黄铁矿、磁黄铁矿，微量黄铜矿；非金属矿物主要为斜长石、普通辉石，次为钠黝帘石、黑云母、绿泥石、绿帘石等。矿石 TFe 品位 15.2%～39.8%，伴生 TiO_2 品位 5.41%～9.16%，伴生 V_2O_5 品位 0.09%～0.23%。

成因认识：加里东期偏碱性富铁钛基性岩浆沿断裂构造侵入地层，在相对稳定的环境下，随温度降低，钛磁铁矿等矿物较早结晶出来，在重力作用下分离和富集，下沉到岩体下部暗色岩相形成钛磁铁矿体。

【毕机沟式】

成矿区带：龙门山-大巴山成矿带（Ⅲ-73）。

建造构造：位于扬子地块北缘的毕机沟层状基性—超基性岩体。下部带自底部向上依次为斜长橄榄岩、橄长岩夹斜长岩、橄榄辉长岩、苏长辉长岩和浅色辉长岩。中部带的下半部，韵律式出现辉石橄榄岩、橄榄辉长岩、浅色辉长岩；上半部为含钒钛磁铁矿异剥辉长岩，异剥辉石具有{100}裂理，因夹磁铁矿或钛铁矿的薄片所致。上部带为含磁铁矿闪长岩、闪长岩、石英闪长岩。

成矿时代：中元古代。橄榄辉长岩-橄榄石-辉石-斜长石 Sm-Nd 等时线法年龄 1061±7Ma（杨合群等，1993）。

成矿组分：Fe，(Ti，V)。

矿床（点）实例：（陕）洋县毕机沟、八宝台、良心河、邵家沟、杏树岭、横树林钛磁铁矿床；石泉县安沟、漆树沟、左漆钛磁铁矿点；南郑县碑坝钛磁铁矿点。

简要特征：矿体多为似层状、层状及透镜状，主要受异剥辉长岩相带控制。矿石中金属矿物主要有磁铁矿、钛铁矿，少量黄铁矿、磁黄铁矿、黄铜矿、镍黄铁矿；非金属矿物主要为斜长石、辉石，少量角闪石、黑云母、橄榄石、黝帘石、绿帘石、阳起石、绿泥石等。矿石中有用组分为 TFe 品位 20.00%～

41.94%,平均品位 28.66%;TiO$_2$ 品位 2.24%~7.51%,平均品位 5.78%;V$_2$O$_5$ 品位 0.10%~0.70%,平均品位 0.35%(刘凯等,2015)。

成因认识:中元古代裂谷环境,铁质基性岩浆分异成矿。

六、接触交代型

【阿拉塔格式】

成矿区带:伊犁南缘-中天山-旱山成矿带(Ⅲ-11)。

建造构造:海西中期角闪花岗岩-黑云母花岗岩侵入中元古界蓟县系卡瓦布拉克群的各类结晶片岩、片麻岩及大理岩,接触带的矽卡岩含矿。

成矿时代:石炭纪。

成矿组分:Fe。

矿床(点)实例:(新)哈密市阿拉塔格、库姆塔格铁矿床。

简要特征:矿体主要赋存于角闪花岗岩与围岩接触带的含矿矽卡岩带中,形态呈透镜状、扁豆状,少数分布在角闪花岗岩体中,其矿体两侧仍见有厚度不等的矽卡岩。矿石金属矿物成分以磁铁矿为主,次有磁黄铁矿、黄铁矿、白铁矿、黄铜矿、闪锌矿、斑铜矿等。铁矿石 TFe 平均品位为 43%。

成因认识:石炭纪中酸性岩体与蓟县系卡瓦布拉克群大理岩接触交代成矿。

【安北式】

成矿区带:敦煌成矿带(Ⅲ-15)。

建造构造:海西期花岗岩与前寒武纪变质岩系中大理岩接触带的矽卡岩含矿。

成矿时代:海西期。

成矿组分:Fe,Cu。

矿床(点)实例:(甘)瓜州县安北铁矿床;金塔县二道红山铁矿床;内蒙古索索井铁铜矿床。

简要特征:矿体主要赋存于矽卡岩带中,形态呈透镜状、扁豆状。矿石金属矿物成分以磁铁矿为主,次有黄铜矿等。安北矿石 TFe 平均品位为 53%;索索井矿石 TFe 平均品位为 31%,Cu 平均品位 0.68%(聂凤军等,2002)。

成因认识:海西期中酸性岩体与前寒武纪变质岩系大理岩接触交代成矿。

【蟠龙峰-肯德可克式】

成矿区带:东昆仑成矿带(Ⅲ-26)。

建造构造:古元古界白沙河岩组大理岩;寒武系—奥陶系滩间山群碳酸盐岩地层;下石炭统大干沟组、上石炭统缔傲苏组大理岩、结晶灰岩、含碳质大理岩、生物碎屑灰岩等。印支期花岗岩侵入体,与这些碳酸盐岩接触带的矽卡岩及地层裂隙含矿。

成矿时代:印支期。肯德可克矽卡岩中金云母 K-Ar 法年龄 214Ma;矽卡岩型铁矿有关二长花岗岩的锆石 U-Pb 年龄 230.5±4.2Ma(奚仁刚等,2010)。

成矿组分:Fe,Cu,Pb,Zn,S(Cd,Ag,Au,Co,Bi)。

矿床(点)实例:(新)若羌县蟠龙峰铁多金属矿床,花石山、灵马沟、阿尼亚拉铁多金属矿点;(青)格尔木市矿林格、野马泉、四角羊-牛苦头、肯德可克、虎头崖、它温查汗、它温查汗西、那棱郭勒河西铁多金属矿床;都兰县白石崖、下西台、小卧龙铁多金属矿床。

简要特征:矿体受断裂构造控制,铅矿体绝大部分赋存碳酸盐岩中;铁矿体、锌铁矿体和锌矿体主要赋存于石榴石透辉石矽卡岩带中。肯德可克区横向上分南、北两个矿带:磁铁矿石、锌铁矿石、铅矿石、铁硫矿石、锌矿石主要分布于南矿带;硫铁矿石、铜矿石分布于北矿带。主要矿石矿物有磁铁矿、磁黄铁矿、闪锌矿、方铅矿、黄铁矿、黄铜矿。铁矿石 TFe 平均品位 33.35%,铅矿石 Pb 为 0.98%,锌矿石 Zn 为 1.25%,铜矿石 Cu 为 0.91%,硫铁矿石 S 为 15.14%,伴生 Co 为 0.032%~0.377%,Bi 为 0.59%~2.08%,含金 3.18×10^{-6}~12.20×10^{-6},Cd 为 0.028%,Ag 为 8.7×10^{-6}。

成因认识：印支期中酸性岩浆与古元古代、寒武纪—奥陶纪、石炭纪碳酸盐岩接触交代，形铁多金属矿。

【于沟子式】

成矿区带：东昆仑成矿带（Ⅲ-26）。

建造构造：于沟子岩体由钾长花岗岩和二长花岗岩组成，其中钾长花岗岩经采样鉴定含有钠闪石，具碱性花岗岩性质，锆石U-Pb年龄为210.0±0.6Ma（钱兵等，2015）。区内矿化类型主要为铁铜（钼）多金属矿体和稀有（铌、铷）-稀土矿体两种类型。铁铜（钼）多金属矿主要分布于正长花岗岩与蓟县系狼牙山组碳酸盐岩的接触带矽卡岩内，受北东向、东西向次级断裂构造控制；稀有-稀土矿化带分布于花岗岩内。

成矿时代：印支期。于沟子矿石中辉钼矿Re-Os等时线年龄为210.1±4.8Ma（周建厚等，2014）。

成矿组分：Fe，Cu，Mo，Nb，(Zr，Hf，Ta，RE)。

矿床（点）实例：（新）若羌县于沟子铁多金属矿床。

简要特征：已发现铁矿体13条，铁铜矿体1条，铜矿体3条，钼矿体1条。矿石金属矿物主要为磁铁矿、黄铜矿、辉钼矿、黄铁矿，非金属矿物为石榴石、透辉石、透闪石、绿帘石、绿泥石、石英、方解石、萤石、高岭石等；主矿体TFe平均品位为43.35%。稀有-稀土矿化带分布于正长花岗岩和二长花岗岩内，已圈定铌矿体1条，矿化体3条；铌矿体平均品位为0.018%，伴生有铷、钽、锆、稀土等；稀有多金属元素主要赋存于烧绿石中，稀土等多金属元素赋存于褐帘石中（钱兵等，2015）。

成因认识：印支期碱性花岗岩岩浆侵入体与蓟县系碳酸盐岩接触交代作用使铁铜钼矿形成于矽卡岩带；而岩浆自身分异演化使稀有-稀土分布于岩体内部。碱性岩浆起源部分熔融程度较低，先天有利稀有-稀土具有较高含量。

【美仁式】

成矿区带：南秦岭成矿带西段，即西秦岭成矿带（Ⅲ-28）。

建造构造：燕山早期花岗闪长岩基北侧与石炭系接触带矽卡岩含矿。石炭系为巴都组砂岩、粉砂岩、砂质泥岩、灰岩及硅质灰岩、矽卡岩、大理岩、角岩等。

成矿时代：燕山期。

成矿组分：Fe。

矿床（点）实例：（甘）夏河市美仁铁矿床。

简要特征：矿体集中分布于岩体外接触带，受薄层大理岩、矽卡岩及其层间破碎带控制。矿石自然类型主要为块状磁铁矿矿石。矿石矿物主要为磁铁矿，次为赤铁矿、褐铁矿。矿石中TFe品位27.43%～56.80%。

成因认识：燕山早期花岗闪长岩，与石炭纪碳酸盐岩接触交代成矿。

【木龙沟式】

成矿区带：华北陆块南缘成矿带（Ⅲ-63）。

建造构造：燕山期花岗闪长斑岩与蓟县系巡检司组白云岩接触带矽卡岩含矿。

成矿时代：燕山期。花岗闪长斑岩锆石U-Pb年龄151±1Ma（柯昌辉等，2013）。

成矿组分：Fe，Cu，Mo，Pb，Zn，(Re)。

矿床（点）实例：（陕）洛南县木龙沟铁多金属矿床。

简要特征：内接触带（镁矽卡岩带）具钼、铜、铼矿化；外接触带（镁矽卡岩带）具磁铁矿化；蛇纹石化大理岩中具铅锌矿化。矿石矿物为磁铁矿、辉钼矿、黄铜矿、方铅矿、闪锌矿。矿床TFe平均品位30.41%。

成因认识：燕山期花岗闪长斑岩与蓟县系巡检司组白云岩接触交代成矿。

七、陆相火山型

【磁海-古堡泉式】

成矿区带：敦煌成矿带（Ⅲ-15）。

建造构造：二叠纪陆相火山-次火山岩的辉绿岩株岩枝，以及与青白口纪大理岩、长英质片岩等接触带（磁海），或与早石炭世大理岩或结晶灰岩、硅质条纹状大理岩接触带（古堡泉）含矿。火山机构由几个彼此平行分布的火山旋回组成,各旋回以杂岩体为中心呈环带状分布。次火山辉绿岩向深部可过渡为辉长辉绿岩、辉长岩和橄榄辉长岩,无明显界线。

成矿时代:早二叠世。磁海辉绿岩 Rb-Sr 等时线年龄 268±25Ma(薛春纪,2000);黄铁矿 Re-Os 年龄 262.3±5.6Ma(黄小文,2013)。

成矿组分:Fe,(Co)。

矿床(点)实例:(新)哈密市磁海铁矿床;(甘)瓜州县古堡泉铁矿床。

简要特征:铁(钴)矿主要赋存于辉绿岩中及接触带,矿体形态复杂,主要为筒状、透镜状、扁豆状、脉状、囊状等。矿石矿物主要为磁铁矿,次为赤铁矿、磁黄铁矿、黄铁矿,含少量黄铜矿、辉钴矿、辉砷钴矿、砷钴矿、方铅矿、闪锌矿、白铁矿、钛铁矿等。矿石 TFe 品位一般为 25.71%～60.48%,伴生 Co 为 0.005%～0.09%。

成因认识:晚古生代裂谷环境,火山喷发之后辉绿岩体侵入,岩浆期后热液活动成矿。

八、热液型

【铁岭式】

成矿区带:觉罗塔格-黑鹰山成矿带(Ⅲ-8)。

建造构造:海西晚期花岗岩,锆石 U-Pb 同位素年龄 297±3Ma(新疆维吾尔自治区地质矿产勘查开发局,2011)。

成矿时代:海西期。

共(伴)生矿产:Fe,(Co,Au)。

矿床(点)实例:(新)鄯善县铁岭铁矿床;哈密市双井子铁矿床。

简要特征:矿体多呈脉状或透镜状,沿破碎带或裂隙充填于花岗岩体内。矿石类型以原生浸染状或致密块状磁铁矿型矿石为主。矿石矿物组合以磁铁矿为主,其次是磁赤铁矿、赤铁矿,少量镜铁矿、黄铁矿、黄铜矿。矿石 TFe 品位 25%～66.85%,平均品位 38.1%。伴生有益元素 Co 为 0.029%～0.086%,Au 为 0.06×10^{-6}～0.51×10^{-6}。

成因认识:晚古生代裂谷裂陷环境,海西晚期花岗杂岩侵入之后,岩浆期后热液沿断裂破碎带充填成矿。

【照壁山式】

成矿区带:河西走廊成矿带(Ⅲ-20)。

建造构造:上石炭统土坡组页岩、砂岩中,次为下石炭统前黑山组、臭牛沟组钙质砂岩、页岩中。铁矿赋存于地层中构造裂隙。据航磁异常推断及地质分析,该地区在 1km 左右的深度可能存在有较大的隐伏岩体,区域地表出露的闪长玢岩岩脉是其存在的地质标志(刘建兵等,2010),闪长玢岩脉锆石 U-Pb 同位素年龄为 144.4±1.1Ma～170.2±0.75Ma(艾宁等,2011)。

成矿时代:燕山期。

成矿组分:Fe。

矿床(点)实例:(宁)中卫市照壁山、新照壁山、石堆水、锅底湖铁矿点。

简要特征:矿体形态为透镜状、脉状,一般长数十米,厚 1～3m;原生矿石为菱铁矿矿石,浅部氧化矿石有褐铁矿矿石。矿石 TFe 品位为 30%～50%,平均品位 39.25%。

成因认识:石炭纪潟湖-浅海沉积岩系为控矿层位,穿切该地层的构造裂隙为控矿构造。燕山期深部岩浆提供热动力,岩浆热液与被加热的地下水混合,活化地层中矿质,迁移到构造裂隙沉淀成矿。

【阳山庄式】

成矿区带:山西成矿带(Ⅲ-61)。

建造构造:赋矿地层为太古宇涑水岩群深变质岩系,岩性主要为混合岩化花岗片麻岩、混合岩化片麻岩及混合岩,夹角闪斜长片麻岩、磁铁石英岩,局部为麻粒岩。裂隙构造是主要的含矿构造。

成矿时代：太古宙。

成矿组分：Fe。

矿床（点）实例：（陕）韩城市阳山庄铁矿床。

简要特征：大多磁铁矿脉赋存在麻粒岩中。矿石矿物主要为磁铁矿，少量赤铁矿。矿床 TFe 平均品位 21.03%。

成因认识：太古宙火山沉积变质岩系，混合岩化热液活动，铁质活化再沉淀于构造裂隙带充填成矿。

九、风化壳型

【茶梁子式】

成矿区带：河西走廊成矿带（Ⅲ-20）。

建造构造：上泥盆统老君山组与下石炭统臭牛沟组沉积岩系中的南北向构造破碎带含矿。

成矿时代：新生代。

成矿组分：Fe，Co。

矿床（点）实例：（宁）中卫市茶梁子、马道梁铁钴矿点。

简要特征：矿体赋存于上泥盆统与下石炭统中的南北向构造破碎带中，矿石类型为褐铁矿。矿石 Fe 平均品位 28.70%～44.80%，Co 平均品位 0.023%～0.89%。

成因认识：燕山期热液活动在上泥盆统与下石炭统沉积岩系的断裂破碎蚀变带中形成含钴硫铁矿；新生代剥蚀出露地表后，风化变为含钴褐铁矿，同时有害元素硫被淋滤流失。

【元石山式】

参见第八章镍矿中同名的矿床式。

【包家沟式】

成矿区带：南秦岭成矿带西段，即西秦岭成矿带（Ⅲ-28）。

建造构造：志留系白龙江群卓乌阔组为一套半深水-深水陆架斜坡碳酸盐岩、含碳细碎屑岩、硅质岩建造，地表风化壳含矿。

成矿时代：新生代。

成矿组分：Fe。

矿床（点）实例：（甘）徽县包家沟、陈家湾、虞关罗汉洞铁矿床；舟曲县猫坪山后铁矿床。

简要特征：铁矿体产于志留系白龙江群卓乌阔组碳质-硅质板岩与灰岩的层间破碎带，呈透镜状、长条状、脉状。矿石矿物大部为褐铁矿（水针铁矿），有少量赤铁矿、黄钾铁矾、水赤铁矿、硬锰矿、软锰矿、磁铁矿、钛铁矿、黄铁矿、磁黄铁矿。矿石 TFe 品位 18.4%～46.5%。

成因认识：志留系富黄铁矿碳质板岩-硅质板岩，在新生代沿断裂破碎带风化淋滤形成铁矿，同时有害元素硫被淋滤流失。

第三章 锰 矿

在现代工业中,锰及其化合物应用于国民经济的各个领域,其中钢铁工业是最重要的领域,占用锰量的90%~95%。

第一节 矿产概况和成矿时段

截至2009年,西北地区探获锰矿床22处,包括中型6处(陕西黎家营、天台山、屈家山,新疆加曼台、莫托萨拉,甘肃金家坪),小型16处。按此时累计查明锰矿石资源量对比,陕西占41.98%,新疆占34.84%,甘肃占12.06%,青海占11.12%。近年,西北地区锰矿找矿勘查取得新进展。

新疆:塔里木板块南缘西昆仑阿克陶一带锰矿勘查,奥尔托喀讷什锰矿床初步估算333及以上级别锰矿石资源量$2000×10^4$t,并圈定3个找矿靶区,分别是苏萨尔布拉克锰矿靶区,博托彦锰矿靶矿区,托库孜布拉克锰矿靶矿区。

甘肃:阿尔金山安南坝—红柳沟之间地段开展锰矿找矿勘查,新发现并评价青砂沟大型锰矿床1处,探获332+333+334锰矿石资源量$2878×10^4$t,其中332+333级$2022×10^4$t。

陕西:锰矿勘查有一定进展,2011—2015年新增锰矿石资源量$372×10^4$t。

按截至2009年累计查明资源量分析(图3-1),西北地区锰矿形成时段主要在前寒武纪(55.06%)和海西期(33.76%),其次在喜山期(8.78%)和加里东期(2.40%)。

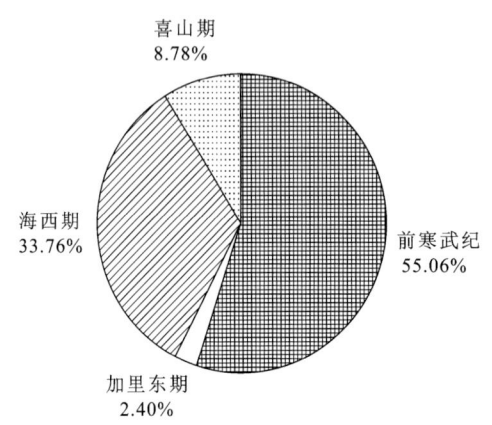

图3-1 西北地区锰矿时代统计分布图(截至2009年数据)

近年新增的阿尔金安南坝一带青砂沟大型锰矿床,碳酸锰矿石成矿时段属前寒武纪;西昆仑阿克陶一带奥尔托喀讷什大型锰矿床,碳酸锰矿石成矿时段属海西期。

第二节 矿床类型及矿床式

按截至2009年累计查明资源量分析(图3-2),西北地区锰矿类型主要为海相沉积型(59.48%),次为海相火山型(31.85%),少量风化壳型(8.67%)。

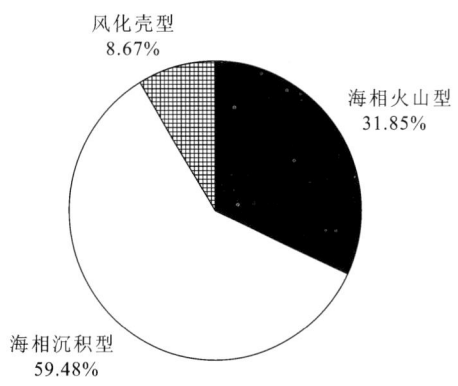

图 3-2　西北地区锰矿类型统计分布图(截至 2009 年数据)

下面对各类型锰矿矿床式的论述,既广泛利用了课题进行时截至 2009 年西北 5 省(区)矿产资料,也尽可能地收集补充了 2010—2015 年新的成果信息。

一、海相火山型

【莫托沙拉式】

参见第二章铁矿中同名矿床式。

【黑峡口式】

成矿区带:北祁连成矿带(Ⅲ-21)。

建造构造:赋矿地层为中寒武统黑茨沟组,主要由凝灰岩、板岩、石英砂岩及黑灰色薄层状硅质岩、紫红色含锰硅质岩、砂板岩、中基性火山沉积岩夹少量碳酸盐岩和硅质岩组成。其中紫红色含锰硅质岩是本区锰矿的重要含锰层位,主要由微粒石英和隐晶状硅质所组成,金属矿物以水锰矿为主,次为软锰矿和硬锰矿,含锰硅质岩中锰含量为 0.69%~2.63%,其间常夹不含锰的硅质岩。

成矿时代:中寒武世。

成矿组分:Mn。

矿床(点)实例:(甘)肃北县黑峡口锰矿床,白银市石照子锰矿点;(青)祁连县清水沟锰矿点。

简要特征:矿体形态呈似层状、透镜状产出,与围岩产状一致,局部有脉状。矿石构造主要有蜂窝状、条带状、网脉状、角砾状构造,矿石金属矿物主要为水锰矿,次为硬锰矿和软锰矿;非金属矿物以石英和硅质为主,有少量硬石膏、重晶石。矿体 TMn 平均品位为 35%,贫矿 TMn 为 20%。

成因认识:中寒武世海相火山喷发活动后,喷流热液在远喷口位置沉积含锰硅质岩;晚期构造活动受一定改造产生网脉、角砾;表生期风化形成硬锰矿和软锰矿。

【哈莉哈德山式】

成矿区带:柴达木北缘成矿带(Ⅲ-24)。

建造构造:为寒武系—奥陶系滩间山群一套浅变质的火山-沉积岩,由硅质、泥质,少量泥钙质、砂质、凝灰岩石组成;火山岩为中基性喷发岩。有晚期侵入的花岗岩。

成矿时代:加里东期。

成矿组分:Mn。

矿床(点)实例:(青)乌兰县哈莉哈德山锰矿床;大柴旦镇红旗沟、锡铁山、红灯沟锰矿点。

简要特征:锰矿体形态为似层状,透镜状,矿体沿走向,倾向厚度变化较大。主要锰矿体由硬锰矿-褐锰矿-软锰矿-菱锰矿-褐铁矿组成。局部蔷薇辉石为细脉切穿围岩板理。矿床 Mn 平均品位 27.90%。

成因认识:寒武纪—奥陶纪海相火山活动间歇期沉积含铁锰硅质岩;晚期花岗岩侵入接触交代形成蔷薇辉石贫锰矿石;表生风化形成硬锰矿、软锰矿、褐铁矿。

【黎家营式】

成矿区带:龙门山-大巴山成矿带(Ⅲ-73)。

建造构造:位于摩天岭一带,赋存于震旦系陡山沱组海相火山喷发沉积-陆源碎屑-碳酸盐岩建造。主矿层顶板为含锰硅质灰岩夹锰矿扁豆体,矿体底板为钙质绢云母板岩夹含锰硅质灰岩组成。其下为变火山-沉积岩系,局部有含锰硅质灰岩及锰矿扁豆体。

成矿时代:震旦纪。

成矿组分:Mn。

矿床(点)实例:(陕)宁强县黎家营锰矿床,两河口、应曲湾、干沟峡、郑家坝、燕麦坪、石滚坝、胡豆湾、袁家坪、漆树坪、青木川、黑水、太阳岭、八海锰矿点。

简要特征:锰矿体呈层状、似层状产于含锰岩层,其产状与地层产状一致。含锰硅质灰岩对矿体形态和空间位置有明显控制作用,矿体厚度与含锰硅质灰岩厚度成正相关。矿石矿物以褐锰矿为主,次有软锰矿、硬锰矿、少量菱锰矿、微量水锰矿。非金属矿物主要为方解石,次为锰闪石、帘石类、钠奥长石、重晶石、石英及辉石类,少量绿泥石、黑云母。矿石 Mn 品位 15.14%~44.14%,平均品位为 18.07%,TFe 品位 0.4%~13.96%,平均品位为 2.12%。

成因认识:震旦纪海底火山喷发间歇期或末期,沉积形成菱锰矿、水锰矿,在加里东运动区域热力作用时大量地转变为褐锰矿;表生期又风化产生硬锰矿、软锰矿等。

二、海相沉积型

【加蔓台式】

成矿区带:伊犁成矿带(Ⅲ-10)。

建造构造:赋存地层为下石炭统阿克沙克组,岩石组合为一套厚层石灰岩、薄层灰岩、碳质灰岩、泥灰岩、生物灰岩、白云岩、含锰灰岩、页岩等,属以碳酸盐为主的建造,亦见有少量的砂岩和砾岩。

成矿时代:早石炭世。

成矿组分:Mn。

矿床(点)实例:(新)昭苏县加蔓台、阿克苏、阿克苏西、阿克苏东锰矿床。

简要特征:有上、下两个含锰矿层,每个含锰岩层中有一层锰矿,呈稳定层状产出,厚 2~4m。矿石的主要矿物成分为氧化锰矿和碳酸锰矿,氧化锰矿在 20~40m 的氧化带内形成,主要锰矿物有软锰矿和硬锰矿,碳酸锰矿向深部过渡为以锰方解石为主,少量菱锰矿。碳酸锰矿含锰 13%~20%;氧化锰矿含锰 20%~30%。

成因认识:早石炭世浅海环境,沉积形成以锰方解石为主和少量菱锰矿;新生代表生风化又产生软锰矿和硬锰矿。

【杜瓦式】

成矿区带:铁克里克成矿带(Ⅲ-17)。

建造构造:赋矿地层主要为古新统喀什群含锰灰岩,主要岩性为各种成分的泥岩、砂岩、粉砂岩及灰岩、石膏等,属浅海相沉积。

成矿时代:古新世。

成矿组分:Mn。

矿床(点)实例:(新)皮山县杜瓦锰矿床。

简要特征:矿体长约 2600m,厚度平均约 0.5m,厚度延伸较稳定,推测矿体延深达 40m。整个矿体西部较富,东部略贫,厚度较小,夹于灰岩层中。矿石自然类型主要为氢氧化锰-氧化锰矿石。矿石矿物主要为软锰矿(65%~70%)、硬锰矿(10%~20%);具稠密浸染状构造及块状构造,矿床 Mn 平均品位为 37.88%,局部能达到 Mn 50%,有 89.53% 的矿石为富矿石,Mn 品位超过 40%。

成因认识:在古新世,随着昆仑山地块抬升,海水逐步下降,在塔里木边缘浅海相沉积地层中,与海水中的碳酸钙同步沉积，从而形成锰矿。

【青砂沟式】

成矿区带：阿尔金成矿带（Ⅲ-19）。

建造构造：位处阿尔金东段安南坝—红柳沟之间地段。蓟县系分两个岩性组，下岩性组为粗碎屑岩，主要岩性有紫红色中厚层状石英砂岩；上岩性组主要为硅质条带白云岩及燧石结核白云岩，底部为白云质砂岩、粉砂岩。两岩性组之间为连续沉积，与上覆地层青白口系为断层接触，青砂沟锰矿、安南坝苦水泉锰矿、赛马沟锰矿均分布在蓟县系上岩组钙泥质细碎屑岩-碳酸盐岩建造，为含锰白云质砂岩、含锰砂质、硅质白云岩。矿体赋存在含锰白云质砂岩中、含锰砂质白云岩中（蒙轸等，2015）。

成矿时代：蓟县纪。

成矿组分：Mn。

矿床（点）实例：（甘）阿克塞县青砂沟锰矿床，苦水泉、赛马沟锰矿点。

简要特征：矿体呈层状、似层状、透镜状。顶板为含硬锰矿化的硅质白云岩、粉微晶白云岩，底板为碎裂的钙质粉砂岩、硅质粉砂岩及硅质岩。矿体上部为氧化锰矿，锰矿物主要为硬锰矿，次为软锰矿、褐锰矿，下部主要为碳酸锰矿，锰矿物为菱锰矿（镁菱锰矿、钙铁镁菱锰矿等）；非金属矿物以石英为主，其次是长石、绿泥石、绢云母和含锰白云石。矿体Mn平均品位为18.14%～21.38%（蒙轸等，2015）。

成因认识：蓟县纪浅海环境，沉积形成菱锰矿（镁菱锰矿、钙铁镁菱锰矿等）；新生代表生风化又产生硬锰矿及软锰矿。

【阿克陶式】

成矿区带：西昆仑成矿带（Ⅲ-27）。

建造构造：位处塔里木板块南缘西昆仑。上石炭统为一套浅海陆棚相沉积的薄—厚层状泥质灰岩夹砂屑泥质灰岩，下部主要为灰黑色薄—厚层含砂屑泥晶灰岩、泥晶灰岩，少量灰色薄—中层亮晶含砾屑砂屑灰岩、亮晶砂屑灰岩；上部主要为灰色、灰黑色薄—厚层泥晶灰岩，夹少量灰色含砂屑泥晶灰岩及灰绿色片理化泥晶灰岩，锰矿赋存于上部岩性段，矿体顶底板围岩均为灰黑色含泥质灰岩或薄层灰岩。

成矿时代：晚石炭世。

成矿组分：Mn。

矿床（点）实例：（新）阿克陶县奥尔托喀讷什锰矿床，苏萨尔布拉克、博托彦、玛尔坎土、托库孜布拉克、穆呼锰矿点。

简要特征：矿体呈似层状。矿石构造主要为块状及层纹状。矿石矿物主要为菱锰矿（18%～40%），次为水褐锰矿（2%～19%）、软锰矿（1%～7%），少量硫锰矿、硅锰矿，微量黄铁矿；非金属矿物为石英、方解石。矿石Mn品位26.29%～47.77%，平均品位37.32%。

成因认识：晚石炭世浅海环境，沉积形成菱锰矿；新生代表生风化又产生水褐锰矿及软锰矿。

【屈家山式】

成矿区带：龙门山-大巴山成矿带（Ⅲ-73）。

建造构造：位于大巴山一带，含矿建造为上震旦统含锰细碎屑岩，其岩性从上到下为钙质页岩夹锰矿层、灰绿色页岩及条带状页岩，在页岩中部夹有数层薄层海绿石石英细砂岩。

成矿时代：震旦纪。

成矿组分：Mn。

矿床（点）实例：（陕）紫阳县屈家山锰矿床；镇巴县栗子垭锰矿床，石堡山锰矿点；西乡县水晶坪锰矿床，罗家湾锰矿点；安康市麻柳坝锰矿点。（川）万源市田坝、大竹河锰矿点。（渝）城口县高燕锰矿床，明月、上山坪、大渡溪、休齐锰矿点。

简要特征：锰矿主要呈层状、似层状产于陡山沱组上部钙质页岩层中。锰矿层由菱锰矿及含钙质页岩组成。矿石矿物主要为菱锰矿、钙菱锰矿、锰白云石、锰方解石、褐锰矿、软锰矿、硬锰矿等。非金属矿物有水云母、高岭石、方解石、石英、长石，及少量的绿泥石、白云母、叶蛇纹石等。矿体Mn平均品位11.35%～40.86%。

成因认识:震旦纪浅海环境沉积形成菱锰矿,次为锰方解石、锰白云石等;现代地表风化产生硬锰矿、软锰矿等。

【天台山式】

成矿区带:龙门山-大巴山成矿带(Ⅲ-73)。

建造构造:位于勉略康一带,含矿建造为上震旦统陡山沱组含锰磷碎屑岩-碳酸岩建造。第一岩性段为磷矿含矿层;第二岩性段是锰矿床含矿层位。含矿岩石为含锰磷白云岩、碳质硅质岩及泥质、砂质碎屑岩。

成矿时代:晚震旦世。

成矿组分:Mn,P。

矿床(点)实例:(陕)汉中市天台山磷锰矿床;城固县毕家河锰矿点;略阳县三岔子、郭镇、金家河、白家坝锰矿点;勉县方家坝、后沟、胡家湾、小扁河、将台寺锰矿点。

简要特征:矿体呈层状或透镜状产于含矿岩层中部,矿体与围岩整合接触,含矿层位稳定。锰矿主要为碳酸锰矿石(占95.87%),其矿物为锰白云石-含锰白云石(70%~90%)、硫锰矿、锰铝榴石;次生氧化锰矿石,其主要矿物为硬锰矿、软锰矿,次有水锰矿、褐锰矿等。矿石Mn品位13.82%~17.68%,矿区Mn平均品位15.75%。

成因认识:晚震旦世浅海相沉积形成锰白云石、含锰白云石及胶磷矿等;现代表生风化期形成硬锰矿、软锰矿等。

【沟岭子式】

成矿区带:龙门山-大巴山成矿带(Ⅲ-73)。

建造构造:赋矿地层为上震旦统浅海陆棚相沉积的细碎屑岩-碳酸盐含铁锰建造。下部含矿碎屑岩,铁锰矿层位于底部,在锰矿与锰矿碎屑岩之间常见锰矿层纹和铁锰矿小透镜体;上部碳酸盐岩为灰岩、碎屑灰岩,近底部常见不稳定铁锰矿层。

成矿时代:震旦纪。

成矿组分:Mn,Fe,(Mo,Co,Ag)。

矿床(点)实例:(甘)文县沟岭子锰钼矿床,豆家湾、赵家嘴锰矿点。

简要特征:矿体形态呈似层状、层状、透镜状产出,一般靠近底板板岩含铁高,变为铁锰矿或铁矿,而靠顶板灰岩含锰高,形成锰矿体。矿石构造主要为条带状、层状、块状构造,次为豆状、胶团状、结核状构造。矿石金属矿物主要为软锰矿、硬锰矿、褐铁矿,含少量钾锰矿、钾硬锰矿、菱锰矿、菱铁矿、褐锰矿、钙锰矿、硅酸锰矿、水锰矿等。矿体TMn平均品位28.71%。矿石TFe平均品位26.33%;伴生元素Mo品位0.04%~0.07%;Co品位0.044%~0.21%,Ag平均品位0.92×10^{-6}。

成因认识:晚震旦世浅海环境沉积形成菱铁矿、菱锰矿层;印支期低绿片岩相区域变质及变形,使含矿地层及矿体受到改造,矿石成分、组构发生变化;现代表生期风化形成软锰矿、硬锰矿、褐铁矿等。

三、风化壳型

【大水-玉石山式】

成矿区带:敦煌成矿带(Ⅲ-15)。

建造构造:赋矿地层为下寒武统西大山组和双鹰山组碎屑岩、碳酸盐岩-硅泥质岩建造,由碳酸盐岩、硅质板岩、硅质岩、碳质板岩夹结晶灰岩及变砂岩组成,锰矿层夹于变砂岩和硅质岩中。

成矿时代:新生代。

成矿组分:Mn,(Co,Mo)。

矿床(点)实例:(新)哈密市大水、盐滩、花坪、苦泉锰矿点。(甘)瓜州县玉石山锰矿点。

简要特征:矿体形态呈似层状、透镜状、脉状、小扁豆状产出。矿石构造主要以块状、粉末状为主,次有烟灰状、网格状、多孔状、蜂窝状、角砾状、皮壳状、肾状、鲕状、葡萄状、钟乳状等。矿石金属矿物主要有硬锰矿、软锰矿、褐锰矿,为次生氧化锰矿。矿体 Mn 平均品位 19.19%～43.00%;Co 含量 0.035%～0.102%,Mo 含量 0.01%～0.018%,TFe 含量 1.92%～30.00%,磷含量 0.12%～0.23%等。

矿床认识:早寒武世浅海环境沉积形成含锰岩系;新生代剥蚀出露地表遭受风化作用,形成风化淋滤型锰矿。

【大红山式】

成矿区带:敦煌成矿带(Ⅲ-15)。

建造构造:赋矿地层为震旦系陆源细碎屑石、硅质岩、板岩、大理岩含锰建造,含锰层位为一套泥质、粉砂质岩石组成,局部夹白云质灰岩、硅质岩透镜体,含矿层位上下岩层出现含砾大理岩及粉砂质页岩,下部碳酸盐岩与泥质岩互层,并出现含重晶石、锰方解石等矿物组合的硅质岩及碧玉岩,具有含硅热水沉积特征,并与下伏冰碛砾岩呈过渡关系。

成矿时代:新生代。

成矿组分:Mn。

矿床(点)实例:(甘)肃北县大红山锰矿床。(新)哈密市塔水、白川锰矿点。

简要特征:矿体产于含锰泥质板岩中,矿石构造主要有葡萄状、肾状、皮壳状、角砾状、块状构造,皆为经过风化淋滤充填于张性构造裂隙带中的锰矿石。矿石金属矿物主要为硬锰矿、软锰矿、水锰矿。矿石 Mn 平均品位 28.72%。

成因认识:震旦纪沉积形成含锰泥质板岩,新生代风化淋滤形成风化壳型锰矿。

第四章 铬 矿

铬是冶炼不锈钢的重要材料,占全部用途的85%;氧化铬用作耐火材料制造铬砖、铬镁砖占全部用途的15%。中国的铬产量只能满足国内需求的6%,因此铬矿属于我国紧缺矿产。

第一节 矿产概况和成矿时段

截至2009年,西北地区探获铬矿床7处,包括中型2处(新疆萨尔托海,甘肃大道尔吉),小型5处。按此时累计查明铬铁矿石资源量对比,新疆占47.73%,甘肃占38.78%,青海占9.57%,陕西占3.92%。

近年,新疆萨尔托海矿区24矿群经勘查又新增近30×10^4t可采资源量,可使西北大区累计查明铬铁矿石资源量提升5.8%。此外,在西昆仑康西瓦一带柯岗-库地蛇绿岩带中发现铬铁矿化,局部地段有富集,开辟了新的找矿靶区(新疆维吾尔自治区地质矿产勘查开发局,2013)。

按截至2009年累计查明资源量分析(图4-1),西北地区铬矿形成时段主要在加里东期(51.12%)和海西期(46.29%);少量在前寒武纪(2.59%)。

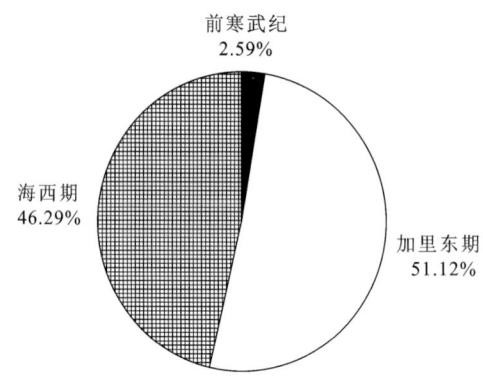

图4-1 西北地区铬矿时代统计分布图(截至2009年数据)

萨尔托海矿区新增铬铁矿可采资源量,成矿时代属于海西期,从而可使西北地区海西期铬铁矿提升到与加里东期铬铁矿比列大致持平。

第二节 矿床类型及矿床式

按截至2009年累计查明资源量分析(图4-2),西北地区铬矿类型主要为蛇绿岩型,具体矿体可区分为超基性岩有关异离体型(55.86%)、堆晶岩型(37.45%)及异离体-堆晶岩型(6.689%);而沉积型仅在勉略地区有几处矿点,资源量非常少(仅0.001%)。

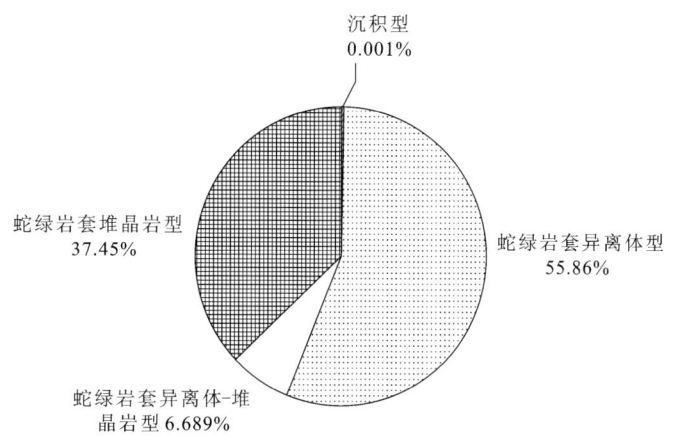

图 4-2 西北地区铬矿类型统计分布图(截至 2009 年数据)

萨尔托海矿区新增铬铁矿可采资源量,矿体呈豆荚状,具有绿泥石外壳,存在流动构造,属于蛇绿岩套超基性岩有关异离体型,可使该类型累计探明铬铁矿比例提高到约 60%。

一、蛇绿岩型

【萨尔托海式】

成矿区带:唐巴勒-卡拉麦里成矿带(Ⅲ-4)。

建造构造:泥盆纪已形成的萨尔托海镁质超基性岩体受后期构造作用被挤进下石炭统包古图组和上石炭统太勒古拉组中,与绿色火山岩系相伴生,与围岩为断层接触。岩体主要由方辉辉橄岩和少量的纯橄岩、方辉橄榄岩、二辉橄榄岩组成,岩石 m/f 为 8.6~11.8,橄榄石中全结晶化硅酸盐熔体包裹体均一化测温为 1218~1325℃(彭礼贵,1987)。铬铁矿体与变质变形地幔橄榄岩中异离体型中粗粒纯橄岩及方辉橄榄岩密切相关。变质变形纯橄岩的橄榄石粒径仅 0.1~0.5mm,而成矿纯橄岩的橄榄石粒径可达 4~8mm,大者可达 16mm(夏林圻,1980)。

成矿时代:泥盆纪。

成矿组分:Cr,(Os,Ir,Ru 等)。

矿床(点)实例:(新)西准噶尔托里县萨尔托海、鲸鱼铬矿床、达拉布特、科果拉、木哈塔依、苏鲁乔克、坎土别克、阿音那巴斯套铬矿点;东准噶尔富蕴县清水 15 号、清水、苦水泉、南明水泉、918 高点 6 号等铬矿点。

简要特征:矿体与纯橄岩岩体分布密切相关,60%以上的矿体产于纯橄岩中;规模大的纯橄岩带中主矿体位于中、下部,次要矿体则位于上部的方辉辉橄岩中。矿体边部常有厚 10~20cm 的绿泥石壳。矿石矿物为铬尖晶石,非金属矿物有蛇纹石、菱镁矿、绿泥石。矿石构造主要有致密块状、稠密浸染状、稀疏—中等浸染状,互相之间均为逐渐过渡关系。矿石 Cr_2O_3 含量变化于 15.85%~40.11%,平均 33.30%,伴生铂族元素含量约 $0.2×10^{-6}$。

成因认识:泥盆纪小洋盆,地幔岩绝热减压底劈上升发生多期部分熔融事件,细粒纯橄岩-方辉橄榄岩代表难熔残余;高度熔融形成基性度高且富挥发分和铬、镁的岩浆囊内结晶中粗粒纯橄岩-方辉橄榄岩及铬铁矿体。矿石铬尖晶石包裹体测定形成温度 713~726℃(彭礼贵,1987)。

【红石山式】

成矿区带:觉罗塔格-黑鹰山成矿带(Ⅲ-8)。

建造构造:红石山基性—超基性岩体呈近东西向卧鱼状侵入于早石炭世云母片岩、绿色片岩和板岩中。岩体从南往北分 4 个岩相带:①纯橄岩-中细粒斜辉橄榄岩岩相带,内见几处铬铁矿化。②纯橄岩-斜辉辉橄岩-粗粒单辉辉橄岩岩相带,其中的纯橄岩多呈不规则和长条状异离体形式产出,是岩体内铬铁矿的主体岩石。③纯橄岩-中细粒单辉辉橄岩岩相带,纯橄岩也呈异离体状产出。④纯橄岩岩相带,为岩体北部边缘岩相,外侧直接与辉长岩接触。超基性岩 m/f 值变化于 7.45～9.65,变质变形辉橄岩中的橄榄石 Fo 84～92,含矿异离体纯橄岩的橄榄石 Fo 83～88。

成矿时代:早石炭世。红石山蛇绿岩中的辉长岩中锆石 U-Pb 同位素年龄 346.6±2.8Ma(王国强等,2014)。

成矿组分:Cr。

矿床(点)实例:(甘)肃北县红石山铬铁矿点。(蒙)额济纳旗百合山铬铁矿点。

简要特征:铬矿体可分为薄层状、条带状、透镜状、柱状及脉状等。含矿岩石为纯橄岩。薄层状矿体以稀疏浸染状矿为主,局部富集到中等—稠密浸染状,与围岩均呈渐变过渡。条带状矿体由块状与不同稠度的浸染状矿条呈交互层组成。浸染状和块状矿石的铬尖晶石均属铝铬铁矿。矿体内纯橄岩的橄榄石粒径粗大,有时晶粒达 10～26mm,但矿体边部稀疏浸染矿石中的橄榄石晶体细小,一般仅 0.2～1.5mm,其间未见中等粒径的过渡带。稀疏浸染矿石 Cr_2O_3 平均品位大约为 12%,中等浸染矿石 Cr_2O_3 平均品位大约为 21%。

成因认识:红石山蛇绿岩代表石炭纪大陆裂谷向大洋转化的构造环境下形成的初始小洋盆,地幔岩绝热减压底劈上升发生部分熔融,因 Cr_2O_3 的耐火性,决定了矿质大量地留在橄榄岩残余中,熔融形成基性度高且富挥发分和铬、镁的岩浆囊内结晶中粗粒纯橄岩及铬铁矿体。

【玉石沟式】

成矿区带:北祁连成矿带(Ⅲ-21)。

建造构造:玉石沟超基性岩体群侵入于下奥陶统阴沟群的变安山玄武岩、板岩、变砂岩、硅质岩及辉长岩中。北岩体、中岩体、小岩体和南岩体北部纯橄岩-方辉辉橄岩-方辉橄榄岩相带属蛇绿岩套底部的"变质变形地幔橄榄岩",具变余假斑晶-糜棱结构,矿物具波状、带状消光及膝折带,岩石 m/f 为 9.12～9.87(董显扬,1982)。南岩体南部纯橄岩及辉长岩构成蛇绿岩套堆晶杂岩,铬铁矿体主要产于南岩体南部纯橄岩中(堆晶纯橄岩,m/f 为 9.8),其次产于各岩体变质变形"地幔橄榄岩"中的纯橄岩异离体中(周会武等,1995)。成岩纯橄岩的橄榄石粒径小于 1.5mm,而成矿纯橄岩的橄榄石粒径可达 2～3mm(夏林圻,1980)。

成矿时代:奥陶纪。

成矿组分:Cr,(Os,Ir,Ru 等)。

矿床(点)实例:(青)祁连县玉石沟铬矿床,百经寺、川刺沟脑、边麻沟、拉峒、黑泉河、三岔铬矿点。

简要特征:矿体形态主要为透镜状。矿石类型主要为致密块状矿石、稠密浸染状矿石,次为中等浸染状矿石、稀疏浸染状矿石和星散浸染状矿石。矿石矿物主要为铬尖晶石;非金属矿物有橄榄石、蛇纹石、菱镁矿、绿泥石、滑石等。矿体 Cr_2O_3 含量平均品位 29.8%～47.92%,玉石沟全矿区平均 30.28%。伴生铂族元素 $0.263×10^{-6}～1.39×10^{-6}$。

成因认识:北祁连奥陶纪洋盆,地幔岩绝热减压底劈上升发生部分熔融,由于 Cr_2O_3 的耐火性,决定了矿质大量地留在橄榄岩残余中,熔融形成基性度高且富挥发分和铬、镁的岩浆囊内结晶中粗粒纯橄岩-方辉橄榄岩及铬铁矿体。亏损地幔高度部分熔融过程也有 Cr_2O_3 进入岩浆,迁至变质变形地幔橄榄岩带之上岩浆房发生结晶分异,在堆晶岩底部纯橄岩中形成铬铁矿体。

【大道尔吉式】

成矿区带:中祁连成矿带(Ⅲ-22)。

建造构造:野人沟、大道尔吉和小道尔吉 3 个超基性岩体群,呈透镜状挤入蓟县系大理岩之断裂带中。大道尔吉岩体分为:变质地幔橄榄岩带,由纯橄岩和方辉橄榄岩(m/f 为 10.16～11.14)组成;堆晶杂岩带由纯橄岩-含辉纯橄岩(m/f 为 7.34～9.11)、透辉岩-异剥橄榄岩-辉长岩组成(m/f 为 3.16～4.93),自北向南划分为 3 个旋回(苟国朝等,1994)。

成矿时代:奥陶纪。

成矿组分:Cr,(Os,Ir,Ru 等)。

矿床(点)实例:(甘)肃北县大道尔吉铬矿床,小道尔吉、野人沟铬矿点。

简要特征:大道尔吉铬铁矿体主要赋存于堆晶杂岩带第三旋回底部纯橄岩中,第二旋回底部纯橄岩仅局部矿化,第一旋回底部纯橄岩矿化较差。矿体呈长条状、透镜状、扁豆状。含矿岩性主要为纯橄岩,其次是含辉纯橄岩。矿石可分为块状和浸染状两种自然类型。矿石矿物为铬尖晶石;非金属矿物有橄榄石、辉石、蛇纹石、绿泥石、次闪石、帘石等。矿石 Cr_2O_3 平均含量 $4.20\%\sim33.74\%$;伴生铂族元素在富矿中平均 0.306×10^{-6},在贫矿中平均 0.149×10^{-6},铂族元素中 Ru 约占 57.84%,Os 约占 26.37%,Ir 约占 9.75%,Rh 约占 2.36%;该矿区附近冲积物中见锇铱矿(苟国朝等,1994)。

成因认识:拉脊山-党河奥陶纪小洋盆环境,由亏损地幔高度部分熔融迁出的岩浆,在蛇绿岩变质地幔橄榄岩带之上岩浆房结晶分异,于堆晶岩底部纯橄岩中形成矿体。小洋盆闭合时,蛇绿岩碎片被挤入中祁连地块南缘。

【楼房沟式】

成矿区带:南秦岭成矿带西段,即西秦岭成矿带(Ⅲ-28)。

建造构造:海西期楼房沟超基性岩(方辉辉橄岩及纯橄岩)碎片被挤入中上志留统大河店组中。岩体在空间分布上具有良好分带性,从中心向边缘大致可分为3个岩相带:中心为蛇纹石化纯橄岩,过渡带为蛇纹石化方辉辉橄岩,外部带为滑石菱镁岩和不连续分布于其中的蛇纹岩。岩石 m/f 变化于 $7.8\sim18.17$。

成矿时代:海西期。

成矿组分:Cr,(Os,Ru)。

矿床(点)实例:(陕)留坝县楼房沟铬铁矿点。

简要特征:铬铁矿在3个岩相带中均有产出,但主要产于中心带纯橄岩和过渡带方辉辉橄岩相中。矿体形状主要呈透镜状、似脉状、串珠状。矿体与围岩界线截然清楚。矿石矿物主要为铬尖晶石。矿体 Cr_2O_3 品位 $33.83\%\sim45.28\%$,伴生锇、钌等铂族元素。

成因认识:泥盆纪裂陷槽局部拉张达小洋盆环境,地幔岩绝热减压底劈上升发生部分熔融,高度熔融形成的富铬、镁的岩浆囊内形成铬铁矿体。小洋盆闭合时,蛇绿岩片被挤入附近志留纪地层。

【松树沟式】

成矿区带:北秦岭成矿带(Ⅲ-66A)。

建造构造:松树沟超基性岩体侵位于古元古界秦岭群(主要由斜长片麻岩、斜长角闪岩、大理岩构成)。超基性岩体组成:细粒橄榄岩质糜棱岩(约占75%)塑性变形显著,岩石 m/f 值为 $8.26\sim11.36$;中粗粒橄榄岩(约占15%),多呈不同级别大小的透镜状异离体分布于橄榄岩质糜棱岩中,具半自形粒状结构和镶嵌结构,岩石 m/f 值为 $8.80\sim9.95$;透辉岩脉沿橄榄岩片理分布。成岩纯橄岩的橄榄石粒径小于 0.3mm,而成矿中粗粒纯橄岩的橄榄石粒径大于 0.5mm,大者可达 $20\sim50$mm(夏林圻,1980)。

成矿时代:中元古代晚期。粗粒纯橄岩-方辉橄榄岩-橄榄石-斜方辉石-铬尖晶石 Sm-Nd 等时线年龄 1084 ± 73Ma(陆松年等,2004)和 1079 ± 63Ma(陈志宏,2004)。

成矿组分:Cr,(Os,Ir,Ru 等)

矿床(点)实例:(陕)商南县松树沟铬矿床,泥鳅凹、金沟凹铬矿点;蓝田县草坪铬矿点。

简要特征:铬铁矿矿体主要赋存于中粗粒纯橄岩和少量的块状构造方辉橄榄岩中。矿体呈透镜状。单个矿体的矿石边部为稀疏浸染状,向内为中等浸染状、稠密浸染状到致密块状。边部浸染状矿石 Fe^{3+}/Fe^{2+} 比值为 0.493,中心致密块状矿石 Fe^{3+}/Fe^{2+} 比值为 0.299(陈彰瑞等,1997)。矿石有用矿物主要为铬尖晶石,Cr_2O_3 平均品位 22.39%,伴生铂族元素含量 $0.057\times10^{-6}\sim0.446\times10^{-6}$,大部分大于 0.18×10^{-6}。

成因认识:中元古代晚期小洋盆,地幔岩绝热减压底劈上升发生多期部分熔融事件,细粒纯橄岩-方辉橄榄岩代表难熔残余;高度熔融形成基性度高且富挥发分和铬、镁的岩浆囊内结晶中粗粒纯橄岩-方辉橄榄岩及铬铁矿体。前者经历 $1200\sim1000℃$ 和 $800\sim600℃$ 两阶段变形,后者仅经历 $800\sim600℃$ 阶段的变形(李犇等,2010)。中心的致密块状矿石是从深部向浅部的熔融过程矿质逐步累积的结果,边部的浸染状矿石则仅为浅部形成的矿质。

二、沉积型

【冯家山式】

成矿区带:龙门山-大巴山成矿带(Ⅲ-73)。

建造构造:赋矿地层为震旦系断头崖组硅质白云岩层中石英砂岩-硅质角砾岩-绢云母粉砂质板岩夹层。

成矿时代:震旦纪。

成矿组分:Cr。

矿床(点)实例:(陕)宁强县冯家山、白云山、两河口沉积砂岩型铬矿点;略阳县峡口驿沉积砂岩型铬矿点。

简要特征:矿体呈层状,产状与围岩一致。矿石矿物为铬铁矿,呈浑圆、次圆形,具固溶体分解结构,矿砂应来源于超基性岩;非金属矿物有石英、绢云母、铬云母、白云石及方解石。分为砂岩型矿石和板岩型矿石,矿石 Cr_2O_3 为变化于 $6\%\sim31.28\%$。

成因认识:震旦纪成矿的铬铁矿砂应来源于更老的剥蚀区超基性岩,推断可能是该区域中新元古代蛇绿岩有关铬铁矿遭剥蚀,机械搬运到滨海浪击地带沉积形成古沉积砂矿,后来固结成岩。这些铬铁矿点经济价值虽然不大,但具有重要的大地构造意义,有助于揭示其剥蚀前的岩浆型铬铁矿及其相关蛇绿岩块体应形成于震旦纪之前。

第五章 铜 矿

铜在工业发展中具有极其重要地位,在电气工业用量最大,其次在国防、机械、化工、农业等领域也都有广泛使用,属我国紧缺矿产。

第一节 矿产概况和成矿时段

截至2009年,西北地区探获铜矿床190处,其中大型8处(新疆延东、土屋、阿舍勒、包古图,甘肃金川、白银厂折腰山,青海铜峪沟、德尔尼),中型38处,小型144处。按此时累计查明铜矿金属资源量对比,新疆占50.69%,甘肃占30.82%,青海占14.39%,陕西占4.02%,宁夏仅占0.077%。近几年,西北地区铜矿找矿勘查又取得巨大进展。

新疆:准噶尔北缘新发现玉勒肯哈腊苏斑岩铜(钼)矿、希力库都克斑岩铜钼矿,远景可达中—大型;准噶尔东北部琼河坝新发现蒙西斑岩型铜(钼)矿,资源量达$50×10^4$t以上;准噶尔西南部新发现哈勒尕提矽卡岩-斑岩型铜(钼)矿,远景可达大型(董连慧等,2011)。阿勒泰地区阿舍勒铜矿区深部找矿勘查新增333+334级铜金属量$24.95×10^4$t,共伴生锌金属量$5.4×10^4$t,共伴生硫铁矿矿石量$2477.49×10^4$t,伴生金7.42t,银210t。东昆仑祁曼塔格累计探获铜资源量$41.50×10^4$t,其中2011—2015年新增$20×10^4$t;卡拉塔格累计探获铜锌$136×10^4$t(铜约占94.84%),其中2011—2015年新增铜$61.60×10^4$t和锌$3.95×10^4$t;萨热克铜矿累计探获$85.09×10^4$t,其中2011—2015年新增$74.73×10^4$t。

甘肃:在北祁连,白银厂矿田,折腰山-火焰山矿床深部500~1600m深处找到新矿体,估算333+334铜资源量$11.6×10^4$t,还在折腰山—火焰山与小铁山之间地段新发现四方山锌铅铜矿床,锌铅铜资源量(铜约占6.5%,铅锌约占93.5%)$52×10^4$t;西安地质调查中心在错沟—寺大隆之间预测的长干峡、纳木桥铜矿找矿靶区,近年也由地方企业硐探发现了隐伏的块状硫化物铜矿体,矿石Cu品位7.68%~28.57%。

青海:祁曼塔格地区累计探获铜铅锌金属资源量$502.72×10^4$t,其中2011—2015年新增Cu金属量$51.27×10^4$t(333级$8.74×10^4$t,334级$42.53×10^4$t),锌金属量$26.82×10^4$t(333级$8.09×10^4$t,334级$18.73×10^4$t)。多彩地区(尕龙格玛、当江等矿床)累计探获铜铅锌金属资源量$252.89×10^4$t(铜约占32%,铅锌约占68%),其中2011—2015年新增$238.14×10^4$t。

陕西:2011—2015年新增铜资源量$20.3×10^4$t,其中南秦岭旬阳县棕溪镇新发现的姚沟铜矿床探获332+333铜资源量$8.15×10^4$t。

按截至2009年累计查明资源量分析(图5-1),西北地区铜矿形成时段主要在海西期(55.33%),其次在前寒武纪(19.51%)和加里东期(16.76%),少量在燕山期(3.99%)、印支期(2.83%)及喜山期(1.57%)。

后文对各铜矿床类型的矿床式中成矿时代的论述,既广泛利用了课题进行时截至2009年西北5省(区)矿产资料,也尽可能地收集补充了2010—2015年新的成果信息。

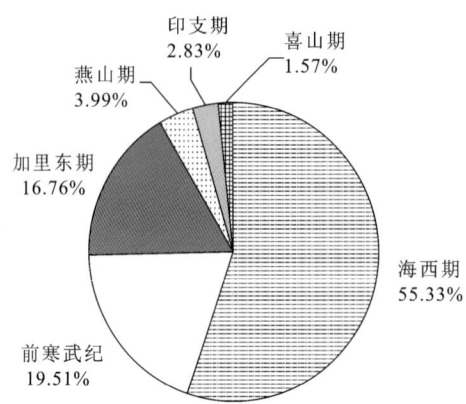

图 5-1 西北地区铜矿时代统计分布图(截至 2009 年数据)

第二节 矿床类型及矿床式

按截至 2009 年累计查明资源量分析(图 5-2),西北地区铜矿类型主要为斑岩型(38.98%),次为海相火山型(29.18%)和岩浆型(22.34%),少量热液型(5.32%)、砂岩型(2.79%)、矽卡岩型(1.19%)及陆相火山型(0.19%)。

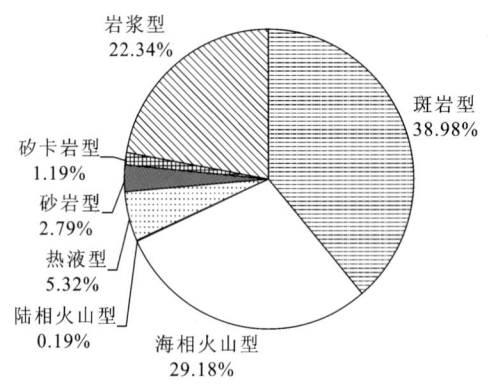

图 5-2 西北地区铜矿类型统计分布图(截至 2009 年数据)

一、岩浆型

【喀拉通克式】【黄山式】【天宇式】【坡北式】【兴地式】【黑山式】【金川式】【余家山式】【拉水峡式】【牛鼻子梁式】【夏日哈木式】参见第八章镍矿中同名的矿床式。

二、海相火山型

【阿舍勒式】

成矿区带:南阿尔泰成矿带(Ⅲ-2)。

建造构造:下中泥盆统阿舍勒组一套"双峰式"海相火山岩,主要由基性和酸性火山岩组成,发育细碧角斑岩化,还常见硅质岩、铁碧玉岩和灰岩,呈层状或透镜状夹于火山岩地层之中。阿舍勒组凝灰岩锆石 U-Pb 年龄为 387±4.2Ma,基性火山岩锆石 U-Pb 年龄为 388.2±3.3Ma(杨富全等,2013)。

成矿时代：早中泥盆世。Ⅰ号矿体内酸性火山岩锆石 U-Pb 年龄为 375±3Ma（万博等，2006）。

成矿组分：Cu，Zn，S，(Pb，Au，Ag，重晶石)。

矿床实例：(新)哈巴和县阿舍勒铜锌矿床。

简要特征：矿床共有 4 个矿体，Ⅰ号矿体为主矿体，下部为浸染网脉状矿石，上部为块状和似层状矿石。矿石具有块状、条带状、条带-浸染状构造、细脉-浸染状构造、角砾状构造等。围岩蚀变强烈，主要有硅化、绢云母化、绿泥石化、碳酸盐化等。金属矿物主要为黄铁矿、黄铜矿、闪锌矿、方铅矿、磁黄铁矿等，其次为斑铜矿、辉铜矿、黝铜矿、方铜矿、孔雀石以及辉银矿等。矿体下部富铜，中部富铜、锌，上部富铜、铅锌及金、银。矿石平均品位：Cu 2.46%，Zn 2.93%，Pb 0.41%，S 22.66%，Au 0.36×10^{-6}，Ag 18.37×10^{-6}。

成因认识：早中泥盆世裂谷环境，海底火山喷发间歇期，喷流热液排泄到海底，在喷口及其附近堆积了块状硫化物矿体，形成了矿床的双层结构和矿化分带。后来矿床经历了一定构造热液改造。

【乔夏哈拉式】

成矿区带：准噶尔北缘成矿带（Ⅲ-3）。

建造构造：中泥盆统北塔山组安山岩、玄武安山岩、火山角砾岩、火山凝灰岩、钙质砂岩、结晶灰岩；晚期有闪长玢岩侵入体（锆石 U-Pb 年龄 377.6±1.4Ma；张志欣等，2012）。

成矿时代：中泥盆世。绿帘石磁铁矿矿石和黄铜矿磁铁矿矿石中辉钼矿 Re-Os 年龄为 380.1±2.7Ma（张志欣等，2012）。

成矿组分：Fe，Cu，(Au)。

矿床(点)实例：(新)富蕴县乔夏哈拉铁铜矿床；青河县老山口铁铜矿床。

简要特征：矿体赋存于玄武岩、凝灰岩、大理岩、闪长玢岩和绿帘石矽卡岩中，呈层状、似层状、透镜状，可划分为磁铁矿矿体、含金铜磁铁矿矿体和铜金矿体，具上铁下铜分布规律。铁、铜矿石普遍含金，以伴生为主。矿石中金属矿物主要为磁铁矿、黄铜矿，次为黄铁矿、赤铁矿，微量自然金等。矿体平均品位：TFe20%～62%，Cu 0.55%～2.21%，Au 0.13×10^{-6}～2.40×10^{-6}。

成因认识：中泥盆世裂谷裂陷，火山活动间歇期，海底喷流形成上铁下铜矿层；晚期闪长玢岩侵入体接触交代使局部铜金矿更为富集。

【红海-红土坡式】

成矿区带：觉罗塔格-黑鹰山成矿带（Ⅲ-8）。

建造构造：含矿建造为奥陶系—志留系细碧岩-石英角斑岩系，即钠质系列的玄武岩-玄武安山岩-安山岩-英安岩-流纹岩组合及其相应的火山碎屑岩，为岛弧构造环境下形成的一套巨厚的海相、海陆交互相火山岩-火山碎屑岩建造。下部赋存有薄层状、脉状铜矿体；上部为铜锌矿体的主要赋矿层位。

成矿时代：中志留世。红海矿体上盘围岩底部酸性火山岩锆石 U-Pb 年龄为 416.3±5.9Ma；K-Ar 同位素定年获得矿体下盘强绢云母化蚀变围岩年龄为 424±7Ma（毛启贵等，2010）。

成矿组分：Cu，Zn，(Au，Ag，S)。

矿床(点)实例：(新)哈密市红海、黄土坡、红石铜锌矿床。

简要特征：矿体呈似层状、透镜状。块状矿体发育于火山碎屑岩顶部，矿石主要为致密块状硫化物型铜锌矿体，矿石中金属矿物含量高达 90% 以上，仅含少量石英、绢云母等非金属矿物。含矿围岩发育硅化、绢云母化、绿帘石化、绿泥石化等蚀变，石英脉比较发育。金属矿物主要为黄铁矿、黄铜矿、闪锌矿、磁黄铁矿等，极少量毒砂、方铅矿、黝铜矿等；非金属矿物主要有石英、绢云母、少量绿泥石、方解石、重晶石、长石等。矿石 Cu 平均品位 2.82%，Zn 平均品位 9.58%。伴生有用组分 Au 平均品位 0.08×10^{-6}，Ag 平均品位 4.90×10^{-6}，S 平均品位 7.50%。

成因认识：志留纪火山弧环境，火山喷发间歇期，海底喷流活动成矿。

【小热泉子式】

成矿区带：觉罗塔格-黑鹰山成矿带（Ⅲ-8）。

建造构造：下石炭统小热泉子组，岩性主要为凝灰岩、凝灰质砂岩、凝灰质粉砂岩、晶屑凝灰岩、凝灰质角砾岩、火山角砾岩等。容矿岩石主要为杂色含铜凝灰质粉砂岩、凝灰岩;黑色(含碳)含铜凝灰质泥岩、深绿色绿泥石岩及火山灰凝灰岩和灰白色硅质凝灰岩、凝灰质角砾凝灰岩。

成矿时代:早石炭世。

成矿组分:Cu,(Zn,Au,Ag,S)。

矿床(点)实例:(新)吐鲁番市小热泉子铜矿床;哈密市铜山铜矿床。

简要特征:矿体主要呈似层状、透镜状及带状产于矿区穹隆构造的边缘,呈环状产出,矿体产状与地层基本一致。矿化以细脉浸染型为主,具浸染状、块状、条带状、纹层状、胶结状、脉状和网脉状构造等。金属矿物主要为黄铜矿、闪锌矿、黄铁矿、毒砂、磁黄铁矿。非金属矿物主要有石英、绢云母、绿泥石。Ⅰ号矿床Cu平均品位1.51%;伴生Zn 0.38%,S 1.56%,Au 0.109×10^{-6},Ag 5.52×10^{-6}。

成因认识:石炭纪裂谷环境,火山喷发间歇期,海底喷流形成铜矿;后来又受到热液改造。

【石居里式】

成矿区带:北祁连成矿带(Ⅲ-21)。

建造构造:奥陶纪蛇绿岩套上部火山-沉积岩系的基性熔岩、凝灰质砂岩夹粉砂质板岩、硅质岩及碧玉岩建造。蛇绿岩套辉长岩锆石U-Pb年龄为457.9±1.2Ma;辉石细碧玢岩锆石U-Pb年龄为454±15Ma(李文渊等,2006)。

成矿时代:中晚奥陶世。

成矿组分:Cu,(Zn,Co,Au,Ag)。

矿床(点)实例:(甘)肃南县石居里、错沟、九个泉、长干峡铜矿床;景泰县猪嘴哑巴铜矿床。

简要特征:矿体形态呈似层状、透镜状、脉状、囊状、不规则状。矿石构造主要为块状—角砾状、稠密浸染状、细脉浸染状,矿石金属矿物以黄铁矿、黄铜矿为主,局部有少量磁铁矿、磁黄铁矿、斑铜矿、黝铜矿等,围岩蚀变为硅化、绿泥石化、绿帘石化、碳酸盐化、绢云母化。石居里Ⅵ号沟矿石平均品位:Cu 5.83%,Zn 0.29%。Ⅷ号沟矿石Cu平均品位3.14%,Zn为0.33%。长干峡矿石Cu变化于7.63%~28.57%,Zn变化于0.89%~4.31%。

成因认识:"石居里式"铜矿类似"塞浦路斯式"铜矿,属蛇绿岩套基性火山岩有关火山喷流成因块状硫化物型铜矿。本区中晚奥陶世弧后盆地环境,火山喷发间歇期,海底喷流活动形成铜矿。

【折腰山式】

成矿区带:北祁连成矿带(Ⅲ-21)。

建造构造:中寒武统黑茨沟组主要由一套细碧-角斑岩系火山岩组成,其间夹有硅质岩、结晶灰岩及(凝灰质、铁锰质、硅质)千枚岩、板岩等。矿床受火山穹隆中心之破火山口构造控制,与酸性火山岩密切相关,主要赋存于石英角斑凝灰岩中,矿上常有含铁硅质岩。

成矿时代:中寒武世。

成矿组分:Cu,(Zn,Pb,Au,Ag,S)。

矿床实例:(甘)白银市折腰山、火焰山铜矿床。

简要特征:矿体多呈似层状、透镜状,局部为脉状。矿石构造有块状、条带状、浸染状、网脉状等。矿石金属矿物成分主要为黄铁矿、黄铜矿,次为磁黄铁矿、闪锌矿,少量方铅矿、方黄铜矿等;非金属矿物有石英、绢云母、绿泥石、碳酸盐、重晶石等。矿石Cu平均品位为2.29%;伴生Zn为0.24%,Pb为0.18%,Au为0.84×10^{-6},Ag为13.32×10^{-6}。

成因认识:中寒武世裂谷环境,火山喷发间歇期海底喷流成矿,火山穹隆中心破火山口位置形成铜矿(折腰山式),火山穹隆破火山口外侧之斜坡洼地形成锌铅铜矿(小铁山式)。

【红沟式】

成矿区带:中祁连成矿带(Ⅲ-22)。

建造构造:上奥陶统扣门子组"双峰式"火山岩套之基性火山岩,岩石强烈细碧角斑岩化。矿体产于火山碎屑岩、熔岩组合岩石中。

成矿时代:晚奥陶世。

成矿组分：Cu,(Zn,Co,Au,Ag)。

矿床(点)实例：(青)门源县红沟铜矿床。

简要特征：矿体产状与围岩基本一致。矿石类型以块状黄铜黄铁矿矿石为主。金属矿物的分布具有垂直分带性：由上到下分别为磁铁矿，磁铁矿＋黄铜黄铁矿，黄铜黄铁矿，块状黄铜矿＋黄铜黄铁矿。围岩蚀变有绿泥石化、硅化、绿帘石化、钠长石化、碳酸盐化等，其中绿泥石化、硅化与矿化关系密切，常形成近矿围岩蚀变带。矿石平均品位：Cu 4.63%,Zn 0.39%。

成因认识：晚奥陶世陆缘裂谷环境，火山喷发间歇期，海底喷流形成铜矿。

【铜峪沟式】

成矿区带：南秦岭成矿带西段，即西秦岭成矿带(Ⅲ-28)。

建造构造：区内含矿地层为下二叠统，由变质砂岩、千枚岩和变质粉砂岩夹浅变质碳酸盐岩和层矽卡岩等组成，夹有基性火山岩和凝灰质碎屑岩，类矽卡岩恢复原岩具中基性火山岩成分特点(王移生等,1985)。

成矿时代：早二叠世。

成矿组分：Cu,Pb,Zn,(Ag,Cd,In,S)。

矿床(点)实例：(青)兴海县铜峪沟、赛什塘铜矿床。

简要特征：铜峪沟按同一岩性层中矿体群称为矿化带，进一步划分为16个矿化带，63个矿体。M4矿群规模最大，长约2.5km，其中圈出9条矿体，矿体断续分布，呈层状、似层状或透镜状。金属矿物为黄铜矿、磁黄铁矿，次为黄铁矿、白铁矿、方铅矿、闪锌矿，微量黄锡矿及斑铜矿、自然铋等；非金属矿物主要有透辉石、钾长石、石英、黑云母、方解石，次为斜长石、阳起石、绿泥石、绢云母，少量石榴石、硅灰石、符山石、透闪石等。Cu品位0.30%～3.50%,平均0.89%。个别含矿带中能够圈出独立的铅锌矿体和硫矿体，铅锌矿体Pb品位1.06%～11.43%,平均3.47%,Zn品位1.06%～6.99%,平均2.53%；硫矿体S品位7.51%～8.91%,平均8.12%。伴生组分Au品位0.15×10^{-6}～0.25×10^{-6},Ag品位15×10^{-6}～30×10^{-6}。

成因认识：早二叠世陆缘裂谷裂陷环境，海底中基性火山活动间歇期，喷流活动使成矿物质富集；印支期区域变质改造形成类矽卡岩(原岩为中基性火山岩)，矿质也进一步浓集。

【日龙沟式】

成矿区带：南秦岭成矿带西段，即西秦岭成矿带(Ⅲ-28)。

建造构造：含矿地层为下二叠统变碎屑岩、碳酸盐岩夹火山沉积岩建造。下岩段为变质细砂岩(含酸性火山碎屑夹层)、变质粉砂岩夹绿泥石英(或绢云母)千枚岩(或片岩)及大理岩透镜体组成，其顶部含矿化层；中岩段为主要含矿层，由变质粉(细)砂岩、厚层状大理岩、千枚岩、石英岩、变粒岩(中酸性火山岩变成)、角岩、薄层状大理岩(或泥灰岩)、黑云母(或二云母)石英片岩以及类矽卡岩镜体组成，近顶部矿体赋存地段多有基性次火山岩分布；上岩性段为变质长石石英砂岩、绢云母千枚岩、千枚状变质粉砂岩夹变质中基性火山岩(王移生等,1990；王怀超等,2006)。

成矿时代：早二叠世。

成矿组分：Sn,Cu,(Zn,Pb)。

矿床(点)实例：(青)兴海县日龙沟锡铜矿床，铜峪沟南锡矿点。

简要特征：矿体产于下二叠统，多顺岩层或层间破碎带产出，产状与地层产状基本一致。圈定20个锡矿体，11个铜矿体，6个锡铜共生矿体。矿石有类矽卡岩型和变砂岩型两种。矿石矿物为锡石、白钨矿、黄铜矿、方铅矿、闪锌矿。矿石Sn品位变化于0.1%～1.35%,Cu变化于0.1%～0.70%。

成因认识：早二叠世陆缘裂谷裂陷环境，海底火山活动间歇期，喷流活动使成矿物质初步富集，推断锡的来源与基底古元古界密切相关；印支期区域变质及岩浆活动改造形成类矽卡岩(原岩为中基性火山岩)，矿质也进一步浓集。

【恰冬式】

成矿区带：南秦岭成矿带西段，即西秦岭成矿带(Ⅲ-28)。

建造构造：赋矿地层为下—中三叠统隆务河组，岩性以砂岩、粉砂岩、凝灰质板岩、凝灰质砂岩互层及凝灰质板岩夹凝灰质砂岩与大理岩互层，构成砂岩、粉砂岩、凝灰质板岩、大理岩、安山岩建造及含铜凝灰质砂岩建造。

成矿时代：早—中三叠世。

成矿组分：Cu,(Pb,Zn,Ag,Au)。

矿床(点)实例：(青)同仁县恰冬铜矿床，阔合隆洼、江格尔、欠隆铜矿点。

简要特征：矿体多呈似层状、透镜状，主要赋存于含铜凝灰质砂岩与凝灰质板岩界面的下部层位，在安山岩层的上下。矿体产状与围岩一致，随地层褶皱。矿石类型分为硫化矿和氧化矿两类，硫化矿石又分为黄铁矿-黄铜矿矿石、磁黄铁矿-黄铜矿矿石、磁黄铁矿-毒砂-黄铜矿矿石、毒砂-多金属矿石4种矿石类型，以前二者为主。矿石金属矿物主要为黄铁矿、磁黄铁矿、黄铜矿；非金属矿物主要为石英、长石、方解石、绿帘石、透闪石和石榴石。矿床Cu平均品位0.92%。矿石中伴生组分在毒砂-多金属矿石中、块状毒砂脉及脉两侧浸染状矿化中含Pb 0.99%~1.23%, Zn 0.36%~0.43%, As 2.53%~29.2%, Ag $17.55×10^{-6}$~$120×10^{-6}$, Au $0.3×10^{-6}$~$0.9×10^{-6}$。

成因认识：早三叠世，盆地局部地段裂陷加深，诱发早三叠世火山喷发活动，在火山喷发活动间歇期，海底喷流成矿(肖静，薛培林，2006)。

【卡特里西式】

成矿区带：喀拉米兰-阿尼玛卿成矿带(Ⅲ-29)。

建造构造：下石炭统托库孜达坂群英安玢岩-安山岩-流纹岩夹安山质角砾岩建造，根据岩性组合特征分下、中、上3段，含矿层位为中段灰绿色糜棱岩化、透闪石含铜锌金属硫化物基性凝灰岩。

成矿时代：早石炭世。

成矿组分：Cu,Zn,(Ag,Pb,S)。

矿床(点)实例：(新)且末县卡特里西铜锌矿床。

简要特征：矿体分布受地层控制特征明显，主要产于灰绿色糜棱岩化、透闪石化基性凝灰岩中，一般呈平行层状、似层状、透镜状夹于灰岩中及灰岩与含碳粉砂岩接触处。矿石具细脉浸染状和稠密浸染状构造，部分具块状构造。矿石矿物主要为黄铁矿、黄铜矿和闪锌矿，次有少量磁黄铁矿、斑铜矿等。非金属矿物主要为透闪石、绿泥石、石英等。矿床平均品位：Cu 2.5%, Zn 2.6%, Pb 0.63%, S 5.35%, Ag $20.83×10^{-6}$(韩红卫等，2006)。

成因认识：早石炭世，在海底火山喷发间歇期，喷流热液沉积于洼地中形成金属硫化物矿层。

【德尔尼式】

成矿区带：喀拉米兰-阿尼玛卿成矿带(Ⅲ-29)。

建造构造：晚古生代阿尼玛卿蛇绿岩构造混杂带，主要由蛇纹石化橄榄岩、堆晶辉长岩、玄武岩等组成，与含放射虫硅质岩、灰岩外来岩块和二叠纪浊积岩通过断裂作用混杂在一起。因构造支解破坏，层序不完整，各地段组合也不同。在德尔尼-扎崩沟地段主要为变质橄榄岩，并有少量玄武岩。玄武岩全岩Ar-Ar法坪年龄为345.3±7.9Ma(陈亮等，2001)；ZK1303孔发现的具杏仁状构造玄武岩厚达200余米，已强烈绿泥石、绿帘石、次闪石化，其中锆石U-Pb年龄308.2±1.4Ma(杨经绥等，2004)。

成矿时代：石炭纪。德尔尼铜锌矿石Re-Os模式年龄为310.9±1.7Ma~314.3±2.2Ma(宋忠宝等，2009)。

成矿组分：Cu,Co,Zn,S,(Au,Ag,Se,Cd,Ga,In)。

矿床(点)实例：(青)玛沁县德尔尼铜矿床，扎崩沟、扎西拉让、牧羊山铜矿点。

简要特征：矿体大部分直接产在超基性岩的角砾状蛇纹岩带中，部分矿体顶板发现残存有整合的含铁硅质岩(宋忠宝等，2012)。矿区内共圈出Ⅰ、Ⅱ、Ⅴ、Ⅶ四个主矿体，小矿体22个。所有铜锌矿体均呈层状、似层状、透镜状。矿体上部分布致密块状含铜锌黄铁矿矿石，其下为条带状矿石，矿石矿物主要为黄铁矿、黄铜矿、闪锌矿。钴矿体围绕铜锌矿体边部呈"套鞋状"，并发育磁黄铁矿交代黄铁矿，其外侧为蚀变超基性岩(宋忠宝等，2007)。矿体平均品位：Cu 1.03%~1.48%, Zn 0.93%~2.21%, Co 0.054%~0.092%, S 31.39%~33.48%, Au $0.26×10^{-6}$~$0.71×10^{-6}$, Ag $3.70×10^{-6}$~$6.00×10^{-6}$(刘增铁等，2008)。

成因认识：石炭纪有限洋盆环境，海底火山喷发间歇期，喷流热液沉积形成块状硫化物铜锌矿。晚期构造热动力运动，镁质超基性岩捕获块状硫化物铜锌矿体，超基性岩蚀变释放的铁质作用于黄铁矿转变为磁黄铁矿，同时钴元素在边部富集形成了"套鞋状"钴矿体。如果将此多因复成矿床两期成矿作用总体考虑，可以称"蛇绿混杂岩型铜锌钴矿床"。

【尕龙格玛式】

成矿区带：金沙江成矿带（Ⅲ-33）。

建造构造：上三叠统巴塘群中岩组，下部为砂岩、含碳质板岩、千枚岩和灰岩等；上部为石英安山岩、安山岩、英安岩、流纹岩和英安质火山角砾岩等。矿化岩石有2类：一是产于流纹岩与碎屑岩所夹灰岩或白云岩之接触带；二是产于流纹岩体中重晶石-绢云母硅化带中。

成矿时代：晚三叠世。

成矿组分：Cu，Pb，Zn，(Ag，Au)。

矿床(点)实例：(青)治多县尕龙格玛铜铅锌矿床。

简要特征：矿体多呈似层状、透镜状、扁豆状。矿石矿物主要为黄铁矿、黄铜矿、闪锌矿、方铅矿；非金属矿物有石英、绢云母、重晶石和方解石。矿石构造主要为浸染状和细脉浸染状，其次为条带状和块状。矿石品位：Cu 0.31%～2.34%，Pb 0.52%～2.08%，Zn 1.21%～2.13%。

成因认识：大陆边缘火山岩浆弧环境，火山喷发间歇期海底喷流成矿；后期构造热动力叠加改造。

【黑牛山式】

成矿区带：昌都-普洱成矿带（Ⅲ-36）。

建造构造：下二叠统开心岭群碎屑岩组火山岩段安山玄武中，含矿岩石为安山玄武质火山角砾熔岩。

成矿时代：早二叠世。

成矿组分：Cu，(Pb，Zn，Ag)。

矿床(点)实例：(青)格尔木市黑牛山铜矿床；杂多县旦荣铜矿床。

简要特征：矿体均为地表槽探揭露控制。矿体特征：Cu 1 矿体在地表长243m，平均厚2.74m，平均Cu品位2.59%。Cu 2 矿体在地表长145m，平均厚3.25m，Cu平均品位0.92%。Cu 3 矿体地表长237m，平均厚8.68m，Cu平均品位0.93%。Cu 4 矿体地表长244m，平均厚6.18m，Cu平均品位0.96%。地表铜矿物类型主要见孔雀石、黝铜矿、蓝铜矿及少量的黄铜矿。矿石中伴生元素有Pb、Zn、Ag。

成因认识：工作程度较低，成因尚待研究。

【铜峪式】

成矿区带：北秦岭成矿带（Ⅲ-66A）。

建造构造：奥陶系斜峪关群，为一套浅—中级变质的中基性火山-沉积岩系，包括变玄武岩、变安山岩、变英安岩、变安山质凝灰岩、变英安质凝灰岩、变安山质集块岩和角砾熔岩等变质火山岩类，以及大理岩、结晶灰岩和变泥质砂岩等变质沉积岩类。铜矿位于古火山口附近，已知铜矿体集中分布于半环状断裂密集区强烈蚀变的中基—酸性火山杂岩中，以安山质含砾凝灰岩、安山质凝灰岩和富钙质火山沉积岩等岩石中矿化尤佳。

成矿时代：中晚奥陶世。矿区火山岩锆石U-Pb年龄为462.2±7.0Ma（李犇等，2010）。赋矿斜峪关群火山岩中的安山玄武岩、英安岩及火山角砾岩的锆石U-Pb加权平均年龄分别为431.5±6.1Ma、439.2±4.7Ma和436.7±4.6Ma（朱赖民等，2013）。

成矿组分：Cu，(Zn，Ag，Co，S)。

矿床(点)实例：(陕)眉县铜峪铜矿床。

简要特征：矿体呈似层状和透镜状大致顺层展布；矿石的纹层状、条带状和块状组构，胶状黄铁矿纹层发育。主要围岩蚀变包括透辉石化、石榴石化、阳起石化、绿泥石化、绿帘石化、绢云母化、硅化和碳酸盐化等。无论在剖面和平面上,磁黄铁矿都多居于蚀变带中心,依次向外黄铜矿、黄铁矿及闪锌矿逐渐增多,呈环带状分布。矿石以浸染状构造为主,其次有细脉状及脉状构造、团块状构造、似条纹-条带状构造和网脉状构造。矿石金属矿物主要为黄铜矿、黄铁矿、磁黄铁矿,次为闪锌矿、磁铁矿等。非金属矿物有阳起石、透辉石、方解石、绿帘石、石榴石、石英和绿泥石等。主要有用元素为 Cu,伴生 Zn、Ag、Co、S。矿石 Cu 平均品位 0.62%。

成因认识:中晚奥陶世岛弧环境,火山喷发间歇期,海底喷流活动成矿。

【筏子坝式】

成矿区带:龙门山-大巴山成矿带(Ⅲ-73)。

建造构造:蓟县系碧口群阳坝组,多为基性熔岩及凝灰岩、中基性和部分中酸性凝灰岩,以细碧岩为主,少量玄武质火山集块角砾岩、凝灰岩,不均匀分布,与正常沉积岩相间产出。铜矿体处于基性火山岩与正常沉积岩交互韵律组合层内,即产于变细碧岩及凝灰岩向绢云石英片岩的过渡带中,与围岩呈整合接触。

成矿时代:蓟县纪。

成矿组分:Cu,Zn,(Co,Au,Ag)。

矿床实例:(甘)文县筏子坝、白全山、白皂铜矿床,冯家里铜矿点;康县阳坝铜矿床,两河、托河、宋家沟、铁炉沟、吴家沟、周家坡、杜坝、柯家河铜矿点。

简要特征:矿体与围岩整合产出,沿走向上呈断续展布的条带状、似层状。矿石类型有含碧玉磁铁石英岩型铜矿石、块状黄铁黄铜矿石、条带状磁铁黄铜矿石、绿片岩型铜矿石。矿石中金属矿物主要有磁铁矿、黄铁矿、黄铜矿、赤铁矿,次为闪锌矿、黝铜矿;非金属矿物有石英、碧玉、绿泥石、绿帘石、绢云母等。矿石品位:Cu 0.25%~10.35%,Zn 0.4%~10.9%,伴生 Co 0.001%~0.3%,Au 0.1×10^{-6}~5.27×10^{-6},Ag 1×10^{-6}~30×10^{-6}。

成因认识:蓟县纪海底火山喷发间歇期,喷流沉积成矿;后来受到变质改造。

三、斑岩型

【哈腊苏式】

成矿区带:准噶尔北缘成矿带(Ⅲ-3)。

建造构造:中泥盆统侵入于中泥盆统北塔山组的浅成岩体包括花岗闪长斑岩、花岗斑岩。围绕花岗闪长斑岩、花岗斑岩向外围,依次出现钾长石化、强黑云母化、弱黑云母化、青磐岩化的蚀变分带。哈腊苏铜矿床花岗闪长斑岩锆石 U-Pb 年龄 380.8±5.7Ma(张宗保,2007)。

成矿时代:海西期。辉钼矿 Re-Os 年龄 378.3±5.6Ma(杨富全,2010)。

成矿组分:Cu,(Mo,Au)。

矿床(点)实例:(新)青河县哈腊苏、玉勒肯哈腊苏、卡拉先格尔铜矿床。

简要特征:斑岩体内外接触带发生铜矿化,矿体主要产在钾长石化、黑云母化、绿泥石化斑岩中,也见于外接触带玄武岩围岩中。铜矿石含钼和金,原生者为主,次生硫化物矿石少。矿石构造为浸染状、细脉-网脉状、脉状、团块状。矿石金属矿物有黄铜矿、黄铁矿、辉钼矿、黝铜矿等。矿体 Cu 平均品位变化于 0.25%~0.56%,伴生 Au 品位为 0.17×10^{-6}~0.83×10^{-6}。

成因认识:中泥盆世岛弧构造环境,伴随花岗闪长斑岩、花岗斑岩侵位发育以铜矿化为主兼有少量钼矿化的成矿作用;印支期构造热液有叠加改造。

【包古图式】

成矿区带:唐巴勒-卡拉麦里成矿带(Ⅲ-4)。

建造构造:含矿岩体围岩地层主要为下石炭统的希贝库拉斯组和包古图组,矿床主要产于石英闪长(斑)岩、花岗闪长斑岩、花岗闪长岩、花岗斑岩、黑云母花岗闪长岩之中。含工业矿体的斑岩有Ⅱ号和Ⅴ号小岩体,Ⅰ号、Ⅲ号和Ⅳ号也发现有铜矿化。包古图Ⅴ号岩体锆石 U-Pb 年龄为 311.4±3.3Ma(Liu et al,2009)。

成矿时代：晚石炭世。矿石辉钼矿 Re-Os 年龄 310.3±3.6Ma(宋会侠等,2007)。

成矿组分：Cu,(Mo,Au,Ag)。

矿床(点)实例：(新)托里县包古图Ⅱ号、Ⅴ号铜矿床,Ⅰ号、Ⅲ号、Ⅳ号和Ⅷ号铜矿点；吐克、宏远铜钼矿床,红山铜矿点。

简要特征：以Ⅴ号岩体铜矿化最为发育,铜矿体主要产于岩体内外接触带。从岩体中心向边缘,依次发育浸染状、细脉浸染状和脉状矿化,元素组合依次为 Mo-Cu、Cu、Cu-Au。金属矿物主要有黄铁矿、黄铜矿和辉钼矿,次为毒砂、磁黄铁矿、闪锌矿等；非金属矿物主要为石英、钾长石、绿泥石、绢云母及黑云母等。矿石 Cu 平均品位 0.28%,伴生 Mo 0.02%,Au 0.2×10^{-6},Ag 2.8×10^{-6}。围岩蚀变分带明显,由中心向外依次为钾化带、石英-绢云母化带、青磐岩化带和碳酸盐化带。

成因认识：晚石炭世岛弧环境,伴随中酸性斑岩侵位,发育以铜矿化为主兼有少量钼金银矿化的成矿作用。

【土屋-延东式】

成矿区带：觉罗塔格-黑鹰山成矿带(Ⅲ-8)。

建造构造：下石炭统小热泉子组一套火山碎屑岩夹火山熔岩。火山碎屑岩以晶屑玻屑凝灰岩为主,火山熔岩在土屋一带以中基性为主,向东到赤湖一带中酸性熔岩大面积出露。伴随火山活动之后有中酸性斑岩侵位,形成土屋、延东等斑岩铜矿床(张洪瑞等,2010)。土屋斜长花岗斑岩锆石 U-Pb 年龄为 334±3Ma,延东斜长花岗斑岩锆石 U-Pb 年龄为 333±4Ma(陈富文等,2005)；赤湖斜长花岗斑岩体锆石 U-Pb 年龄为 322Ma(吴华等,2006)。

成矿时代：石炭纪。土屋-延东铜矿体辉钼矿 Re-Os 等时线年龄为 323±2Ma(芮宗瑶等,2002)。

成矿组分：Cu,(Mo,Au,Ag)。

矿床实例：(新)哈密市土屋、延东、赤湖、灵龙、三岔口铜矿床。

简要特征：赋矿岩石为蚀变斜长花岗斑岩和外接触带的闪长玢岩及少量凝灰岩、砂岩等。矿体呈脉状、透镜状。矿石类型为细脉浸染状。矿石金属矿物主要有黄铜矿、斑铜矿,次为磁铁矿、黄铁矿、闪锌矿、方铅矿,少量辉钼矿、钛铁矿和锌砷黝铜矿。氧化矿物有氯铜矿、孔雀石、褐铁矿、辉铜矿、铜蓝等。非金属矿物主要有石英、绢云母、绿帘石、黑云母、绿泥石、方解石和斜长石,次要矿物有斜黝帘石、钠长石和高岭石等。土屋矿床平均品位：Cu 0.65%,Mo 0.003%,Au 0.12×10^{-6},Ag 4.09×10^{-6}。

成因认识：晚古生代裂谷环境,火山喷发后,斜长花岗斑岩侵入,岩浆期后热液形成铜矿。

【公婆泉式】

成矿区带：金窝子-公婆泉-东七一山成矿带(Ⅲ-14)。

建造构造：志留纪次火山斑岩体,主要为钠质流纹斑岩、闪长玢岩、花岗闪长斑岩、英安斑岩、次流纹斑岩,其中花岗闪长斑岩和英安斑岩为含矿岩石。斑岩锆石 U-Pb 年龄 435.4Ma,全岩 Rb-Sr 同位素等时线年龄 420.1Ma(戴霜等,2002)和 421Ma(李奋奇,2003)。

成矿时代：志留纪。

成矿组分：Cu,(Pb,Zn,Ag,Ga)。

矿床实例：(甘)肃北县公婆泉铜矿床,公婆泉东、跃进岗、黑石山、沙泉沟、白疙瘩北山铜矿点。

简要特征：公婆泉 3 个矿区,一矿区规模最大,二、三矿区相对较小。3 个矿区有矿化体 200 余条,圈出矿体 154 个,常成群出现。形态以透镜状矿体为主,少数为脉状、楔状,个别不规则状。矿石构造主要是细粒浸染状和细脉浸染状,局部见团块状、团斑状。矿石金属矿物主要为黄铁矿、黄铜矿、斑铜矿,偶见方铅矿、闪锌矿及辉钼矿；非金属矿物有石英、长石、黑云母、绿泥石、绢云母等。矿石品位 Cu 0.32%～4.45%。

成因认识：志留纪岛弧环境,火山喷发后,中酸性斑岩侵入,岩浆期后热液形成铜矿。

【白山堂式】

成矿区带：敦煌成矿带(Ⅲ-15)。

建造构造:晚古生代环状次火山流纹斑岩及晚期斜长花岗斑岩。围岩为蓟县系铅炉子沟群浅变质岩,为绢云石英片岩、含钙质片岩、石墨石英片岩。流纹斑岩 Rb-Sr 等时线年龄为 333.9±7.88Ma(王伏泉,1996),锆石 U-Pb 年龄为 371.1±2.8Ma(陕亮等,2013);斜长花岗斑岩 Rb-Sr 等时线年龄为 275.68±8.40Ma(王伏泉,1996),锆石 U-Pb 年龄为 275.0±3.0Ma(陕亮等,2013)。

成矿时代:海西期。

成矿组分:Cu,Pb,(Ag,Co)。

矿床(点)实例:(甘)金塔县白山堂铜铅矿床,芨芨台子(卡铜山)、大红山、二道红山、石板泉铜矿点。

简要特征:主矿体赋存于流纹斑岩枝下侧内外接触带,内接触带流纹斑岩蚀变形成次生石英岩化带,外接触带蓟县系铅炉子沟群变质沉积岩蚀变为绿泥石-绿帘石-碳酸盐化带。矿体形态多为脉状、透镜状。矿石构造为细脉浸染状、团块状。矿石金属矿物主要为黄铜矿、黄铁矿、方铅矿,少量毒砂、闪锌矿、铁硫砷钴矿、辉锑矿、方黄铜矿、斜方硫砷铜矿等。非金属矿物主要为石英,次为绿泥石、绿帘石、绢云母、方解石等。矿石平均品位:Cu 1.07%,Pb 2.23%;伴生元素 Co 0.023%,Ag 10.28×10^{-6}。

成因认识:晚古生代裂谷,早期次火山流纹斑岩侵入,有关热液形成铜铅矿床,晚期斜长花岗斑岩侵入受到一定改造。

【浪力克式】

成矿区带:北祁连成矿带(Ⅲ-21)。

建造构造:冷龙岭奥陶纪火山岩带,喷出相包括火山熔岩、火山碎屑岩,其中火山熔岩主要有玄武岩、安山玄武岩、安山岩、石英角斑岩、细碧岩等,浪力克铜矿区安山岩锆石 U-Pb 年龄 479.2±3.4Ma;次火山岩相主要为闪长玢岩、石英闪长玢岩和辉绿玢岩,石英闪长玢岩锆石 U-Pb 年龄为 461.5±7.3Ma(郭周平等,2015)。

成矿时代:奥陶纪。矿石中辉钼矿的 Re-Os 同位素等时线年龄为 470.5±3.4Ma(郭周平等,2015)。

成矿组分:Cu。

矿床(点)实例:(青)门源县浪力克铜矿床,哇尔玛、小牛头西、小牛头、牛头山、宰牛沟铜矿点。(甘)天祝县红腰线铜矿点。

简要特征:浪力克铜矿床矿体赋存于闪长玢岩体及外接触带中基性火山角砾岩、凝灰熔岩中。矿体群有 3 个,分别赋存于 3 个火山通道中,大小矿体 23 个。矿体呈似层状、扁豆状和脉状,产状与围岩一致,矿体沿走向有侧伏现象。矿石以细脉浸染状含铜黄铁矿矿石为主。金属矿物主要为黄铁矿、黄铜矿,非金属矿物主要有石英、绿帘石、阳起石、绿泥石等。蚀变类型有硅化、绿泥石化、绿帘石化、阳起石化、绢云母化,具水平分带,由火山通道中心至边缘为绿帘阳起石化带、硅化带、绢云绿泥石化带。含矿闪长玢岩 Cu 含量一般为 0.1%,矿石 Cu 品位一般为 0.20%~1.70%,平均 0.50%。

成因认识:奥陶纪岛弧环境,火山喷发后,次火山相闪长玢岩体侵入,岩浆期后热液形成铜矿床。

【化石沟式】

成矿区带:柴达木北缘成矿带(Ⅲ-24)。

建造构造:化石沟海西晚期英云闪长斑岩与成矿关系密切,矿化带沿化石沟环形构造西侧的龙尾沟-化石沟弧形断裂展布,矿体分布于岩体内外接触带。岩体锆石 U-Pb 年龄为 358.7±3.8Ma(贾群子等,2012)。

成矿时代:海西期。

成矿组分:Cu,(W,Au)。

矿床(点)实例:(甘)阿克塞县化石沟(龙尾沟)铜矿床。

简要特征:矿体多分布在英云闪长斑岩、石英闪长玢岩的边部和断裂构造叠加部位,受构造、岩体双重控制,呈似层状和透镜状。多数为铜矿体,个别为铜钨矿体、铜金矿体、金矿体。矿石中金属矿物含量为 1%~3%,主要是黄铁矿、磁黄铁矿、黄铜矿,次为磁铁矿、斑铜矿、白钨矿、方铅矿、毒砂等;非金属矿物含量约占 95%,以斜长石、石英、绢云母、绿泥石等为主,次为黑云母、绿帘石、钾长石等。铜矿体 Cu

平均品位一般 0.20%～1.13%；铜钨矿体 WO_3 为 0.086%～0.168%；铜金矿体 Au 为 $0.2×10^{-6}$～$3×10^{-6}$；金矿体呈石英脉产出，Au 品位 $1.9×10^{-6}$。

成因认识：海西晚期中酸性斑岩侵入，岩浆期后热液在岩体内外接触带沉淀形成铜矿床，伴生钨、金等。

【乌兰乌珠尔式】

成矿区带：东昆仑成矿带（Ⅲ-26）。

建造构造：海西期斜长花岗岩体内的断裂构造蚀变破碎带发现多个铜锡矿体，与侵入破碎带内的印支期花岗斑岩脉关系密切，赋矿岩石主要为花岗斑岩，硅化较强。铜矿化主要局限在花岗斑岩内部及其两侧围岩中，矿体产状与斑岩脉产状一致，显示花岗斑岩为成矿母岩。

成矿时代：印支期。含矿花岗斑岩中的锆石 U-Pb 年龄为 $215.1±4.5Ma$（佘宏全等，2007）。

成矿组分：Cu，Sn，(Au，Ag)。

矿床（点）实例：（青）格尔木市乌兰乌珠尔铜锡矿床。

简要特征：矿体产状与斑岩脉产状一致，受构造破碎带、斑岩体接触带的控制，矿床的有用组分主要为 Cu，其次为 Sn，锡矿体一般与铜矿体不重叠。铜矿体 Cu 平均品位 0.23%～0.68%，Au 平均品位 $0.166×10^{-6}$～$1.35×10^{-6}$，Ag 平均品位 $2.00×10^{-6}$～$14.00×10^{-6}$。锡矿体规模一般较小，矿体 Sn 平均品位 0.14%～0.28%。矿石金属矿物主要为黄铁矿、黄铜矿、锡石，次为磁黄铁矿、闪锌矿、黑钨矿；非金属矿物主要有钾长石、斜长石、石英、绢云母等。

成因认识：印支期花岗斑岩脉侵入海西期斜长花岗岩体断裂破碎带，岩浆期后热液在斑岩体及两侧围岩接触带形成铜矿体及少量锡矿体，并发生围岩蚀变。

【卡尔却卡 A 式】

成矿区带：东昆仑成矿带（Ⅲ-26）。

建造构造：三叠纪早期花岗闪长岩侵入之后，似斑状黑云母二长花岗岩呈大岩基侵入包裹前者，后者内侧常出现中—细粒结构的冷凝边或边缘相的细粒花岗岩，说明其侵入时间晚于花岗闪长岩体（李大新等，2011），在似斑状黑云母二长花岗岩与中寒武世—奥陶纪滩间山群地层接触部位矽卡岩带含矿。晚期小岩体群，岩石为闪长岩、石英闪长岩、英云闪长岩、花岗闪长斑岩和二长花岗斑岩，侵入前述岩基中，其中二长花岗斑岩和花岗闪长斑岩含矿（李东生等，2012）。

成矿时代：印支期。

成矿组分：Cu，(Mo，Au)。

矿床实例：（青）格尔木市卡尔却卡（A 区）铜矿床，索拉吉尔、塔克特自然铜矿点。

简要特征：矿区北西部（A 区）以斑岩型铜矿为主，已圈出 9 条铜矿体，多呈透镜状、串珠状产于花岗闪长斑岩和二长花岗斑岩矿石及围岩似斑状黑云母二长花岗岩，主要呈细脉状-浸染状构造，局部见有角砾状构造。矿石矿物主要为黄铁矿、黄铜矿，局部有辉钼矿。矿体 Cu 平均品位为 0.24%～0.93%。

成因认识：印支期碰撞后伸展导致中酸性岩浆活动。早期花岗岩基侵入与滩间山群地层碳酸盐岩接触交代形成矽卡岩型矿体（卡尔却卡 B 式）。晚期花岗闪长斑岩和二长花岗斑岩侵入形成斑岩型矿体（卡尔却卡 A 式）。

【加当根式】

成矿区带：东昆仑成矿带（Ⅲ-26）。

建造构造：印支期花岗闪长斑岩体及围岩上三叠统下岩组石英流纹岩接触带附近和北西向挤压破碎带内发育铜矿化，与花岗闪长斑岩密切相关。矿区火山岩锆石 U-Pb 年龄为 $225.6±0.6Ma$；侵入岩锆石 U-Pb 年龄为 $224.9±1.1Ma$～$225.3±1.2Ma$（向鹏，2011）。

成矿时代：印支期。

成矿组分：Cu，(Au，Ag)。

矿床（点）实例：（青）共和县加当根铜矿床。

简要特征：矿体主要产于斑岩体内、外接触带及破碎带中，钼矿化主要分布在岩体内部，铜矿化主要分布靠近岩体边缘,符合斑岩型矿床的矿化分带。矿石构造以浸染状、细脉浸染状、网脉状为主,矿石矿物主要有黄铜矿、黄铁矿、辉钼矿等。矿区内围岩蚀变较普遍,从岩体到围岩,蚀变分带明显,内带主要为钾化,中带主要为硅化和绢云母化,外带主要为青磐岩化。单个矿体 Cu 平均品位在 0.21%~0.57%,20 个铜矿体 Cu 平均品位 0.33%,伴生有 Au、Ag。

成因认识:加当根矿区火成岩产于碰撞造山初期,陆缘弧与碰撞造山并存的环境,其成因起源于残留洋壳的脱水作用使地幔楔发生部分熔融(向鹏,2011)。印支期鄂拉山组陆相火山岩喷发期后,次火山斑岩体侵入,在斑岩内及围岩内、外接触带及破碎带中形成铜矿。

【龙得岗式】

成矿区带:南秦岭成矿带西段,即西秦岭成矿带(Ⅲ-28)。

建造构造:印支期—燕山期岩浆活动形成的年木耳中酸性杂岩体,主要有印支期花岗闪长岩、二长花岗岩及燕山期浅成—超浅成花岗斑岩、石英闪长玢岩及次英安斑岩组成。其中,次英安斑岩具半晶质斑状结构,斑晶以斜长石为主,少量石英和黑云母,侵入于花岗闪长岩中,其周围发育隐爆角砾岩,与成矿关系密切。

成矿时代:燕山期。

成矿组分:Cu,(As,Sn,Bi,W,Au,Ag)

矿床(点)实例:(甘)夏河市龙得岗铜矿床,阿芒沙吉、年木耳、仁安西铜矿点;卓尼县尼克江铜矿点。

简要特征:主要矿体均产于次英安斑岩周围角砾岩范围内,形成不连续的半环形状。龙得岗矿区有铜矿体 38 个,铜砷矿体 4 个,砷矿体 2 个,锡矿体 5 个,钨矿体 1 个。矿体形态复杂,规模小,多呈透镜状、不规则饼状、脉状、囊状、串珠状。矿石中常见金属矿物主要为黄铁矿、毒砂、黄铜矿,次为磁黄铁矿、黄锡矿、辉铋矿、自然铋、闪锌矿、白铁矿,偶见黝铜矿、斑铜矿、辉铜矿、自然金等,非金属矿物主要为石英、长石、黑云母、角闪石、电气石等,次为绢云母、绿泥石、方解石、高岭石等。矿石构造划可分为斑点-浸染状构造、细脉-浸染状构造、脉状构造和蜂窝状构造。矿石中有益元素主要为 Cu、As,次为 Sn、Bi、W。平均含量:Cu 0.36%~0.77%,As 0.53%~3.25%,Bi 0.02%~0.05%,Sn 0.17%~0.20%。

成因认识:印支期花岗闪长岩、二长花岗岩侵入之后,燕山期浅成—超浅成斑岩侵入其中,超浅成次英安斑岩携带的挥发分快速释放产生隐爆,使其围岩花岗闪长岩碎裂,热液充填交代成矿。

【纳日贡玛式】

成矿区带:昌都-普洱成矿带(Ⅲ-36)。

建造构造:喜山早期的花岗斑岩体侵位于下二叠统开心岭群中基性火山岩中。斑岩体以黑云母花岗斑岩为主,局部岩性为花岗闪长斑岩,显示相变关系。在岩体与围岩的接触带,玄武岩普遍遭受青磐岩化、黄铁矿化,局部具有矽卡岩化、角岩化。矿体赋存在斑岩体内外接触带。纳日贡玛黑云花岗斑岩锆石 U-Pb 年龄为 43.3±0.5Ma(杨志明等,2008),41.53±0.24Ma(宋忠宝等,2012)。

成矿时代:喜山早期。辉钼矿 Re-Os 等值线年龄为 40.86±0.85Ma(王召林等,2008)。

成矿组分:Cu,Mo,(Pb,Zn,Ag,S)。

矿床实例:(青)杂多县纳日贡玛铜钼矿床,打古贡卡、昂纳赛莫能、陆日格、曲莫公、勒林木宝山、哼赛青铜钼矿点。

简要特征:矿体围绕斑岩体与围岩接触带分布,成矿元素依次为 Mo-Cu-Pb-Zn-Ag。钼矿体主要产于斑岩体内,铜矿体主要产于斑岩体内的硅化带—绢云母化带内及外接触带的蚀变玄武岩中。已知铜、钼矿体 26 个,主要呈现为透镜状、条带状,矿体与围岩呈渐变关系。矿石构造主要为细脉浸染型,次为细脉型和浸染型。矿石矿物主要为辉钼矿、黄铜矿、斑铜矿、黄铁矿,次为磁黄铁矿、方铅矿、闪锌矿;非金属矿物有石英、长石、绢云母、方解石、绿泥石等。钼矿体 Mo 平均品位 0.041%~0.106%,铜矿体 Cu 平均品位 0.27%~0.36%(叶积龙等,2010)。

成因认识:纳日贡玛-玉龙斑岩铜钼矿带受控于统一的动力学背景,黑云母及角闪石所反映的岩浆源区主要为壳幔混源区,但纳日贡玛更向壳源区靠近,而玉龙矿带则更靠近幔源区(郝金华等,2010)。岩浆侵入晚期由于温度、压力改变,斑岩体体积发生收缩,在斑岩体顶部形成一定的空间,为矿物质运移、活化、沉淀提供了空间，含铜、钼矿流体充填交代成矿。

四、矽卡岩型

【索尔库都克式】

成矿区带：准噶尔北缘成矿带（Ⅲ-3）。

建造构造：中泥盆统北塔山组第二亚组第二岩段，岩石以凝灰砂岩、安山玢岩为主，次为辉石安山玢岩、安山岩、玄武玢岩、含砾凝灰质砂岩，偶见有火山角砾岩、凝灰岩、磁铁矿岩等。钻孔中发现隐伏辉石闪长玢岩，铜钼矿化主要赋存于辉石闪长玢岩体内外接触带，尤其受矽卡岩化带控制。北塔山组安山玢岩锆石 U-Pb 年龄为 396.6 ± 1.2Ma（姚春彦等，2012）；穿切铜钼矿体及矽卡岩的粗面斑岩锆石 U-Pb 年龄为 383.8 ± 1.7Ma（赵路通等，2015）。

成矿时代：海西期。

成矿组分：Cu,Mo,Fe,(Au,Ag,Pb,Zn)。

矿床（点）实例：（新）富蕴县索尔库都克铜钼矿床。

简要特征：矿体基本上赋存于矽卡岩中，已圈定铜矿体 62 个，钼矿体 37 个，铁矿体 9 个，矿体呈似层状、透镜状、脉状。钼矿体大多产于矿带中上部，即位于主铜矿体之上，磁铁矿体主要产于主铜钼矿体之上或之间。金属矿物主要为黄铜矿、磁铁矿、黄铁矿、闪锌矿、方铅矿、辉钼矿等，非金属矿物主要是绿帘石、石榴石，及少量的绿泥石、钾长石、碳酸盐矿物、石英和透辉石等。矿石构造为星点浸染状、稀疏浸染状、细脉浸染状、细脉状为主，次为稠密浸染状和致密团块状。主要由石榴石矽卡岩组成，其次为绿帘石石榴石矽卡岩。矿石 Cu 品位 $0.57\%\sim1.67\%$，平均 0.64%，Mo 品位 $0.04\%\sim0.67\%$，平均 0.080%，TFe 品位 $21.0\%\sim51.4\%$，平均 34.75%（耿新霞等，2014）。

成因认识：对其成因类型争议较大，例如，火山热液蚀变层控矿床（王新源，1990），似矽卡岩型岩浆热液矿床（李华芹等，1995），层状矽卡岩矿床（陈仁义等，1995），次火山热液层控型铜（钼）矿床（董运如等，2010）。

【辉铜山式】

成矿区带：敦煌成矿带（Ⅲ-15）。

建造构造：矿体赋存于早泥盆世钾长花岗岩与蓟县纪大理岩及接触带的矽卡岩中。钾长花岗岩 A/CNK＝$0.97\sim1.07$，结合微量元素判别为高分异Ⅰ型花岗岩或Ⅰ-A 型过渡花岗岩；岩石锆石 U-Pb 年龄为 397 ± 3Ma（李舢等，2011）。

成矿时代：海西期。

成矿组分：Cu,(As,Au,Ag,Bi)。

矿床实例：（甘）瓜州县辉铜山铜矿床，磨盘山铜矿点，玉石岭铜矿化点。

简要特征：矿体呈似层状、透镜状、脉状、小扁豆体群，产于蛇纹岩、大理岩、矽卡岩中，与围岩层面（或接触面）产状一致。赋矿岩石为矽卡岩、蛇纹石化大理岩。矿石金属矿物主要为辉铜矿、黝铜矿、斑铜矿、黄铜矿、磁铁矿，少许方铅矿、闪锌矿、毒砂、磁黄铁矿等；非金属矿物主要有石榴石、绿帘石、透辉石、透闪石、硅灰石、方解石和石英等。矿石构造为浸染状、细脉状和脉状。原生矿石 Cu 品位 $0.28\%\sim3.74\%$，矿体平均品位 $0.36\%\sim1.81\%$。局部砷含量高，As 品位 $2\%\sim15\%$，平均品位 4.56%；含 Au $1\times10^{-6}\sim10\times10^{-6}$，含 Ag 平均品位 94×10^{-6}，Bi 平均 $0.1\%\sim0.3\%$。

成因认识：辉铜山岩体可能形成于后造山环境或同造山晚期阶段。在被动拉张环境下，幔源岩浆底侵使上覆年轻地壳部分熔融，形成早泥盆世钾长花岗岩（李舢等，2011）。岩浆侵入蓟县纪大理岩接触交代，形成铜矿床。

【卡尔却卡 B 式】

成矿区带：东昆仑成矿带（Ⅲ-26）。

建造构造：三叠纪早期花岗闪长岩侵入之后似斑状黑云母二长花岗岩呈大岩基侵入包裹前者，后者内侧常出现中—细粒结构的冷凝边或边缘相的细粒花岗岩,说明其侵入时间晚于花岗闪长岩体(李大新等,2011),在似斑状黑云母二长花岗岩与中寒武世—奥陶纪滩间山群地层接触部位矽卡岩带含矿。晚期小岩体群,岩石为闪长岩、石英闪长岩、英云闪长岩、花岗闪长斑岩和二长花岗斑岩,侵入前述岩基中,其中二长花岗斑岩和花岗闪长斑岩含矿(李东生等,2012)。

成矿时代:印支期。矽卡岩辉钼矿 Re-Os 同位素年龄为 239±11Ma(丰成友等,2009)。

成矿组分:Cu,Pb,Zn,Mo,(Au,Ag,Fe)。

矿床实例:(青)格尔木市卡尔却卡(B 和 C 区)铜多金属矿床,索拉吉尔、塔克特自然铜矿点。

简要特征:矿区南东部(B 和 C 区)矿种以铁、铜、锌、铅为主,产于似斑状黑云母二长花岗岩体与寒武系—奥陶系滩间山群碳酸盐岩建造地层接触部位的矽卡岩带及破碎蚀变带内,已圈出矿体 28 条。铜矿体 Cu 平均品位在 0.29%～1.00%之间,锌铅矿体 Zn 平均品位为 2.83%,Pb 平均品位为 2.2%。矿石金属主要有黄铁矿、黄铜矿,次为斑铜矿、磁黄铁矿、磁铁矿、辉钼矿、闪锌矿、方铅矿。

成因认识:印支期碰撞后伸展导致中酸性岩浆活动。早期花岗岩基侵入与滩间山群地层碳酸盐岩接触交代形成矽卡岩型矿体(卡尔却卡 B 式)。晚期花岗闪长斑岩和二长花岗斑岩侵入形成斑岩型矿体(卡尔却卡 A 式)。

【双朋喜式】

成矿区带:南秦岭成矿带西段,即西秦岭成矿带(Ⅲ-28)。

建造构造:地层主要为下二叠统果可山组,岩性灰白色大理岩、钙质石英砂岩,灰黑色砂岩夹大理岩,灰白色大理岩夹砂岩,灰白色钙质石英砂岩。侵入岩主要为印支期花岗闪长岩,次为石英闪长岩。岩体与大理岩接触带附近矽卡岩带为主要的赋矿岩石。

成矿时代:印支期。

成矿组分:Cu,Au,(Ag,S)。

矿床(点)实例:(青)同仁县双朋喜、德合隆洼金铜矿床,铁吾、铁吾西金铜矿点;循化县谢坑金铜矿床,红旗卡铜金矿点;兴海县哈蒙金铜矿点,社羊卡恰金矿点;泽库县上龙沟铜金矿点。

简要特征:双朋喜矿区有北西和南东两个含矿矽卡岩带。北西带圈定铜矿体 3 条;南东带圈定铜矿体 49 条。矿体形态多呈扁豆状及似层状,顶底板岩石为矽卡岩及矽卡岩化大理岩。原生矿石构造主要为浸染状,次为团块状、斑杂状。原生矿石的金属矿物主要为磁黄铁矿、黄铜矿、黄铁矿,次要矿物为白钨矿、闪锌矿、斑铜矿、胶黄铁矿。矿石品位 Cu 1.15%,Au 6.99×10^{-6}。

成因认识:印支期中酸性岩浆侵入,与下二叠统可山组中的碳酸盐接触交代,形成矽卡岩有密切关系的铜金主要矿体,残余含矿热液沿构造裂隙充填交代形成脉状铜次要矿体。

【德乌鲁式】

成矿区带:南秦岭成矿带西段,即西秦岭成矿带(Ⅲ-28)。

建造构造:德乌鲁岩体为花岗闪长岩岩体,并伴有同源岩浆脉动侵入形成的花岗闪长斑岩和微晶石英闪长岩,该岩体围岩为二叠系石关组一套浅海相长石石英碎屑岩夹碳酸盐岩,接触带形成矽卡岩和长英角岩。花岗闪长岩年龄为 140~199Ma(刘升有,2015)。

成矿时代:燕山期。

成矿组分:Cu,(As,Au,Ag)。

矿床(点)实例:(甘)夏河市德乌鲁铜矿床,代岗山、阿姨山、布拉沟、南办、岗依、牙日尕、牙日尕东、来岗卡、峡黑建岗铜矿点;临潭县光尕沟铜矿点。

简要特征:矿体分布于侵入体内外接触带,已知的 23 个矿体,含铜矽卡岩型 9 个,含铜长英角岩型 14 个。矿体形状很不规则,以不规则脉状、扁豆状及囊状矿体为主。矿石金属矿物主要为黄铜矿、磁黄铁矿,其次为毒砂、斑铜矿,少量黄铁矿、白铁矿、闪锌矿。矿石构造有团块状、浸染状、斑点状等。非金属矿物以石英、长石及矽卡岩的透辉石、钙铝榴石、方解石为主,符山石、硅灰石、绿泥石、绿帘石等次之。矿石 Cu 含量为 0.23%～2.29%,平均品位 1.12%,伴生 As、Au、Ag(刘升有,2015)。

成因认识:燕山期深部地壳熔融形成岩浆携带较丰富的成矿物质,岩体侵入接触的二叠纪地层长石石英碎屑岩和碳酸盐岩变为长英角岩和矽卡岩,同时形成铜矿。

【小河口式】

成矿区带:南秦岭成矿带东段(Ⅲ-66B)。

建造构造:燕山期花岗闪长斑岩和花岗斑岩与中晚泥盆世、早石炭世碎屑岩-碳酸盐岩接触带形成的矽卡岩。小河口花岗闪长斑岩锆石 U-Pb 年龄 141Ma(万义文等,1980)。

成矿时代:燕山期。

成矿组分:Cu,Fe,Mo,(Au,Ag)。

矿床(点)实例:(陕)山阳县小河口铜矿床,园子街铜铁钼矿床,下官坊铜铁钼矿床,池沟铜钼矿床,窑火沟、袁家沟、色河铺竹园沟、色河镇麻子沟铜矿点;柞水县冷水沟铜钼矿床;丹凤县皇台铜矿床;商洛市二岭沟、小沟铜矿点。

简要特征:小河口矿区已圈定 4 条铜矿体,一般呈薄层状、透镜状、脉状产于岩体外接触带矽卡岩体内,矿体层数多,延伸较远,层位稳定,其产状与围岩产状基本一致。以铜矿体为主,常见铜、铁矿体共伴生,金属矿物主要有黄铜矿、黄铁矿、磁黄铁矿、磁铁矿及少量的镜铁矿、褐铁矿、辉铜矿、铜蓝等,非金属矿物主要由石榴石、透辉石、阳起石、绿帘石、绿泥石、方解石、石英等。矿石 Cu 品位变化于 0.46%~12%,平均品位 2.63%。

成因认识:燕山期花岗闪长斑岩和花岗斑岩与中晚泥盆世、早石炭世碎屑岩-碳酸盐岩接触带形成的矽卡岩。以铜为主的铜、铁、钼等多金属在接触交代过程中,定位于矽卡岩带中。

五、砂(砾)岩型

【滴水式】

成矿区带:塔里木盆地成矿区(Ⅲ-16)。

建造构造:在塔里木盆地北部边缘拜城-库车前陆坳陷盆地,新近系中新统康村组为主要赋矿地层,为一套湖泊相陆源碎屑岩建造,下部为河流冲积相红色砂岩沉积物,上部是浅色湖相沉积物,岩屑以碳酸盐岩屑为主,其次为千枚岩、石英云母片岩、蛇绿岩、变粒岩等变质岩,及少量酸性岩浆岩(韩文文等,2011)。矿体顶板为泥岩、粉砂岩、中粒砂岩,底板为灰色含砾粗砂岩。

成矿时代:新近纪中新世。

成矿组分:Cu。

矿床(点)实例:(新)拜城县滴水铜矿床,阿捷克铜矿点;库车县伽师、花园铜矿床,康村、乔克马克、巴西克其克铜矿点。

简要特征:含铜砂岩带已圈定矿体 5 个。矿体呈似层状,产状与围岩基本一致。地表浅部金属矿物主要为孔雀石、赤铁矿、褐铁矿,次为赤铜矿、蓝铜矿、黑铜矿;深部则以辉铜矿为主,其次有黄铜矿、斑铜矿和铜蓝。非金属矿物主要有方解石、长石、石英等。矿石构造主要为浸染状,次为斑点状。矿石铜品位 0.46%~2.30%,平均品位 1.20%

成因认识:塔里木盆地北侧的天山褶皱带含铜基底岩系及古老铜矿床是滴水砂岩铜矿床形成的矿源区,盆地在沉降过程中接受含铜物质沉积,并在酸性环境下游离富集,在中性环境下沉淀成矿。

【腰岘子式】

成矿区带:河西走廊成矿带(Ⅲ-20)。

建造构造:香山地区上泥盆统老君山组由下至上分为 3 个沉积建造:①下段磨拉石建造,以砾岩、砂砾岩为主,发育于中奥陶统绿色岩系古风化壳上;②上段第一、第二层红色砂岩建造,岩性以砖红色、浅灰色砂岩、粉砂岩为主;③上段第三、第四层灰岩、泥(页)岩、含膏盐建造。铜矿富集在灰岩-膏盐层之下的砂岩建造中(李红宇等,2009)。

成矿时代:晚泥盆世。

成矿组分:Cu,(Ag)。

矿床(点)实例:(宁)中卫市腰岘子、红佛寺、狼嘴子、铜矿点、拐门沟、伊家湾、干柳树、喜雀梁铜矿化点。

简要特征:矿体呈透镜扁豆体或似层状分布于含石英砂岩、粉砂岩及页岩中,主要受腰岘子倒转向斜控制,褶皱枢纽转折端部位矿化较富集,北西向、北北西向及近东西向断层、上泥盆统与下石炭统间的顺层断层破碎带则是后期热液改造和成矿的重要场所。腰岘子铜矿床由5个矿段构成,其中Ⅰ矿段最为重要,该矿段长260m,厚2~2.67m,由8个矿体构成。矿体形态一般为似层状或透镜状,矿石金属矿物以孔雀石为主,次为蓝铜矿,少量辉铜矿、斑铜矿、黄铜矿;非金属矿物以石英为主,次为长石白云母、高岭石、方解石、水云母。地表氧化矿Cu含量0.35%~0.90%,深部硫化矿Cu含量0.40%~0.90%。矿石伴生银,局部达共生,Ag品位10.72×10^{-6}~109.57×10^{-6}。平均品位:Cu 0.53%,Ag 22.20×10^{-6}。

成因认识:晚泥盆世来自盆地南侧蚀源区含铜物质,在河流-湖泊环境沉积形成砂岩铜矿;印支期又受到热液改造。

【天鹿式】

成矿区带:北祁连成矿带(Ⅲ-21)。

建造构造:赋矿地层为中志留统泉脑沟山组上段的"杂色层",为灰绿色、黑灰色、深灰色和紫红色相间的细砂-粉砂或由碎屑岩-碳酸盐岩的韵律层,形成从下到上由粗到细的还原与氧化环境交替的海侵退积型层序为特征(刘伯崇,2011)。

成矿时代:中志留世。

成矿组分:Cu,(Au,Ag)。

矿床(点)实例:(甘)肃南县天鹿铜矿床,香台子(松木沟)、错沟北、错沟红堂、牦牛沟、青羊卧铺、干沟—老虎沟、天桥湾、拉盖大坂、把羊铜矿点。

简要特征:矿(化)体主要呈层状与岩层产状一致,受向斜构造控制,矿体规模差别较大,地表延伸连续最长达1700m,最短仅50m,厚度0.16~3.46m。矿石类型为条带状浸染矿石及细脉浸染状。矿石矿物以斑铜矿、黄铜矿、黄铁矿、辉铜矿为主,铜蓝、孔雀石、褐铁矿、蓝铜矿、磁铁矿次之,偶见方铅矿、闪锌矿、自然铜、白铅矿、赤铁矿等。非金属矿物主要由粉砂屑石英、长石、钙岩屑、白云母、电气石及泥质组成。矿石品位:Cu 0.20%~2.64%,主要0.5%~1.21%,Au 0.10×10^{-6}~0.20×10^{-6},Ag 14.2×10^{-6}~33.0×10^{-6}。

成因认识:志留纪造山环境,奥陶纪含铜火山岩系剥蚀,迁积于北侧残留海盆形成砂岩铜矿。

【店峡式】

成矿区带:北祁连成矿带(Ⅲ-21)。

建造构造:赋矿地层为下白垩统六盘山群和尚铺组杂色岩系,含矿岩性由紫红色碎屑岩夹浅灰(绿)色碎屑岩组成,具较明显的层控特点。

成矿时代:早白垩世。

成矿组分:Cu。

矿床(点)实例:(甘)庄浪县店峡铜矿床,通边、黑石崖干岔沟、黑石崖沟脑、翁家峡石头山、国家山潭木沟铜矿点;华亭县银屎滩、长沟北、长沟南、铜厂沟铜矿点;平凉市麻奄铜场沟铜矿点。(宁)黄草沟铜矿点。

简要特征:矿体均呈扁豆状赋存于矿化浅色层中,层位稳定,分布分散,产状随浅色层而变,矿体规模大小不等,矿石构造主要有浸染状构造,金属矿物主要为孔雀石,其次有少量黝铜矿、斑铜矿、辉铜矿、微量黄铜矿及次生蚀变的铜蓝和蓝铜矿。与其伴生的常见矿物有黄铁矿、磁铁矿、褐铁矿等。矿石Cu平均品位0.88%。

成因认识:白垩纪内陆盆地滨湖相环境,沉积形成砂岩铜矿。

【特克里曼苏式】

成矿区带:西昆仑成矿带(Ⅲ-27)。

建造构造:位于盖孜河南侧特克里曼苏河上游,铜矿赋存于石炭系紫红色铁质砂岩、铁质细砂岩、灰色石英细砂岩、灰白色砂岩地层。

成矿时代：石炭纪。

成矿组分：Cu。

矿床(点)实例：(新)阿克陶县特克里曼苏铜矿床。

简要特征：矿层与围岩整合产于含矿层中，已圈16个矿体，矿体呈小的似层状扁豆体。矿石金属矿物以辉铜矿为主，其次为黝铜矿、铜蓝，极少量斑铜矿、方铅矿、闪锌矿、黄铁矿；氧化矿物以孔雀石、褐铁矿为主，其次为蓝铜矿、锰质氧化物，极少量赤铜矿、自然铜、磁铁矿。矿石构造主要有致密块状构造、条纹构造、结核状构造。矿床Cu平均品位0.74%。

矿床认识：石炭纪海相陆缘碎屑岩建造沉积环境，形成砂岩型铜矿床。

六、热液型

这里的热液型铜矿，也可称为脉型-破碎蚀变岩型铜矿。

【土窑式】

成矿区带：河西走廊成矿带(Ⅲ-20)。

建造构造：上奥陶统香山群狼嘴子组属海相复理石建造，为一套浅变质的泥质、粉砂质板岩，矿化受该层位中东西向和北西向层间滑动断层破碎带控制。据航磁异常推断及地质分析，该地区在1km左右的深度可能存在有较大的隐伏岩体，区域地表出露的闪长玢岩脉是其存在的标志(刘建兵等，2010)，闪长玢岩脉锆石U-Pb同位素年龄为144.4±1.1Ma～170.2±0.75Ma(艾宁等，2011)。

成矿时代：燕山期。

成矿组分：Cu，(Co)。

矿床(点)实例：(宁)中宁县土窑铜矿点。

简要特征：矿区内主要分布有北矿化带和南矿化带，矿化带宏观上受东西向和北西向层间滑动断层控制。氧化矿石为含铜赤褐铁矿化碎裂岩、含铜褐铁矿化碎裂状粉砂岩夹板岩、含铜赤褐铁矿化硅质岩、含铜褐铁矿化石英脉、含铜褐铁矿化方解石脉，矿石中主要金属矿物有孔雀石(部分为硅孔雀石)、蓝铜矿、斑铜矿、黄铜矿、辉铜矿、铜蓝、黑铜矿、黝铜矿等；硫化矿石为含铜黄铁矿化碎裂状板岩、含铜黄铁矿化角砾岩，矿石中主要金属矿物有黄铁矿、毒砂、黄铜矿等。非金属矿物有石英、绢云母、水云母、方解石、玉髓等。矿体Cu平均品位0.70%～2.22%(刘建兵等，2010)。

成因认识：上奥陶统香山群狼嘴子组浅变质沉积岩系为控矿层位，该层位中东西向和北西向层间滑动断层破碎带为控矿构造。燕山期热液活化地层中矿质在破碎带形成脉状铜矿。

【桦树沟式】

成矿区带：北祁连成矿带(Ⅲ-21)。

建造构造：中元古界上部一套杂色千枚岩系，主要铁矿层为黑褐色条带状镜铁矿、菱铁矿夹薄层碧玉、千枚岩，夹于灰绿色绿泥石英绢云千枚岩与黑灰色石英绢云母千枚岩之间，其下伏岩层为褐灰色钙质千枚岩、灰黑色碳质千枚岩、灰白色绢云母千枚岩、灰色石英岩等。赋矿千枚岩中普遍含铁白云石。桦树沟矿区含铜条带状铁建造Sm-Nd等时线年龄为1309±80Ma。该套地层褶皱相伴的断层破碎蚀变带赋存铜矿，同时与侵入其中的石英闪长玢岩脉密切相伴，测得石英闪长玢岩脉锆石U-Pb年龄为476±15Ma；据小柳沟—桦树沟一带遥感环形构造推断深部隐伏中酸性大岩基(夏林圻等，2001)。

成矿时代：奥陶纪。

成矿组分：Cu，(Au)。

矿床(点)实例：(甘)肃南县桦树沟铜矿床、头道沟铜矿点；肃北县柳沟峡铜矿点。

简要特征：含铜条带状铁建造及铁矿层产于中元古界桦树沟组杂色千枚岩中，矿层与围岩共同褶皱，而铜矿体受断裂破碎带控制，Cu1主矿体由破碎铁碧玉岩型铜矿石组成，平均Cu品位2.49%，伴生Au为$0.117×10^{-6}$；Cu2铜矿体由蚀变千枚岩型铜矿石组成，平均Cu品位2.45%，伴生Au为$0.185×10^{-6}$。矿石矿物主要为黄铜矿、黄铁矿；地表氧化带有斑铜矿、辉铜矿、铜蓝、孔雀石。围岩蚀变主要为硅化、绢云母化、碳酸盐化。

成因认识：中元古代裂谷裂陷环境，区域火山喷发之后，海底喷流在远火山地带沉积形成含铜条带状铁建造；奥陶纪构造运动及深部中酸性岩浆活动提供热动力，岩浆热液及变质流体混合，沿透入性构造裂隙活化萃取地层中矿质，迁移到构造破碎带沉淀成矿。

【簸箕掌式】

成矿区带：北祁连成矿带（Ⅲ-21）。

建造构造：中元古界长城系海原群火山沉积变质岩系，直接围岩岩性为含石墨石英片岩、大理岩。含铜石英脉赋存于地层中构造裂隙。

成矿时代：加里东期。

成矿组分：Cu。

矿床（点）实例：（宁）海原县簸箕掌铜矿点。

简要特征：矿体主要呈脉状。矿石中金属矿物以黄铜矿及孔雀石为主，有少量黄铁矿、辉铜矿、褐铁矿、斑铜矿等；非金属矿物主要为石英，其次为方解石、钠长石、绿泥石、绢云母等。矿石以浸染状、网脉状、薄膜状构造为主，金属矿物呈自形、半自形、他形粒状沿围岩的片理、裂隙及石英脉等脉体中的裂隙浸染分布。Cu 矿品位变化于 0.20%～3.90%。

成因认识：长城系海相火山-沉积岩变质岩系为控矿层位，穿切该地层的断裂带为控矿构造。加里东晚期构造运动及深部中酸性岩浆作用提供热动力，岩浆热液及变质流体混合，沿片理活化地层中矿质，迁移到断裂破碎带形成脉状铜矿；新生代剥蚀风化淋滤形成铜的次生富集带。

【绿梁山式】

成矿区带：柴达木北缘成矿带（Ⅲ-24）。

建造构造：寒武系—奥陶系滩间山群为一套强烈片理化的火山沉积岩系，凝灰岩夹层有微细星点状的铜矿化，含铁硅质岩（已变为磁铁石英岩）中的 Cu 含量达 600×10^{-6}～800×10^{-6}，代表火山活动阶段铜的预富集，铜矿体则产于构造破碎蚀变带中，与造山后期的断裂作用有关（许荣科等，2012；徐广东等，2013）。

成矿时代：加里东晚期。

成矿组分：Cu，(Au,Co,Zn)。

矿床（点）实例：（青）大柴旦镇绿梁山铜矿床。

简要特征：矿体一般呈脉状、透镜状，随破碎带和褶皱的变化而变化。矿石金属矿物有黄铁矿、黄铜矿、磁黄铁矿、孔雀石等，非金属矿物为绿帘石、阳起石、石英、碳酸盐、绿泥石等。矿石构造为浸染状、细脉状以及松散状、胶状。矿体 Cu 平均品位为 0.50%～1.80%，矿石中伴生 Au 含量一般为 0.05×10^{-6}～0.85×10^{-6}，Co 含量 0.01%～0.019%，Zn 含量 0.04%～0.17%。

成因认识：寒武系—奥陶系滩间山群火山沉积岩系为控矿层位，穿切该地层的断裂破碎带为控矿构造。加里东晚期构造运动及深部中酸性岩浆活动提供热动力，岩浆热液及变质流体混合，沿片理活化火山沉积岩系中矿质，迁移到断裂破碎带沉淀成矿。

【穆家庄式】

成矿区带：南秦岭成矿带东段（Ⅲ-66B）。

建造构造：中泥盆统大西沟组（青石垭组）中夹有似碧玉岩、钠长岩、重晶石岩、铜铅锌多金属硫化物含矿层等典型热水沉积岩相，形成了"柞山"菱铁多金属含矿层。北西西向断裂构造最发育，控制主要矿化带和铜矿体的产出。遥感显示柞水-山阳地区存在巨大环形构造（王瑞廷等，2008），结合地表零星出露的燕山期中酸性斑岩体，推断隐伏巨大中酸性岩基，例如小河口花岗闪长斑岩锆石 U-Pb 年龄 141Ma（万义文等，1980）。

成矿时代：燕山期。

成矿组分：Cu，(Mo,Co,Ag,Au)。

矿床实例：（陕）柞水县穆家庄铜矿床，古墓沟、银厂沟、瓦房子、高坝台子沟、中村大北沟铜矿点。

简要特征:矿区划分了穆家庄、石泉沟和北川沟3个铜矿段,已圈定8条铜矿化带,14个铜矿体。主矿体呈透镜状,沿北西西向断裂破碎带产出,含矿热液亦沿其充填,并交代围岩,平均厚13.17m,Cu平均品位1.70%。矿石金属矿物主要有黄铜矿、黄铁矿、磁黄铁矿,次有闪锌矿、钛铁矿、白铁矿等;非金属矿物有铁白云石、石英、绢云母、重晶石、方解石、黑云母等。矿石构造为浸染状、条带状、脉状、团块状—块状和角砾状。

成因认识:中泥盆统大西沟组具有热水沉积的特点,发育重晶石、菱铁矿等热水沉积建造,形成富含铜、铁、银等多金属的矿源层。燕山期构造运动及深部中酸性岩浆提供热动力,岩浆热液及变质流体混合,活化地层中Cu等矿质,迁移富集于断裂构造沉淀成矿。

【小镇式】

成矿区带:南秦岭成矿带东段(Ⅲ-66B)。

建造构造:下志留统滔河口组下岩段为灰绿色辉石玄武岩,次有玄武质火山角砾岩、熔结火山角砾岩、辉石玄武质构造角砾岩;上岩段为灰绿色沉凝灰质火山砾岩、凝灰岩夹辉石玄武岩、凝灰质砂屑灰岩,顶部夹生屑粉晶灰岩。铜矿体均产于火山-沉积岩中的北西向平行排列的压扭性断层内。

成矿时代:燕山期。铜矿化钠长岩脉锆石U-Pb年龄144±3Ma(刘树文测定,转引自陕西省地质调查中心,2013)。

成矿组分:Cu。

矿床(点)实例:(陕)岚皋县小镇、铜硐湾、潘家湾铜矿点;紫阳县财神寨铜矿点。

简要特征:铜矿体主要赋存于火山碎屑沉积建造中的压扭性断裂带内,赋矿岩石主要为北西向平行排列的压扭性断裂带内充填断层泥、片理化构造岩,及发育其中的方解石胶结角砾岩和铜矿(化)体、铜矿化钠长石脉等。已圈定铜矿体13个,呈透镜状,沿走向和倾向具膨大狭缩和尖灭再现现象。矿石矿物主要为黄铜矿,占矿石矿物的90%,次为辉铜矿、磁黄铁矿、黄锡矿、黄铁矿及次生矿物孔雀石、蓝铜矿、褐铁矿等;非金属矿物主要为钠长石,次为方解石,少量石英。矿石Cu品位0.92%~6.75%。

成因认识:下志留统滔河口组基性火山-沉积岩系为控矿层位;北东向左行平滑断层、北西向相互平行排列的次级压扭性断层,为主要控矿构造。燕山期热液活动使矿质再活化迁移,并在构造有利部位富集成矿。

【夹沟-姚沟式】

成矿区带:南秦岭成矿带东段(Ⅲ-66B)。

建造构造:位于镇旬盆地南缘,下志留统梅子垭组,岩性为绢云母千枚岩、绢云母石英千枚岩、石英千枚岩、石英砂岩、绢云母绿泥片岩等,期间偶有变凝灰质砂岩夹层。岩石弱变质、强变形。岩层中发育的层间破碎带为直接控矿构造。

成矿时代:印支期—燕山期。

成矿组分:Cu,(Au,Ag)。

矿床(点)实例:(陕)旬阳县棕溪镇夹沟、姚沟铜矿床,康坪、芦池沟、雉子沟铜矿点。

简要特征:铜矿体呈似层状、脉状、透镜状、豆荚状,围岩为绢云母千枚岩。矿石类型为石英细脉-网脉型、破碎蚀变岩型。矿石中金属矿物主要以黄铜矿为主,次为磁黄铁矿、黄铁矿、斑铜矿、辉铜矿;非金属矿物主要为石英,次为绢云母、绿泥石、钠长石、白云石、方解石等。矿石Cu品位0.71%~15.38%,伴生Au含量0.17×10^{-6},Ag含量1.8×10^{-6}。矿体Cu平均品位0.69%~1.84%。

成因认识:下志留统梅子垭组强变形弱变质沉积岩系为控矿层位;层间破碎带为主要控矿构造。印支期—燕山期热液活动使矿质再活化迁移,并在构造有利部位富集成矿。

【铜厂式】

成矿区带:龙门山-大巴山成矿带(Ⅲ-73)。

建造构造:中新元古界碧口群郭家沟组为海相火山-沉积建造,岩石以细碧岩、角斑岩、石英角斑岩及其相对应的火山碎屑岩(凝灰岩)为主,夹有喷流沉积岩。铜厂中酸性复合岩体侵入郭家沟组火山沉积岩系,早期闪长岩锆石U-Pb年龄879±7Ma,中期钠长岩锆石U-Pb年龄834±7Ma,晚期花岗闪长岩锆石 U-Pb 年龄 824±5Ma,其中钠长岩脉与铜矿关系密切（王伟等,2011）。矿田近东西向的断裂及片理化带,既穿切火山岩系（如徐家沟矿区）,也穿切闪长岩体北边缘（如铜厂矿区）,是重要的控矿构造（李福让等,2009）。

成矿时代:新元古代。

成矿组分:Cu,(Ni,Co,Au,Ag)。

矿床（点）实例:（陕）略阳县铜厂、徐家沟铜矿床,新铜厂、黄泥梁、张家山铜矿点。

简要特征:铜厂矿床的矿体呈脉状、透镜状,次为细脉状、复脉状,分布于火山沉积岩及闪长岩体中断裂带的剪裂带及次级破碎带。矿石具块状、角砾状、脉状和网脉状等构造。矿石矿物主要为黄铜矿、黄铁矿,少量闪锌矿、磁黄铁矿、辉铜矿、辉钼矿、辉砷镍矿、紫硫镍矿、针镍矿、锑硫镍矿、自然金、金银矿等；非金属矿物主要为石英、方解石、绢云母等。矿体 Cu 平均品位 $2.91\%\sim5.44\%$,伴生 Ni 含量 $0.1\%\sim0.28\%$,Co 含量 $0.012\%\sim0.040\%$,Au 含量 $0.1\times10^{-6}\sim4.8\times10^{-6}$,Ag 含量 $10\times10^{-6}\sim30\times10^{-6}$（叶霖等,2012）。

成因认识:中新元古界碧口群郭家沟组为海相火山-沉积建造为控矿层位,韧-脆性走滑断裂为控矿构造。新元古代钠长岩浆活动期间,有关热动力推动热液作用,沿韧性剪切带及片理活化 Cu 等矿质,附近的超基性岩可能主要提供 Ni,迁移到韧-脆性过渡位置沉淀成矿。

七、沉积变质型

【陈家庙式】

参见第二章铁矿中的同名矿床式。

第六章 铅锌矿

铅锌金属虽然在用途上完全不同,但是铅锌矿在自然界绝大多数情况下完全共生。因此,在资源研究上,通常一起论述。

第一节 矿产概况和成矿时段

截至 2009 年,西北地区探获铅锌矿床 135 处,其中超大型 1 处(甘肃厂坝—李家沟),大型 16 处(新疆乌拉根、彩霞山、可可塔勒、阿舍勒锌;甘肃洛坝、邓家山锌、小铁山锌;陕西铅洞山、银洞梁、八方山、银母寺、银洞子、马元楠木树;青海锡铁山、东莫扎抓、茶曲帕查),中型 40 处,小型 78 处。按此时累计查明铅锌金属资源量对比,甘肃占 34.90%,新疆占 26.48%,青海占 22.10%,陕西占 16.53%。近年,西北地区铅锌找矿勘查有巨大进展。

新疆:阿吾拉勒一带新发现的敦德铁矿床共伴生锌达 $150×10^4$ t(中国矿业报,2013-07-22)。塔里木西北部的乌拉根铅锌矿床累计探获铅 $50.73×10^4$ t,锌 $301×10^4$ t,锌达超大型。东昆仑祁曼塔格累计探获铅锌 $67.08×10^4$ t,其中 2011—2015 年新增 $17×10^4$ t;阿尔金喀腊达坂铅锌矿累计探获 333 以上级别铅锌资源量 $52.5×10^4$ t,其中 2011—2015 年新增铅锌 $42.19×10^4$ t。喀喇昆仑新发现铅锌矿集区,其中火烧云铅锌矿床探获 333+334 资源量 $1740×10^4$ t。

甘肃:北祁连白银厂矿田,折腰山-火焰山与小铁山之间新发现四方山锌铅铜矿床,初步估算铜铅锌资源量 $70×10^4$ t(品位 Pb+Zn 12.65%,Cu 0.88%),其中铅锌约 $65×10^4$ t。西秦岭西成矿田,近年在厂坝矿区深部找矿有巨大进展,新发现盲 1 号和盲 2 号矿体估算 333+334 级铅锌金属量 $191.27×10^4$ t(其中 333 级 $147.51×10^4$ t);在洛坝铅锌矿床东延地带发现郭家沟隐伏铅锌矿床,估算铅锌资源量 $300×10^4$ t,伴生银也可达大型规模。

青海:在三江北段,沱沱河勘查区多才玛探获 333+334 铅锌资源量 $635.16×10^4$ t(333 以上级别铅锌资源量 $244.82×10^4$ t),其中 2011—2015 年新增 $344.59×10^4$ t;东莫扎抓-莫海拉亨勘查区累计铅锌资源量 $238×10^4$ t,其中 2011—2015 年新增 $20.00×10^4$ t;多彩地区累计探获铜铅锌 $252.89×10^4$ t,其中 2011—2015 年新增铜铅锌 $238.14×10^4$ t(仅尕龙格玛矿区累计探获 331+332+333 铜铅锌资源量 $103.38×10^4$ t,其中 331+332+333 金属量铜 $32.26×10^4$ t、铅 $29.21×10^4$ t、锌 $41.91×10^4$ t;新增资源量铜铅锌 $101.41×10^4$ t,其中新增铅 $29.12×10^4$ t、锌 $40.85×10^4$ t)。在东昆仑祁曼塔格(尕林格、野马泉、肯德可克、四角羊—牛苦头、虎头崖等)铁多金属矿床累计探获铜铅锌 $497.83×10^4$ t,其中 2011—2015 年期间新增 $53.50×10^4$ t;抗得弄舍铅锌矿床累计探获铅锌 $87.8×10^4$ t,其中 2011—2015 年期间新增 $20×10^4$ t。

陕西:西秦岭凤太矿田深部勘查,铅硐山深部新增(333 及以上)铅锌资源量 $40×10^4$ t,八方山深部(新增 333 及以上)铅锌资源量 $50×10^4$ t(李晓雄等,2015);东塘子西延新增 $40×10^4$ t,二里河东延增 $30×10^4$ t,银母寺东延增 $20×10^4$ t,寺沟西延增 $15×10^4$ t,手搬崖西延增 $15×10^4$ t,水晶沟、柳树沟、大地沟等深延分别增 $(5\sim10)×10^4$ t。

宁夏:卫宁北山地区二人山矿区验证钻孔(ZK139-1)累计见多金属矿 51.2m,有 44m 银铅硫铁矿,Ag 平均品位 $157.15×10^{-6}$,Pb 平均品位 3.82%,Cu 平均品位 0.46%,S 平均品位 14.73%,需进一步评价(潘进礼等,2013;王改平等,2014)。

按截至2009年累计查明资源量分析(图6-1),西北地区铅锌矿成矿的高峰时段为海西期(53.10%);其次是燕山期(18.90%)和加里东期(16.25%);少量形成于喜山期(7.68%)、印支期(2.25%)及前寒武纪(1.82%)。

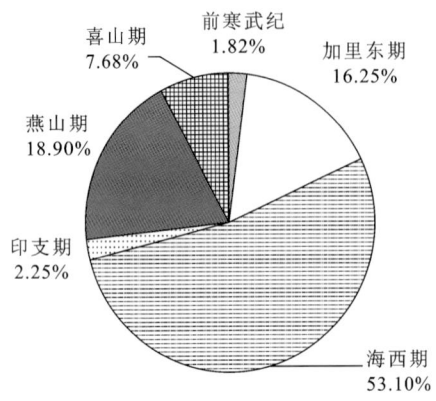

图6-1 西北地区铅锌矿时代统计分布图(截至2009年数据)

下面对铅锌矿床类型及矿床式中成矿时代的论述,既广泛利用了课题进行时截至2009年西北5省(区)矿产资料,又尽可能地收集补充了2010—2015年间新的成果信息。

第二节 矿床类型及矿床式

按截至2009年累计查明资源量分析(图6-2),西北地区铅锌矿最重要的矿床类型为层控热液型(88.88%),其次为海相火山型(7.25%),少量矽卡岩型(3.15%)、陆相火山型(0.36%)和风化壳型(0.36%)。

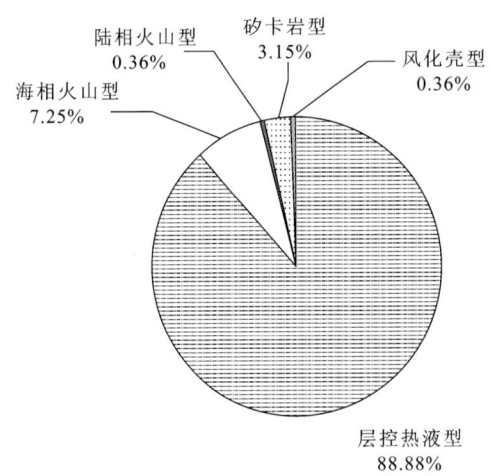

图6-2 西北地区铅锌矿类型统计分布图(截至2009年数据)

一、层控热液型

【库尔尕生式】

成矿区带:伊犁北缘成矿带(Ⅲ-9)。

建造构造:上泥盆统托斯库尔他乌组,广布于达巴特穹隆四周,分上、下两个亚组:下亚组为底砾岩、岩屑砂岩、沉凝灰岩和凝灰质砂岩夹中酸性—基性火山碎屑岩和熔岩。上亚组岩性主要为粉砂岩、岩屑砂岩、长石岩屑砂岩夹砾岩、砂砾岩等。铅锌矿化赋存于上亚组层内北西向断裂破碎带中。矿区外围达巴特流纹斑岩锆石 U-Pb 年龄为 315.9±5.9Ma，花岗斑岩锆石 U-Pb 年龄为 278.7±5.7Ma（张作衡等，2008），推断可能起热源作用。

成矿时代：海西期。

成矿组分：Pb、Zn、(Cu、Ag、Au)。

矿床（点）实例：(新)博乐市库尔尕生铅锌矿床。

简要特征：矿体既受层位岩相制约，又直接受断裂构造所控制，呈透镜状、脉状产出；矿石呈网脉状、块状、浸染状、角砾状和斑杂状构造；矿石的矿物组成简单，金属矿物主要有方铅矿、闪锌矿、黄铁矿，非金属矿物主要为石英和方解石。围岩蚀变普遍较弱，以硅化、碳酸盐化为主，局部有绿泥石化、黏土化等。矿体品位 Pb 0.72%~14.50%，Zn 0.22%~4.80%。

成因认识：上泥盆统托斯库尔他乌组上亚组沉积岩系为控矿层位；穿过该地层的北西向断裂破碎带为控矿构造。晚石炭世—早二叠世中酸性岩浆活动提供热动力，被加热的地下水循环流动，萃取地层内矿质运移到构造破碎带沉淀成矿。

【阿尔恰勒式】

成矿区带：伊犁成矿带(Ⅲ-10)。

建造构造：下石炭统阿克沙克组岩性为厚层状灰岩、薄层状灰岩、灰岩夹粉砂岩，硅化比较明显，与下伏大哈拉军山组为不整合接触，为主要赋矿层位。

成矿时代：海西期。

成矿组分：Pb、Zn、Cu、(Ag)。

矿床（点）实例：(新)察布查尔县阿尔恰勒铅锌矿床；昭苏县阿尔恰勒他乌铜铅锌多金属矿床。

简要特征：矿体主要呈层状、似层状、透镜状产出，但也有部分矿体具有穿层性。阿尔恰勒Ⅰ号矿体产于碎屑岩与灰岩转换带灰岩一侧，Pb+Zn 平均品位 12.50%，Ag 平均品位 75×10^{-6}；Ⅱ号矿体产于灰岩、灰岩夹粉砂岩中，Pb+Zn 平均品位 5.58%；局部黄铜矿化发育，Cu 品位可达 4.10%。主要金属矿物是方铅矿、闪锌矿、辉银矿、少量黄铜矿；非金属矿物主要有阳起石、方解石、石英、石榴石、透辉石；矿石构造主要为块状、浸染状、细脉—网脉状、角砾状；与成矿有关围岩蚀变主要为阳起石化、硅化、绿泥石化、绿帘石化及碳酸盐化（秦来勇等，2012）。

成因认识：阿尔恰勒铅锌矿床属于层控型，早期喷流沉积形成铅锌矿体，晚期构造及热液活动对铅锌又起到改造富集作用。

【彩霞山式】

成矿区带：伊犁南缘-中天山-旱山成矿带(Ⅲ-11)。

建造构造：控矿地层为长城系星星峡岩群、蓟县系卡瓦布拉克群、青白口系天湖群，矿化与碳酸盐岩建造关系密切，主要赋矿岩石为大理岩、白云质大理岩、灰岩等，少数产于千枚岩等。各矿区可见海西期中酸性侵入岩。铅锌矿体受近东西向和北东向构造控制，产于构造破碎带及糜棱岩化带中。

成矿时代：海西期。

成矿组分：Pb、Zn、(Ag、Ge、S)。

矿床（点）实例：(新)鄯善县彩霞山、铅炉子、宏源、红星山铅锌矿床。

简要特征：矿体分布在白云石大理岩与千枚岩接触部位，绝大多数在白云石大理岩一侧，呈似层状、透镜状、脉状。矿石矿物主要有闪锌矿、方铅矿、黄铁矿、磁黄铁矿等，其次有毒砂、黄铜矿等。非金属矿物主要有白云石、透闪石、方解石、石英、阳起石、绢云母、绿泥石等。矿石 Pb+Zn 平均品位为 2.71%，Zn/Pb 约为 4，伴生 Ag 品位 14.19×10^{-6}。

成因认识：在元古宙时沉积作用初步富集铅锌等成矿物质；海西期受到岩浆热液作用，使矿质活化迁移充填于断裂破碎带成矿。矿区不同类型矿石中的微量元素和稀土元素的分布趋势表现是一致的，且与白云石大理岩相同，说明成矿物质的来源与白云石大理岩可能具有密切关系（梁婷等，2008）。

【觉东式】

成矿区带：塔里木板块北缘成矿带（Ⅲ-12）。

建造构造：中泥盆统萨阿尔明组，为一套浅海相陆源碎屑岩建造，多呈中—薄层状产出，少部分呈厚层状产出，岩性以灰黑色、浅灰黑色、浅灰色细晶白云岩为主。矿区侵入岩主要以脉岩形式出露，距觉东矿区北西约10km，有大面积、多期次的泥盆纪—石炭纪岩浆活动（徐晟等，2013）。

成矿时代：海西期。

成矿组分：Pb，(Ag)。

矿床（点）实例：(新)鄯善县觉东铅矿床；托克逊县北岭铅矿点。

简要特征：觉东矿区矿体总体走向为北东东向展布，多呈透镜状、脉状。赋矿岩性主要为灰色—灰黑色白云岩，具碳酸盐化、硅化等蚀变。矿石构造以块状、浸染状、层纹状为主，有少量的细脉状构造。矿石中所见金属矿物有方铅矿、白铅矿等；非金属矿物主要为钙铝石榴石、黝帘石、石英等。矿体Pb品位$1.25\%\sim2.92\%$，伴生Ag品位$17.66\times10^{-6}\sim19.15\times10^{-6}$（徐晟等，2013）。

成因认识：中泥盆世热卤水萃取基底岩层中成矿物质喷出海底沉积，以层纹状矿石为标志；后期受区域褶皱影响，产生的次级褶皱及断裂加剧了矿质热液的活化迁移，促进了矿质活化，含矿热液沿褶皱虚脱部位及层间裂隙沉淀，以脉状矿石为标志。

【霍什布拉克式】

成矿区带：塔里木板块北缘成矿带（Ⅲ-12）。

建造构造：上泥盆统坦盖塔尔组上段浅海相碳酸盐岩-碎屑岩过渡部位。赋矿层位下部以富钙碎屑岩为主；上部为黑色或深灰色碳酸盐岩。上矿层为浅色厚层灰岩夹黑色薄层灰岩和白云质灰岩；下矿层为页岩、粉砂岩和砂岩互层。

成矿时代：晚泥盆世。

成矿组分：Pb，Zn。

矿床（点）实例：(新)阿图什市霍什布拉克铅锌矿床。

简要特征：矿体具典型的双层结构：上层矿体为主矿体，呈层状、似层状顺层产出，矿石具有条带状、纹层状沉积构造；下层矿体由含细脉浸染状方铅矿的硅化灰岩和片理化钙质粉砂岩互层所组成。两层矿间距$3\sim10m$，被钙质砂质页岩层隔开。根据氧化程度可将矿石分为原生矿石、混合矿石和氧化矿石3类。不同矿石类型中铅、锌的平均品位：原生矿石中Pb为3.44%，Zn为7.35%；混合矿石中Pb为3.74%，Zn为12.14%；氧化矿石中Pb为7.48%，Zn为18.44%（李志丹等，2010）。原生硫化物矿石金属矿物主要为闪锌矿、方铅矿，次为黄铁矿，少量黄铜矿；非金属矿物主要为方解石和白云石，少量石英。

成因认识：晚古生代陆缘裂陷槽环境中，喷流沉积形成富镁碳酸盐岩层中的上部块状矿体和砂岩、页岩下部细脉浸染状矿体的双层矿体结构的宏观特征。

【沙里塔什式】

成矿区带：塔里木板块北缘成矿带（Ⅲ-12）。

建造构造：中泥盆统托格买提组上岩性段，碳酸盐岩与砂岩之间层间破碎带赋存铅锌矿体。

成矿时代：海西期。

成矿组分：Pb，Zn，Ag。

矿床（点）实例：(新)乌恰县沙里塔什、萨瓦亚尔顿银铅锌矿床。

简要特征：矿体产于碳酸盐岩与细碎屑岩之间层间破碎带，偏白云岩一侧，呈透镜状。铅锌矿主要以交代充填方式发育在破碎带白云岩中。矿石构造有浸染状、细脉状。矿石金属矿物主要有方铅矿、闪锌矿、黄铁矿，少量黄铜矿；非金属矿物有白云石和石英，其次有方解石、重晶石。围岩蚀变弱，主要为白云石化，有时伴有硅化、重晶石化和方解石化。萨瓦亚尔顿银铅锌矿床矿体平均品位：Pb $7.92\%\sim10.06\%$，Zn $3.05\%\sim4.02\%$，Ag $138.9\times10^{-6}\sim178.6\times10^{-6}$（赵仁夫等，2007）。

成因认识：晚古生代陆缘裂陷槽环境中沉积的碳酸盐岩-细碎屑岩建造，晚期热液活动在该地层中层间破碎带沉淀形成铅锌矿床。

【坎岭式】

成矿区带：塔里木陆块北缘隆起成矿带（Ⅲ-13）。

建造构造：早古生代陆棚-浅海沉积岩系，晚寒武世—早奥陶世的碳酸盐岩及其与早志留世的碎屑岩接触部位，矿体充填于区域大断裂产状相同的次级断裂破碎带内。

成矿时代：二叠纪。

成矿组分：Pb，Zn，Cu，（Ag，Cd，Ga，Ge）。

矿床（点）实例：（新）乌什县坎岭铅锌矿床。

简要特征：矿体形态以脉状为主，次为透镜状、似层状和囊状。矿体走向有北北西、北北东和近南北3组，均与矿区地层相交，明显受构造裂隙控制。主要金属矿物有方铅矿、闪锌矿、黄铁矿、斑铜矿、黄铜矿、菱铁矿等，非金属矿物有方解石、白云石、重晶石、石英等，低温热液蚀变有碳酸盐化、重晶石化、水云母化、硅化和黄铁矿化。

成因认识：上寒武统—下奥陶统的碳酸盐岩及其与下志留统的碎屑岩接触部位、南北向密集断裂带及坎岭断层的分支断层中，由低温热液充填成矿。

【花牛山式】

成矿区带：敦煌成矿带（Ⅲ-15）。

建造构造：蓟县系平头山组千枚岩-大理岩，恢复原岩应是细碎屑岩-碳酸盐岩。勘查时划分Ⅰ、Ⅱ、Ⅲ、Ⅳ矿区，仅Ⅲ矿区含矿岩系夹有基性火山岩。

成矿时代：蓟县纪。Ⅲ矿区玄武岩夹层锆石 U-Pb 年龄 1071 ± 5Ma（杨建国等，2010）。

成矿组分：Pb，Zn，Ag。

矿床（点）实例：（甘）瓜州县花牛山银铅锌矿床；金塔县卧虎山铅锌矿点。

简要特征：矿体形态以似层状为主（约占全区金属储量的91.04%），扁豆状矿体次之，囊状矿体偶见，似层状矿体与围岩呈整合产出。此外，有一些小型的脉状矿体，常与围岩层理斜交。矿石金属矿物主要有黄铁矿、磁黄铁矿、闪锌矿、方铅矿，次有毒砂、磁铁矿、硫锰矿、白铁矿、黄铜矿等；非金属矿物主要为方解石、锰方解石、铁白云石等，次为石英、绢云母、斜长石、透闪石、阳起石、石榴石、重晶石等。矿石以块状—条带状构造为主。矿石 Pb 品位 $2.26\%\sim7.30\%$，Zn 品位 $1.26\%\sim4.07\%$，Ag 品位 $68.5\times10^{-6}\sim248.5\times10^{-6}$。

成因认识：中元古代裂陷环境，在细碎屑岩-碳酸盐岩沉积间歇期，微弱的火山热源影响下，海底喷流形成铅锌矿；后来受变形变质改造；印支期周边中酸性岩侵入，局部叠加矽卡岩化。

【掉石沟式】

成矿区带：敦煌成矿带（Ⅲ-15）。

建造构造：太古宇—古元古界敦煌杂岩第二岩组第二岩段为赋矿层位。岩石类型以黑云斜长片麻岩、二云石英片岩、含石墨透闪石化大理岩为主，局部夹有石英岩、透闪透辉石矽卡岩、含石榴石斜长角闪岩、二云斜长片麻岩、含石榴石二云斜长片麻岩、透闪石化大理岩等。

成矿时代：古元古代。

成矿组分：Pb，Zn，（Ag）。

矿床（点）实例：（甘）肃北县掉石沟铅锌矿床，土达坂、乌兰嘎顺、白台沟、吓日哈德铅锌矿点。

简要特征：矿体主要呈透镜状、似层状，少量呈脉状。顶底板多为石墨斜长变粒岩，少数为石榴石透辉石矽卡岩。矿石金属矿物主要有方铅矿、闪锌矿、磁铁矿、磁黄铁矿、黄铁矿，在地表混合型矿石中尚见少量软锰矿、硬锰矿、菱锰矿、菱铁矿、白铅矿、菱锌矿、褐铁矿、褐锰矿等；非金属矿物主要有透辉石、透闪石、石榴石、方解石、白云石、石英、斜长石、橄榄石等。矿体 Pb 平均品位 $0.56\%\sim2.19\%$，Zn 品位 $0.85\%\sim2.45\%$；伴生 Ag 含量 $2\times10^{-6}\sim34\times10^{-6}$（王方成等，2010）。

成因认识：古元古代浅海环境，形成的富有机质细碎屑岩-碳酸盐岩为铅锌矿源层，后来受变形变质改造，热液活动使铅锌进一步富集成矿。太古宙时地壳中积累的铅还较少，因此判断成矿时代在古元古代。

【乌拉根式】

成矿区带：塔里木盆地成矿区(Ⅲ-16)。

建造构造：下白垩统克孜勒苏群上部砂砾岩（透水孔隙度约20%），上覆小角度不整合的古新统阿尔塔什组厚层块状石膏岩，夹多层白云岩薄层。矿化地段自下而上呈过渡地出现：紫红色砂砾岩-褪色蚀变灰白色砂砾岩（局部有沥青油苗）-含铅锌矿砂砾岩，铅锌矿顶板为膏盐层溶解坍塌形成白云质角砾岩，发育天青石化。

成矿时代：中新世（祝新友等，2010）。

成矿组分：Zn，Pb，(天青石)。

矿床(点)实例：(新)乌恰县乌拉根铅锌矿床，江结尔、加斯、康西、硝若布拉、吉勒格、托帕铅锌矿点。

简要特征：矿体呈似层状分布于砂砾岩层的顶部，硫化物呈浸染状分布于胶结物中；少量呈脉状分布于层间断裂破碎带，硫化物局部聚集为块状。硫化矿石矿物以闪锌矿、方铅矿为主，少量白铁矿、黄铁矿等；氧化矿石矿物以菱锌矿、水锌矿为主，次为铅矾、褐铁矿、黄钾铁矾，少量白铅矿。非金属矿物以石英（砂屑）、方解石、白云石、天青石为主，其次为石膏和绢云母。矿床平均品位 Zn 2.74%，Pb 0.45%；Cd 平均含量 95.54×10^{-6}，Ga 平均含量 9.19×10^{-6}，达不到综合利用指标（莫新华等，2014）。

成因认识：喀什中新生代坳陷乌拉根盆地，深部的中—下侏罗统湖相泥岩和页岩为煤系及烃源岩，下白垩统克孜勒苏群粗碎屑岩为主要的油气储层，同时也是铅锌矿源层；油田卤水是铅锌活化迁移的有利介质；断裂破碎带为含矿热卤水循环提供了通道，透水的砂砾岩提供了良好沉淀空间。由于成矿流体中有机质烃类与地层中石膏反应生成 H_2S，促使铅锌沉淀成矿；流体中的 Sr 元素交代石膏则形成大量天青石。铅锌矿的成矿时代与形成早期油藏的时代是大体一致的，均与早期喜山运动（渐新世晚期）有关（祝新友等，2010）。

【塔木-卡兰古式】

成矿区带：铁克里克成矿带(Ⅲ-17)。

建造构造：下石炭统卡拉巴西塔克组的上段主要为一套碳酸盐岩建造，上部主要为角砾状白云岩、灰岩，下部为薄层生物灰岩夹页岩，铅锌矿赋存在同生角砾状灰岩和白云岩段；下段上部则主要是塌积灰岩角砾岩等，中部为石英砾岩，底部是中细粒石英砂岩，铅矿化主要赋存在中下部砂砾岩段，铜钴矿化主要赋存在底部中细粒砂页岩段；底板为上泥盆统奇自拉夫组灰绿—紫灰色石英砂岩夹页岩（印建平等，2003）。

成矿时代：海西期。

成矿组分：Zn，Pb，(Ag)。

矿床(点)实例：(新)阿克陶县塔木、乌苏里克、卡兰古、托库孜阿特、卡拉牙孜卡克铅锌矿床。

简要特征：铅锌矿体大多沿碎屑岩与碳酸盐岩层间破碎带产出，主要矿体均位于碳酸盐岩一侧，全部产于角砾岩中（祝新友等，2000）。矿体与围岩界线不清，形态不规则，角砾多为白云石化灰岩，硫化物构成胶结物。围岩蚀变主要有白云岩化、方解石化和硅化；金属矿物主要为方铅矿、闪锌矿、黄铁矿；非金属矿物有白云石、方解石、石英、白云母，个别有石膏等。塔木矿床 Pb 平均品位 2.94%，Zn 平均品位 4.11%。

成因认识：成矿总体过程，同生为次，后生—层控为主（常雪生，2003）。主要成矿期介于成岩期和后生期，并具有溶蚀-交代和充填两个阶段，细粒闪锌矿和方铅矿多为溶蚀-交代阶段产物，粗粒闪锌矿和方铅矿多为充填阶段产物。矿石中已发现存在沥青，含硫有机质热裂解硫是成矿期硫源之一（杨向荣等，2010）。

【大东沟式】

成矿区带：北祁连成矿带(Ⅲ-21)。

建造构造：矿区主要含矿层岩性下部绿泥绢云千枚岩、钙质板岩，上部绢云千枚岩夹厚度不大的薄层大理岩化灰岩透镜体，局部地段可见石膏透镜体。原岩为碎屑岩-碳酸盐岩。

成矿时代：中元古代。矿石铅同位素年龄 1151.35～1176.76Ma（汤中立等，2002）。

成矿组分：Pb,Zn,(Ag)。

矿床(点)实例：(甘)肃北县大东沟铅锌矿床；肃南县吊大坂铅锌矿床。

简要特征：矿体呈层状、透镜状产出，与围岩整合接触。矿石的条纹及条带与围岩的层理、纹层完全一致，并具同步构造变形特征。矿石主要金属矿物有方铅矿、闪锌矿、磁铁矿，次有黄铁矿、黄铜矿、斑铜矿、白铅矿。矿石品位：Pb 0.68%～7.43%；Zn 0.18%～1.29%。硅化分布于矿层中，与铅锌矿化关系极为密切。

成因认识：中元古代裂陷环境，在细碎屑岩-碳酸盐岩沉积间歇期，海底喷流形成铅锌矿；后来受变形变质改造。

【杨岭式】

成矿区带：北祁连成矿带(Ⅲ-21)。

建造构造：下白垩统三桥组及和尚铺组，三桥组主要岩性为褐灰色、黄灰色、浅灰色中—巨厚层状细—巨砾岩，局部夹少量褐灰色、浅灰色砂砾岩，含砾粗砂岩。和尚铺组主要岩性为青色—青灰色厚层状泥质灰岩；顶部为薄层钙质泥岩，厚层泥质灰岩含有石膏。

成矿时代：燕山晚期。

成矿组分：Zn,Pb,(Ag)。

矿床(点)实例：(宁)固原市杨岭、立洼峡铅锌矿点。

简要特征：矿体为石英脉型(杨岭)和破碎带蚀变岩型(立洼峡)。金属矿物以方铅矿为主，次为闪锌矿，少量黄铜矿、辉银矿、斑铜矿、黄铁矿，非金属矿物有石英、方解石、重晶石。发育不同程度的硅化和重晶石化、黄铁矿化，局部有强烈方铅矿化和闪锌矿化。矿石平均品位：Pb 2.59%,Zn 2.22%

成因认识：下白垩统三桥组及和尚铺组为控矿层位，穿切该地层的断裂破碎带为控矿构造，后期的热液作用活化地层中矿质在断裂破碎带沉淀成矿。

【锡铁山式】

成矿区带：柴达木北缘成矿带(Ⅲ-24)。

建造构造：滩间山群之奥陶纪海相火山沉积变质岩系，受强烈构造变动产状陡立且略微倒转，恢复原岩层序为：下部基性火山岩、中酸性火山熔岩(锆石 U-Pb 年龄为 486±13Ma)、火山碎屑岩及沉积岩；中部细碎屑岩-碳酸盐岩夹层状铅锌矿及硅质岩；上部中基性火山碎屑岩、熔岩(锆石 U-Pb 年龄 440Ma 左右)夹沉积岩(吴冠斌等，2010)。

成矿时代：奥陶纪。

成矿组分：Pb,Zn,(Au,Ag,In,Tl,Ge,Ga,S)。

矿床(点)实例：(青)大柴旦镇锡铁山铅锌矿床。

简要特征：有的铅锌矿体呈层状、似层状与硅质岩及铁锰碳酸盐岩层相伴随；部分地段铅锌矿化层之下发育网脉状石英钠长蚀变岩筒，其中普遍有细粒浸染状黄铁矿、黄铜矿，局部铜集中达工业品位；还有很多铅锌矿体呈不规则透镜状、囊状、脉状充填于大理岩等碎裂部位(吴昌志，2008)。铅锌矿石金属矿物主要为方铅矿、闪锌矿、黄铁矿、少量磁黄铁矿、黄铜矿、银金矿、金银矿、自然金、硫金银矿、黝锑银矿、银砷铜银矿、银锌砷铜银矿、银黝铜矿等；非金属矿物主要为石英、碳酸盐，次为绿泥石、绢云母。矿石构造为块状、条带状、纹层状、浸染状、角砾状、脉状等。矿石平均品位：Pb 4.06%,Zn 5.97%,S 22.31%；伴生 Ag 64.57×10^{-6}, Au 0.75×10^{-6}, In 0.014%,Tl 0.012%,Ge 0.002%,Ga 0.0014%；而 Cu 含量很低，仅 0.03%。

成因认识：奥陶纪两次火山喷发较长间歇期内，细碎屑岩-碳酸盐岩形成过程，海底喷流作用形成层状、似层状、透镜状铅锌矿体；后来造山运动又受到热液强烈的叠加改造，形成岩石中切层的不规则透镜状、囊状、脉状铅锌矿体。虽然成矿大环境类似海相火山岩型矿床，但从具体含矿建造看更符合海相沉积岩型矿床。

【下拉地式】

成矿区带：南秦岭成矿带西段，即西秦岭成矿带(Ⅲ-28)。

建造构造：下石炭统包舍口组为一套浅海环境沉积的夹有基性火山岩、黏土岩的碳酸盐岩建造。主矿层赋存在夹少量含藻屑微晶灰岩、生屑微晶灰岩的泥微晶灰岩中，占储量的97%；主矿层之下十余米至数十米尚有少量沿节理、片理、破碎带产出脉状、囊状、扁豆状小矿体，为玄武岩及火山碎屑岩-沉凝灰岩-凝灰质板岩及灰岩层组合。

成矿时代：石炭纪。

成矿组分：Pb，(Zn，Ag)。

矿床(点)实例：(甘)卓尼县下拉地、窑沟铅锌矿床，腰路湾铅锌矿点。

简要特征：矿体呈似层状、透镜状、扁豆状，有尖灭再现、分支复合及膨缩现象。矿石金属矿物以方铅矿和黄铁矿为主，次有闪锌矿、黄铜矿、银黝铜矿；矿石构造有条带状、浸染状、细脉浸染状、角砾状、网脉状、脉状、局部块状；矿化层上部为强铁白云石岩化，下部为弱的碳酸盐化和绿泥石化。矿石平均品位：Pb 2.38%，Zn 0.05%，但局部可达0.59%~2.44%；伴生Ag 10×10^{-6}~29×10^{-6}。

成因认识：以往该矿床被归属海相火山岩型(火山喷流型)，但本次研究考虑到基性火山岩非常贫铅，海底热卤水与基性火山岩作用难以形成铅矿体，判断成矿物质来源于沉积岩系，深部潜伏的次火山岩浆可起热源作用，从而归属海相沉积型(沉积喷流型)。后来热液改造在岩石裂隙形成脉状、囊状矿化。

【厂坝-李家沟式】

成矿区带：南秦岭成矿带西段，即西秦岭成矿带(Ⅲ-28)。

建造构造：主矿层赋存于强变质、弱变形的中泥盆统浅海碳酸盐岩(已变为大理岩、石英大理岩、碳质长石石英团块大理岩、黑云母条带状大理岩)与上覆细碎屑岩(已变为黑云石英片岩、石英二云母片岩、石英片岩)之间，铅锌矿同石英钠长石岩及重晶石岩等关系密切。

成矿时代：泥盆纪沉积成矿；中生代改造。

成矿组分：Pb，Zn，(Ga，Ge，Ag，In，Cd，Tl，S)。

矿床(点)实例：(甘)成县厂坝、李家沟、黄厂，徽县向阳山、油露洞铅锌矿床。

简要特征：矿体以层状、似层状、透镜状为主，与围岩整合产出，局部有脉状及囊状矿体；矿石构造主要为条纹—条带状、块状构造，次为浸染状；矿石金属矿物主要为闪锌矿、黄铁矿、方铅矿，次为磁黄铁矿，少量黄铜矿、斜方硫锑铅矿、毒砂、钛铁矿、磁铁矿等。非金属矿物主要为石英及方解石，其次尚有重晶石、白云母、透闪石、斜长石、黑云母、绿泥石、绿帘石及萤石等。矿石平均品位：Pb 1.17%，Zn 6.65%，伴生S 9.33%，Ag 8.48×10^{-6}，Cd 0.0176%。

成因认识：在中泥盆世晚期，裂陷槽热异常驱动含矿热液沿同生断裂进入洼地沉积形成石英钠长石岩、重晶石岩及层状、似层状铅锌矿体，而在中生代改造作用中局部形成脉状及囊状矿体。

【邓家山-铅硐山式】

成矿区带：南秦岭成矿带西段，即西秦岭成矿带(Ⅲ-28)。

建造构造：主矿层赋存于浅变质、强变形中泥盆世滨浅海碳酸盐岩(含碳微晶灰岩、生物碎屑灰岩，夹少量绢云母千枚岩、铁白云质千枚岩)与上覆细碎屑岩(钙质千枚岩为主，夹铁白云质千枚岩、绿泥绢云千枚岩)之间，矿层同铁白云石硅质岩(铁白云石岩-硅质铁白云岩-铁白云石硅质岩-硅质岩)关系密切。矿层之下灰岩普遍硅化，局部石英网脉发育，并伴硫化物矿化。

成矿时代：泥盆纪沉积成矿；中生代改造。

成矿组分：Pb，Zn，(Cu，Ag，Au，Cd，Hg，S)。

矿床(点)实例：(甘)西和县邓家山、尖崖沟、磨沟、人土山、页水河铅锌矿床，成县毕家山，徽县洛坝-郭家沟铅锌矿床；(陕)凤县谭家沟、峰崖、银母梁、手搬崖、东塘子-铅硐山、苇子坪洞沟、安沟、尖端山、长沟、洞沟、银母寺、八方山-二里河、大黑沟、崖房湾铅锌矿床。

简要特征：矿体以层状、似层状、鞍状、透镜状为主，局部有脉状。在强改造的毕家山等矿床中最普遍发育的矿石构造为角砾状；在轻微改造的铅硐山等矿床中，以条带状构造为主。矿石金属矿物主要为闪锌矿、方铅矿，次为黄铁矿、白铁矿、黄铜矿、车轮矿、毒砂、锑黝铜矿；非金属矿物主要为石英、方解石、铁白云石,次为绿泥石、绢云母等。矿体平均品位:Pb 0.84%~2.34%,Zn 3.03%~11.29%;伴生Cu 0.43%~0.97%,Ag 11.51×10^{-6}~33.74×10^{-6},Au 0.10×10^{-6}~0.33×10^{-6}。

成因认识:在中泥盆世晚期,裂陷槽热异常驱动含矿热液沿同生断裂进入洼地沉积形成铁白云石硅质岩-硅质铁白云石岩及层状、似层状铅锌矿体,而在中生代改造作用中褶皱核部加厚加富形成鞍状矿体,局部产生脉状矿体。

【多宝山式】

成矿区带:喀喇昆仑-羌北成矿带(Ⅲ-35)。

建造构造:上白垩统铁隆滩组主要岩性为灰白色、深灰色、浅黄色等灰岩,含生物碎屑灰岩,碳酸盐岩岩溶角砾岩,灰白色、灰黑色、红色砾岩及砖红色、棕红色泥岩,砂质泥岩,容矿岩石主要为灰白色、深灰色碳酸盐岩岩溶角砾岩或碎裂化碳酸盐岩(徐仕琪等,2014)。

成矿时代:喜山期(杜红星等,2013;徐仕琪等,2014)。

成矿组分:Pb、Zn、(Ag)。

矿床(点)实例:(新)和田县多宝山铅锌矿床,宝塔山、天柱山铅锌矿点。

简要特征:铅锌矿赋存于角砾带、裂隙带及岩溶溶洞中,呈似层状、不规则囊状、脉状;围岩蚀变主要有碳酸盐化、白云石化、硅化及泥化等;矿石为块状、细脉状、浸染状、角砾状等构造。多宝山矿床Pb平均品位为7.46%,共生Zn平均品位为3.35%(晋红展等,2012)。

成因认识:晚白垩世形成的初步富集铅锌的碳酸盐岩,喜山期在区域性大断裂活动下,含矿流体沿断裂带、可渗透带、岩相岩性变异带向上运移,在碳酸盐岩岩溶角砾岩环境中交代、沉淀、富集成矿。

【火烧云式】

成矿区带:喀喇昆仑-羌北成矿带(Ⅲ-35)。

建造构造:中侏罗统龙山组,主要为一套浅海相碳酸盐岩沉积,局部夹火山岩、碎屑岩、石膏层。龙山组可划分为上、下两个岩性段:第一岩性段为灰紫色、褐灰色中厚层状砂砾岩;第二岩性段为灰色、深灰色、褐红色薄—中厚层状灰岩,局部夹灰紫色杏仁状玄武岩、英安岩。矿体围岩以白云质灰岩为主(董连慧等,2015)。

成矿时代:中侏罗世。火烧云闪锌矿Rb-Sr等时线年龄为186±6Ma(董连慧等,2015)。

成矿组分:Pb、Zn。

矿床(点)实例:(新)和田县火烧云铅锌矿床。

简要特征:矿体主要呈层状产出,下部主要为碳酸盐型铅锌矿(菱锌矿和白铅矿),约占资源量95%;中部主要为菱锌矿,约占资源量3%;上部主要为硫化物型铅锌矿(闪锌矿、方铅矿),约占资源量4%。矿石类型以纹层状、块状、角砾状为主。矿石矿物以菱锌矿、白铅矿为主,并发育少量的铅锌硫化物(以方铅矿为主)等,非金属矿物主要为方解石,偶见凝灰岩。主矿体(Ⅴ号)Zn平均品位23.58%,Pb平均品位5.63%(董连慧等,2015)。

成因认识:火烧云铅锌矿赋存于龙山组灰岩中,并具喷流-沉积特点。早期主要沉积碳酸盐型铅锌矿,仅晚期沉积很少量硫化物型铅锌矿。总体显示,成矿环境缺S^{2-},海水中溶解的$[HCO_3]^-$受到热流影响转变为$[CO_3]^{2-}$,与Zn和Pb结合沉淀成矿。

【东莫扎抓式】

成矿区带:昌都-普洱成矿带(Ⅲ-36)。

建造构造:赋存在上三叠统波里拉组灰岩和下—中二叠统尕迪考组灰岩中,矿体以似层状或层控分别产在波里拉组灰岩内部逆冲推覆断层的下盘和尕迪考组碳酸盐岩与波里拉组底部碎屑岩之间的逆冲推覆断层的上盘,产状严格受到逆冲断层的控制(刘英超等,2009)。

成矿时代:喜山期。东莫扎抓矿床闪锌矿Rb-Sr等时线年龄为35.015±0.034Ma,黄铁矿-方铅矿Rb-Sr等时线年龄为34.747±0.015Ma;莫海拉亨矿床闪锌矿与方铅矿Rb-Sr等时线年龄为33.949±0.022Ma(田世洪等,2009)。

成矿组分:Pb、Zn、(Ag)。

矿床(点)实例:(青)杂多县东莫扎抓、莫海拉亨铅锌矿床。

简要特征:矿体呈长条带状近东西向产出宽度变化较大,具有膨大、分支、复合特征;矿物组合较为简单,金属硫化矿物主要为黄铁矿、闪锌矿、方铅矿,有极少量黄铜矿;矿石构造为条带状、细脉状、网脉状和浸染状;围岩蚀变主要为硅化、碳酸盐化。金属硫化物主要以颗粒浸染状、网脉状分布于白云岩中,见方铅矿充填于白云岩角砾中,并交代角砾。东莫扎抓矿床平均品位:Pb 1.37%,Zn 3.64%,Ag 76.85×10^{-6}。

成因认识:玉树地区逆冲推覆构造系统的侧向造山作用导致盆地热卤水的形成,区域逆冲断层底部的拆离滑脱带和东莫扎抓矿区的逆冲断裂分别为流体提供了长距离横向迁移和短距离纵向排泄的通道,区域大面积分布的碳酸盐岩和尕迪考组灰岩底部的火山岩提供了矿化所需的金属元素,铅锌硫化物最终在矿区断层附近的大量开放空间内沉淀而成矿(刘英超等,2009)。

【多才玛式】

成矿区带:昌都-普洱成矿带(Ⅲ-36)。

建造构造:所处沱沱河地区发育大型逆冲构造。铅锌矿体赋存逆冲断层上盘二叠系九十道班组灰岩及中新统五道梁组泥灰岩内中,厚度大和品位较高的矿化体出现在地表以下、靠近那益雄组与九十道班组界面的九十道班组灰岩地层中,离界面越远,矿体则越薄、矿化强度变弱,直至无矿(宋玉财等,2013)。

成矿时代:喜山期。

成矿组分:Pb,Zn,(Ag)。

矿床(点)实例:(青)杂多县多才玛铅锌矿床(孔莫陇、茶曲怕查、多才玛矿段)。

简要特征:矿体呈脉状。矿石构造类型为角砾状及细脉状。矿石金属矿物主要为方铅矿,次为闪锌矿,少量黄铁矿;非金属矿物为方解石和重晶石。各矿段Pb+Zn平均品位为2.56%~5.07%。

成因认识:多才玛铅锌矿床属碳酸盐岩中后生矿床,根据穿插关系判断形成时代晚于中新世。沱沱河地区新生代发生大规模逆冲推覆,多才玛矿床处于逆冲带的前锋带,是自逆冲根部带下渗的流体最易汇聚的部位;五道梁组地层中还发育有膏盐建造,表明新生代广泛发育盐湖,能够提供大量的盆地卤水,对形成大型矿床非常有利(宋玉财等,2013)。

【楚多曲式】

成矿区带:昌都-普洱成矿带(Ⅲ-36)。

建造构造:矿区出露地层主要为中侏罗统雁石坪群雀莫错组陆源碎屑岩、布曲组灰岩与长石石英砂岩、夏里组陆源碎屑岩与灰岩,上侏罗统索瓦组灰岩与粉砂岩。矿体赋存在北西西向切割地层的陡倾断裂和泥晶粉晶灰岩与长石石英砂岩层间南北向破碎带中,容矿岩石为碳酸盐岩和碎屑岩。同时,东西与南北断裂交汇部位,侵入燕山晚期石英二长斑岩体,具黄铜矿化、铅锌矿化、碳酸盐化、重晶石化(张勤山等,2015)。

成矿时代:燕山期。

成矿组分:Pb,Zn,(Ag)。

矿床(点)实例:(青)格尔木市楚多曲铅锌矿床。

简要特征:矿体主要赋存于构造破碎带内碎裂灰岩、碎裂长石石英砂岩中,呈似层状、透镜状产出。金属矿物主要为方铅矿、闪锌矿、黄铜矿,还有少量黄铁矿;非金属矿物主要为重晶石、石英、方解石,少量绢云母。矿体平均品位:Pb 0.53%~4.86%,Zn 0.20%~1.90%,Ag 5.12×10^{-6}~85.70×10^{-6}。

成因认识:中晚侏罗世碎屑岩-碳酸盐岩地层为控矿层位,该套地层中断裂带及层间破碎带为控矿构造。燕山晚期深部中酸性岩浆岩活动,岩浆热液及被加热的地下水混合,活化地层中矿质,运移到有利构造部位沉淀成矿。

【南沟式】

成矿区带:华北陆块南缘成矿带(Ⅲ-63)。

建造构造：中—新元古界广东坪组上岩性段下亚段变质中基性火山岩-碳酸盐岩-陆源碎屑交互沉积建造，岩性为钠长阳起绿泥片岩、钠长阳起片岩、斜长角闪岩，夹较多大理岩、石英岩及云母石英片岩、斜长(钠长)石英片岩。赋矿围岩以含碳绢云石英片岩为主，局部夹绿帘阳起钠长片岩和石英白云石大理岩。铅锌矿体呈似层状和脉状产于顺层断裂破碎带，受绢云石英片岩和断裂控制。

成矿时代：燕山期。

成矿组分：Pb、Zn。

矿床(点)实例：(陕)商洛市龙庙南沟铅锌矿床。

简要特征：矿体呈扁豆体状、似层状、脉状矿体；矿石金属矿物闪锌矿、方铅矿、菱锌矿、白铅矿等；非金属矿物石英、白云母、白云石、方解石；矿石构造浸染状、条纹—层状、脉状构造。矿石平均品位 Pb+Zn 3.95%。

成因认识：中—新元古代火山沉积变质岩系初步富集铅锌，在燕山期受热液再造形成铅锌矿体。

【泗人沟式】

成矿区带：南秦岭成矿带东段(Ⅲ-66B)。

建造构造：中志留统双河镇组上部灰绿—灰色粉砂质千枚岩夹砂岩条带。含矿层附近有明显富含有机质、黄铁矿的硅质岩、千枚岩出现，矿层中普遍出现一些富硅质岩石，并表现出层纹特征(侯满堂等，2007)。

成矿时代：志留纪沉积成矿；海西期改造再富集。南沙沟矿区含矿石英脉的石英、闪锌矿单矿物 Rb-Sr 等时线年龄为 260±7Ma(侯满堂等，2006)。

成矿组分：Zn、Pb。

矿床(点)实例：(陕)旬阳县泗人沟、火烧沟、关子沟、小水河、南沙沟铅锌矿床。

简要特征：矿体呈层状、似层状、透镜状、脉状，受层间滑脱构造及层间破碎带控制。矿石金属矿物主要为闪锌矿，次为方铅矿、黄铁矿，偶见黄铜矿；非金属矿物以石英为主，次有绢云母、绿泥石、白云石、磷灰石、方解石等。矿石构造以块状、条带状为主，次为浸染状、细脉状。矿石品位 Pb 变化于 0.26%~2.27%，Zn 变化于 2.56%~21.17%(朱华平等，2004)。

成因认识：中志留世陆缘裂陷盆地浅海陆棚相环境，海底喷流沉积初步富集为铅锌矿层，海西期热液改造进一步富集成矿。

【桐木沟式】

成矿区带：南秦岭成矿带东段(Ⅲ-66B)。

建造构造：中泥盆统青石垭组下部为深灰色绢云千枚岩、黑云母角岩、黑云方柱角岩和斑点状板岩，上部为互层的绢云大理岩和方解绢云千枚岩。原岩为一套细碎屑岩、黏土岩夹碳酸盐岩。矿体产于下部黑云角岩、绢云千枚岩及黑云方柱角岩中，以层状与围岩整合接触。矿层之下有方解石钠长石岩和钠长角砾岩(马国良，1993)。

成矿时代：中泥盆世沉积成矿，中生代热液改造。

成矿组分：Zn、(Pb、Cd、Ag)。

矿床(点)实例：(陕)山阳县桐木沟锌矿床。

简要特征：矿体形态有层状贫矿体，其矿石构造为条纹状；还有脉状、似层状富矿体，受断裂控制，其矿石构造为致密块状、角砾状。有时块状矿石中可见呈次棱角状出现的条纹贫矿或围岩角砾。层纹状贫矿 Zn 品位变化于 0.75%~10.11%，平均 3.08%；块状富矿 Zn 品位 0.69%~43.33%，平均 15.7%(王海山等，2002)。矿石金属矿物主要为闪锌矿，次为方铅矿、黄铁矿等；非金属矿物主要为石英、钠长石、方柱石、方解石、绢云母，次为黑云母、白云母等。矿化以锌为主，部分含铅；围岩蚀变主要为钠化、硅化，次为绿泥石化、碳酸盐化和绢云母化。

成因认识：中泥盆世裂陷盆地环境，由于地壳拉伸变薄，地热异常导致下渗海水对流循环，从流经深部岩石中淋滤出锌等金属元素，沿断裂排泄到海底，沉积出层纹状贫矿；中生代热液叠加改造形成脉状、似层状富矿。

【东川式】

成矿区带:南秦岭成矿带东段(Ⅲ-66B)。

建造构造:中一下奥陶统石瓮子组地层主要组成岩性为薄—中厚层状含燧石条带、结核微细晶白云岩夹厚层状微细晶白云岩,局部夹碳质硅质板岩、含碳粉砂岩、含碳灰岩透镜体。铅锌矿体产于该组上段中厚层状白云岩层中,有的呈似层状、透镜状顺层产于白云岩层内,沿倾向作叠瓦式多层产出,有的呈脉状产于北东向断裂构造。

成矿时代:印支期。

成矿组分:Pb,Zn,(Ag)。

矿床(点)实例:(陕)镇安县东川大沟、东川安沟、东川朱家沟、东川薛沟、银洞沟铅锌矿点;宁陕县小川铅锌矿点。

简要特征:矿体呈似层状、透镜状、脉状,膨缩分支、尖灭再现。矿石金属矿物主要有方铅矿、闪锌矿、黄铁矿,少量脆硫锑铅矿,偶见黄铜矿,非金属矿物主要有白云石、方解石、石英、重晶石、绢云母等;矿石主要有脉状—网状构造、稀疏浸染状构造等。矿石平均品位:Zn 4.49%,Pb 1.76%。

成因认识:奥陶纪碳酸盐岩建造沉积为矿源层,印支期热液活化再造形成铅锌矿。

【锡铜沟式】

成矿区带:南秦岭成矿带东段(Ⅲ-66B)。

建造构造:中泥盆统大枫沟组上岩段一套滨海相的不纯碳酸盐岩。矿区东西向断裂具明显的挤压破碎现象,大小矿体沿此断裂分布,北东向断裂往往叠加在东西向断裂之上,断裂交叉部位也有铅锌矿体。

成矿时代:印支期。

成矿组分:Pb,Zn,(Ag)。

矿床(点)实例:(陕)镇安锡铜沟、月西铅锌矿床,水田沟、磨子沟、关坪河铅锌矿点。

简要特征:矿体呈似层状,多成群出现,蚀变范围仅限于近矿围岩几米之内。围岩蚀变较轻微,蚀变类型主要为硅化,次为碳酸盐化。矿石构造块状、条带状、角砾状、细脉状、浸染状、斑杂状。矿石金属矿物主要有闪锌矿、白铅矿、菱锌矿、方铅矿,次为黄铜矿、黝铜矿、铜蓝、辉铜矿、黄铁矿等;非金属矿物主要为石英、方解石,次为绢云母、白云母、黑云母、石榴石等。矿床平均品位:Pb 0.89%,Zn 3.34%。

成因认识:泥盆纪热水沉积初步富集成矿元素,印支期热液再造成矿。

【马元式】

成矿区带:龙门山-大巴山成矿带(Ⅲ-73)。

建造构造:扬子地块北缘碑坝穹隆构造南缘盖层上震旦统灯影组上段第二岩性层中,构造角砾白云岩是主要含矿建造。以中厚层状砾屑白云岩为主,间夹薄层状藻屑白云岩,普遍含沥青等有机物。层间断裂破碎带为主要控矿构造。

成矿时代:早奥陶世(李厚民等,2007)。

成矿组分:Pb,Zn,(Ag,Ge,Cd,Cu)。

矿床(点)实例:(陕)南郑县马元铅锌矿床,云河、庙坝、西河、松坪、盐井铅锌矿点;镇巴县铅铜湾、毛坝铅锌矿点。

简要特征:马元铅锌矿化带长约60km,宽10~200m,已圈定40多条铅锌矿体。矿体呈似层状、透镜状顺层或微斜切层理产出,受角砾岩带控制,具层控特点。矿化主要以胶结物的形式充填在构造角砾岩的角砾之间和以网状脉的形式充填在碎裂岩石的裂隙之中,形成角砾状矿石和网脉状矿石两种主要矿石类型,具有明显的后生充填成矿特征。矿石金属矿物主要为闪锌矿,次为方铅矿,少量黄铁矿、辉银矿。氧化矿物有褐铁矿、菱锌矿、白铅矿等。非金属矿物主要为白云石,次有方解石、石英、重晶石,少量萤石、沥青等;矿石构造类型有角砾状、网脉状、浸染状等。矿体品位:Zn 1.05%~10.82%,Pb 0.55%~7.54%;伴生 Ge 0.002%~0.05%,Cd 0.002%~0.1%,Cu 0.03%~0.35%,Ag 2×10^{-6}~35×10^{-6}(侯满堂等,2007)。矿床平均品位:Zn 4.03%,Pb 2.23%。

成因认识："马元式"铅锌矿类似"密西西比河谷式"铅锌矿，属于碳酸盐岩中热液脉型铅锌矿。本区晚震旦世灯影期，在陆缘浅海碳酸盐岩台地通过基底断裂及裂隙通道产生的海水循环系统不断地萃取吸收了基底杂岩的Pb、Zn等有用组分，迁移到台地碳酸盐岩沉积为矿源层；经过奥陶纪热液再造才形成矿床。

二、海相火山型

【库马苏式】

成矿区带：北阿尔泰成矿带（Ⅲ-1）。

建造构造：下石炭统红山嘴组第一岩性段以流纹质凝灰熔岩、碎斑熔岩、凝灰岩、晶屑凝灰岩、火山角砾岩为主；第二岩性段以正常沉积岩为主，间夹有火山碎屑岩，岩性主要为互层状的泥质粉砂岩、石英砂岩，中间夹有层凝灰岩，含矿岩性主要为凝灰质细—粉砂岩；第三岩性段岩性以长石石英砂岩（夹凝灰岩）、泥质粉砂岩、灰岩为主，局部见晶屑凝灰岩、凝灰岩和碎斑熔岩。区内有燕山期石英斑岩小岩株。

成矿时代：早石炭世。

成矿组分：Pb、Zn、Cu、(Au)。

矿床（点）实例：(新)富蕴县库马苏铅锌多金属矿床，库马苏南铅锌多金属矿点。

简要特征：矿体多沿层间片理化带呈似层状、条带状、透镜状分布。矿石类型主要为星点—浸染状闪锌矿-方铅矿矿石、细脉状—团斑状闪锌矿-方铅矿-黄铁矿-黄铜矿矿石。矿石金属矿物主要为方铅矿、闪锌矿、黄铁矿、黄铜矿等；非金属矿物有石英、绢云母、绿泥石、方解石、重晶石和绿帘石等。围岩蚀变较弱，主要为碳酸盐化、绿泥石化、硅化等。矿石品位：Pb $1.74\%\sim8.66\%$，Zn $2.02\%\sim5.60\%$，Cu $0.52\%\sim1.34\%$，Au $0.18\times10^{-6}\sim18.4\times10^{-6}$。

成因认识：晚古生代上叠火山盆地，深部来源的矿质随中酸性火山岩喷发进入盆地中初步富集成矿；燕山期热液活化成矿元素进一步富集。

【可可塔勒式】

成矿区带：南阿尔泰成矿带（Ⅲ-2）。

建造构造：下泥盆统康布铁堡组火山-沉积岩系上亚组，由下而上分为7个岩性层：①变酸性熔岩夹变晶屑凝灰岩；②变酸性熔岩夹集块角砾岩；③变角砾凝灰岩；④条带状变凝灰岩；⑤大理岩、钙质砂岩、黑云变粒岩、黑云石英片岩，为主要的铅锌含矿层，矿化层中夹有纹层状磁铁硅质岩和条带状微晶石英片岩（推断原岩为硅质岩）；⑥晶屑凝灰岩夹角砾晶屑岩屑凝灰岩、灰白色变钙质粉砂岩；⑦褐色铁锰质大理岩。

成矿时代：早泥盆世。可可塔勒黄铁矿-闪锌矿-黄铜矿 Sm-Nd 同位素等时线年龄为 373 ± 15Ma（李华芹等，1998）

成矿组分：Pb、Zn、(Cu、Ge、Ag、S)。

矿床（点）实例：(新)富蕴县可可塔勒、铁热克萨依铅锌矿床。

简要特征：矿体呈层状、似层状、透镜状顺层产出，局部有脉状，与地层产状基本一致。矿石金属矿物主要为方铅矿、闪锌矿、黄铁矿、磁黄铁矿，次为毒砂、黄铜矿、硫锑矿、黝铜矿、白铁矿等；非金属矿物有石英、微斜长石、斜长石、白云母、金云母、方解石、透辉石、铁铝榴石、黑云母、角闪石、绿帘石、石膏等，偶见重晶石、萤石。矿石构造以浸染状、斑杂状、块状为主，次为条带状、条纹状；围岩蚀变主要有钾长石化、硅化、绢云母化、绿泥石化、碳酸盐化等。矿石平均品位：Zn 3.30%，Pb 1.37%，S 13.32%；伴生 Cu 0.08%，Ge 0.001%，Ag 17.41×10^{-6}。

成因认识：早泥盆世火山喷发间歇期，既有浅海相陆源细碎沉积和化学沉积，又有海底喷流活动形成铅锌块状硫化物矿体，晚泥盆世受到区域变质作用改造，方铅矿、闪锌矿粒径增大，许多黄铁矿被磁黄铁矿交代。

【铁木尔特式】

成矿区带：南阿尔泰成矿带（Ⅲ-2）。

建造构造:下泥盆统康布铁堡组上亚组可以分为三个岩性段:第一岩性段为变流纹质晶屑凝灰岩、变流纹质凝灰岩等;第二岩性段以正常的浅海相黏土质沉积和碳酸盐沉积为主,含有少量的安山质-英安质-流纹质火山碎屑岩,铅锌矿体分布于第二岩性段大理岩及其上下盘的绿泥石英片岩或层状矽卡岩中,直接围岩为铁锰大理岩和变钙质砂岩;第三岩性段为一套近火山口相流纹质火山碎屑岩沉积建造,主要岩性为流纹质晶屑凝灰岩。

成矿时代:早泥盆世。铁木尔特变火山岩锆石 U-Pb 年龄 396 ± 5Ma~405 ± 5Ma(郑义等,2013);大东沟变火山岩锆石 U-Pb 年龄 388.9 ± 3.2Ma~400.7 ± 1.6Ma(耿新霞等,2012)。

成矿组分:Pb,Zn,(Cu,Ag)。

矿床(点)实例:(新)阿勒泰市铁木尔特、乌拉斯沟、大东沟锌铅铜矿床。

简要特征:铅锌矿体呈层状、似层状、透镜状顺层产出,局部发育穿切层状铅锌矿层的黄铜矿石英脉。矿石的构造类型主要有块状、条带状、纹层状、浸染状、细脉—浸染状、细脉状、角砾状构造。矿石金属矿物有方铅矿、闪锌矿、黄铜矿、黄铁矿、磁黄铁矿和磁铁矿;非金属矿物有石英、透闪石-阳起石、石榴石、角闪石、绿泥石、绿帘石、方解石、重晶石和萤石等。Ⅰ号矿体的主要有用组分为铅、锌、铜,伴生有用组分是银。矿石平均品位:Zn 5.36%,Pb 3.34%,Cu 0.41%,伴生 Ag 33.96×10^{-6}。Ⅱ号矿体平均品位:Pb 0.73%,Zn 1.25%。Ⅲ号矿体平均品位:Pb 1.36%,Zn 1.28%(耿新霞等,2010)。

成因认识:早泥盆世火山喷发间歇期,既有浅海相陆源细碎沉积和化学沉积,又有海底喷流活动形成铅锌块状硫化物矿体,后来受到区域变质作用改造,方铅矿、闪锌矿粒径增大,许多黄铁矿被磁黄铁矿交代,局部叠加黄铜矿石英脉。

【喀腊达坂式】

成矿区带:阿尔金成矿带(Ⅲ-19)。

建造构造:赋矿地层为中下寒武统喀腊大湾组中浅变质火山沉积岩系,矿体产于硅化绿泥绢云石英片岩。

成矿时代:寒武纪。

成矿组分:Pb,Zn,(Au,Cu)。

矿床(点)实例:(新)若羌县喀腊达坂铅锌矿床,喀腊达坂西、泉东铅锌矿点。

简要特征:矿体形态呈似层状、透镜状、脉状。含矿岩石受到强烈的片理化改造,为绿泥绢云石英片岩。矿石金属矿物主要为黄铁矿、方铅矿、闪锌矿,少量黄铜矿、黝铜矿;非金属矿物有绿泥石、绢云母、方解石、石英、重晶石、绿帘石。矿石构造以条带浸染状、条纹浸染状为主,次为浸染状、星点状、网脉状。矿石平均品位:Zn 2.29%,Pb 1.03%。

成因认识:寒武纪裂谷环境,火山喷发间歇期,海底喷流成矿,后来变质热液改造进一步富集。

【小铁山式】

成矿区带:北祁连成矿带(Ⅲ-21)。

建造构造:中寒武统黑茨沟组主要由一套细碧-角斑岩系火山岩组成,其间夹有硅质岩、结晶灰岩及凝灰质、铁锰质、硅质千枚岩、板岩等。矿床受火山穹隆破火山口旁侧之斜坡洼地控制,主要赋存于石英角斑凝灰岩中,矿上常有含铁硅质岩。

成矿时代:中寒武世。

成矿组分:Zn,Pb,Cu,(Au,Ag,S)。

矿床(点)实例:(甘)白银市小铁山、四个圈、拉牌沟、铜厂沟、四方山锌铅铜矿床;(青)祁连县尕大坂、下柳沟-弯阳河-下沟、郭米寺锌铅铜矿床。

简要特征:矿体多呈似层状、透镜状,局部为脉状;矿石金属矿物主要有黄铁矿、闪锌矿、方铅矿,次为黄铜矿,少量磁黄铁矿、银金矿、金银矿及辉银矿、黝砷银矿;非金属矿物有石英、绿泥石、绢云母、重晶石、碳酸盐等。矿石构造为块状、条带状、纹层状、浸染状、细脉状等。小铁山矿床平均品位:Pb 3.45%,Zn 5.45%,Cu 1.26%,Au 2.28×10^{-6},Ag 126.15×10^{-6};下柳沟-湾阳河-下沟各矿段 Cu 0.75%~0.94%,Zn 2.39%~5.27%,Pb 2.26%~3.94%,Au 0.42×10^{-6}~2.08×10^{-6},Ag 28.38×10^{-6}~

49.11×10^{-6}。

成因认识：中寒武世裂谷环境，火山喷发间歇期海底喷流成矿，火山穹隆中心破火山口位置形成铜矿（折腰山式铜矿）或含铜硫铁矿（香子沟式含铜硫铁矿床），火山穹隆破火山口外侧之斜坡洼地形成锌铅铜矿（小铁山式锌铅铜矿床）。

【蛟龙掌式】

成矿区带：北祁连成矿带（Ⅲ-21）。

建造构造：上奥陶统陈家河组细碧岩、角斑岩、石英角斑岩、火山碎屑岩夹砂岩薄层和不纯灰岩。石英角斑岩向上依次有黄铜矿-黄铁矿化带赋存于石英角斑凝灰岩、绢云石英砂岩、绿泥石砂岩中；铅锌矿-黄铁矿化带赋存于凝灰质砂岩、凝灰岩、钙质凝灰岩-凝灰质灰岩及局部矽卡岩化灰岩中。晚期中酸性岩体与灰岩接触带矽卡岩赋存磁铁矿体。

成矿时代：晚奥陶世。

成矿组分：Zn，Pb，(Cu，Ag，Ga，Cd)。

矿床（点）实例：（甘）庄浪县-静宁县蛟龙掌铅锌矿床。

简要特征：矿体呈似层状、透镜状。矿石金属矿物主要有黄铁矿、闪锌矿、方铅矿；次有黄铜矿、磁铁矿；非金属矿物主要有石英、绿泥石、绢云母、方解石，局部有绿帘石、钙铁榴石、阳起石、透辉石、蔷薇辉石、透闪石等。矿石构造有浸染状、细脉状、条带状、斑杂状—团块状。铅锌矿体平均品位：Zn 2.85%，Pb 2.15%。锌矿体平均品位：Zn 2.95%。矿石中伴生 Ga 变化于 0.001%～0.002%，Cd 变化于 0.008%～0.018%，Ag 变化于 2.3×10^{-6}～18.0×10^{-6}。

成因认识：晚奥陶世酸性火山喷发晚期，海底喷流从早到晚形成铜矿体、锌铅矿体；后来附近有中酸性岩侵入，与不纯碳酸盐岩接触产生矽卡岩型铁矿石，局部与铅锌矿石叠加。

三、陆相火山型

【老藏沟式】

成矿区带：南秦岭成矿带西段，即西秦岭成矿带（Ⅲ-28）。

建造构造：上三叠统陆相火山岩，火山机构中次级环形、弧形及近南北向放射状断裂构造发育，矿体主要形成在火山机构的环状断裂中，产于沿环状断裂发育的浅成安山质隐爆角砾岩脉、岩枝或隐蔽爆发腔内的电英岩、隐爆角砾岩中。

成矿时代：晚三叠世。

成矿组分：Pb，Zn，(Ag，Sn，S，As)。

矿床（点）实例：（青）泽库县老藏沟铅锌矿床，老藏沟护林点、阿楞隆瓦东支沟铅锌矿点；同仁县夏布楞铅锌矿床、台乌龙、策多隆瓦铅锌矿点；兴海县鄂拉山口铅锌矿床。

简要特征：矿体主要产在火山机构的环状断裂中，多呈透镜状、楔状、不规则脉状等。矿石金属矿物主要有黄铁矿、白铁矿、方铅矿、闪锌矿，少量砷硫锑铅矿、锡石等；非金属矿物主要有绿泥石、碳酸盐、绢云母、石英等。矿石平均品位：Pb 1.27%，Zn 0.77%，Sn 0.35%，S 9.01%，As 0.40%，Ag 36.33×10^{-6}。

成因认识：晚三叠世安山质火山岩爆发后，次火山活动有关热液沿火山机构环形、弧形裂隙充填交代成矿。

【那日尼亚式】

成矿区带：喀喇昆仑-羌北成矿带（Ⅲ-35）。

建造构造：古近系始新统查保玛组陆相火山岩，以粗面质火山岩、粗面安山质火山岩、安山质火山岩为主，其次有英安质和流纹质火山岩。直接含矿岩性为碎裂蚀变粗面英安岩。

成矿时代：始新世（宋玉财等，2015）。

成矿组分：Pb，(Zn)。

矿床（点）实例：（青）格尔木市那日尼亚、欧乌铅锌矿床。

简要特征:矿体呈似层状、脉状,含矿岩性为碎裂蚀变粗面岩,沿裂隙充填产出。矿石构造主要为碎裂(角砾)状、细脉浸染状。矿石金属矿物主要为方铅矿和黄铁矿,少量闪锌矿,偶见黄铜矿;非金属矿物主要为石英,次为方解石和绢云母,少量白云石。矿石 Pb 平均品位 1.36%,伴生 Ag 品位 11.64×10^{-6}。

成因认识:古近纪始新世陆相火山岩喷发后,有关热液活动成矿。

四、矽卡岩型

【牙门沙拉式】

成矿区带:伊犁南缘-中天山-旱山成矿带(Ⅲ-11)。

建造构造:长城系星星峡群大理岩化灰岩夹千枚岩、石英片岩,侵入岩主要为石炭纪浅红色钾长花岗岩。矿体赋存于钾长花岗岩与大理岩化灰岩的接触带中。

成矿时代:石炭纪。

成矿组分:Pb,Zn。

矿床(点)实例:(新)和静县牙门沙拉铅锌矿床。

简要特征:矿体总体沿北西西向矽卡岩带分布,形态呈似层状、脉状。矿石金属矿物为闪锌矿、方铅矿、菱锌矿、白铅矿;非金属矿物主要为长石、方解石、石英、白云石等。矿石构造主要为块状、细脉浸染状—网脉状、条带状。蚀变有绿帘石化、透辉石化、透闪石化、矽卡岩化、钙铁辉石及钠-更长石化、绢云母化。矿石平均品位:Zn 7.98%,Pb 5.47%。

成因认识:石炭纪花岗岩体侵入,与长城系星星峡群大理岩化灰岩接触,形成矽卡岩型铅锌矿体。

【沙柳河式】

成矿区带:柴达木北缘成矿带(Ⅲ-24)。

建造构造:赋存于印支期似斑状黑云二长花岗岩与古元古界金水口岩群一套互层的片麻岩夹大理岩、斜长角闪片岩的中深变质岩系外接触带矽卡岩。

成矿时代:印支期。

成矿组分:Cu,Pb,Zn,(W,Sn,Ag,S)。

矿床(点)实例:(青)都兰县沙柳河锌铅铜钨锡矿床。

简要特征:矿体受层间断裂控制,多呈似层状、透镜状。矿石金属矿物有闪锌矿、方铅矿、白钨矿、锡石、磁黄铁矿、黄铁矿、黄铜矿等;非金属矿物有透辉石、石榴石、透闪石、阳起石、石英、方解石、绿泥石及绿帘石。矿石构造有浸染状、斑杂状、脉状、块状、角砾状。矿石类型有方铅矿闪锌矿矿石、闪锌矿矿石、白钨矿矿石、方铅闪锌锡石黄铁磁黄铁矿矿石等。矿石平均品位:WO_3 0.371%,Sn 0.383%,Cu 0.88%,Pb 1.66%,Zn 2.45%,S 17.1%。

成因认识:印支期黑云二长花岗岩侵入古元古界金水口岩群一套互层的片麻岩夹大理岩、斜长角闪片岩的中深变质岩系,沿层间断裂交代,形成矽卡岩型多金属矿。

【维宝式】

成矿区带:东昆仑成矿带(Ⅲ-26)。

建造构造:中元古界蓟县系冰沟群狼牙山组条带状绿帘石透辉石矽卡岩、微晶大理岩、绿泥绢云母千枚岩、绢云母纤闪石片岩等。铅锌矿体主要产于条带状大理岩(后期蚀变为绿帘石、透辉石矽卡岩)与粉—细砂岩互层、大理岩化灰岩层内。附近中酸性侵入岩发育,以印支期花岗闪长岩-二长花岗岩-斑状二长花岗岩为主。钻探工作在维宝矿区西部发现隐伏二长花岗岩体,在岩体外接触带透辉石-透闪石矽卡岩内可见铁铜多金属矿体(高永宝等,2014)。

成矿时代:印支期。

成矿组分:Pb,Zn,(Cu,Ag)。

矿床(点)实例:(新)若羌县维宝铅锌矿床,维东、青龙岭铅锌矿点。

简要特征:矿体多数呈层状、似层状、透镜状。矿石类型主要以绿帘石-透辉石型为主,其次有(绿帘石、透辉石)石榴石型等。矿石金属矿物主要为方铅矿、闪锌矿、黄铁矿、黄铜矿,次有毒砂、磁黄铁矿、黝铜矿、白铁矿、磁铁矿、褐铁矿、孔雀石;非金属矿物主要为透辉石、绿帘石、方解石、绿泥石、石榴石,次为透闪石、石英、绢云母、萤石、磷灰石等(胡华伟等,2010)。矿石构造以条带状、块状为主,其次是浸染状、脉状—网脉状、角砾状。蚀变有矽卡岩化、碳酸盐化、绿泥石化、硅化、绢云母化、纤闪石化、蛇纹石化等。矿体平均品位:Pb 1.08%～1.44%,Zn 1.13%～1.50%。伴生平均品位:Cu 0.12%～0.19%,Ag 5.78×10^{-6}～9.75×10^{-6}(景宝盛等,2013)。

矿床成因:印支期中酸性岩浆有关热液沿蓟县系碎屑岩-碳酸盐岩建造薄层层理或细小裂隙顺层交代而形成层状透辉石(绿帘石)矽卡岩及铅锌矿体,而近岩体则形成铁铜多金属矿体。

【四角羊式】

成矿区带:东昆仑成矿带(Ⅲ-26)。

建造构造:矿体赋存于印支期花岗岩(花岗闪长岩、二长花岗岩)侵入体与上石炭统缔傲苏组套浅海相碳酸盐岩(灰白色大理岩夹黑色灰岩及含生物碎屑灰岩)外接触带的矽卡岩(石榴石矽卡岩、石榴石透闪石矽卡岩、透辉石矽卡岩、石榴石透辉石矽卡岩)及碳酸盐岩断层裂隙中。

成矿时代:印支期。

成矿组分:Pb,Zn,Fe,Cu,(Ag,Au,S)。

矿床(点)实例:(青)格尔木市四角羊、虎头崖铅锌铁铜矿床。

简要特征:矿体多呈似层状、透镜状、囊状、不规则状。矿石金属矿物主要为闪锌矿、方铅矿、黄铁矿,次为磁铁矿、磁黄铁矿、黄铜矿等;非金属矿物有绿泥石、透闪石、石榴石、透辉石、方解石、蛇纹石、绿帘石、滑石、斜长石、石英等。矿石构造主要有浸染状、块状、网脉状、脉状。矿体具有分带性:上部以铅锌矿为主,Pb品位0.40%～10.18%,Zn品位0.50%～11.28%;深部以铜、硫铁矿、磁铁矿为主,Cu品位一般0.19%～4.38%,硫铁矿含S在8.70%～25.19%,铁矿石mFe 16.47%～35.82%。

成因认识:印支期中酸性岩体侵入接触石炭纪碳酸盐岩发生矽卡岩化,矿体受岩体侵入接触带、围岩岩性、断裂、裂隙及层间破碎综合控制。

【什多龙式】

成矿区带:东昆仑成矿带(Ⅲ-26)。

建造构造:印支期中酸性岩(花岗闪长岩、花岗闪长斑岩、花岗斑岩)与下石炭统哈拉郭勒组碳酸盐岩-碎屑岩侵入接触,什多龙铅锌银矿主要产于矽卡岩及大理岩中;另外还有热液脉型铜钼铅锌矿产于花岗岩体构造裂隙(例如都龙昂确矿区、都龙呀哆矿区、都兰都龙矿区)。

成矿时代:印支期。都龙昂确辉钼矿Re-Os同位素等时线年龄为233.4±9.6Ma(李文良等,2014)。

成矿组分:Pb,Zn,Cu,(Ag,Sn)。

矿床(点)实例:(青)兴海县什多龙铅锌铜银矿床;都兰县三岔北山铜多金属矿床、扎麻山南坡铅锌铜矿床、天池铅锌矿点、大卧龙沟铅铜锌矿点、吉给申沟铅锌矿点、柯柯赛直沟铅锌矿点、恶色南铅银矿点;共和县哇沿河铅矿点。

简要特征:矽卡岩矿体多呈较规则的似层状、透镜状顺层产出,少数呈脉状穿切层理产出。矿石类型主要为闪锌矿矿石(约占68%)、方铅闪锌矿矿石(约占31%),少量黄铜方铅闪锌矿矿石(约占1%)。矿石金属矿物主要为闪锌矿、方铅矿,次为黄铜矿、黄铁矿、磁黄铁矿、白铁矿等。什多龙矿石平均品位:Pb 1.08%,Zn 3.94%,Cu 1.66%,Ag 183.7×10^{-6}。

成因认识:印支期中酸性岩浆侵入与石炭系哈拉郭勒组碳酸盐类地层接触,在内外接触带形成矽卡岩型-热液脉型矿床。

五、风化壳型

【代家庄式】

成矿区带:南秦岭成矿带西段,即西秦岭成矿带(Ⅲ-28)。

建造构造：矿体层位为中泥盆统龙鳞桥组和东沟组，容矿岩石主要为铁质碳酸盐岩、硅质岩、硅质灰岩、铁白云石、重晶石灰岩。矿体顶板围岩为粉砂质板岩、钙质板岩和泥灰岩，底板围岩为生物碎屑灰岩、微晶灰岩等。

成矿时代：泥盆纪沉积硫化物型矿；中生代改造；新生代风化成碳酸盐型矿。

成矿组分：Pb，Zn，(Ag，Cd)。

矿床(点)实例：(甘)宕昌县代家庄铅锌矿床。

简要特征：矿体均受地层和北西向断裂构造控制，主要呈似层状、透镜状、囊状，赋存在层间破碎灰岩碎裂板岩、构造角砾岩中。氧化矿石为主，氧化深度达50～150m，西深东浅。矿石金属矿物主要有菱锌矿、白铅矿、褐铁矿、赤铁矿及少量的铅矾、黄铁矿、闪锌矿、方铅矿；非金属矿物主要有方解石、石英、黏土矿物，少量白云石、重晶石、绢云母、石膏等。矿石构造有块状、角砾状、微层纹状、条带状、细脉浸染状、圈层—皮壳状、土状；矿石平均品位：Pb 3.01%，Zn 10.78%，伴生 Ag 变化于 $30\times10^{-6}\sim250\times10^{-6}$，Cd 变化于 0.01%～0.2%，Ga 变化于 0.001%～0.0018%，Ge 变化于 0.001%～0.003%。

成因认识：在中泥盆世晚期，裂陷槽热异常驱动含矿热液沿同生断裂进入洼地沉积形成铁质碳酸盐岩、硅质岩、硅质灰岩、铁白云石、重晶石灰岩及层状、似层状铅锌矿体，而在中生代改造作用中沿层间破碎带加厚加富，新生代遭剥蚀出露，大部分被风化转变为菱锌矿、白铅矿、褐铁矿，仅残余少量硫化物。

第七章 铝 矿

铝是消费量很大的轻金属,其产量和消费量在金属中仅次于铁,居第二位。工业上提取铝的主要原料是铝土矿。

第一节 矿产概况和成矿时段

截至2009年,西北地区探获铝土矿床4处,包括中型1处(陕西天桥则),小型3处。按此时累计查明铝土矿石资源量对比,陕西占97.69%,新疆占1.97%,甘肃占0.33%。

近年,陕西鄂尔多斯地块周缘铝土矿勘查有一定进展,新增铝土矿石资源量$2061×10^4$t。

按截至2009年累计查明资源量分析(图7-1),西北地区铝土矿形成时段全部在海西期,更具体地讲主要在石炭纪(88.27%),次为二叠纪(11.73%)。

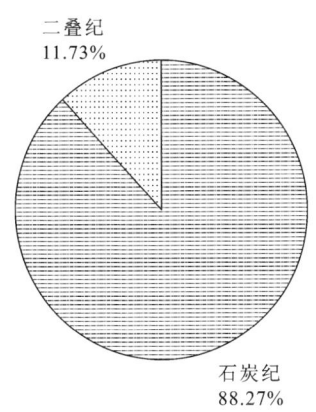

图7-1 西北地区铝土矿时代统计分布图(截至2009年数据)

第二节 矿床类型及矿床式

按截至2009年累计查明资源量分析,西北地区铝土矿类型全部属于碳酸盐岩古风化壳沉积型。有以下代表性矿床式。

【阿依里式】

成矿区带:塔里木板块北缘成矿带(Ⅲ-12)。

建造构造:赋存于下石炭统阿依里河组沉积岩系。

成矿时代:晚石炭世。

成矿组分:铝土矿,黏土矿,(U,Ga)。

矿床(点)实例:(新)乌什县阿依里、滚滚铁列克、卡依切、羊尼阿提铝土矿点。

简要特征:铝土矿赋存于上石炭统卡拉苏组碳酸盐岩地层内的6个侵蚀断面上。上覆地层为上石炭统康克彬组灰岩,下伏地层为下石炭统野云沟组灰岩、灰质砾岩,夹页岩、粉砂岩。矿石构造主要为层状构造、鳞片变晶构造、扁豆状构造。矿石 Al_2O_3 品位一般为 46.85%～71.18%,伴生 U、Ga。

成因认识:塔里木板块北缘,上石炭统滨海潟湖沉积岩相之侵蚀断面上,沉积铝土矿层,由于构造环境不稳定,矿层比较分散。

【天桥则式】

成矿区带:山西成矿带(Ⅲ-61)。

建造构造:赋存于上石炭统本溪组沉积岩系。

成矿时代:晚石炭世。

成矿组分:铝土矿,黏土矿,(RE,Ga)。

矿床(点)实例:(陕)府谷县天桥则、浪湾、大沟村铝土矿床。

简要特征:矿体呈似层状,透镜状,最大长度 1050m,最大厚度 19m。矿石呈致密块状和豆(鲕)状,Al_2O_3 品位 40.08%～78.65%,伴生组分稀土氧化物达 0.041%～0.145%,Ga 达 0.0048%～0.0128%;矿物成分为一水硬铝石和高岭石。矿层顶板为黏土岩、碳质页岩,矿层底板为紫色页岩、铁质黏土。含矿岩系之下为中奥陶统马家沟组灰岩、白云质灰岩古风化壳。

成因认识:鄂尔多斯地块边缘,中奥陶统碳酸盐岩古风化面之上,晚石炭世坳陷盆地潟湖相之中,沉积铝土矿层,吸附有稀土。

说明:鄂尔多斯成矿区(Ⅲ-60)南缘的铜川市育寨-上店铝土矿床,澄城县曹村、蒲城县东党、蔡邓、白水县三眼桥、韩城市溢家峪铝土矿点,类似于天桥则式。

【大台子式】

成矿区带:鄂尔多斯西缘成矿带(Ⅲ-59)。

建造构造:赋存于下二叠统山西组沉积岩系。

成矿时代:早二叠世。

成矿组分:铝土矿,黏土矿,(U)。

矿床(点)实例:(甘)平凉市大台子、王店、红庄子铝土矿点。

简要特征:铝土矿赋存于灰黑色黏土岩,碳质页岩,石英砂岩为主的下二叠统沉积岩系,属湖泊-沼泽相沉积。矿层下部为深灰色致密状—块状铝土岩,上部为深灰色鲕状结构或豆状土状铝土矿,矿石矿物成分为一水硬铝石约占 40%,水云母及泥质约占 60%,余者为高岭石、金红石,Al_2O_3 品位 46%～69%,沿走向,倾向变化较大,易变为高铝质黏土或黏土岩。含矿岩系之下为上寒武统长山组—凤山组白云质灰岩、白云岩及中奥陶统灰岩、笔石页岩风化壳。

成因认识:鄂尔多斯地块西缘南段,上寒武统—中奥陶统碳酸盐岩古风化壳之上,早二叠世坳陷盆地湖泊-沼泽相之中,沉积铝土矿层。

【关坪式】

成矿区带:龙门山-大巴山成矿带(Ⅲ-73)。

建造构造:赋存于中二叠统吴家坪组沉积岩系。

成矿时代:中二叠世。

成矿组分:铝土矿,黏土矿,(Ga)。

矿床(点)实例:(陕)西乡县关坪、旺河子店子坪、五里坝、骆家坝、周家沟,镇巴县简池、白河铝土矿点。

简要特征:矿体呈透镜状。矿石呈鲕状和致密块状,Al_2O_3 品位 39.7%～67.81%,伴生组分 Ga 为 0.001%;主要矿物成分为一水硬铝石和高岭石。矿层顶板为棕色黏土,其上为燧石灰岩,矿层底板紫红色—棕色黏土页岩、底部有砾石。含矿岩系之下为下伏下二叠统阳新组灰岩古风化壳。

成因认识:扬子地块边缘,下二叠统碳酸盐岩古风化壳之上,中二叠统铝土页岩之中,沉积铝土矿层。

第八章 镍 矿

镍是一种十分重要的有色金属原料,其主要用途是制造不锈钢、高镍合金钢和合金结构钢,广泛用于飞机、雷达、导弹、坦克、舰艇、宇宙飞船、原子反应堆等各种制造业。

第一节 矿产概况和成矿时段

截至2009年,西北地区共探获镍矿床28处,其中超大型1处(甘肃金川,世界第3位超大型),有大型7处(新疆坡10、黄山东、黄山、红石山、喀拉通克;青海元石山;陕西煎茶岭),中型10处,小型11处。按此时累计查明铁矿石资源量对比,甘肃占63.03%,新疆占30.98%,陕西占3.88%,青海占2.12%。近年,西北地区镍矿找矿勘查取得新突破。

新疆:北山坡北累计估算332+333+334镍资源量232.31×10^{4}t,仅坡一就累计探获333+334级镍资源量138.87×10^{4}t(其中,工业品位矿石镍金属量22.81×10^{4}t,低品位矿石镍金属量116.06×10^{4}t)。

青海:东昆仑新发现的夏日哈木铜镍床矿自2011年发现以来累计估算332+333+334镍资源量106.17×10^{4}t,伴生铜资源量21.76×10^{4}t,钴资源量3.81×10^{4}t。

甘肃:北山地区黑山铜镍矿累计探获(333以上级别)镍金属量9.63×10^{4}t,其中2011—2015年新增镍6×10^{4}t。

按截至2009年累计查明资源量分析(图8-1),西北地区镍矿形成时段主要在前寒武纪(62.84%),其次为海西期(31.67%),少量在印支期(3.38%)、喜山期(1.77%)、加里东期(0.33%)。

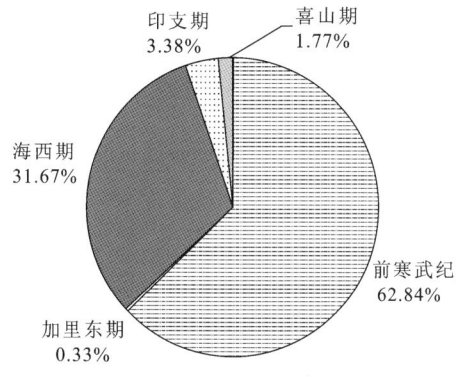

图8-1 西北地区镍矿时代统计分布图(截至2009年数据)

近年找矿勘查进展巨大的新疆北山坡一镍矿和青海夏日哈木等新突破的超大型镍矿,均属海西期成矿。

第二节 矿床类型及矿床式

按截至2009年累计查明资源量可知(图8-2),西北地区镍矿虽然几乎均与基性—超基性岩有关,但可划分为3种类型:基性—超基性岩同生型占95.02%;基性—超基性岩后生型占3.27%;基性—超基性岩风化壳型占1.71%。

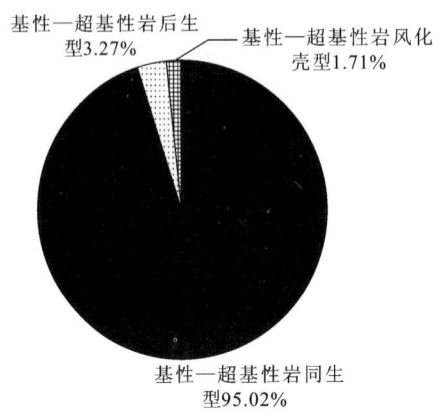

图8-2 西北地区镍矿类型统计分布图(截至2009年数据)

近年找矿勘查进展巨大的新疆北山坡一和青海夏日哈木等新突破的超大型镍矿床类型,均属基性—超基性岩同生型矿床(即岩浆型矿床)。

一、基性—超基性岩同生型

【喀拉通克式】

成矿区带:准噶尔北缘成矿带(Ⅲ-3)。

建造构造:早二叠世侵入于下石炭统海相火山沉积岩地层中的基性岩体,区内共发现基性杂岩体含矿岩体13个,岩石主要为闪长岩-辉长苏长岩-橄榄苏长岩组合,岩石m/f值为0.5~2.1。Y1局部有含长橄榄岩(钱壮志等,2009),Y2局部有橄榄辉石岩和辉石橄榄岩(秦克章等,2014)。Y1黑云母苏长岩锆石U-Pb年龄为287±5Ma(韩宝福等,2004);Y9辉长岩锆石U-Pb年龄为287±4Ma(焦建刚等,2014)。

成矿时代:早二叠世。Y1矿石Re-Os等时线年龄为282±4.8Ma,Y2矿石Re-Os等时线年龄为290.2±6.9Ma,(张作衡等,2005)。

成矿组分:Ni,Cu,(Co,Au,Ag,Pt,Pd,Se,Te,S)。

矿床(点)实例:(新)富蕴县喀拉通克Y1、Y2、Y3、Y6、Y7、Y8、Y9铜镍矿床。

简要特征:基性程度高的岩体含矿性好,在同一岩体内部,基性程度高的岩相含矿性好。含矿性Y1达大型、Y2和Y3达中型,Y6、Y7、Y8、Y9为小型。浸染状矿体主要局限于岩体内部,不同类型浸染状矿体之间以及与岩体间均为渐变过渡关系;块状矿体呈贯入接触分布于浸染状矿体、岩体以及围岩地层中,并与岩体或浸染状矿体之间有明显的地质和地球化学界面,反映了深部熔离矿浆较后贯入的特征。矿石金属矿物主要为磁黄铁矿、黄铜矿、镍黄铁矿,次有黄铁矿、紫硫镍矿、针镍矿、辉钴矿-辉砷镍矿等;非金属矿物主要为斜长石、辉石、橄榄石、角闪石、富铁金云母及蚀变形成的阳起石、绿泥石、蛇纹石等。Y1矿床平均品位Cu为1.22%,Ni为0.80%;Y2矿床平均品位Cu为1.10%,Ni为0.60%;Y3矿床平均品位Cu为0.95%,Ni为0.51%。

成因认识:早二叠世后碰撞伸展环境,幔源岩浆上侵到地壳,经中间岩浆房深部分异,多次上侵成矿。

【黄山式】

成矿区带:觉罗塔格-黑鹰山成矿带(Ⅲ-8)。

建造构造:早二叠世侵入于与下石炭统海相火山沉积岩地层中的基性—超基性岩体,由岩浆多次侵入形成,较早的侵入形成闪长岩、角闪辉长岩、角闪橄榄辉长岩、橄榄苏长岩、辉长苏长岩等;较晚的侵入形成角闪二辉橄榄岩、斜长角闪二辉橄榄岩、斜长角闪二辉岩、角闪橄榄二辉岩、角闪二辉岩等。岩石 m/f 值变化范围为 1.23~5.21。香山岩体的角闪辉长岩锆石 U-Pb 年龄为 285±1.2Ma（肖庆华等，2010）；黄山橄榄苏长岩单颗粒锆石 U-Pb 年龄为 274±3Ma（毛景文等，2002）；黄山东杂岩体的橄榄苏长岩锆石 U-Pb 年龄为 274±3Ma（韩宝福等，2004）。圪塔山口 1 号岩体中的辉长岩锆石 U-Pb 年龄为 282.6±1.9Ma（冯宏业等，2012）。

成矿时代：早二叠世。香山硫化物矿石 Re-Os 等时线年龄 298±7.13Ma（李月臣等，2006）；黄山东硫化物矿石的 Re-Os 等时线年龄为 282±20Ma（毛景文等，2002）；葫芦岩体的硫化物矿石 Re-Os 等时线年龄为 283±13Ma（陈世平等，2005）。

成矿组分：Ni，Cu，(Co，Au，Ag)。

矿床实例：(新)哈密市土墩、黄山、黄山东、香山、黄山南、葫芦、图拉尔根、香山西、串珠、圪塔山口、白鑫滩铜镍矿床，路北铜镍矿点。

简要特征：含矿岩性主要为橄榄岩、橄辉岩、橄榄辉长苏长岩、辉长苏长岩。矿石硫化物分布主要呈浸染状，次为海绵陨铁状、准块状—块状。矿石金属矿物主要为磁黄铁矿、镍黄铁矿和黄铜矿，次为紫硫镍铁矿、三方硫镍矿、红砷镍矿、辉镍矿、四方硫铁矿（马基诺矿）、辉钴矿、硫镍钴矿、辉砷镍钴矿、锑硫镍矿、叶碲铋矿、黄铁矿、白铁矿、针镍矿、墨铜矿、方硫镍矿、方黄铜矿、斑铜矿等；非金属矿物主要有橄榄石、辉石、角闪石、斜长石、金云母及蚀变形成的蛇纹石、滑石、次闪石、绿泥石、碳酸盐等。矿床品位：黄山 Ni 0.44%，Cu 0.27%，Co 0.04%；黄山东 Ni 0.52%，Cu 0.27%，Co 0.02%；香山 Ni 0.62%，Cu 0.61%，Co 0.03%；图拉尔根 Ni 0.50%，Cu 0.30%，Co 0.03%。

成因认识：早二叠世后碰撞伸展环境，幔源岩浆上侵到地壳，经中间岩浆房深部分异，多次上侵成矿。

【天宇式】

成矿区带：伊犁南缘-中天山-旱山成矿带（Ⅲ-11）。

建造构造：早二叠世侵入于中元古界变质岩地层中的基性—超基性岩体，主要岩相有橄榄岩-橄辉岩-辉石岩-辉长苏长岩-辉长岩-辉石闪长岩，m/f 比值 2.02~4.17（邓刚等，2012）。天宇含铜镍矿辉长岩中锆石 U-Pb 年龄 290.2±3.4Ma（唐冬梅等，2009）。白石泉含铜镍矿辉长岩锆石 U-Pb 年龄 284±8Ma（吴华等，2005），白石泉岩体矿化辉长岩中锆石 U-Pb 年龄为 281.2±0.9Ma（毛启贵等，2006）。

成矿时代：早二叠世。

成矿组分：Ni，Cu，(Co，Au，Ag)。

矿床（点）实例：(新)哈密市天宇、白石泉铜镍矿床，天香铜镍矿点。

简要特征：含矿岩石主要有橄榄岩、橄辉岩、辉石岩；矿体与围岩呈渐变过渡关系。矿石硫化物分布主要呈浸染状，次为海绵状、准块状—块状。矿石矿物主要有磁黄铁矿、黄铁矿（白铁矿）、紫硫镍矿、镍黄铁矿、黄铜矿、方黄铜矿、墨铜矿、四方硫铁矿等；非金属矿物主要为橄榄石、辉石、斜长石及蚀变形成的蛇纹石、纤闪石、金云母、绿泥石、滑石、碳酸盐等。平均品位：Ni 0.45%~0.60%，Cu 0.21%~0.027%，Co 0.018%~0.041%。

成因认识：早二叠世拉张环境，幔源岩浆上侵到地壳，经中间岩浆房分异，多次贯入成矿。

【兴地式】

成矿区带：塔里木陆块北缘隆起成矿带（Ⅲ-13）。

建造构造：侵入于古元古界沉积变质岩地层中的基性—超基性岩体群，有Ⅰ号、Ⅱ号、Ⅲ号、Ⅳ号岩体。第一侵入辉长岩（主要为辉长岩和辉长苏长岩，次为橄榄辉长岩和橄榄辉长苏长岩）；第二次侵入辉石岩相（二辉岩为主，其次为单辉岩、方辉岩、橄辉岩、含长二辉岩等）；第三次侵入橄榄岩相（主要为二辉橄榄岩、方辉橄榄岩，次为含长单辉橄榄岩、角闪二辉橄榄岩）。岩石 m/f 变化于 2.05~5.56。Ⅱ号岩体辉长岩锆石 U-Pb 年龄 740.2±5.7Ma（展新忠等，2014）；Ⅲ号岩体锆石 U-Pb 年龄 716.7±2.4Ma（刘军省等，2015）。

成矿时代：新元古代。

成矿组分：Cu,Ni,(Co,Pt,Pd)。

矿床(点)实例：(新)尉犁县兴地Ⅱ号镍铜矿床,Ⅲ号镍铜矿化点。

简要特征：矿体有的产于辉长苏长岩和暗色辉长苏长岩,有的产于二辉橄榄岩、斜长二辉橄榄岩、含长二辉橄榄岩、斜长单辉橄榄岩,局部有纯橄岩和二辉岩。已知镍和铜储量的98.84%和97.75%含矿岩石属橄榄岩类。矿石硫化物分布主要呈浸染状,局部有海绵陨铁状。矿石金属矿物组合为磁黄铁矿、镍黄铁矿、黄铜矿；非金属矿物主要为橄榄石、辉石、斜长石及蚀变形成的蛇纹石、纤闪石、绿泥石、滑石等。矿体品位：Ni 0.3%~1.55%,Cu 0.10%~0.38%。

成因认识：新元古代大陆裂谷环境,幔源岩浆侵入地壳,分异形成铜镍硫化物矿床。

【坡北式】

成矿区带：敦煌成矿带(Ⅲ-15)。

建造构造：早二叠世侵入于中元古界变质岩地层中的基性—超基性岩体群,主要岩相有橄榄辉长岩-角闪辉长岩-橄榄岩-辉橄岩-橄榄辉长苏长岩-二辉辉石岩-方辉橄辉岩相。岩石m/f值为1.56~4.37。坡1号岩体锆石U-Pb年龄278±2Ma(李华芹等,2006)；中坡山北岩体锆石U-Pb年龄274±4Ma(姜常义等,2006)；坡10号岩体锆石U-Pb年龄289±13Ma(李华芹等,2009)。

成矿时代：早二叠世。

成矿组分：Ni,(Cu,Co,Au,Ag)。

矿床(点)实例：(新)若羌县坡1、坡10、红石山、罗东镍矿床,笔架山Ⅱ、旋窝岭铜镍矿点。

简要特征：矿体主要产于橄榄岩底部或靠近其底部呈悬浮状产出,形态与岩体底部形态基本相似,呈似层状或近似盆状产出。矿石硫化物分布主要呈星散浸染状—稀疏浸染状,局部有稠密浸染状。矿石金属矿物主要有磁黄铁矿、镍黄铁矿、紫硫镍矿、红砷镍矿、黄铜矿、方黄铜矿等；非金属矿物主要有橄榄石、辉石、斜长石、角闪石、金云母及蚀变形成的滑石、绿泥石、蛇纹石、纤闪石等。矿石品位：Ni 0.20%~0.60%,Cu 0.10%~0.20%,Co 0.01%~0.03%。

成因认识：早二叠世拉张环境,幔源岩浆上侵到地壳,经中间岩浆房分异,多次贯入成矿。

【黑山式】

成矿区带：敦煌成矿带(Ⅲ-15)。

建造构造：侵入青白口系或新太古代—古元古代变质岩地层的基性—超基性岩体群。黑山岩体从上向下岩相依次为橄榄辉长苏长岩-斜长二辉橄榄岩-斜长方辉橄榄岩。岩石m/f变化于2.37~5.86(崔进寿,2010)。黑山角闪辉长岩锆石U-Pb年龄374.6±5.2Ma(杨建国等,2012)；大山头岩体U-Pb年龄359.3±5.7Ma(闫海卿等,2012)；怪石山铜镍矿点矿化中粒辉长岩中锆石的U-Pb年龄358.6±3.9Ma,红柳沟橄榄角闪辉长苏长岩锆石U-Pb年龄396.7±3.8Ma(谢燮等,2015)。

成矿时代：中—晚泥盆世。

成矿组分：Cu,Ni,(Co,Pt,Pd,Au,Ag)。

矿床(点)实例：(甘)肃北县黑山铜镍矿床,怪石山、梧桐井、拾金滩、红柳沟、三个井、大头山铜镍矿点。

简要特征：黑山矿床矿体赋存于斜长方辉橄榄岩相中下部和底部,产状与岩相带产状基本一致。中下部矿体的硫化物分布呈稀疏浸染状,底部矿体的硫化物分布呈浸染状,局部呈海绵状(颉炜等,2013)。矿石金属矿物有磁黄铁矿、镍黄铁矿、针镍矿、砷镍矿、红砷镍矿、黄铜矿、黄铁矿、紫硫镍矿；非金属矿物有橄榄石、辉石、斜长石、角闪石、金云母及蚀变形成的蛇纹石、次闪石、绿泥石、滑石、碳酸盐等。平均品位：Ni 0.67%,Cu 0.30%。

成因认识：中—晚泥盆世拉张环境,幔源岩浆上侵到地壳,分异形成铜镍硫化物矿床。

【金川式】

成矿区带：阿拉善成矿带(Ⅲ-18)。

建造构造：中元古代侵入前长城系变质岩地层中的复合型铁质超基性岩体：第一次侵入含硫化物的岩浆,形成含矿中细粒超基性岩；第二次侵入含硫化物的岩浆,形成含矿中粗粒超基性岩；第三次侵入富含橄榄石的硫化物矿浆,形成硫化物纯橄岩;第四次侵入硫化物矿浆,形成硫化物矿脉。主要岩石类型有纯橄岩、含辉橄榄岩、二辉橄榄岩、斜长二辉橄榄岩、橄榄二辉岩、二辉岩。岩石m/f值3.43~5.07。含矿超基性岩体全岩-橄榄石-辉石Sm-Nd同位素等时线年龄1508±31Ma(汤中立等,1992);该超基性岩体被闪斜煌斑岩脉穿插,其K-Ar法年龄为1336Ma(贾恩环,1986)。

成矿时代:中元古代。海绵陨铁状硫化铜镍矿石Re-Os同位素等时线年龄1408±140Ma(Keays et al,2004)。

成矿组分:Cu,Ni,(Co,Pt,Pd,Os,Ir,Ru,Rh,Au,Ag,S,Se,Te)。

矿床(点)实例:(甘)金昌市金川铜镍矿床。

简要特征:第一次侵入的中细粒超基性岩有50.6%含浸染状贫矿;第二次侵入的中粗粒超基性岩有35.8%含浸染状贫矿;第三次侵入的硫化物纯橄岩全部为海绵状及半海绵状富矿;第四次侵入的硫化物矿脉全部为块状及半块状特富矿。矿石金属矿物主要为磁黄铁矿、镍黄铁矿、黄铜矿、黄铁矿、紫硫镍铁矿,其次为方黄铜矿、马基诺矿、墨铜矿、白铁矿及针镍矿;非金属矿物主要为橄榄石、辉石、斜长石及蚀变形成的蛇纹石、纤闪石、绿泥石、滑石等。各类矿石品位:Ni 0.56%~4.91%,Cu 0.32%~1.65%,Co 0.013%~0.114%,S 1.97%~31.03%,Se 0.0003%~0.0043%,Te 0.0002%~0.0007%,Pt $0.06×10^{-6}$~$0.53×10^{-6}$,Pd $0.05×10^{-6}$~$0.24×10^{-6}$,Os $0.006×10^{-6}$~$0.31×10^{-6}$,Ir $0.005×10^{-6}$~$0.22×10^{-6}$,Ru $0.006×10^{-6}$~$0.27×10^{-6}$,Rh $0.002×10^{-6}$~$0.01×10^{-6}$,Au $0.06×10^{-6}$~$0.30×10^{-6}$,Ag $2.2×10^{-6}$~$6.1×10^{-6}$。矿床平均品位:Ni 1.12%,Cu 0.72%。

成因认识:中元古代裂谷环境,幔源拉斑系列苦橄质岩浆上侵于地壳,经中间岩浆房分异后多次上侵成矿。

【拉水峡式】

成矿区带:南祁连成矿带(Ⅲ-23)。

建造构造:侵入下元古界变质岩系的基性—超基性杂岩体,岩石类型有二辉橄榄岩、二辉辉石岩、辉长苏长岩、辉长岩、闪长岩、角闪石岩等。岩石m/f值为0.5~4.5(张照伟等,2012)。拉水峡岩体蚀变极为强烈,但可见残留很少橄榄石、斜方辉石、单斜辉石(谢燮等,2014)。乙什春岩体锆石U-Pb年龄455.1±1.7Ma(余吉远等,2012);裕龙沟岩体锆石U-Pb年龄442.4±1.6Ma,下什堂岩体锆石U-Pb年龄449.9±2.33Ma,亚曲岩体锆石U-Pb年龄440.74±0.33Ma,阿什贡岩体锆石U-Pb年龄436.1±1.2Ma(张照伟等,2012)。

成矿时代:晚奥陶世。

成矿组分:Ni,Cu,(Co,Pt,Pd,Os,Ir,Ru,Rh,Se,Te,S)。

矿床(点)实例:(青)共和县裕龙沟铜镍矿床;化隆县拉水峡铜镍矿床,沙家、官庄沟、关藏沟、乙什春、亚曲铜镍矿点;贵德县阿什贡铜镍矿点。

简要特征:矿体主要赋存于黑云角闪岩及外接触带变质岩系中,呈透镜状、脉块状。矿石硫化物分布主要呈浸染状、角砾状、细脉状、块状。矿石金属矿物有紫硫镍矿、黄铜矿、磁黄铁矿、镍黄铁矿、针镍矿、辉铁镍矿、白铁矿、砷铂矿、碲铋矿等;非金属矿物有角闪石、辉石、黑云母、斜长石、蛇纹石、次闪石、绿泥石、绿帘石。矿石平均品位:Ni 5.07%,Cu 0.46%,Co 0.094%;伴生组分S 8.38%,Se 0.0013%,Te 0.0007%,Pt $0.124×10^{-6}$,Pd $0.124×10^{-6}$,Os $0.104×10^{-6}$,Ir $0.069×10^{-6}$,Ru $0.144×10^{-6}$,Rh $0.043×10^{-6}$(刘增铁等,2008)。

成因认识:晚奥陶世拉张环境,幔源岩浆侵入地壳,分异形成铜镍硫化物矿。

【牛鼻子梁式】

成矿区带:柴达木北缘成矿带(Ⅲ-24)。

建造构造:基性—超基性层状杂岩体,Ⅰ号岩体出露岩性以层状淡色辉长岩、闪长岩为主,局部夹超基性岩,代表层状杂岩体上部层序。Ⅱ号、Ⅲ号岩体以超基性岩石为主,代表层状杂岩体下部层序,是主要的含矿层位。岩石m/f值为1.24~5.06(凌锦兰等,2014)。岩体侵入古元古代沉积变质岩系。牛鼻子梁岩体中辉长岩锆石U-Pb年龄367.0±2.0Ma(凌锦兰等,2014),361.5±1.2Ma(刘会文等,2014)。

成矿时代：晚泥盆世。

成矿组分：Cu，Ni，(Co)。

矿床(点)实例：(青)格尔木市牛鼻子梁铜镍矿床，盐场北山、呼德森、南北沟、尕秀雅萍东铜镍矿点。

简要特征：牛鼻子梁在Ⅱ号、Ⅲ号岩体中发现铜镍矿体，主要赋存于二辉橄榄岩或橄榄二辉岩。矿石硫化物分布主要呈浸染状，局部为团块状。矿石金属矿物有磁黄铁矿、镍黄铁矿、黄铜矿、黄铁矿、斑铜矿等；非金属矿物有橄榄石、辉石、角闪石、蛇纹石、绿帘石。矿石品位：Ni 0.23%～2.43%，Cu 0.1%～0.79%，Co 0.017%～0.097%。

成因认识：晚泥盆世陆缘拉张环境，幔源岩浆就地分异，形成铜镍硫化物矿床。

【夏日哈木式】

成矿区带：东昆仑成矿带(Ⅲ-26)。

建造构造：基性—超基性杂岩体古元古界金水口岩群变质岩系。先侵入辉长岩；后侵入辉石岩，底部局部有橄榄岩透镜体，两次侵入体之间为突变关系，铜镍矿与后者关系密切。岩石 m/f 值变化于1.5～6.29。夏日哈木条带状辉石岩锆石 U-Pb 年龄 393.5±3.4Ma，而侵入于辉石岩中的闪长岩脉的年龄为 382.5±2.5Ma(李世金，2012)。

成矿时代：泥盆纪。

成矿组分：Cu，Ni，(Co，Au，Ag，S)。

矿床(点)实例：(青)格尔木市夏日哈木、石头坑德铜镍矿床，清水河、冰沟南铜镍矿点。

简要特征：夏日哈木铜镍矿床矿体赋存在辉石岩-橄榄岩相中，含矿岩性主要为二辉橄榄岩和辉石岩。矿石硫化物分布呈浸染状、海绵陨铁状、准块状—块状。矿石矿物有磁黄铁矿、镍黄铁矿、黄铜矿、紫硫镍铁矿、黄铁矿、马基诺矿；非金属矿物有橄榄石、辉石、蛇纹石、滑石、次闪石、绿泥石等。主矿体品位：Ni 0.20%～6.69%，Cu 0.20%～4.34%，Co 0.013%～0.055%。

成因认识：泥盆纪伸展环境，幔源岩浆侵入地壳，中间岩浆房深部分异，多次脉动侵入成矿。

【余家山式】

成矿区带：龙门山-大巴山成矿带(Ⅲ-73)。

建造构造：位于汉南望江山基性岩体的西南边缘处，岩石类型主要有辉长岩、辉长辉绿岩、橄榄苏长辉长岩。岩石 m/f 值变化于 0.9～3.6，平均为 1.4。望江山岩体黑云母的 Ar-Ar 法年龄 1120～1200Ma(夏祖春等，1987)

成矿时代：中元古代。

成矿组分：Cu，Ni，(Co)。

矿床(点)实例：(陕)西乡县余家山、乔家山铜镍矿点。

简要特征：矿体主要赋存于辉长苏长岩，呈似层状、透镜状或扁豆状。矿石硫化物分布主要呈浸染状，次为块状。矿石金属矿物有磁黄铁矿、黄铁矿，次为紫硫镍铁矿、镍黄铁矿、针镍矿，含少量白铁矿、墨铜矿、方黄铜矿、铜蓝、蓝辉铜矿等；非金属矿物主要为辉石、橄榄石，次为斜长石、角闪石。矿石平均品位：Ni 0.35%，Cu 0.27%，Co 0.029%。

成因认识：中元古代裂谷环境，幔源岩浆侵入地壳分异形成铜镍硫化物矿。

二、基性—超基性岩后生型

【煎茶岭式】

成矿区带：龙门山-大巴山成矿带(Ⅲ-73)。

建造构造：新元古代镁质超基性岩体。由于后期强烈的构造、花岗斑岩侵入及热液活动，岩体发生强烈蚀变，主要由蛇纹岩、滑镁岩、菱镁岩和透闪岩组成，原岩可能为纯橄岩、斜方辉橄岩、辉石岩。岩石 m/f 值为 8.45～11.96。纤胶蛇纹岩的 Sm-Nd 等时线年龄为 927.4±49.0Ma(庞春勇等，1993)。闫臻等测得花岗斑岩锆石 U-Pb 年龄为 216±4Ma(姜修道等，2012)。

成矿时代：印支期。

成矿组分：Ni，Fe，(Co)。

矿床(点)实例：(陕)略阳县煎茶岭镍矿床。

简要特征：镍矿(化)体呈透镜状产于强蚀变的超基性岩体中，但均成群、成带聚集在花岗斑岩体周围(西侧、北侧、东侧)，此外东侧还有含镍磁铁矿，说明受到花岗斑岩体控制。含矿岩石有滑镁岩、叶蛇纹岩、菱镁岩、透闪岩；矿石硫化物分布主要呈稀疏—中等浸染状、斑杂状，局部呈稠密浸染状、细脉状、块状。矿石金属矿物有磁黄铁矿、黄铁矿、镍黄铁矿、针镍矿、辉镍矿、紫硫镍铁矿、辉砷镍矿、磁铁矿等；非金属矿物有蛇纹石、绿泥石、透闪石、滑石、菱镁矿、铬云母等。矿床平均品位：Ni 0.626%，Co 0.025%。

成因认识：新元古代镁质超基性岩为Ni、Co矿源岩，受到印支期岩花岗斑岩侵入再造成矿。矿石硫同位素$\delta^{34}S$值9.9‰～13.3‰，明显偏离幔源硫，而与花岗斑岩$\delta^{34}S$值10.0‰接近，指示该花岗斑岩提供了镁质超基性岩再造成矿的热动力、热液及矿化剂硫(姜修道，2010)。

三、基性—超基性岩风化壳型

【元石山式】

成矿区带：南祁连成矿带(Ⅲ-23)。

建造构造：加里东早期超基性岩侵入于上寒武统六道沟群一套安山岩夹变质碎屑岩中。岩体属辉橄岩-辉石岩体和纯橄岩的复合岩体：前者具岩相分异，主要有透辉岩、异剥辉石岩、斜辉辉橄岩，m/f<3.90；后者晚于主要由纯橄岩、含辉纯橄岩组成，m/f值为9～13.5，表生风化产生风化壳的铁镍矿。

成矿时代：新生代。

成矿组分：Fe，Ni，(Co)。

矿床(点)实例：(青)湟中县元石山铁镍矿床。

简要特征：矿体产在超基性岩与全硅化超基性岩之间的过渡部位，且与全硅化超基性岩在空间上紧密相伴。矿体与围岩成渐变关系。主矿体长481～853m；厚8.53～37m；延深113～397m。矿石属表生风化作用形成的类型，可分为铁镍、硅镍、镁镍及铁矿石四种。矿石结构主要有显微粒状、胶状、皮壳状、同心层状、压碎状等。矿石构造主要有土状、块状，其次为条带状。矿石平均品位：Ni 0.84%，TFe 31.24%，Co 0.047%，Cr_2O_3 2.65%(青海省地质局第十三地质队，1980)。

成因认识：加里东期镁质超基性岩为矿源岩，表生风化淋滤形成铁镍(钴)矿，而铬尖晶石为超基性岩原岩中副矿物。

第九章 钨 矿

钨在金属中熔点最高(3400±20℃),与铌、钽、钼等可组成耐熔合金,与碳合成的碳化钨是硬质合金,因此不仅在传统的电子工业中,而且在现代尖端工业中钨的用途日益扩大。

第一节 矿产概况和成矿时段

截至 2009 年,西北地区探获钨矿床 21 处,其中,大型 3 处(甘肃塔儿沟、小柳沟,新疆柯可卡尔德),中型 5 处,小型 13 处。按此时累计查明钨矿资源量对比,甘肃占 77.11%,新疆占 19.42%,青海占 3.06%,陕西占 0.41%。

按截至 2009 年累计查明资源量分析(图 9-1),西北地区钨矿形成时段主要在加里东期(77.72%),其次在海西期(21.09%),仅很少量在印支期(1.19%)及喜山期(0.0002%)。

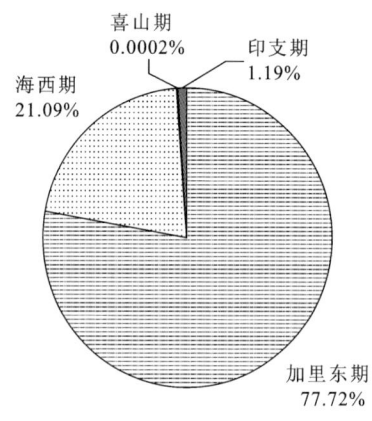

图 9-1　西北地区钨矿时代统计分布图(截至 2009 年数据)

第二节 矿床类型及矿床式

按截至 2009 年累计查明资源量分析(图 9-2),西北地区钨矿类型以花岗岩类有关的类型的比例高达 99.9998%(具体包括:矽卡岩-石英脉型组合占 69.62%,矽卡岩型占 17.47%,石英脉型占 9.05%,云英岩-石英脉型占 2.60%,萤石-方解石-玉髓脉型占 1.23%);极少量残坡积砂矿型,仅有矿点,常分布于花岗岩类有关钨矿床附近,可占 0.0002%。

矽卡岩型在钨矿类型中占重要的位置,一方面表现在资源量比例矽卡岩型(17.47%)超过石英脉型、云英岩-石英脉型、萤石-方解石-玉髓脉型的综合(12.88%);另一方面矽卡岩-石英脉型矿床内,钨资源量也常常是矽卡岩型超过石英脉型,例如甘肃省肃北县塔尔沟钨矿床中,矽卡岩型钨矿资源量占 57.89%,石英脉型钨矿资源量占 42.11%。

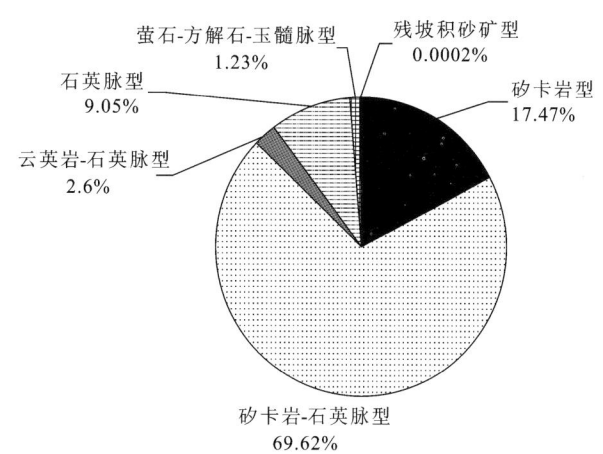

图 9-2 西北地区钨矿类型统计分布图(截至 2009 年数据)

一、花岗岩有关矽卡岩型

【大恩别列式】

成矿区带:伊犁成矿带(Ⅲ-10)。

建造构造:泥盆纪黑云母斜长花岗岩-二长花岗岩侵入于长城系特克斯岩群泊仑干布拉克岩组第二岩性段中,围岩的岩性组合主要为石英岩、绢云母石英片岩、灰岩、大理岩、复杂矽卡岩。经钻探验证,矽卡岩之下有隐伏的泥盆纪黑云母斜长花岗岩。

成矿时代:泥盆纪。

成矿组分:W,(Sn)。

矿床(点)实例:(新)特克斯县大恩别列钨矿床。

简要特征:矿体呈厚薄不规则板状体赋存于岩体与围岩接触带矽卡岩中,矿体边界形态受岩体边界形态控制。矿体经剥蚀呈残留顶盖出露于地表。矿石矿物以白钨矿为主,见少量锡石;非金属矿物主要为符山石、石榴石、透辉石、硅灰石、石英、方解石,次为透闪石、钾长石、帘石、萤石、绿泥石、阳起石及纤闪石、绢云母、斜长石。矿体 WO_3 平均品位为 0.098%~0.43%。主要蚀变有矽卡岩化、硅化、碳酸盐化、绿帘石化、黝帘石化、绿泥石化。

成因认识:泥盆纪花岗岩体与长城系碳酸盐岩接触交代成矿。

【忠宝式】

成矿区带:塔里木板块北缘成矿带(Ⅲ-12)。

建造构造:海西中晚期中酸性岩体由二长花岗岩-钾长花岗岩-正长岩组成,侵位于下泥盆统阿尔皮什麦布拉克下亚组地层中,接触交代形成矽卡岩;早期干矽卡岩,晚期湿矽卡岩。矽卡岩成层状、条带状、透镜状或不规则形态产于岩体的外接触带上或顶部,钨矿体多产于湿矽卡岩中。忠宝和桑树园子花岗岩锆石 U-Pb 年龄为 $296\pm4Ma$ 和 $293\pm3Ma$(陈超等,2013)。

成矿时代:晚石炭世—早二叠世。

成矿组分:W,(Sn)。

矿床(点)实例:(新)托克逊县忠宝钨矿床,桑树园子南山、黑山、库米什钨矿点;和静县清水河、曲慧沟、喀尔喀特钨矿点。

简要特征:矿体主要分布于岩体与围岩接触带矽卡岩中。产于岩体顶部残留体中的矿体以透镜状、脉状及不规则状形态为主,WO_3 含量 0.14%~2.55%;产于岩体外接触带的矿体以透镜状、脉状及似层状为主,WO_3 含量 0.12%~0.70%。矿石金属矿物主要为白钨矿,非金属矿物有石英、透辉石、符山石、绿帘石、硅灰石、石榴石、方解石、阳起石、斜长石、萤石、白云母、方柱石、透闪石、黑云母、绢云母、绿泥石、金红石、锆石、磷灰石、榍石、黝帘石、角闪石、电气石。围岩蚀变主要为矽卡岩化、硅化、云英岩化、黄铁矿化、石英碳酸盐化、萤石化等。

成因认识：晚石炭世—早二叠世中酸性岩体与下泥盆统碳酸盐岩接触交代成矿。

【小白石头式】

成矿区带：伊犁南缘-中天山-旱山成矿带（Ⅲ-11）。

建造构造：海西中期黑云母花岗岩侵入中元古界蓟县系卡瓦布拉克群尖山子组下亚组大理岩、结晶灰岩、硅化灰岩、硅灰石片岩、绿泥角闪片岩和石英片岩等，在与结晶灰岩的侵入接触带上，形成宽大的矽卡岩带及具有一定规模的工业钨矿体。花岗岩锆石 U-Pb 年龄 322±5Ma（李鹏等，2011）。

成矿时代：石炭纪。

成矿组分：W,(Mo)。

矿床(点)实例：(新)哈密市小白石头钨矿床，星星峡北、友谊山、绿洲泉、伊雷克山东、赖瓜井、黄羊泉钨矿点。

简要特征：小白石头钨矿受中粒黑云母花岗岩体与结晶灰岩的侵入接触矽卡岩带所控制，形态产状多为脉状、透镜状、扁豆状和弧形状等。矿石金属矿物为白钨矿、辉钼矿、黄铜矿、闪锌矿和黄铁矿；非金属矿物有石榴石、硅灰石、辉石、透闪石、绿帘石、萤石和方解石等。矿石 WO_3 品位为 0.45%～3.00%，平均 1.50%。蚀变主要为矽卡岩化、角岩化、硅化、黄铁矿化、绿泥石化、绢云母化、碳酸盐化、钠长石化、叶蜡石化、萤石化等。

成因认识：石炭纪中酸性岩侵入，与蓟县系卡瓦布拉克群碳酸盐岩接触交代成矿。

【大黑山式】

成矿区带：中祁连成矿带（Ⅲ-22）。

建造构造：矿体主要分布在加里东期中酸性花岗岩（黑云二长花岗岩、中细粒黑云斜长花岗岩）与古元古界湟源群、托赖岩群的砂岩、泥岩-碳酸盐岩-火山岩建造的接触部位。其岩性以浅灰绿色透辉石矽卡岩为主，矽卡岩产于岩体外接触带节理或裂隙构造内，并受其控制，深部可见有矿物成分较为复杂的透辉石石榴石钾长石矽卡岩。

成矿时代：加里东期。

成矿组分：W,(Bi)。

矿床(点)实例：(青)大通县大黑山钨矿床。

简要特征：矿体呈似层状、脉状、透镜状、不规则状产于接触带的矽卡岩及外接触带大理岩中。矿石金属矿物为白钨矿；非金属矿物为透辉石、绿帘石、石榴石、透闪石、萤石等。矿石 WO_3 平均品位在 0.42%。围岩蚀变有矽卡岩化、云母化、萤石化及硅化。

成因认识：加里东期中酸性岩侵入，与古元古界碳酸盐岩接触交代成矿。

二、花岗岩有关矽卡岩-石英脉型

【东七一山式】

成矿区带：金窝子-公婆泉-东七一山成矿带（Ⅲ-14）。

建造构造：海西早期东七一山花岗岩株侵入于志留系（中上志留统公婆泉组上岩组角砾凝灰安山岩、杏仁状安山岩、安山岩，下岩组凝灰质变砂岩、大理岩；下志留统圆包山组变安山质凝灰岩）。侵入体岩石类型主要为似斑状黑云花岗岩、花岗斑岩，次为斜长花岗岩和石英闪长岩。似斑状黑云花岗岩中含有约 40%的钾长石，副矿物有锆石、磁铁矿等。侵入体蚀变显著，有硅化、钠长石化、云英岩化、叶蜡石化，接触带附近有较宽的矽卡岩化带，矽卡岩矿物有符山石、石榴石等。花岗岩锆石 U-Pb 年龄 355±4Ma～359±4Ma,（杨岳清，2013）

成矿时代：泥盆纪。

成矿组分：W,Sn,萤石,(Rb,Mo,Fe,Li,Be)。

矿床(点)实例:(蒙)额济纳旗东七一山萤石钨锡矿床。

简要特征:矿体形态有似层状、脉状、透镜体状及不规则状。矿体形态、规模、产状受构造裂隙的控制。钨矿石多在石英脉、钾长石脉和花岗岩脉中,主要金属矿物为黑钨矿、白钨矿、锡石、辉钼矿,WO_3含量0.10%~2.07%,平均0.17%,伴生Sn含量0.009%~0.53%。锡矿石多在矽卡岩中,多为浸染状,主要金属矿物有锡石、胶锡矿、白钨矿,以及磁铁矿、黄铁矿及黄铜矿等,Sn含量0.10%~4.71%,平均0.288%。萤石矿石为条带、块状构造,粒状—半自型粒状结构,萤石-玉髓-方解石-石英组合,CaF_2含量56.06%~98.89%,平均81.7%。铷矿石仅在钠长石化花岗岩中可见,Rb含量0.10%~0.215%,平均0.133%,载体矿物为锂云母、鳞云母。钼矿石含浸染状辉钼矿,Mo含量0.03%~0.134%,平均0.052%;铍矿石含绿柱石、铁锂云母,Be含量0.10%~0.43%,平均0.172%;铁矿石含磁铁矿,TFe 50%~60%,平均58.95%。围岩蚀变:花岗岩中有硅化、绢云母化、钠长石化、云英岩化、绿泥石化和碳酸盐化,接触带及围岩中有矽卡岩化、绿泥石化和碳酸盐化。

成因认识:海西早期中酸性岩侵入,岩浆期后热液形成钨锡矿,外接触带裂隙形成萤石矿脉。

【小柳沟式】

成矿区带:北祁连成矿带(Ⅲ-21)。

建造构造:围岩地层为中元古界变砂岩、角闪云母片岩、灰岩、千枚状细砂岩、石英岩、绿泥石绢云千枚岩、钙质千枚岩、碳质千枚岩,被隐伏的奥陶纪二长花岗岩、斜长花岗斑岩侵入,接触带强烈矽卡岩化。由花岗岩侵位导致的穹隆构造形成的层间裂隙和放射状、环状断裂控制钨钼多金属矿体。钻探在地下450m进入花岗岩体。

成矿时代:奥陶纪。辉钼矿Re-Os等时线法测年为462±13Ma(毛景文等,1999)。

成矿组分:W,Mo,Cu,(Sn,Au,Ag,Bi)。

矿床(点)实例:(甘)肃南县小柳沟钨钼矿田(小柳沟、世纪、祁宝、贵山钨矿床和祁青钼矿床)。

简要特征:矿体呈似层状弧形展布于隐伏岩体外接触带。在矽卡岩及矽卡岩化灰岩中,主要有浸染状、稠密浸染状、条带状白钨矿矿石、白钨矿辉钼矿矿石、锡石白钨矿矿石等,其中以稠密浸染状白钨矿为主。在蚀变千枚岩、角闪云母片岩、含碳绢云母千枚岩中,主要有稀疏浸染状白钨矿矿石,白钨矿辉钼矿矿石,石英-白钨矿矿石及辉钼矿细脉状矿石。在隐伏花岗岩中,以浸染状黄铜矿辉钼矿矿石和辉钼矿矿石为主。矿石WO_3平均品位0.52%,Mo平均品位0.47%。

成因认识:在奥陶纪中晚期,北祁连洋壳板块主要向北的俯冲,受热动力作用导致古老镜铁山微地块南侧深部重熔,中酸性岩浆的上侵,与中元古界碳酸岩盐接触交代成矿。

【塔尔沟式】

成矿区带:中祁连成矿带(Ⅲ-22)。

含矿岩系:加里东期野牛滩花岗闪长岩体侵入古元古界北大河群斜长角闪片岩夹大理岩中。花岗闪长岩与大理岩发生接触交代,形成矽卡岩化白钨矿体,与硅铝质变质岩接触处沿裂隙充填,形成石英脉型黑钨矿体。花岗闪长岩体锆石U-Pb年龄为452±12Ma(西安地质矿产研究所,2001)。

成矿时代:奥陶纪。黑钨矿石英脉型矿体中白云母的Rb-Sr法测年结果为441±17Ma(邹治平等,1988)。

成矿组分:W,(Sn,Mo,Bi)。

矿床(点)实例:(甘)肃北县塔尔沟钨矿床,野马滩钨钼矿床,大道口钨矿点。

简要特征:白钨矿体,一般长100~800m,矿体延深一般200~600m,矿体厚度一般3.16~10.19m,WO_3平均品位为1.264%;黑钨矿体,一般长100~500m,一般延深200~600m,厚度一般0.1~0.3m,WO_3平均品位为0.208%。蚀变主要为透辉石-透闪石化、矽卡岩化、角岩化、纤闪石化、次闪石化、黝帘石化和绢云母化等。

成因认识:奥陶纪北祁连洋壳板块向南也有一定俯冲作用,中祁连古老地壳边部受热动力作用重熔,中酸性岩上侵,与古元古界群变质片岩-大理岩接触交代,形成矽卡岩型和石英脉型钨矿。

【白干湖式】

成矿区带:东昆仑成矿带(Ⅲ-26)。

建造构造:钨锡矿赋矿地层为下元古界金水口群,主要岩性为一套陆源碎屑岩-碳酸盐岩沉积建造的中浅变质岩系,北东向裂隙群多为含矿石英脉所充填。侵入该套地层的加里东期花岗岩,其岩石系列为石英闪长岩-英云闪长岩-中粗粒、中细粒二长花岗岩-似斑状二长花岗岩-中粗粒钾长花岗岩。

成矿时代:志留纪。柯可卡尔德钨矿区二长花岗岩锆石 U-Pb 年龄 430.5 ± 1.2Ma;嘎勒赛更长花岗岩锆石 U-Pb 年龄 429.5 ± 3.3Ma(高永宝等,2012)。

成矿组分:W,Sn。

矿床(点)实例:(新)若羌县白干湖矿田(柯可卡尔德、白干湖、巴什尔希、阿瓦尔钨锡矿床,嘎勒赛钨矿点)。

简要特征:矿体直接赋存在加里东期花岗岩和大理岩接触带。柯可卡尔德钨锡矿床目前已控制 7 个钨锡矿体和 3 个以钨为主伴生锡矿体,矿体形成与深部隐伏岩体密切相关。矿体形态呈似层状、透镜状。矿石平均品位:WO_3 0.39%,Sn 0.13%。矿石工业类型主要为石英脉黑钨锡矿型,次为矽卡岩(细脉浸染)白钨锡矿型。矿体围岩蚀变一般以硅化、碳酸盐化、矽卡岩化为主,次为电气石化、云英岩化、白云母化及绿泥石化、绿帘石化。

成因认识:志留纪中酸性岩体与古元古界金水口群碳酸盐岩接触交代与充填交代成矿。

三、花岗岩有关云英岩-石英脉型

【红尖兵山式】

成矿区带:觉罗塔格-黑鹰山成矿带(Ⅲ-8)。

建造构造:晚石炭世花岗岩(钾长花岗岩、二长花岗岩、花岗闪长岩、石英闪长岩)侵入下石炭统白山组流纹质凝灰岩、流纹英安岩、流纹岩、硅质泥岩-硅质岩建造。黑钨矿石英脉产于酸性侵入岩体外接触带下石炭统白山组中酸性火山岩夹大理岩、灰岩和断裂构造带中。

成矿时代:晚石炭世。二长花岗岩锆石 U-Pb 年龄 321.2 ± 2.0Ma(丁嘉鑫等,2015)。

成矿组分:W,(Bi,Mo,Li,Be)。

矿床(点)实例:(甘)肃北县红尖兵山钨矿床。

简要特征:含矿石英脉多沿 NE 向裂隙分布,构成一系列 NE 向产出的钨矿体。矿石金属矿物为黑钨矿、锡石、辉钼矿、辉铋矿;非金属矿物有石英、黄玉、日光榴石、钾长石、钠长石、锂云母、白云母、绢云母、萤石和方解石。钨矿石中 WO_3 平均品位为 0.44%。围岩蚀变为云英岩化、硅化、钠长石化和绢云母化,次为钾长石化、绿帘石化。

成因认识:晚石炭世花岗岩侵入,岩浆期后热液形成石英脉型钨矿。

【鹰嘴红山式】

成矿区带:敦煌成矿带(Ⅲ-15)。

建造构造:盘陀山-鹰嘴红山含钨花岗岩带近东西向展布长约 100km,包含有盘陀山、半岛山、望旭山和鹰嘴红山 4 个岩体,侵入于长城系古硐井群中,除半岛山岩体外,其他 3 个岩体均已发现钨矿床。鹰嘴红山花岗岩体岩石类型有黑云母花岗岩、二长花岗岩等;盘陀山复式花岗岩体,第一次侵入花岗闪长岩,分布于南部;第二次侵入以二长花岗岩及钾长花岗岩为主,分布于北部。

成矿时代:志留纪。鹰嘴红山二长花岗岩锆石 U-Pb 年龄为 424.0 ± 1.3Ma;盘陀山二长花岗岩锆石 U-Pb 年龄为 422.0 ± 1.5Ma(丁嘉鑫等,2015)。

成矿组分:W,(Nb,Be,Mo)。

矿床(点)实例:(蒙)额济纳旗鹰嘴山、盘陀山(国庆)、望旭山钨矿床。

简要特征：鹰嘴红山含钨石英脉在花岗岩体北侧内接触带的裂隙带内产出，钨矿石金属矿物有黑钨矿和白钨矿，次为辉钼矿、黄铜矿、黄铁矿、方铅矿和毒砂；非金属矿物以石英为主，次为电气石、钾长石、绢云母、绿柱石、黄玉、萤石、方解石。470 件矿石化学分析结果表明，WO_3 含量大于 5% 的样品有 13 件，1%～5% 的样品为 14 件，0.2%～1% 的样品为 145 件，0.1%～0.2% 的样品为 89 件，小于 0.1% 的样品为 209 件。伴生有铍、铌等。

成因认识：志留纪中酸性岩侵入，岩浆期后热液形成石英脉型及云英岩型钨矿。

四、花岗岩有关萤石-方解石-玉髓脉型

【玉山式】

成矿区带：敦煌成矿带（Ⅲ-15）。

建造构造：二叠纪二长花岗岩、钾长花岗岩侵入晚石炭世干泉组火山-沉积岩系地层。钨矿产于外接触带岩石的热液脉中。

成矿时代：二叠纪。钾长花岗岩锆石 U-Pb 年龄 280.8±3.0Ma（丁嘉鑫等，2015）。

成矿组分：W，(Sn，Mo，Bi，Be)。

矿床（点）实例：（甘）金塔县玉山钨矿床。

简要特征：白钨矿产在上石炭统干泉组火山岩和大理岩中，围岩蚀变有云英岩化、玉髓化、萤石化及碳酸盐化，其中玉髓化形成大小不等的玉髓脉分布在大理岩、微晶灰岩中，这种脉多为较富的白钨矿矿体。钨矿石中 WO_3 平均值 0.47%。矿石矿物主要为白钨矿，非金属矿物为方解石、玉髓、石英、萤石。

成因认识：二叠纪中酸性岩侵入，岩浆期后热液形成萤石-方解石-玉髓脉型钨矿。

五、花岗岩有关石英脉型

【祖鲁洪式】

成矿区带：伊犁北缘成矿带（Ⅲ-9）。

建造构造：该矿床赋矿地层为下石炭统章古苏组，为一套浅海相碎屑岩夹碳酸盐岩沉积。矿区以北约 500m 处出露有海西晚期祖鲁洪黑云母二长花岗岩体，呈岩株状，与下石炭统章古苏组呈明显的侵入接触关系。矿区断裂是良好的容矿构造。

成矿时代：海西晚期。

共（伴）生矿产：W，(Sn，Cu，Mo)。

矿床（点）实例：（新）温泉县祖鲁洪钨矿床，喀孜别克西、伊和呼斯台、那仁苏、查干浑迪、夏尔勒达钨矿点。

简要特征：黑钨矿床呈石英脉带状分布，矿脉在平面上密集平行排列组成脉带，各矿脉自上而下有逐渐增大增厚的趋势，顶部网脉带中脉宽多小于 0.3cm。矿石自然类型主要有黑钨矿石英脉型、硫化物黑钨矿石英脉型、硫化物白钨矿石英脉型。蚀变主要有白云母化、黑云母化、电气石化、硅化、绢云母化。

成因认识：海西晚期花岗岩浆期后热液充填交代成矿。

【小独山式】

成矿区带：敦煌成矿带（Ⅲ-15）。

建造构造：海西期二长花岗岩、花岗斑岩侵入二叠系红柳河组含火山碎屑沉积岩建造。钨矿产于外接触带，受断裂控制。

成矿时代：海西期。

成矿组分：W。

矿床（点）实例：（甘）敦煌市小独山钨矿床。

简要特征：白钨矿石英脉产于外接触带火山碎屑沉积岩建造中，受 NE 向断裂所派生的次级断裂控

制。矿石金属矿物主要是白钨矿,其次是黑钨矿;非金属矿物为石英、萤石。钨矿石中 WO_3 平均值 0.16%。围岩蚀变较强,主要有硅化、云英岩化、黄铁绢英岩化、萤石化、绢云母化。

成因认识:海西期中酸性岩侵入,岩浆期后热液形成石英脉型钨矿。

【雪花山式】

成矿区带:南秦岭成矿带西段,即西秦岭成矿带(Ⅲ-28)。

建造构造:印支期花岗岩侵入中泥盆统黄家沟组浅海陆相碎屑岩夹碳酸盐岩系。钨矿赋存于内接触带岩石裂隙中。

成矿时代:印支期。

成矿组分:W,Sn,(Ag,Cu,Zn,Bi,Be,Mo)。

矿床(点)实例:(甘)岷县雪花山钨矿点。

简要特征:岩体内接触带矿化石英脉充填于岩体NNE向呈雁行排列的剪切裂隙中,矿脉成分主要为石英(95%),其次为钨、锡以及金属硫化物。矿石矿物主要有黑钨矿,次为锡石。钨矿石中 WO_3 平均值 0.176%。围岩蚀变主要为云英岩化,次为电气石化、钠长石化、萤石化等。

成因认识:印支期花岗岩浆期后热液充填交代成矿。

【大蛇沟式】

成矿区带:北秦岭成矿带(Ⅲ-66A)。

建造构造:印支期沙河湾似斑状黑云角闪二长花岗岩及细粒黑云二长花岗岩复式岩体侵入古元古界秦岭群黑云斜长混合片麻岩及绿泥绿帘斜长角闪岩,发育近东西向及北东东向断裂构造及节理裂隙,在岩体与围岩接触带附近的断裂带内发育绢云母化、黄铁矿化,局部硅化、萤石矿化及黑钨矿化。

成矿时代:印支期。

成矿组分:W。

矿床(点)实例:(陕)商洛市大蛇沟钨矿床;商县杨屋场钨矿点;蓝田县清峪上长钨矿点。

简要特征:矿体主要由石英脉组成,呈脉状及透镜状产于构造蚀变带石英脉密集地段,严格受北东东向断裂控制。矿体长 136~518m,厚 0.30~5.40m,平均厚度 1.87m,矿石品位 WO_3 0.21%~1.88%,矿石金属矿物主要为黑钨矿,次为白钨矿。围岩蚀变比较普遍,主要有绢云母化、黄铁矿化,局部硅化、萤石矿化。

成因认识:印支期花岗岩浆期后热液充填交代成矿。

第十章 锡 矿

锡在金属中熔点较低(231.968℃),还具有展性强、耐腐蚀等特性,在电子器件焊接材料生产中具有重要用途。锡矿是我国优势矿产资源。

第一节 矿产概况和成矿时段

截至 2009 年,西北地区探获锡矿床 11 处,包括中型 3 处(青海日龙沟、小卧龙,新疆柯可卡尔德),小型 8 处。按此时累计查明锡金属资源量对比,青海占 64.70%,新疆占 32.53%,甘肃占 2.76%。

按截至 2009 年累计查明资源量分析(图 10-1),西北地区锡矿形成时段主要在海西期(38.64%)和加里东期(34.01%),其次在印支期(26.79%),仅极少量在燕山期(0.56%)。前三时段已占 99.44%。

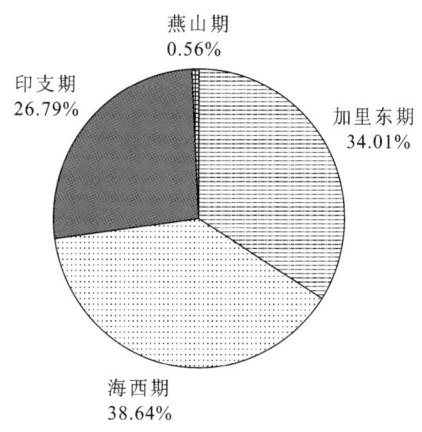

图 10-1 西北地区锡矿时代统计分布图(截至 2009 年数据)

第二节 矿床类型及矿床式

按截至 2009 年累计查明资源量分析(图 10-2),西北地区锡矿类型中,花岗岩类有关的类型达 67.93%(包括:矽卡岩型 32.45%,矽卡岩-石英脉型 23.44%,石英脉型 11.65%,云英岩型 0.24%,斑岩型 0.19%),次为海相火山岩型 32.07%。

一、花岗岩有关石英脉型

【萨惹什克式】

成矿区带:唐巴勒-卡拉麦里成矿带(Ⅲ-4)。

建造构造:海西中期多次脉动侵入的碱性花岗岩体,第六次钠闪石花岗岩边部过渡带中,被第七次的钠闪石花岗斑岩沿破碎带侵入,锡矿赋存于内外接触带的石英脉中。

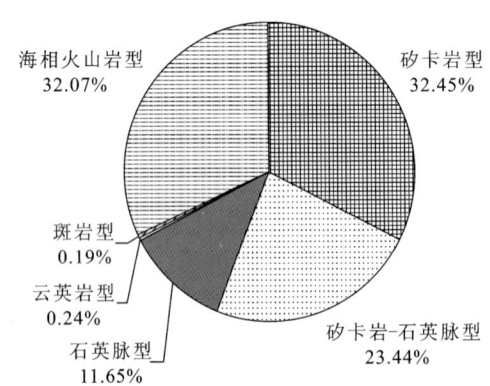

图 10-2　西北地区锡矿类型统计分布图(截至 2009 年数据)

成矿时代:石炭纪。矿石中辉钼矿 Re-Os 等时线年龄为 307±11Ma(唐红峰等,2007)。

成矿组分:Sn。

矿床(点)实例:(新)奇台县萨惹什克、卡姆斯特锡矿床,贝勒库都克、干梁子锡矿点。

简要特征:锡矿体产于破碎蚀变带和花岗斑岩中发育的石英脉中。矿床受北东向和北东东向断裂控制。矿石金属矿物主要为锡石;非金属矿物主要为石英、条纹长石、钾长石、钠长石、钠铁闪石、钠闪石等。矿石 Sn 品位变化于 0.46%~3.01%,矿床 Sn 平均品位 0.85%。

成因认识:石炭纪一期多次脉动复式碱性花岗岩体侵入,最晚期碱性花岗斑岩有关岩浆期后热液充填交代成矿。

【明锡山式】

成矿区带:伊犁南缘-中天山-旱山成矿带(Ⅲ-11)。

建造构造:海西中晚期石英闪长岩、黑云母二长斑状花岗岩和二云花岗岩,侵入下石炭统白山组中酸性火山碎屑岩、正常沉积碎屑岩及少量的碳酸盐岩建造;岩体的外接触带富集锡、砷矿体。

成矿时代:海西中晚期。

成矿组分:Sn,As,(Co)。

矿床(点)实例:(甘)肃北县明锡山锡矿床。

简要特征:锡、砷矿体富集于海西期中酸性岩体的外接触带,锡矿体由脉状、透镜状产于下石炭统白山组绢云硅质板岩中,砷矿体赋存于凝灰质板岩中,受近 EW 向和 NE 向断裂控制。矿石矿物为锡石,非金属矿物有石英和绢云母。矿床 Sn 平均品位 0.32%。围岩蚀变较强,有黄铁矿化、褐铁矿化、硅化、绢云母化和绿泥石化等。伴生 Co 含量 0.005%~0.09%,可见辉砷钴矿。

成因认识:海西晚期花岗岩侵入,岩浆期后热液充填交代成矿。

二、花岗岩有关矽卡岩-石英脉型

【东七一山式】【白干湖式】

同第九章钨矿中的同名矿床式。

三、花岗岩有关矽卡岩型

【小卧龙式】

成矿区带:东昆仑成矿带(Ⅲ-26)。

建造构造:印支期的酸性岩浆岩(似斑状二长花岗岩为主)沿着断裂破碎带等薄弱部位侵入寒武系—奥陶系滩间山群大理岩、灰岩等碳酸盐岩地层中。在接触部位形成矽卡岩带,并形成铁、锡矿体。

成矿时代:印支期。

成矿组分:Sn,Fe,(W,Cu)。

矿床(点)实例:(青)都兰县小卧龙铁锡矿床。

简要特征:铁、锡矿体产于矽卡岩中。锡矿石按自然类型有:以磁铁矿型锡矿、矽卡岩型锡矿为主,另外少量锡石含在大理岩或变砂岩、斜长角闪岩中。磁铁矿型锡矿主要金属矿物为磁铁矿,次为锡石、白钨矿、黄铁矿、黄铜矿及少量辉铜矿、斑铜矿、闪锌矿、磁黄铁矿等;非金属矿物有石榴石、透辉石、符山石、黑云母、白云母、绿泥石等。矽卡岩型锡矿有石榴矽卡岩和透辉石矽卡岩两种,主要金属矿物为锡石、白钨矿、赤铁矿、褐铁矿。矿体平均品位:Fe 23.23%~39.69%,Sn 0.15%~0.29%。

成因认识:印支期似斑状二长花岗岩与寒武系—奥陶系滩间山群大理岩、灰岩等碳酸盐岩接触交代成矿,经历矽卡岩阶段,磁铁矿-锡石阶段,石英-硫化物阶段。

【五一河式】

成矿区带:东昆仑成矿带(Ⅲ-26)。

建造构造:印支期中酸性岩(主要为花岗闪长岩、二长花岗岩、钾长花岗岩)侵入于上石炭统,沿断续发育的破碎蚀变带与灰岩接触交代,有矽卡岩化、绿泥石化、硅化等,伴有铜锡多金属矿化。

成矿时代:印支期。

成矿组分:Sn,Cu,Zn,Pb。

矿床(点)实例:(青)格尔木市五一河矽卡岩型铜锡矿床。

简要特征:铜锡矿体主要产在钾长花岗岩边部的矽卡岩带中。矿石类型主要为铜锡矿石、铜矿石、锡矿石、铅矿石、锌矿石等。矿石平均品位:Cu 0.94%,Pb 0.75%,Zn 1.88%,Sn 0.29%。

成因认识:印支期花岗岩与上石炭统碳酸盐岩接触交代成矿。

四、斑岩型

【乌兰乌珠尔式】

同第五章铜矿中的同名矿床式。

五、海相火山岩型

【日龙沟式】

同第五章铜矿中的同名矿床式。

第十一章 钼 矿

钼是冶金、电气、化工、航空和航天等制造业不可缺少的原料。在冶金工业中,钼作为生产各种合金钢的添加剂,或与钨、镍、钴、锆、钛、钒、铼等组成高级合金,以提高其耐温强度、耐磨性和抗腐性。

第一节 矿产概况和成矿时段

截至2009年,西北地区探获钼矿床43处,其中超大型1处(陕西金堆城),大型7处(新疆白山、东戈壁、库勒萨依,陕西大石沟、石家湾,青海纳日贡玛,甘肃温泉),中型15处,小型20处。按此时累计查明资源量统计对比,新疆占44.32%,陕西占21.87%,青海占18.44%,甘肃占15.37%。近年,西北地区钼矿找矿勘查又取得新进展。

新疆:在东天山觉罗塔格一带,东戈壁斑岩型钼矿资源量扩大到50×10^4 t以上,白山斑岩型钼矿资源量扩大到25×10^4 t以上;在西准噶尔新发现苏云河斑岩型钨钼矿远景规模可达大型(董连慧等,2011)。

青海:在三江北段,多彩地区2014—2015年新增钼资源量5×10^4 t。在东昆仑祁曼塔格,卡尔却卡探获钼资源量3.3×10^4 t。

甘肃:北祁连小柳沟钨钼矿田新增发现祁青钼矿床,新增钼资源量4.61×10^4 t。

陕西:金堆城以前勘查提交储量约97×10^4 t,近年深部及外围新增钼资源量97.34×10^4 t,实现了"再造一个金堆城"的目标。金堆城矿区探获钼资源量累计约140×10^4 t。

按截至2009年累计查明资源量分析(图11-1),西北地区钼矿形成主要在燕山期(42.80%)和印支期(33.93%),其次在海西期(10.54%)、喜山期(8.44%)及加里东期(4.30%)。

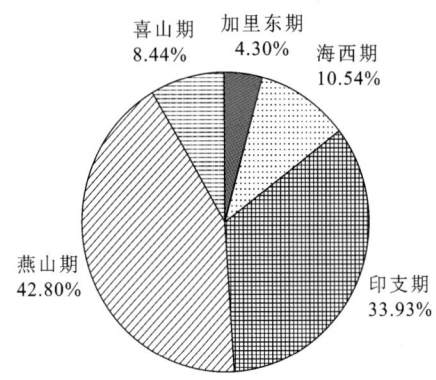

图11-1 西北地区钼矿时代统计分布图(截至2009年数据)

第二节 矿床类型及矿床式

按截至2009年累计查明资源量分析(图11-2),西北地区钼矿床以斑岩型占显著优势(82.79%),次

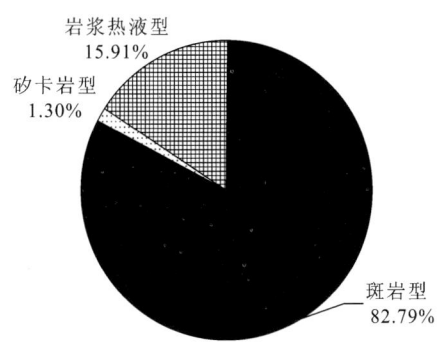

图 11--2　西北地区钼矿类型统计分布图（截至 2009 年数据）

为岩浆热液脉型（15.91%）及少量矽卡岩型（1.30%）。

一、斑岩型

【白山式】

成矿区带：觉罗塔格-黑鹰山成矿带（Ⅲ-8）。

建造构造：下石炭统干墩组第二岩性段黑云母长英质角岩，赋矿岩石主要由含有钾长石-石英细脉、硫化物细脉和长英质角岩组成。成矿与区内正长花岗（斑）岩、二长花岗（斑）岩及黑云母斜长花岗（斑）岩有关。黑云母斜长花岗岩年龄为 239±8Ma，黑云母斜长花岗斑岩脉年龄为 235～245Ma（李华芹，2006）。

成矿时代：中三叠世。白山黄铁矿和辉钼矿 Re-Os 年龄 225.8Ma 和 224.8Ma（Zhang et al,2005；张达玉等，2009）；辉钼矿 Re-Os 等时线年龄 229Ma（李华芹等，2006）。

成矿组分：Mo,(Re,S)。

矿床实例：（新）哈密市白山、东戈壁钼矿床。

简要特征：矿化带内尤其在矿体产出部位石英网脉密集，多出现含辉钼矿的石英大脉，以钼矿体为中心向两侧，石英脉渐变稀疏以至消失。矿化与围岩之间并没有明显的边界，呈渐变过渡关系。矿体形态简单，主要呈透镜状。矿石矿物主要有辉钼矿，次为黄铜矿、闪锌矿、磁黄铁矿、黄铁矿及少量的钛铁矿、磁铁矿、方铅矿和白铁矿；矿石构造主要为脉状、浸染状，少量斑杂状、角砾状等。围岩蚀变以钾长石-石英网脉带为中心，向外依次为黑云母石英钾长石化带、石英绢云母化带、青磐岩化带。矿体钼品位变化范围为 0.03%～0.106%，矿区平均品位 0.06%，Re 平均含量达 1.0×10^{-6}（邓刚等，2003，2004）。

成因认识：中三叠世中酸性岩浆活动晚期，花岗斑岩体侵入，岩浆期后热液成矿。

【金堆城式】

成矿区带：华北陆块南缘成矿带（Ⅲ-63）。

建造构造：燕山期浅成—超浅成小型花岗斑岩体侵入主要受东西向及北东向构造结点控制，侵入于中元古界熊耳群浅变质的基性、中基性—中酸性火山岩系火山岩中（安山岩、安山玢岩夹凝灰质板岩，及少量玄武岩及流纹岩）。钼矿体分布于斑岩体内外接触带，远离岩体后，含矿脉以细脉状分布于围岩中，钼矿体呈脉状分布，同时伴生的 Pb 品位有所增高；再向外围延伸，于周边发现脉型的铅银矿体、金银矿体等。金堆城岩体锆石 U-Pb 年龄为 143.7±3Ma（焦建刚等，2010）。

成矿时代：燕山期。金堆城钼矿床中辉钼矿的 Re-Os 年龄 139±3.0Ma（焦建刚等，2010）。

成矿组分：Mo,(Cu,Re,S,Se,Te)。

矿床（点）实例：（陕）华县金堆城钼矿床；洛南县黄龙铺石家湾钼矿床。

简要特征：钼矿体产于斑岩体内及其围岩接触带的黑云母化和角岩化安山岩中。矿体由不同方向纵横交错的细网脉组成，主要成脉状、透镜状及细脉浸染状。矿石类型主要有花岗斑岩型（约占 20%）、安山（玢）岩型（约占 75%），板岩-石英岩型（约占 5%）。矿石的金属矿物主要为辉钼矿、黄铁矿，次为磁铁矿、黄铜矿等;非金属矿物主要有石英、微斜长石、微斜条纹长石、斜长石,次为萤石、白云母、黑云母、绢云母、绿柱石、铁锂云母、方解石等。矿床 Mo 平均品位 0.099%,伴生 Cu 含量 0.028%。

成因认识:燕山期浅成—超浅成斑岩侵入,岩浆期后热液在内外接触带沉淀成矿。

【纳日贡玛式】

同第五章铜矿中的同名矿床式。

二、岩浆热液脉型

【温泉式】

成矿区带:南秦岭成矿带西段,即西秦岭成矿带(Ⅲ-28)。

建造构造:印支期温泉花岗岩体为一期多次复式岩体。第1次和第2次侵入岩体主要见于中部,以小侵入体出现,为中细粒黑云花岗岩和细粒含斑黑云二长花岗岩;第3次侵入体呈环状分布于岩体次外圈,为似斑状黑云母二长花岗岩;第4次侵入体分布于最外围,为似斑状粗斑—巨斑状中粗粒黑云二长花岗岩;第5次侵入岩脉,穿插于前几次侵入体,为似斑状正长花岗岩。钼矿化主要发育于岩体内部黑云二长花岗岩中,受岩体中原生节理控制。温泉岩体黑云母二长花岗岩的黑云母 K-Ar 年龄为 223~226Ma(卢欣祥等,2009);花岗闪长岩锆石 U-Pb 年龄为 223±7Ma(宋史刚等,2008)。

成矿时代:印支期。温泉钼矿床辉钼矿 Re-Os 等时线年龄 214.4±7.1Ma(宋史刚等,2008)。

成矿组分:Mo。

矿床(点)实例:(甘)武山县温泉钼矿床。

简要特征:岩体中原生节理控制含钼石英细脉,金属硫化物局限于石英脉内部及两侧岩石中,呈薄膜状或星点状产出。矿化类型以细脉状和细脉浸染状为主。含辉钼矿石英细脉呈烟灰色,宽 1~5 mm,个别达 1cm,每米范围内有 8~25 条。矿石构造主要有浸染状、细脉状、网脉状构造。矿石矿物主要为鳞片状辉钼矿,少量黄铁矿、黄铜矿、白钨矿等;非金属矿物主要为石英、钾长石,次为黑云母等。矿石 Mo 品位 0.03%~0.48%,伴生 Re 含量 $1\times10^{-6}\sim10\times10^{-6}$。

成因认识:印支期似斑状黑云母二长花岗岩的岩浆期后热液成矿。

【大石沟式】

成矿区带:华北陆块南缘成矿带(Ⅲ-63)。

建造构造:矿区主要出露中元古界熊耳群中基性变火山岩,主要岩性为变细碧岩、绢云母千枚岩、黑云石英片岩夹大理岩透镜体等。侵入有印支期的辉绿岩脉、正长斑岩脉、含钼(铅)碳酸岩脉及燕山期黑云母二长花岗岩脉、钾长花岗斑岩脉。

成矿时代:印支期。矿石中辉钼矿 Re-Os 同位素年龄值 221.5±0.3Ma(Stein et al,1997)。

成矿组分:Mo,(Pb,Re,RE,S)。

矿床(点)实例:(陕)洛南县黄龙铺大石沟钼矿床;华县老爷岭钼矿点;华阴市垣头东沟钼矿点。

简要特征:沿断裂裂隙常发育线型钾长石化、黑云母、微斜长石、方解石、黄铁矿等围岩蚀变,断裂密集地段则形成似面型蚀变;矿体主要沿北东向断裂裂隙充填,由含矿脉体及其近脉围岩组成。含矿脉体主要为方解石石英脉、天青石石英脉、长石石英脉,其次还有正长岩脉、辉绿岩脉等。辉钼矿呈散点状、细脉状分布于脉中。矿床 Mo 平均品位 0.079%。主要金属矿物为辉钼矿、方铅矿、黄铁矿,次为磁铁矿、闪锌矿、黄铜矿、赤铁矿等。

成因认识:酸性岩-碳酸盐脉与钼矿的成矿有关。大石沟等矿床以往认为是脉型钼矿床,其开采过程中,于矿床深部已发现岩浆热液脉、小斑岩体,说明其矿床特征也符合斑岩型钼矿床的成矿模式(袁海潮等,2016)。

【桂林沟式】

成矿区带:南秦岭成矿带东段(Ⅲ-66B)。

建造构造:燕山期四海坪似斑状黑云二长花岗岩体侵入古元古界陡岭岩群变质细碎屑岩和新元古

界震旦系灯影组白云岩建造,接触带含矿。

成矿时代:燕山期。

成矿组分:Mo。

矿床(点)实例:(陕)镇安县桂林沟钼矿床;宁陕县新铺钼矿床,旬阳坝深潭沟钼矿点;洛南县西沟、马头山钼矿床,王河、二道河钼矿点。

简要特征:钼矿体主要为含钼的石英脉(云英岩化石英脉、长石石英脉)、花岗细晶岩脉,其主体分布于花岗岩体北侧外接触带,沿北东向、近南北向两组断裂裂隙带大体呈相互平行状产出。矿脉及其围岩发育云英岩化、硅化、绿泥石化、绢云母化、钠长石化、钾长石化等蚀变。其中云英岩化、硅化与钼矿化关系密切。矿体形态主要为脉状、似板状、透镜状,沿走向及倾向有膨缩及分支复合、尖灭再现现象,部分矿体由雁列式小脉体及其蚀变岩构成。矿石 Mo 平均品位 0.176%,矿石金属矿物主要为辉钼矿,次为黄铁矿和磁铁矿。

成因认识:燕山期花岗岩侵入活动,有关岩浆期后热液在岩体外接触带的断裂近旁的节理裂隙构造中富集形成脉型钼矿体。

三、矽卡岩型

【索尔库都克式】

同第五章铜矿中的同名矿床式。

【小柳沟式】

同第九章钨矿中的同名矿床式。

【月河坪式】

成矿区带:南秦岭成矿带东段(Ⅲ-66B)。

建造构造:中泥盆统古道岭组变质细碎屑-碳酸盐岩建造,岩石类型主要为黑云母石英片岩夹硅质灰岩、结晶灰岩、大理岩和少量石英岩。懒板凳岩体(向南与胭脂坝岩体或宁陕岩体连为一体)的二长花岗岩北部与古道岭组围岩接触带发育以透辉石、透闪石、石榴石、符山石为主,近东西向分布的似层状矽卡岩带。钼矿赋存于矽卡岩中。

成矿时代:燕山期。月河坪钼矿辉钼矿 Re-Os 同位素年龄 191.4±3.5Ma(李双庆等,2010)。

成矿组分:Mo。

矿床(点)实例:(陕)宁陕县月河坪、大西沟钼矿床,戴家湾、碾盘沟、纸房沟、深沟钼矿(化)点。

简要特征:辉钼矿化呈星点状分布于矽卡岩中,以及呈细脉状沿北东向后期构造裂隙。矿体长 100~300m,倾斜延深 200m,厚度一般 2~10m,Mo 平均品位 0.08%~0.12%。矿体在深部具分支复合现象,复合部位矿体厚度大(最大水平厚 19.8m),品位高(最高 0.48%)。矿石金属矿物主要为辉钼矿,次为黄铜矿、黄铁矿、磁黄铁矿。

成因认识:燕山期含钼花岗质岩浆侵入,与中泥盆统古道岭组地层碳酸盐岩发生接触交代,在矽卡岩带富集成矿。

第十二章 锑 矿

锑虽然用量很少,但用途十分广泛。锑的氧化物用作阻燃剂(占用量的40%);锑铅合金用于蓄电池极板(占用量的22%);高纯度锑用于制造半导体及热电装置。

第一节 矿产概况和成矿时段

截至2009年,西北地区探获锑矿床31处,其中大型2处(甘肃崖湾,新疆盼水河),中型10处,小型19处。按此时累计查明锑矿金属资源量对比,甘肃占42.09%,陕西占36.15%,新疆占20.48%,青海仅占1.28%。

按截至2009年累计查明锑矿金属资源量统计分析(图12-1),西北地区锑矿的成矿时段主要在燕山期(64.67%),其次在印支期(35.33%)。

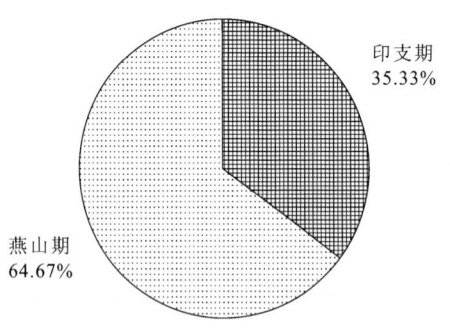

图12-1 西北地区锑矿时代统计分布图(截至2009年数据)

统计情况显示,前寒武纪、加里东期、海西期几乎无已知锑矿床,而印支期—燕山期成锑大爆发,并且燕山期是最高峰。可能是因为锑比较容易被活化迁移,时代较早的时候即使有锑矿床形成也很难保存下来。同时也揭示地壳活动的热动力,在燕山期之后显著降低。

第二节 矿床类型及矿床式

按截至2009年累计查明锑矿金属资源量统计分析(图12-2),西北地区的锑矿床类型主要为层控热液型(82.26%);次为岩浆热液型(17.74%)。

统计结果以及下面将论述的矿床式显示,大量的锑矿床形成经历了矿源活化再造成矿作用。岩浆岩准同生热液锑矿具一定地位(岩浆热液型占17.74%),说明岩浆演化后期矿质转入热液以及岩浆热驱动流体发生对流活动,萃取附近围岩矿质也进入热液,沉淀于岩体外接触带较远成矿是一种重要机制;而各类岩石中后生热液锑矿更具绝对优势地位(层控热液型占82.26%),表明锑矿源层或矿源岩后期活化再造是大量锑矿床形成更重要的机制。

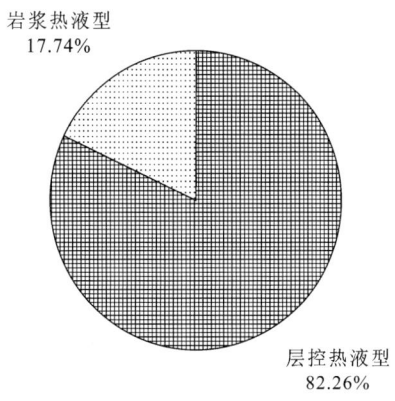

图 12-2 西北地区锑矿类型统计分布图(截至 2009 年数据)

一、岩浆热液型

【蔡凹式】

成矿区带:北秦岭成矿带(Ⅲ-66A)。

建造构造:赋存于古元古界秦岭群沉积变质岩系(岩性主要为斜长片麻岩、长英质片岩、黑云斜长变粒岩、黑云斜长片麻岩、厚层石墨大理岩、白云质大理岩等)中构造破碎带。锑矿带之北约 12km 有燕山期蟒岭花岗岩体。靠近该岩体有皇台、三条岭、芥子岭等矽卡岩型铁、铜等高温矿床和矿点;稍远离岩体,则有寺沟、南台、银洞岭等中温铅、锌矿床和矿点;再远离岩体向东南方向,才是高岭沟、蔡凹、掌耳沟、大河沟等断续分布的锑矿带,有的锑矿区有花岗岩枝显示(王清廉,1984)。蟒岭花岗岩锆石 U-Pb 年龄为 144±1Ma～157±1Ma(杨阳等,2014)。

成矿时代:燕山期。

成矿组分:Sb,(Au)。

矿床实例:(陕)丹凤县蔡凹锑矿床,商洛市高岭沟锑矿床;(豫)卢氏县掌耳沟、大河沟锑矿床。

简要特征:矿体呈似层状、透镜状、脉状、网脉状,延深往往大于延长,沿断裂破碎带产出;围岩蚀变主要有硅化、铁碳酸盐岩化、褪色化等,形成以充填为主,交代为次的矿石结构构造特征;主要矿物为辉锑矿,次有少量黄铁矿、菱铁矿和极少量含砷自然锑,砷锑矿;主要构造有块状构造、浸染状构造、细脉构造及网脉状构造等。矿石 Sb 品位 1.54%～7.88%,有的地段伴生金可达 Au $0.1×10^{-6}$～$1.6×10^{-6}$。

成因认识:燕山期蟒岭花岗岩体侵入古元古界沉积变质岩系,在远离岩体外接触带的秦岭群沉积变质岩系中沿构造破碎带充填形成锑矿。

二、层控热液型

【卡拉脚古牙式】

成矿区带:塔里木板块北缘成矿带(Ⅲ-12)。

建造构造:下石炭统甘草湖组—野云沟组碎屑岩夹灰岩建造,下部细碎屑岩板岩、千枚岩为锑矿主要赋存岩层。该套地层的层间破碎带控矿。

成矿时代:燕山期。矿脉石英 Ar-Ar 等时线年龄 118.2±3.2Ma(胡世玲等,2000)。

成矿组分:Sb。

矿床实例:(新)乌什县卡拉脚古牙锑矿床。

简要特征:矿石构造主要为浸染状构造、条带状构造和角砾状构造,次有块状、星点状构造;围岩蚀变主要以硅化为主。金属矿物主要为辉锑矿(80%),次为闪锌矿、黝铜矿、毒砂、黄铁矿、铜蓝等;非金属矿物主要为石英、方解石、重晶石等;锑矿体平均品位16.49%。

成因认识:下石炭统甘草湖组—野云沟组沉积岩系为控矿层位,地层的层间破碎带为控矿构造。燕山期热液活动活化深部地层中矿质,运移到浅部层间破碎带沉淀成矿。

【萨瓦亚尔顿式】

同第十三章金矿中的同名矿床式。

【查汗萨拉式】

成矿区带:塔里木板块北缘成矿带(Ⅲ-12)。

建造构造:下泥盆统阿尔彼什木布拉克组第一段陆源碎屑岩建造,主要岩性为暗灰色层状含碳粉砂岩、碳质千枚岩、深灰色薄层含碳粉砂泥质岩,夹细砂岩、石英砂岩和不纯灰岩。矿体受穿过该地层的断裂构造和层间破碎带控制(张国林等,1998;王宏等,2003)。

成矿时代:燕山期。矿脉中石英Ar-Ar等时线年龄188.0±11Ma(胡世玲等,2000)。

成矿组分:Sb,Pb,Ag。

矿床实例:(新)和静县查汗萨拉锑铅矿床。

简要特征:矿体多呈似层状、透镜状、脉状,其长轴展布方向多与层面一致,具有层控特征;石英-辉锑矿型矿石的主要矿物为石英、辉锑矿和黄铁矿。石英-黝铜矿-辉铋矿-辉锑矿型矿石的主要矿物有石英、黝铜矿、辉铋矿、辉锑矿和黄铁矿;矿石中微量矿物有毒砂和闪锌矿;矿石构造主要为块状、浸染状构造;围岩蚀变有黄铁矿化、绢云母化、碳酸盐和硅化。黄铁矿化不均匀分布于石英砂岩中,绢云母化为近矿围岩蚀变,表现为千枚岩、板岩、碳质粉砂岩的胶结黏土矿物转化成绢云母。矿石Sb平均品位5.65%。

成因认识:下泥盆统阿尔彼什木布拉克组第一段陆源碎屑岩为控矿层位,穿过该地层的断裂构造和层间破碎带为控矿构造。构造运动及深部岩浆作用提供热动力,岩浆热液与被加热的地下水混合,萃取地层中的矿质,在断裂构造和层间破碎带中运移、沉淀成矿。

【崖湾式】

成矿区带:南秦岭成矿带西段,即西秦岭成矿带(Ⅲ-28)。

建造构造:汞锑的主要含矿岩系为泥盆系鱼池坝组第一岩段的灰质板岩夹石英砂岩及粉砂岩,三叠系大河坝组第五岩段和下龙马组的石英杂砂岩粉砂质灰岩夹泥灰岩。矿体受北西向断裂、层间破碎带控制。矿化岩石主要为碎屑岩,次为灰岩。

成矿时代:印支期。

成矿组分:Sb。

矿床实例:(甘)西和县崖湾锑矿床;宕昌县水眼头锑矿床,罗家沟、四头山、暗沟、下坪头锑矿点。

简要特征:矿体一般呈似层状及脉状、透镜状及扁豆状,其形态较复杂,沿走向、倾向都存在分支、复合、膨缩及尖灭再现;矿石矿物主要为辉锑矿、黄铁矿、白铁矿;矿石构造有角砾状、浸染状、块状、团块状、脉状;围岩蚀变较简单,分布不广泛,蚀变宽度大致与矿化带相当,主要有硅化、方解石化、黄铁矿化和萤石化等。矿体Sb品位为1.93%~2.98%,平均品位2.86%。

成因认识:下三叠统马热松多组灰岩与板岩为控矿层位,地层中层间破碎裂隙中为控矿构造,印支期热液活化深部地层中矿质,运移到碳酸盐岩构造破碎带沉淀成矿,泥质的板岩对热源中矿质沉淀起遮挡层作用。

【东大滩式】

成矿区带:北巴颜喀拉-马尔康成矿带(Ⅲ-30)。

建造构造:下三叠统北巴颜喀拉山群砂岩、板岩、千枚岩、千枚状粉砂岩等。金锑矿体赋存于通过该套地层中两条NW向断裂带的次级层间破碎带中。矿区出露有燕山期花岗斑岩脉和石英斑岩脉(张孝攀等,2014)。

成矿时代:燕山期。

成矿组分:Sb,Au。

矿床实例：(青)格尔木市东大滩金锑矿床。

简要特征：矿体形态规模较大者多呈似层状，小者呈透镜状或扁豆体。矿体受层间断裂控制，产状与地层产状基本一致。矿石金矿物为自然金；其他金属矿物主要为辉锑矿，次为毒砂、黄铁矿等；非金属矿物主要为石英、绢云母、方解石，次为绿泥石、长石等。矿石自然类型按矿石含矿岩性划分为石英脉型金矿石、蚀变千枚岩型金矿石、蚀变变砂岩型金矿石、锑金矿石。矿体 Au 平均品位为 $1.6\times10^{-6}\sim9.17\times10^{-6}$，Sb 品位为 $2.09\%\sim8.28\%$。

成因认识：三叠纪巴颜喀拉山群昌马河组沉积岩系为控矿层位，北西西向断裂及次级断裂为控矿构造。燕山期热液活动，活化深部地层中矿质，运移到浅部破碎带沉淀成矿。

【卧龙岗-黄羊岭式】

成矿区带：南巴颜喀拉-雅江成矿带（Ⅲ-31）。

建造构造：位于木孜塔格大型左行走滑断裂的南侧。赋矿地层为中二叠统黄羊岭组下段海相陆源碎屑岩，其岩性下部为灰色—褐灰色中细粒钙质岩屑砂岩、长石岩屑砂岩与灰色泥质粉砂岩互层，上部为灰色泥质粉砂岩与深灰色泥岩互层，具下粗上细不均匀韵律沉积特征，总体为一向北倾的单斜构造，且构成本区锑、汞元素初步富集的矿源层。锑矿赋存于木孜塔格大型走滑断裂的及次级断裂及层间破碎带。卧龙岗山脊一带有少量印支期花岗斑岩出露，距卧龙岗锑矿约4km（舍建忠等，2009）。

成矿时代：印支期。

成矿组分：Sb。

矿床实例：(新)民丰县卧龙岗、黄羊岭、肖尔库勒、红山顶、宿营地、云母山锑矿床，盼水河铅锑矿床，回风口、前进达坂、拾玉山、枯水湖、枯水湖南、风帘山锑矿点。

简要特征：矿体多呈脉状、细脉状，少数为囊状、豆荚状。锑矿化与硅化程度成正相关，硅化（石英脉）与矿化均沿层间断层、节理、裂隙交代、充填而成，具多期、多次形成特点。矿石金属矿物主要为辉锑矿，次为黄铁矿、毒砂、雄黄等，少量黑钨矿、闪锌矿等；非金属矿物主要为石英，次为方解石等，局部有重晶石、白云石等，少量绿泥石、绢云母等。矿体 Sb 品位为 $1.50\%\sim58.11\%$；Sb 平均品位为 6.71%。

成因认识：中二叠世黄羊岭组沉积岩系为控矿层位，穿过该地层的走滑断裂为控矿构造。印支期构造运动及深部岩浆活动提供热动力，黑钨矿暗示酸性岩浆热液的参与，岩浆热液与被加热的地下水混合，萃取地层中的矿质，在走滑断裂构造及次级断裂破碎带中运移、沉淀成矿。"盼水河"与"卧龙岗-黄羊岭"基本相似，仅增加铅也成为主要成矿组分而已。

【青铜沟式】

成矿区带：南秦岭成矿带东段（Ⅲ-66B）。

建造构造：含矿岩系以下泥盆统公馆组为主，中泥盆统石家沟组次之。前者由潟湖相白云岩组成，夹三层黏土质白云岩、千枚岩，厚度698m；后者为生物灰岩夹白云岩，厚度246m。含矿层以白云岩为主，灰岩中亦见矿化。矿体成群产于主断裂交汇地段的羽毛状裂隙之中（彭大明，1998）。

成矿时代：燕山期。辉锑矿的铅模式年龄 $101\sim176$Ma（丁抗，1986）。

成矿组分：Hg、Sb、(Au)。

矿床实例：(陕)旬阳县青铜沟、公馆、砂铜沟汞锑矿床。

简要特征：矿体赋存于断裂破碎带中；主矿体呈透镜状、大脉状或板状，矿体延深往往远远大于延长；围岩蚀变主要有硅化、铁碳酸盐岩化、褪色化等，形成以充填为主、交代为次的矿石结构构造特征。矿体具下部富集辉锑矿而上部富集辰砂的分带特征。矿石金属矿物主要以辰砂为主，次为辉锑矿；非金属矿物以石英为主，其次为白云石、重晶石、方解石。矿石含 Hg $0.08\%\sim8.22\%$，Sb $0.01\%\sim11.30\%$。

成因认识：下泥盆统公馆组和中泥盆统石家沟组为控矿层位，穿切该地层的构造破碎带为控矿构造。燕山期热液活动活化深部地层中矿质，运移到白云岩构造破碎带沉淀成矿，泥质的千枚岩对热液沉淀起遮挡层作用。成矿金属主要来源于深部地层，而矿化剂硫和脉石组分来源于含矿地层（丁抗，1986；张颖等，2010）。

【西坡岭式】

成矿区带:南秦岭成矿带东段(Ⅲ-66B)。

建造构造:下石炭统袁家沟组,赋矿岩性主要为含燧石细晶灰岩及含砂屑鲕粒灰岩,其次为含碳绢云母板岩、粉砂质板岩夹砂岩、灰岩。穿过该层位的一组北东向断裂控矿。

成矿时代:燕山期。

成矿组分:Hg,Sb。

矿床实例:(陕)山阳县西坡岭、丁家山汞锑矿床。

简要特征:矿体形态受断裂带控制形态复杂,变化大;主要成分为辰砂、辉锑矿、辉锑铅矿、方铅矿、闪锌矿,次有黑辰砂、纤锌矿、黝铜矿、黄铁矿、锑华、黄锑华、锑赭石等;矿石构造有斑点状、块状、脉状、胶状等;主要蚀变为硅化、石英化、方解石化、石英方解石化,次有重晶石化、萤石化、白云石化、黄铁矿化等。矿区平均品位:Sb 3.12%,Hg 0.29%。

成因认识:下石炭统袁家沟组沉积岩系为控矿层位,穿过该层位断裂破碎带为控矿构造。燕山期热液活动活化深部地层中矿质,运移到碳酸盐岩构造破碎带沉淀成矿,泥质板岩对热源中矿质沉淀起遮挡层作用。

第十三章 金 矿

黄金一直在饰品业和金融业中具有极其重要地位,随着现代工业、农业和航天电子工业以及信息技术、新能源、新材料的迅速发展,为黄金开拓了更为广泛的应用领域。

第一节 矿产概况和成矿时段

截至2009年,西北地区探获金矿床401处,其中超大型4处(新疆阿希、齐依求,甘肃阳山,青海大场);大型26处(甘肃大水、寨上、李坝、大桥、枣子沟、拉尔玛、鹿儿坝、金川伴生、碧口砂金、双龙沟砂金;陕西双王、八卦庙、马鞍桥、煎茶岭、金龙山、庞家河、黄龙、恒口砂金;新疆萨瓦亚尔顿、多拉纳萨依、双泉;青海五龙沟、瓦勒根、滩间山、赛柴沟砂金、扎朵砂金),中型78处,小型293处。按此时累计查明金资源量统计对比,甘肃占46.68%,陕西占23.07%,新疆占17.14%,青海占12.92%,宁夏仅占0.19%。近年,西北地区金矿找矿勘查又取得新突破。

新疆:南天山鸽形山-喜迎-梧南探获金资源量超过30t;准噶尔北东部卡拉麦里双泉金矿规模达到大型(董连慧等,2011)。西南天山萨瓦亚尔顿金锑矿累计探求331+332+333金资源量120t,新增约82t,提升到超大型。伊犁阿吾拉勒发现敦德铁锌矿中伴生金达50t;伊犁南部那拉提发现勘查出卡特巴阿苏大型金矿床,探获332+333级金资源量86.5t。

甘肃:西秦岭许多金矿床规模提升到新水平,夏河市加甘滩(150t)、合作市枣子沟(122t)、玛曲县大水(120t)等升为超大型;宕昌县竹园北(72t)、礼县杜家沟(56t)、徽县九条沟(28t)、西和县小东沟(26t)、合作市岗岔(20t)等升为大型(张新虎等,2015);寨上—马坞一带累计探获金265.88t,其中2011—2015年新增40.47t;崖湾—大桥一带累计探获金136.24t,其中2011—2015年新增61.24t。白银厂外围郝泉沟金矿累计探获金16.03t,其中2013—2014年新增10.23t。

青海:柴北缘大柴旦一带,青龙山金矿累计探获金资源量27.57t,细晶沟金矿累计探获金资源量11t。北巴颜喀拉大场一带累计探获金120.41t(331级11.14t,332级39.74t,333级22.71t),其中2011—2015年新增48.04t。东昆仑东段沟里—抗得弄舍一带累计探获金122.70t,其中2011—2015年新增43.84t(仅新发现抗得弄舍金多金属矿区通过勘查即获332+333+334级Au资源量32.31t);五龙沟累计估算332+333+334级金资源量61.19t,其中新增17.31t。

陕西:小秦岭金矿田潼关段以往大规模勘查,在900m标高之上发现大约100余吨金矿储量(其中Q8号、Q12号、Q8501号金矿脉探明储量77.77t),矿山企业边采边探又增50余吨(吴鹏,2012),2011—2015年整装勘查增加333+334资源量87.51t(333及以上级别约43t)。危机矿产项目2010年在洛南县陈耳金矿、太白县太白金矿、凤县庞家河金矿估算新增金资源量18.42t。安康北部整装勘查累计探获金33.59t,其中2011—2015年新增27.56t。南秦岭山阳夏家店地区新增金矿资源量30余吨;旬阳小河金矿探明金资源量22.90t。宁强县黄泥坪金矿探获黄金资源量12.61t。

宁夏:贺兰山牛头沟金矿点以往仅知规模不大的含金石英脉群,近年在古元古界变质岩系/石炭系之间的逆冲断裂带中发现破碎带蚀变岩型金矿体,经勘查提交1处金矿床。

按截至2009年的累计查明作为主矿种的金资源量统计分析(图13-1),西北金矿成矿主要在印支期—燕山期(52.07%),其次在海西期(33.89%),再次在喜山期(9.08%)及加里东期(4.31%),极少量在前寒武纪(仅0.65%)。

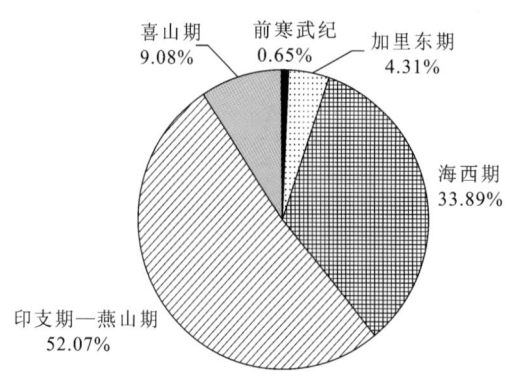

图 13-1　西北地区金矿时代统计分布图(截至 2009 年数据,未计入伴生金矿)

统计情况显示,金矿具有非常鲜明的"大器晚成"特点,前寒武纪、加里东期仅形成很少金矿,海西期开始猛增,印支期—燕山期达到成金高峰期。

下面对金矿床类型及矿床式中成矿时代的论述,既广泛利用了课题进行时截至 2009 年西北 5 省(区)矿产资料,也尽可能地收集补充了 2010—2015 年新的成果信息。

第二节　矿床类型及矿床式

金矿大类分为岩金、砂金、伴生金。伴生金绝大多数赋存于各种类型铜矿中,例如斑岩铜矿、矽卡岩铜矿、岩浆铜镍矿、海相火山岩铜铅锌矿等,这里不专门讨论,可参看本书相关主矿种的矿床类型及矿床式。西北地区独立金矿及共生金矿本书划分 7 种类型:火山—次火山热液型(火山岩型),侵入岩浆热液型(侵入岩内外接触带型),后生热液微细浸染型,后生热液脉型—破碎蚀变岩型,砾岩型,砂矿型,风化壳型。

按截至 2009 年的累计查明金资源量统计分析(图 13-2),西北地区金矿类型主要为后生热液脉型-破碎蚀变岩型(61.36%),其次为后生热液微细浸染型(12.56%)、火山-次火山热液型(10.87%),再次为侵入岩浆热液型(7.57%)和砂矿型(7.64%)。

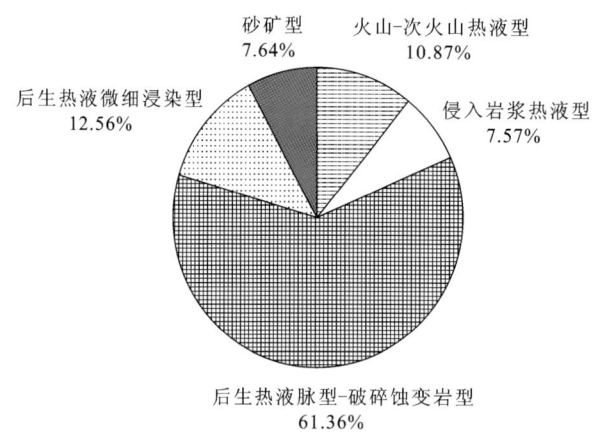

图 13-2　西北地区金矿类型统计分布图(截至 2009 年数据,未计入伴生金矿)

统计结果以及下面论述的矿床式显示,岩浆岩准同生热液金矿具一定地位(火山-次火山热液型与侵入岩浆热液型占 20.13%),说明岩浆演化后期矿质转入热液以及岩浆热驱动流体发生对流活动,萃取附近围岩矿质也进入热液,沉淀于岩体内外接触带成矿是一种重要机制;而各类岩石中后生热液金矿更具绝对优势地位(后生热液脉型-破碎蚀变岩型与后生热液微细浸染型占比高达 73.92%),表明金矿源层或矿源岩后期活化再造是大量金矿矿床形成的重要机制。

一、火山-次火山热液型

【淖毛湖式】

成矿区带：唐巴勒-卡拉麦里成矿带（Ⅲ-4）。

建造构造：淖毛湖古火山洼地构造主要表现为环状及放射状断裂构造，内侧部位地层为下泥盆统托让格库都克组第二岩性段火山岩，外环为下泥盆统托让格库都克组第一岩性段正常碎屑岩。矿区发育有闪长（玢）岩呈环带状分布。

成矿时代：海西期。淖毛湖北山含矿石英脉中石英矿物 Rb-Sr 等时线年龄为 346 ± 10 Ma（王登红等，2009）。

成矿组分：Au，(Ag，Cu，Zn，Pb)。

矿床(点)实例：（新）伊吾县淖毛湖北山金矿床，云英山、黑园山、201 金矿点；巴里坤县老爷庙金矿点。

简要特征：矿体呈透镜状、脉状，呈放射状、环状产出。矿石类型：黄铁绢英岩型、石英脉型、多金属硫化物型、碳酸盐脉型和斜长细晶岩型。矿石中金矿物主要为自然金；其他金属矿物主要为黄铁矿，少量黄铜矿、闪锌矿、方铅矿、毒砂、磁黄铁矿、白铁矿等；非金属矿物主要为石英、绢云母、方解石，次为黑云母、绿帘石、绿泥石、斜长石、黝帘石等。矿床 Au 平均品位 2.53×10^{-6}；矿石中伴生 Ag 14.46×10^{-6}，Cu 0.15%，Pb 0.74%，Zn 1.18%。

成因认识：早泥盆世火山活动形成火山洼地构造，派生的一系列环状、放射状断裂控矿，含矿热液沿这些环形、放射状裂隙沉淀富集成矿；晚期又有构造岩浆活动热液改造作用，沿断裂带形成叠加石英-碳酸盐脉型金矿脉。

【双峰山式】

成矿区带：唐巴勒-卡拉麦里成矿带（Ⅲ-4）。

建造构造：下石炭统巴塔玛依内山组为一套海相至陆相火山岩建造，分两个亚组：第一亚组由一套浅海相安山玄武岩、玄武质安山岩、安山岩、凝灰质砂砾岩及沉凝灰岩组成，局部夹透镜状灰岩。第二亚组第一岩性段为浅海相安山（玢）岩和安山质火山碎屑岩，在安山岩中见结核状和透镜状红碧玉；第二岩性段为陆相安山岩、火山角砾岩、凝灰岩及少量集块岩，上部为半环状分布的流纹岩-流纹斑岩、火山角砾岩、集块岩、凝灰岩，并有次火山岩相石英钠长斑岩体和浅成相石英斑岩。

成矿时代：早石炭世晚期。

成矿组分：Au。

矿床(点)实例：（新）巴里坤县双峰山、金山沟、大洪山、清水 48 号、双峰山西、1583 金矿点。

简要特征：矿体呈透镜状，上盘直接围岩为流纹质玻屑凝灰岩、流纹质凝灰角砾岩，下盘直接围岩为安山岩。从矿体中心向两侧，矿石由角砾状、网脉状构造变为浸染状构造。矿石类型：次生石英岩型和黄铁绢英岩化钠长斑岩型。矿石中金矿物为自然金，粒级小于 $4\mu m$（席小平，1999）；其他金属矿物主要为黄铁矿、毒砂；非金属矿物主要为微晶石英、隐晶质石英、玉髓，次为冰长石、钾长石、蒙脱石、绢云母、萤石、方解石、绿泥石、绿帘石等。矿石 Au 品位 $3.06\times10^{-6}\sim8.52\times10^{-6}$。

成因认识：早石炭世晚期海相火山活动转为陆相火山活动，陆相火山爆发后，后续次火山热液，与被加热的地下水混合，并萃取先期火山岩中矿质，运移上升充填火山岩裂隙形成浅成低温热液型金矿。

【齐依求式】

成矿区带：唐巴勒-卡拉麦里成矿带（Ⅲ-4）。

建造构造：下石炭统包古图组和太勒古拉组海相中基性火山碎屑沉积岩，主要岩性为泥质粉砂岩、凝灰质砂岩、钙质粉砂岩和硅质粉砂岩、火山碎屑沉积岩、玄武岩、泥质粉砂岩、凝灰岩、碧玉岩、中性熔岩、硅质岩等。含金矿脉赋存于断裂构造和蚀变破碎带内。钻探证实深部存在蚀变花岗斑岩株。

成矿时代：晚石炭世—早二叠世。齐依求Ⅰ号金矿含金石英脉 Rb-Sr 年龄 290±5Ma、齐依求Ⅱ号金矿含金石英脉 Rb-Sr 年龄 289±29Ma(李华芹等，2000)。

成矿组分：Au，(Ag)。

矿床(点)实例：(新)托里县齐依求Ⅰ号、齐依求Ⅱ号、灰绿山金矿床，博孜阿特、哈西金矿点。

简要特征：矿脉沿断裂分布，断裂带中心部位是含金石英脉型矿石，两侧是含金蚀变岩型矿石。烟灰色石英脉型矿石含金较富，多见明金；蚀变岩型矿石含金一般，多呈不可见金。自然金颗粒粒径多在 10~100μm 之间，少数可达 2~4mm(刘春涌等，1999)；其他金属矿物主要为黄铁矿、毒砂，次为黄铜矿，微量磁黄铁矿、闪锌矿、方铅矿、辉锑矿、辉钼矿、白钨矿；非金属矿物主要为石英，其次为铁白云石、方解石、绿泥石、绢云母。Ⅰ号矿床 Au 平均品位 9.93×10^{-6}；Ⅱ号矿床 Au 平均品位 5.83×10^{-6}。

成因认识：下石炭统包古图组和太勒古拉组海相火山-沉积岩系为控矿地层，背斜核部断裂及次级断裂破碎带为控矿构造。海西中晚期深部有花岗斑岩株侵入，岩浆热液并可能混合被加热的地下水，活化先期火山-沉积岩系中矿质，充填构造裂隙形成石英脉型和破碎蚀变岩型金矿。

【索尔巴斯陶式】

成矿区带：准噶尔南缘成矿带(Ⅲ-6)。

建造构造：下石炭统七角井组为陆相火山岩系。火山穹隆中心由火山角砾岩组成，向外依次为熔结凝灰岩、火山灰凝灰岩、杏仁状玄武岩、玄武安山岩，并有呈次火山产出的辉绿玢岩、安山岩，火山机构外侧为细砾岩、砂岩，并发育有环状断裂和放射状断裂，是导矿、储矿极为重要的构造，它直接控制着金(伴生银)的分布。

成矿时代：早石炭世。

成矿组分：Au，(Ag)。

矿床(点)实例：(新)巴里坤县索尔巴斯陶金银矿床。

简要特征：矿石构造有块状、角砾状、浸染状、细脉—网脉状、蜂窝状。围岩蚀变在空间上具有明显的分带性：内带为黄铁绢云母化-强硅化-次生石英岩化带；中带为绢云母化-高岭土化-黄铁矿化-硅化带；外带为绿泥石化-碳酸岩化-绢云母化。矿石金属矿物有自然金、黄铁矿、磁铁矿、赤铁矿、黄钾铁矾、褐铁矿。矿床 Au 平均品位 4.12×10^{-6}，伴生 Ag 平均品位 2.98×10^{-6}。

成因认识：早石炭世陆相中基性火山喷发后，后续次火山岩浆热液，混合被加热地下水，萃取先期火山岩中矿质，运移上升充填火山机构的环形断裂形成浅成低温热液型金矿。

【石英滩式】

成矿区带：觉罗塔格-黑鹰山成矿带(Ⅲ-8)。

建造构造：下二叠统阿其克布拉克组陆相火山岩，为中心式喷发，自火山口向外火山岩成分依次为安山质-英安质集块岩-火山角砾岩-凝灰岩-火山熔岩。矿床产于破火山口的西北缘，破火山口环形断裂和放射状断裂常常充填玉髓质石英脉，为主要容矿构造。

成矿时代：早二叠世。石英的 Rb-Sr 等时线年龄：L1 矿体为 288±7Ma，L2 矿体为 276±7Ma，L3 矿体为 244±9Ma(谢才富等，1998)。

成矿组分：Au，(Ag)。

矿床(点)实例：(新)鄯善县石英滩、哈尔拉金矿床，东北奇、黄泥坡金矿点。

简要特征：矿体受破火山口的环形断裂和放射状断裂控制，以贫硫化物石英脉为主。矿石类型分石英脉型和蚀变岩型，以前者为主。矿石中金银矿物主要为银金矿，少量自然金、碲银矿，银金矿粒径多为 1~8μm(刘策等，2009)；其他金属矿物主要为黄铁矿、黄铜矿、闪锌矿，次为方铅矿、黝铜矿、白铁矿、磁黄铁矿、赤铁矿；非金属矿物有石英、水白云母、绢云母、冰长石、玉髓、方解石、文石、浊沸石、萤石、重晶石等。矿床平均品位：Au 10.18×10^{-6}；伴生 Ag 9.58×10^{-6}。

成因认识：二叠纪火山喷发后，后续次火山岩浆热液，混合被加热地下水，萃取先期火山岩中矿质，运移上升充填火山机构的环形断裂形成浅成低温热液型金矿。

【阿希式】

成矿区带：伊犁北东缘成矿带（Ⅲ-9）。

建造构造：下石炭统大哈拉军山组陆相火山岩与金成矿关系密切，自下而上分为5个岩性段：第一岩性段为灰色砾岩，第二岩性段为中酸性火山碎屑岩，第三岩性段为安山岩，第四岩性段安山质火山碎屑岩，第五岩性段为安山岩夹少量橄榄玄武岩（主体为安山岩、英安岩、含集块角砾岩、角砾岩以及火山通道相的英安质角砾熔岩）。阿希大型金矿赋存于第五岩性段上部的英安质火山岩、火山碎屑岩中受破火山口环状断裂构造系统控制的浅成热液型金矿；其南侧地带发现了次火山斑岩型阿庇因迪、塔吾尔别克小型金矿床；外围西侧和东侧发现了赋存于第一、第二岩性段层间破碎带层控热液改造型京希开布拉克、伊尔曼得和恰布坎卓塔、吐乎拉苏西南金矿点（徐伯骏等，2014），也可总结为远火山口似层状硅化岩型金矿（沙德明等，2003）。

成矿时代：早石炭世。阿希辉石安山岩和杏仁状安山岩Rb-Sr等时线年龄为345.9±0.6Ma；早期灰白色石英脉的Rb-Sr等时线年龄为340±8Ma；主成矿阶段烟灰色石英脉的Rb-Sr等时线年龄为311.5±14Ma（李华芹等，1998）。

成矿组分：Au，(Ag)。

矿床(点)实例：(新)伊宁县阿希金矿床。

简要特征：矿床受伴随火山作用而成的破火山机构控制，并产于其形成的近南北向环形断裂中。矿体形态呈似板状、脉状、透镜状。矿石类型为石英脉型、蚀变岩型和角砾岩型。矿石可分为石英脉型和蚀变岩型。矿石构造主要为细脉—浸染状。矿石中金矿物主要为银金矿，次为自然金，石英脉型和蚀变岩型自然金粒径为5~74μm的占32.3%和45.47%，74~295μm的占60.45%和48.11%，295~1168μm的占7.29%和6.41%（刘洪林等，1992）；其他金属矿物为黄铁矿、白铁矿、毒砂、方铅矿、闪锌矿、黄铜矿、斑铜矿等；非金属矿物主要为石英、绢云母，少量方解石、菱铁矿、铁白云石、绿泥石、冰长石、重晶石等。北段矿体平均品位Au 5.81×10^{-6}，伴生Ag 10.43×10^{-6}；南段矿体平均品位Au 4.38×10^{-6}，伴生Ag 5.1×10^{-6}。

成因认识：早石炭世早期陆相火山爆发后，后续次火山岩浆热液，混合被加热的地下水，并萃取先期火山岩中矿质，运移上升充填火山机构的环形断裂形成浅成低温热液型金矿（阿希式）；而次火山近侧形成次火山斑岩型金矿；远火山口形成似层状硅化岩型金矿。

【马庄山式】

成矿区带：伊犁南缘-中天山-旱山成矿带（Ⅲ-11）。

建造构造：下石炭统白山组浅海火山-沉积岩系为主要地层，但本区局部分布的更晚期浅成—超浅成次火山英安斑岩（石英斑岩），才是马庄山金矿的主要控矿岩石，其全岩Rb-Sr等时线年龄为303±26Ma（李华芹等，1999）。

成矿时代：海西中晚期。含金石英细（网）脉石英流体包裹体Rb-Sr等时线年龄298±28Ma（李华芹等，1999）。

成矿组分：Au，(Ag)。

矿床(点)实例：(新)哈密市马庄山金矿床，梧桐大泉南、修翁哈拉、查干楚努如、红井、狼崖山金矿点。

简要特征：次火山岩相的英安斑岩（石英斑岩）赋存含金石英脉型矿化和破碎带蚀变岩型矿体。矿石中金银矿物主要为银金矿和金银矿，次为自然金和自然银，粒径5~225μm，并多为6~15μm（郭晓东等，2002）；其他金属矿物主要为黄铁矿，次为磁黄铁矿、闪锌矿、方铅矿、毒砂等；非金属矿物主要为石英，次为绢云母、方解石、钠长石、叶蜡石等。矿体中Au含量一般为3×10^{-6}~9×10^{-6}，平均7.11×10^{-6}；Ag含量一般为20×10^{-6}~50×10^{-6}。

成因认识：早石炭世末期海相火山沉积形成之后，晚石炭世再次岩浆活动形成的浅成—超浅成次火山英安斑岩（石英斑岩）控制金矿，岩浆热液与被加热的地下水混合，在斑岩与先期火山岩的内外接触带张性裂隙带充填交代形成金矿。

【南金山式】

成矿区带：伊犁南缘-中天山-旱山成矿带（Ⅲ-11）。

建造构造：下石炭统白山组为浅海火山-沉积岩系为主要地层，但本区局部地段分布的更晚期隐爆角砾岩与南金山金矿关系密切。沈远超等(2006)通过野外填图及系统岩矿鉴定，由岩筒中心到边缘分别为：隐爆岩浆角砾岩—隐爆岩浆角砾岩和隐爆凝灰角砾岩（隐爆角砾凝灰岩）共存—隐爆凝灰角砾岩（隐爆角砾凝灰岩）—隐爆震碎角砾岩。隐爆角砾岩的胶结物为花岗质，由石英、长石、黑云母、绿泥石等组成。金矿体赋存于隐爆凝灰角砾岩和隐爆角砾凝灰岩中。

成矿时代：海西中晚期。

成矿组分：Au，(Ag)。

矿床(点)实例：(甘)肃北县南金山金矿床。

简要特征：金矿体主要在次生石英岩中或次生石英岩化隐爆凝灰角砾岩—隐爆角砾凝灰岩内，多呈脉状、似脉状和透镜状。矿石中金银矿物有自然金、银金矿、自然银、角银矿；其他金属矿物主要为黄铁矿，少量毒砂、磁黄铁矿、黄铜矿、方铅矿、闪锌矿、辉锑矿、辰砂等；非金属矿物主要为石英，次为叶蜡石、绢云母、方解石等。矿石中 Au 含量变化范围一般为 $1.5\times10^{-6}\sim34.4\times10^{-6}$；Ag 含量一般为 $5\times10^{-6}\sim100\times10^{-6}$。

成因认识：早石炭世浅海相火山-沉积岩系形成之后转为陆相条件，晚石炭世再次岩浆活动时挥发分的快速释放导致隐爆，岩浆热液与加热的地下水混合活化岩石中矿质，沿角砾岩筒运移上升，充填胶结角砾岩间隙成矿。

【东沟坝式】

成矿区带：龙门山-大巴山成矿带（Ⅲ-73）。

建造构造：中新元古界碧口群火山岩为主，为一套海相喷发沉积的角斑质-石英角斑质火山碎屑岩系，其中夹有薄层透镜状凝灰质板岩、白云岩、硅质板岩等。石英角斑质凝灰岩、石英角斑岩、硅质白云岩等是赋矿围岩。

成矿时代：中新元古代成矿，加里东期改造。

成矿组分：Au，Ag，Pb，Zn。

矿床(点)实例：(陕)略阳县东沟坝金银多金属矿床。

简要特征：金银矿体呈层状、似层状、透镜状、脉状，产于重晶石化、方铅矿化的黄铁绢英岩蚀变带。矿石分为重晶石型、重晶石绢英岩型及黄铁绢英岩型。矿石构造以浸染状、脉状、角砾状为主。矿石中金银矿物主要属于自然金-银金矿-银金齐-金银矿-自然银系列，粒径小于 $10\mu m$ 的颗粒约占 27.95%，$10\sim74\mu m$ 的颗粒约占 64.98%，大于 $74\mu m$ 的颗粒约占 7.07%(谢元清，1992)；其他金属矿物有方铅矿、闪锌矿、黄铁矿、黄铜矿、黝铜矿、银砷黝铜矿、银黝铜矿、砷黝铜矿；非金属矿物有重晶石、石英、钠长石、绢云母、阳起石、绿泥石、绿帘石、方解石等。矿床平均品位：Au 3.24×10^{-6}，Ag 115.72×10^{-6}，Zn 4.11%，Pb 1.42%。

成因认识：中新元古代海底火山喷流同生沉积矿化期形成了层状、似层状、透镜状矿体；加里东期变质热液叠加改造，致使早期的金银矿体进一步富集，形成脉状矿体(汪东波等，1991)。

二、侵入岩浆热液型

【车路沟式】

成矿区带：北祁连成矿带（Ⅲ-21）。

建造构造：北祁连西段下奥陶统阴沟群玄武岩、安山岩、英安岩、各类集块-角砾岩、角砾凝灰岩、凝灰岩、板岩、灰岩等。该套地层被浅成—超浅成车路沟山一带的英安斑岩-安山玢岩杂岩体所侵入，经测定英安斑岩锆石 U-Pb 年龄 427.7 ± 4.5 Ma(宋忠宝等，2005)。金矿床赋存于该杂岩体与凝灰岩接触带部位。

成矿时代：加里东晚期。

成矿组分：Au，(Ag，Cu)。

矿床(点)实例：(甘)玉门市车路沟、昌马、捷大板金矿床，车路沟北坡、车路沟分水岭、车路沟南坡、黑达坂、雄子沟、南湖金矿点。

简要特征：矿体呈脉状、透镜状，分布于斑岩体内外接触带。矿石类型主要为石英脉型，次为蚀变岩型，浅部为石英脉型，深部为蚀变岩型。矿石金银矿物为含银自然金及银金矿，金矿物粒径为 $10\sim 70\mu m$，最大达 $300\mu m$（杨建国等，2002）；其他金属矿物主要为黄铁矿，次为毒砂、黄铜矿、斑铜矿、辉碲铋矿等；非金属矿物主要为石英，次为碳酸盐，少量绢云母、绿泥石等。矿石 Au 平均品位 $1.1\times 10^{-6}\sim 40.32\times 10^{-6}$。

成因认识：上奥陶统火山-沉积岩系为控矿层位，侵入该套地层的加里东晚期安山玢岩-英安斑岩次火山杂岩体为控矿岩体。加里东晚期中酸性岩浆活动提供热动力，岩浆热液与被加热的地下水混合，活化地层中矿质在斑岩体内外接触带沉淀成矿。

【黑刺沟式】

成矿区带：南祁连成矿带（Ⅲ-23）。

建造构造：中上奥陶统盐池弯组浅海相碎屑沉积建造，由石英砂岩、板岩、砂质凝灰岩、砾岩组成。该套地层被海西期辉石正长闪长岩-石英正长闪长岩-石英二长闪长岩-花岗闪长岩或斜长花岗岩-斜长花岗斑岩的岩株、岩脉侵入，岩体接触带及附近 NW、NE、SN 向断裂破碎带分布金矿，向远处逐渐变为金锑矿。石英二长闪长岩全岩 Rb-Sr 同位素等时线年龄为 $395.06\pm 51Ma$（刘志武等，2007）。

成矿时代：泥盆纪。

成矿组分：Au，(Sb，Ag)。

矿床(点)实例：(甘)肃北县黑刺沟(黑刺沟、红石山、金碉坡 3 个矿段)、贾公台、鸡叫沟金矿床，振兴梁、狼扎沟、东洞沟金矿点，白石头沟金矿化点。

简要特征：矿体形态呈透镜状和扁豆状。矿石类型为石英脉型和蚀变岩型(蚀变闪长岩、蚀变花岗岩、蚀变砂板岩)。矿石中金矿物为自然金、银金矿，粒径小于 $1\mu m$ 的占 53.06%，$1\sim 2\mu m$ 的占 46.94%，个别最大者也不过 $20\mu m$（刘志武等，2003）；其他金属矿物主要为黄铁矿、毒砂，次为辉锑矿、黄铜矿、方铅矿、闪锌矿；非金属矿物主要为石英，次为绢云母、碳酸盐、绿泥石、绿帘石、钾长石等。矿体 Au 平均品位 $1.195\times 10^{-6}\sim 9.85\times 10^{-6}$。

成因认识：海西期中酸性岩株、岩脉侵入中上奥陶统盐池弯组沉积岩系，以岩浆热液为主，活化周围地层的矿质，在岩体内、外接触带的构造破碎带中形成金(锑)矿。

【双朋西式】

成矿区带：南秦岭成矿带西段，即西秦岭成矿带（Ⅲ-28）。

建造构造：下二叠统果可山组，岩性灰白色大理岩、钙质石英砂岩，灰黑色砂岩夹大理岩，灰白色大理岩夹砂岩，灰白色钙质石英砂岩；次为中下三叠统隆务河组，岩性为中—薄层状中细粒长石杂砂岩与深灰色绢云板岩互层，夹中—薄层状结晶灰岩。侵入岩主要为印支期花岗闪长岩，次为石英闪长岩，与果可山组地层内外接触带赋矿。

成矿时代：印支期。

成矿组分：Au，Cu，(Ag)。

矿床(点)实例：(青)同仁县双朋西、德合隆洼、铁吾金铜矿床，郎木加金铜矿点、江里沟金矿床；循化县谢坑金铜矿床，斜长支沟、红旗卡金铜矿点；兴海县哈蒙金铜矿点、社羊卡恰金点。

简要特征：矿体类型有矽卡岩型、破碎蚀变岩型、石英脉型，形态多呈扁豆状、似层状、脉状。矿石中金矿物为含银自然金、金银矿；其他金属矿物主要为磁黄铁矿，次为黄铁矿、黄铜矿，少量闪锌矿、方铅矿、辉铋矿、辉钼矿、白钨矿等。非金属矿物：矽卡岩有钙铝榴石、透辉石、阳起石、绿帘石、符山石等；破碎蚀变岩型矿体有石英、方解石、绢云母、绿泥石、黑云母、角闪石、斜长石；石英脉型矿体有石英、方解石等。双朋西矿石平均品位：Au 8.80×10^{-6}，Cu 1.66%，Ag 27.64×10^{-6}。

成因认识：印支期花岗质岩浆热液交代作用，在岩体与下二叠统地层内外接触带上形成矽卡岩型、破碎蚀变岩型、石英脉型金铜矿体。

【枣子沟式】

成矿区带：南秦岭成矿带西段，即西秦岭成矿带（Ⅲ-28）。

建造构造：中三叠统古浪堤组下段，由一套钙质、粉砂质、泥质板岩组成的细碎屑岩夹灰岩条带组成。矿区侵入该套地层的中酸性岩脉十分发育，主要有闪长玢岩、花岗闪长斑岩、斜长花岗斑岩。枣子沟金矿主要受 NE、NW、近 SN 向 3 组断裂构造控制，产于板岩、蚀变闪长玢岩及与板岩接触带的构造破碎带中。测得 2 件闪长玢岩锆石 U-Pb 年龄 215.5 ± 2.1Ma 和 216.6 ± 2.4Ma（刘勇等，2012）；4 件闪长玢岩锆石 U-Pb 年龄为 233 ± 1.5Ma、234 ± 1.4Ma、235.7 ± 1.4Ma 和 235.8 ± 2.0Ma（隋吉祥等，2013）。

成矿时代：印支期。枣子沟 2 件金矿石绢云母 Ar-Ar 法坪年龄，分别为 219.4 ± 1.1Ma 和 230 ± 2.3Ma，相应等时线年龄分别为 219.7 ± 3.6Ma 和 228 ± 5.1Ma（隋吉祥等，2013）。

成矿组分：Au，(Sb)。

矿床（点）实例：（甘）合作市—夏河市交接区枣子沟金矿床（东矿段、西矿段、格娄昂矿段）；杂恰勒布、桑曲、也赫杰、索拉贡玛金矿床、早仁道金矿床。

简要特征：枣子沟矿区共圈出金矿体 48 条，主矿体有 7 条，形态呈脉状。矿体主要产于闪长玢岩及其附近断裂破碎带中，矿石构造主要有微细粒浸染状、细脉浸染状。原生金矿石分为矿化蚀变闪长玢岩型和破碎蚀变板岩型。矿石金矿物主要为自然金，粒径小于 $10\mu m$ 的占 90.66%，$10\sim37\mu m$ 的占 5.64%，大于 $37\mu m$ 的占 3.70%（刘春先等，2011），最大的 $250\sim300\mu m$（代文军等，2012）；其他金属主要为含砷黄铁矿、毒砂，次为辉锑矿，偶见黄铜矿、黝铜矿、闪锌矿、白钨矿、磁黄铁矿等；非金属矿物主要为石英，次为绢云母、绿泥石、铁白云石、方解石等。矿体 Au 平均品位 $1.95\times10^{-6}\sim9.02\times10^{-6}$；共伴生 Sb 可达 0.33%～9.20%，伴生 Ag 品位 $0.30\times10^{-6}\sim6.80\times10^{-6}$。

成因认识：中三叠统古浪堤组下段钙质、粉砂质、泥质板岩组成的细碎屑岩地层为控矿层位；地层中发育的 NE、NW、近 SN 向 3 组断裂裂隙为控制构造。印支期构造运动与中酸性岩浆活动提供热动力推动流体循环对流，岩浆热液及被加热的建造水、地下水混合，活化地层中的矿质在闪长玢岩脉及周边断裂破碎带沉淀成矿。

【李坝式】

成矿区带：南秦岭成矿带西段，即西秦岭成矿带（Ⅲ-28）。

建造构造：中泥盆统绿片岩相区域浅变质的舒家坝组细碎屑泥质岩沉积建造和西汉水组碳酸盐岩-泥质碎屑岩沉积建造。金矿赋存于印支期—燕山期中川花岗岩体与中泥盆统地层外接触带及断裂破碎蚀变带，离岩体 $0.8\sim3$km 范围。

成矿时代：印支期—燕山期。

成矿组分：Au，(Ag)。

矿床（点）实例：（甘）礼县李坝、赵沟、金山、马泉、火吉坪金矿床；关键村、酒店沟、三人沟、杜家沟、石洞沟、斜草山、姜坪、郑沟里、王河、娄底下、岗沟里、柯寨、崖湾里、罗坝、河西沟、马家沟、郭笑子沟、竹园子、吴家庄、庙山、石狗山金矿点。

简要特征：矿体形态呈脉状、透镜状，常成群成带集中产出，具膨大收缩、分支复合、尖灭再现现象，矿体与控矿断裂的产状基本一致。矿石构造主要以浸染状为主，次为斑点状、环带状、脉状、网脉状、条纹状、条带状和角砾状。矿石金矿物主要为自然金，次为银金矿，其粒径一般为 $0.023\sim70\mu m$，大多为 $2\sim7\mu m$（王爱军等，2002；罗天伟等，2004）；其他金属主要为黄铁矿，次为毒砂，少量磁黄铁矿、方铅矿、闪锌矿、黄铜矿等；非金属矿物为绢云母、石英、碳酸盐、绿泥石等。矿体 Au 平均品位 $4\times10^{-6}\sim6\times10^{-6}$，伴生 Ag $1.3\times10^{-6}\sim3.0\times10^{-6}$。

成因认识：中泥盆统浅变质碳酸盐岩-泥质碎屑岩沉积层位和印支期—燕山期中川花岗岩体周边热晕范围的断裂破碎蚀变带联合控矿。印支期—燕山期构造运动与花岗岩体提供热动力，岩浆热液为主与变质流体及被加热的地下水混合，活化地层中的矿质在周边断裂破碎带沉淀成矿。

三、后生热液脉型-破碎蚀变岩型

【阿克提什坎式】

成矿区带：北阿尔泰成矿带（Ⅲ-1）。

建造构造：下石炭统红山嘴组，岩性主要为中—酸性陆相火山岩、火山沉积岩和浅—滨海相碎屑岩、生物灰岩。第一岩段以流纹质凝灰熔岩、碎斑熔岩、凝灰岩、晶屑凝灰岩、火山角砾岩为主，蚀变强烈，主要为毒砂化和黄铁绢英岩化，为区内主要金矿化层位；第二岩段以正常沉积岩为主，间夹有火山碎屑岩，岩性主要为互层状的泥质粉砂岩、石英砂岩，中间夹有层凝灰岩，岩石均已强烈千枚岩化、片理化，毒砂化、黄铁绢英岩化较明显，是区内铅锌含矿层位；第三岩段以长石石英砂岩（夹凝灰岩）、泥质粉砂岩、灰岩为主，局部见晶屑凝灰岩、凝灰岩和碎斑熔岩。金矿体受通过火山沉积岩系断裂及层间断裂破碎带控制。

成矿时代：燕山期。阿克提什坎金矿床石英 Ar-Ar 法坪年龄为 138.5 ± 2.1 Ma（周涛发等，2000）。

成矿组分：Au，(Pb，Zn，Cu)。

矿床（点）实例：（新）富蕴县阿克提什坎金矿床，库马苏金多金属矿床，巴东、塔斯比格南、塔斯比格北、胡乐伦拜斯、托格尔托别、乌图布拉克金多金属矿点。

简要特征：阿克提什坎矿床由 3 个条带状矿化层组成，矿体受次级断层及层间断裂破碎带控制，为蚀变岩型和石英脉型矿化，矿石中金矿物具体状态尚不清楚，已知金属矿物主要为毒砂、磁黄铁矿、黄铁矿，次为方铅矿、黄铜矿；非金属矿物主要有石英、绢云母、冰长石，次有方解石、铁白云石、绿泥石等。矿体 Au 品位 $1.1\times10^{-6}\sim3.9\times10^{-6}$，Ag 含量 $0.11\times10^{-6}\sim0.23\times10^{-6}$。

成因认识：晚古生代上叠火山盆地，深部来源的矿质随中酸性火山岩喷发进入盆地中初步富集；燕山期热液活化成矿元素富集成矿。

【萨热阔布式】

成矿区带：南阿尔泰成矿带（Ⅲ-2）。

建造构造：下泥盆统康布铁堡组上亚组第二岩性段，主要为变流纹质熔岩、变流纹质晶屑凝灰岩、大理岩、铁锰大理岩、变钙质砂岩、绿泥石英片岩，构成有利的金矿源层。金矿脉受层间滑动带和断裂走滑剪切的双重控制。

成矿时代：印支期。含金石英脉中黑云母 Ar-Ar 定年为 213.54 ± 2.29 Ma（秦雅静等，2011，2012）。

成矿组分：Au，(Cu，Pb，Zn)。

矿床（点）实例：（新）阿勒泰市萨热阔布金矿床，萨西、红岭、乌拉斯沟、阿勒哈达依金矿点。

简要特征：矿化类型有蚀变岩型和石英脉型。矿体呈透镜状或脉状，沿走向有分支复合现象，矿体顺地层展布。矿石中金矿物为自然金、银金矿等，粒径小于 $10\mu m$ 的颗粒约占 41.2%，$10\sim37\mu m$ 的颗粒约占 52.9%，$37\sim74\mu m$ 的颗粒约占 5.9%（王玉山等，2010）；其他金属矿物主要为黄铁矿、磁黄铁矿、黄铜矿，少量毒砂、方铅矿、闪锌矿；非金属矿物为石英、长石及石榴石、方解石、绿泥石、萤石及黏土矿物等。矿石构造有条带状、块状、网状、网脉状等。矿体 Au 品位为 $7.67\times10^{-6}\sim10.46\times10^{-6}$，矿床 Au 平均品位 8.20×10^{-6}。

成因认识：泥盆纪早期断陷火山-沉积盆地阶段，形成了火山沉积型铅锌多金属矿（铁米尔特式铅锌铜矿）及金的矿源层；后期造山过程中构造-岩浆作用热液再造，在构造有利部位金富集成矿（萨热阔布式金矿）。

【多拉纳萨依式】

成矿区带：南阿尔泰成矿带（Ⅲ-2）。

建造构造：泥盆系托克萨雷组主要岩性为粉砂岩、变硅质岩、绢英岩、千枚岩、长石石英砂岩、变粉砂岩、结晶灰岩及砂砾岩等。通过该地层的韧-脆性剪切带及碎屑岩与结晶灰岩层间破碎带控制石英闪长岩脉含金石英脉及蚀变岩。含矿石英闪长岩锆石 U-Pb 年龄为 299.4 ± 4.1 Ma$\sim317.7\pm1.5$ Ma（周刚等,2015)。

成矿时代:海西期。多拉纳萨依和赛都含金蚀变岩中的云母类矿物 Ar-Ar 法坪年龄分别为 292.8 ± 1.0Ma 和 289.2 ± 3.1Ma(闫升好等,2004)。

成矿组分:Au,(Ag)。

矿床(点)实例:(新)哈巴河县多纳拉萨依、沃多克、萨尔朔克、赛都、哲兰德、阿希勒、阿克齐、恰奔布拉克金矿床。

简要特征:矿体呈脉状、透镜状、分支复合状,沿走向及倾向方向有膨缩、分支复合、尖灭再现或侧现变化的特征。矿石类型可分为2类:石英脉型和蚀变岩型。蚀变岩型矿石普遍含石英网脉,按岩性可再分为4个亚类:蚀变石英闪长岩亚型、蚀变绿泥石石英千枚岩亚型、片理化蚀变砂岩亚型、蚀变碳酸盐岩亚型,其含金性依次从高到低。矿石中金矿物主要为自然金,少量银金矿、碲金矿、金银矿等,自然金粒径多在 $140\sim650\mu m$(顾巧根等,1988);其他金属矿物主要为黄铁矿和毒砂,少量黄铜矿、白铁矿,微量磁黄铁矿、闪锌矿、黝铜矿、辉铜矿、方铅矿等;非金属矿物主要为石英、长石、碳酸盐、绿帘石,次为绢云母、绿泥石等。矿体 Au 平均品位 $5.35\times10^{-6}\sim7.20\times10^{-6}$(吴富等,2003)。

成因认识:泥盆系托克萨雷组海相碎屑岩-碳酸盐岩沉积岩系为控矿层位,韧-脆性剪切带及层间破碎带为控矿构造。海西期构造运动及中酸性岩浆活动提供热动力,岩浆热液、变质流体及被加热的地下水混合,活化地层中矿质,在剪切构造及层间裂隙沉淀形成破碎蚀变岩型金矿床。

【布尔克斯岱式】

成矿区带:准噶尔北缘成矿带(Ⅲ-3)。

建造构造:中泥盆统萨吾尔山组为安山岩、安山玢岩、角砾安山岩。上泥盆统塔尔巴哈组为砂砾岩、硅泥质粉砂岩、安山质凝灰岩、沉安山质凝灰岩、凝灰质砂岩夹不纯硅质岩。下石炭统黑山头组的下部主要为砂岩、砂砾岩、粉砂岩夹碳质泥质粉砂岩和灰岩;上部为安山岩、安山质凝灰岩、安山质凝灰角砾岩、英安岩等。区内断裂构造破碎带发育,海西中期中酸性岩沿断裂破碎带侵入,呈小的岩株、岩枝成群产出,与成矿关系密切。阔尔真阔腊金矿床围岩为中泥盆统萨吾尔山组气孔杏仁状安山岩、安山质火山角砾岩,金矿体分布于围绕安山质火山角砾岩呈放射状展布的断裂;而布尔克斯岱金矿床的围岩为下石炭统黑山头组火山岩中夹的碳质泥质粉砂岩。

成矿时代:石炭纪。布尔克斯岱金矿床两个石英样品 Ar-Ar 法坪年龄分别为 335.5 ± 0.3Ma 和 336.2 ± 0.4Ma(曾庆栋等,2005)。

成矿组分:Au,(Ag)。

矿床(点)实例:(新)吉木乃县布尔克斯岱金矿床,科克阔腊、罕哲尕能金矿点。

简要特征:矿体呈分支复合脉状、透镜状,沿走向在局部有尖灭再现现象,矿体形态为陡倾脉状、分支复合脉状体,走向近东西,倾向南。矿石构造主要为细脉浸染状、星点浸染状、网脉状、角砾状。矿石类型为石英脉型和蚀变岩型。矿石中金矿物为自然金,粒径为 $4\mu m$ 左右(尹意求等,2004);其他金属矿物主要为黄铁矿,次为毒砂、辉锑矿,少量黄铜矿;非金属矿物主要为石英、长石,次为绢云母、绿泥石、碳酸盐、碳质等。矿体 Au 品位 $1.6\times10^{-6}\sim5.70\times10^{-6}$,矿床平均品位 4.8×10^{-6}。

成因认识:泥盆系火山岩地层为主要矿源,断裂破碎带提供导矿与储矿构造,海西中期中酸性侵入岩浆侵入提供热动力,岩浆热液与被加热的地下水混合,活化火山岩成矿物质,在适合的空间充填交代富集成矿,而下石炭统中碳质泥质岩层有利于金被捕集作为布尔克斯岱式金赋矿层位。

【沙尔布拉克式】

成矿区带:准噶尔北缘成矿带(Ⅲ-3)。

建造构造:下石炭统姜巴斯套组,上部黄绿色、灰绿色粉砂岩、细砂岩夹灰黑色碳质页岩、层间砾岩、岩屑砂岩,下部底部圆砾岩、灰绿色砂岩、粉砂岩夹凝灰砂岩,层间砾岩。金矿体围岩为绿色晶屑岩屑凝灰岩、含砾晶屑岩屑凝灰岩、凝灰细—粉砂岩、含碳粉砂岩等;在凝灰岩中有纹层状电气石岩夹层;区内见少量中酸性岩脉。玛因鄂博韧-脆性剪切带及次级断裂较为发育,金矿赋存于破碎蚀变带之中,围岩为晶屑岩屑凝灰岩、含碳凝灰矿岩、含碳粉砂岩等。

成矿时代：海西晚期。

成矿组分：Au，(Ag)。

矿床(点)实例：(新)青河县沙尔布拉克金矿床，小沙尔布拉克金矿点。

简要特征：矿体呈脉状、透镜状、囊状，常有分支复合、膨大缩小现象。金矿石划分为硫化物-石英脉型及蚀变岩型两种。矿石构造为浸染状、细脉—网脉状。矿石中金矿物主要为自然金，次为银金矿，自然金粒径小于 $0.2\mu m$ 的占 90% 以上(方耀奎，1996)；其他金属矿物主要为黄铁矿、毒砂，次为黄铜矿和闪锌矿等；非金属矿物主要为石英、碳酸盐，少量钠长石、绢云母、绿泥石、电气石等。矿体 Au 平均品位 $2.06\times10^{-6}\sim5.82\times10^{-6}$，矿床 Au 平均品位 3.71×10^{-6}。

成因认识：下石炭统火山沉积岩系为控矿层位，玛因鄂博韧-脆性剪切带及次级破碎带为控矿构造。构造运动热动力加热地下水，活化地层中矿质，沿韧性剪切带迁移到向脆性过渡部位沉淀成矿。

【库普苏式】

成矿区带：唐巴勒-卡拉麦里成矿带(Ⅲ-4)。

建造构造：志留系库布苏群的下部为变质砂岩、含砾砂岩；上部为粉砂质板岩、千枚岩。上泥盆统托让格库都的下亚组为灰绿色—暗绿色凝灰角砾岩、凝灰质砂岩、辉石安山玢岩、生物碎屑灰岩等；上亚组为钙质砂岩和火山碎屑岩夹碳质砂岩，与下伏库布苏群呈断层接触。地层内库普苏深断裂北侧强应变韧-脆性剪切变形带及次级破碎带贯入中酸性脉岩(先后主要为闪长玢岩、石英钠长斑岩)及石英脉，构成与金矿关系密切岩脉密集带。在附近地区分布海西期花岗岩-花岗闪长岩基。

成矿时代：海西晚期。含金烟灰色石英细脉包裹体 Rb-Sr 同位素等时线年龄为 269 ± 12Ma(李华芹等 1998)。

成矿组分：Au，(Ag)。

矿床(点)实例：(新)青河县野马泉、库普苏金矿床，小红山金矿点。

简要特征：矿体主要呈脉状，次为透镜状，具有膨胀收缩、尖灭再现现象。金矿赋存于破碎蚀变闪长玢岩及旁侧的片理化碳质板岩中。石英网脉状充填破碎带裂隙，与金矿化关系密切，尤以烟灰色石英脉矿化最好。矿石构造为浸染状、网脉状、角砾状。金矿物为银金矿、自然金，粒径 $4\sim40\mu m$(徐国端，2004)；其他金属矿物主要有黄铁矿、毒砂，少量磁黄铁矿、黄铜矿、磁铁矿、钛铁矿；非金属矿物主要为斜长石、石英，少量方解石、绿泥石、绢云母等。矿体 Au 平均品位 $1.76\times10^{-6}\sim3.09\times10^{-6}$。

成因认识：志留系库布苏群沉积岩和上泥盆统托让格库都克组火山沉积岩系为控矿层位，库普苏韧-脆性剪切变形带及次级破碎带为控矿构造。海西晚期构造运动及深部中酸性岩浆活动提供热动力，岩浆热液为主，与被加热的地下水混合，活化地层中矿质，沿韧性剪切带迁移到向脆性过渡部位尤其是再次破碎脉岩的脆性裂隙沉淀成矿。

【查汗萨拉式】

成矿区带：准噶尔南缘成矿带(Ⅲ-6)。

建造构造：上石炭统奇尔古斯套组的上亚组上岩段为条带状、条纹状凝灰质粉砂岩，条带成分多为硅质，呈浅灰白色；下岩段为灰黑色凝灰质粉砂岩。沿查汗萨拉大断裂及南北两侧次级断裂发育中酸性岩脉，含地层岩石角砾的细晶石英闪长岩构造碎裂后再被含金石英细网脉胶结构成查汗萨拉金矿床；而阿拉特克西、东两金矿点则赋存于花岗斑岩体及接触带。

成矿时代：海西中晚期。

成矿组分：Au，(Ag)。

矿床(点)实例：(新)乌苏市查汗萨拉金矿床，停格尔达湾、乌拉哈特金矿点。

简要特征：矿体多呈脉状、透镜状。矿体中心为石英脉型矿石，两侧为蚀变岩型(蚀变粉砂岩型和蚀变闪长岩型)矿石。矿石构造主要为细脉—网脉状、浸染状、团块状、角砾状。矿石中金矿物为自然金、银金矿，呈次显微金—显微金，粒径小于 $10\mu m$ 的占 70.65%，$10\sim37\mu m$ 的占 29.35%(罗小平等，2009)；其他金属矿物主要为黄铁矿(主载金矿物)，少量毒砂、磁黄铁矿、黄铜矿、辉钼矿、方铅矿、闪锌矿等；非金属矿物主要为石英、绢云母、方解石，少量绿泥石、绿帘石、斜长石、角闪石。矿体 Au 平均品位

$1.43\times10^{-6}\sim7.99\times10^{-6}$，矿床 Au 平均品位 3.74×10^{-6}。

成因认识：上石炭统沉积岩系为控矿地层，查汗萨拉深大断裂及其次级断裂破碎带为控矿构造。海西中晚期构造运动及深部中酸性岩浆活动提供热动力，岩浆热液及变质流体混合，活化地层中矿质，沿石英闪长岩脉再破碎的脆性裂隙空间贯入形成金矿床（查汗萨拉矿床），而花岗斑岩近侧成矿相对较差（阿拉特克两金矿点）。

【康古尔式】

成矿区带：觉罗塔格-黑鹰山成矿带（Ⅲ-8）。

建造构造：下石炭统阿齐山组主要岩性有安山岩、英安岩、凝灰岩、火山角砾岩及砂岩、灰岩等。该区二叠纪有中酸性岩体（石英斑岩、闪长斑岩、花岗斑岩）出露，康古尔石英斑岩 Rb-Sr 等时线年龄为 282 ± 16Ma（杨兴科等，1997）。该火山-沉积岩系中剪切带的康古尔、马头滩、红石金矿床以破碎蚀变岩型为主（康古尔式）。东部地段二叠纪斑岩体边部的小尖山、西凤山、红石岗金矿床以石英脉型为主（西凤山式）；西部局部地段二叠纪中酸性岩浆喷发至地表，赋存石英滩、哈尔拉火山-次火山岩型金矿床（石英滩式）。

成矿时代：二叠纪。康古尔金矿石石英 Rb-Sr 等时线年龄为 282 ± 5Ma（张连昌等，2000）。

成矿组分：Au，(Cu，Ag)。

矿床（点）实例：（新）鄯善县红石、康古尔、马头滩金矿床，齐石滩、环耳山、康西、盐碱坡、回归、大东沟、麻黄沟金矿点。

简要特征：矿体呈透镜状、脉状，产状与剪切断裂产状几乎一致。矿石主要为蚀变岩型，次为石英脉型。矿石中金矿物主要为自然金，次为银金矿，粒径 $7\sim300\mu m$（蔡仲举，1998）；其他金属矿物主要为黄铁矿、磁铁矿，次为黄铜矿、闪锌矿、方铅矿、赤铁矿；非金属矿物主要为石英、绿泥石，次为绢云母、碳酸盐等。矿体 Au 平均品位 $8.82\times10^{-6}\sim10.96\times10^{-6}$；矿石伴生 Ag 品位 $6.51\times10^{-6}\sim14.85\times10^{-6}$。

成因认识：下石炭统火山岩系为控矿地层，康古尔韧-脆性剪切带为控矿构造。二叠纪构造运动及中酸性岩浆侵入活动提供热动力，岩浆热液、变质流体、被加热的地下水混合，活化火山岩地层成矿物质，在剪切带韧脆性过渡位置沉淀成矿（康古尔式），而在中酸性斑岩体近侧主要由岩浆热液沉淀成矿（西凤山式），前者比后者成矿条件更为有利。

【望峰-萨日达拉式】

成矿区带：伊犁北缘成矿带（Ⅲ-9）。

建造构造：长城系星星峡群下亚组，主要岩性组合为灰色、灰绿色黑云石英片岩、石英钠长片岩、绿泥石英片岩、绿泥钠长片岩及绿泥片岩。该套变质岩系南侧出露加里东期花岗闪长岩岩基，胜利（冰）达坂韧-脆性剪切带通过二者之间。金矿体赋存于此韧性剪切变形带。

成矿时代：二叠纪。望峰含金黄铁矿次生石英岩脉体同位素年龄为 277.05 ± 8.8Ma（李华芹等，1998）。

成矿组分：Au，(Ag)。

矿床（点）实例：（新）昌吉市萨日达拉、冰峰、望峰金矿床。

简要特征：矿体以脉状为主，少量为透镜状，主要产于剪切带内的初糜棱岩和糜棱岩化岩石之中，沿剪切带糜棱面理分布。矿石类型主要为浸染状糜棱岩型，以初糜棱岩型和糜棱岩化型为主，糜棱岩型较少，超糜棱岩型很少。矿石构造为细脉浸染状和稀疏浸染状。矿石中金矿物为自然金，粒径 $10\sim80\mu m$（王居里等，2001）；其他金属矿物主要为黄铁矿为主，次为磁黄铁矿、黄铜矿、闪锌矿、方铅矿；非金属矿物主要为长石（钠长石、斜长石、钾长石），次为绢云母、石英、方解石、黑云母、绿泥石等。矿体 Au 平均品位 $3.36\times10^{-6}\sim5.18\times10^{-6}$；矿床 Au 平均品位 3.54×10^{-6}。

成因认识：长城系星星峡群变质岩系为控矿地层，胜利达坂韧-脆性剪切带为控矿构造。二叠纪构造运动伴随深部中酸性岩浆活动提供热动力，岩浆热液与变质流体混合，活化地层中成矿物质，迁移到剪切构造带韧性转向脆性的过渡部位沉淀成矿。

【博古图-尔戈带式】

成矿区带：伊犁成矿带（Ⅲ-10）。

建造构造：下石炭统大哈拉军山组，为一套浅海相中基性、酸性熔岩、火山碎屑岩夹正常沉积碎屑岩，伊什基里克背斜核部南侧有近东西向韧-脆性剪切带通过该地层，金矿体赋存此剪切带与不同方向断裂（带）的叠加部位。矿区内有石英钠长斑岩脉出露，受北西向断裂构造控制，并在部分地段是主要容矿岩石，与金矿化密切相关。

成矿时代：海西中晚期。

成矿组分：Au，（Ag）。

矿床（点）实例：（新）巩留县博古图萨依·尔戈带金矿床。

简要特征：矿体呈脉状、透镜状、豆荚状，较大矿体沿走向和倾向有膨大、狭缩和分支复合、尖灭再现的变化特点。矿石类型有石英脉型、蚀变钠长斑岩型、蚀变凝灰熔岩型。矿石中金矿物为自然金、银金矿，其中有可见金；其他金属矿物主要为黄铁矿，次为白铁矿、毒砂、方铅矿；非金属矿物主要为石英，次为钠长石、绢云母、钾长石、绿帘石等。矿石Au品位 $1.09\times10^{-6}\sim14.90\times10^{-6}$。

成因认识：下石炭统大哈拉军山组火山沉积岩系为控矿地层，伊什基里克背斜核部韧-脆性剪切带与不同方向断裂带叠加部位为有利控矿构造。在海西中晚期构造运动伴随深部中酸性岩浆活动提供热动力，岩浆热液、变质流体及被加热的地下水混合，活化地层中成矿物质，迁移到剪切构造带韧性转向脆性的部位沉淀成矿。

【卡特巴阿苏式】

成矿区带：伊犁南缘-中天山-旱山成矿带（Ⅲ-11）。

建造构造：夹于那拉提北缘深大断裂与南缘深大断裂之间的海西早期花岗岩体，为先后依次侵入的二长花岗岩、碱长岩岗岩、花岗闪长岩组成的复式岩体；穿插该复式岩体的还有更晚的闪长岩及闪长玢岩脉。测得二长花岗岩锆石U-Pb年龄为 360.1 ± 1.6 Ma（高永伟等，2015）。矿区发育区域断裂派生的次一级断裂，与金矿化的形成有密切关系，赋矿围岩普遍具有韧-脆性变形叠加发育的特点。

成矿时代：海西晚期。黄铁绢英化破碎蚀变花岗岩型金矿石中绢云母Ar-Ar法坪年龄为 268.56 ± 1.8 Ma（高永伟等，2015）；载金黄铁矿Re-Os等时线年龄 310.9 ± 4.2 Ma（张祺等，2015）。

成矿组分：Au，Cu，（Ag）。

矿床（点）实例：（新）新源县卡特巴阿苏金铜矿床；巩留县尼牙子铁克协金矿点；和静县阿拉斯托金矿点。

简要特征：矿体呈似板状、脉状、透镜状，分为金矿体、金铜矿体、铜矿体。上部以金矿体为主，下部铜矿体增多。容矿围岩主要为二长花岗岩，次为花岗闪长岩及闪长玢岩脉。矿石类型主要为破碎蚀变岩型，次为石英脉型。矿石中金矿物为自然金、银金矿；其他金属矿物主要为黄铁矿，次为黄铜矿，少量闪锌矿、方铅矿、磁铁矿、钛铁矿等；非金属矿物主要为石英、钾长石、斜长石，少量绢云母、绿帘石、绿泥石、碳酸盐、绿帘石、角闪石、黑云母等。金铜矿石Au平均品位为 3.84×10^{-6}，Cu 0.65%。

成因认识：海西早期花岗岩体为控矿地质建造，区域断裂派生的次一级断裂为控矿构造。海西晚期区域构造运动及深部岩浆活动提供热动力，岩浆热液及被加热的地下水循环，活化周围地质建造矿质，运移充填花岗岩中构造破碎带成矿。

【萨瓦亚尔顿式】

成矿区带：塔里木板块北缘成矿带（Ⅲ-12）。

建造构造：赋矿地层为上志留统塔尔特库里组和下泥盆统萨瓦亚尔顿组浅变质的含碳浊积岩。塔尔特库里组为一套含碳千枚岩、薄层状变质粉砂岩、薄层状变质砂岩，上部夹硅质岩、钙质砾岩和结晶灰岩。萨瓦亚尔顿组由薄层状含碳千枚岩和中厚层状变质细砂岩，局部夹变质粉砂岩组成（杨富全等，2005）。通过该套地层的萨瓦亚尔顿-吉根大型韧-脆性剪切带控制金矿体。据环形构造推断本区在萨瓦亚尔顿深部可能存在隐伏岩体；大山口矿区的金矿就产在英安斑岩体内外接触带中。

成矿时代：印支期。萨瓦亚尔顿石英脉型矿石流体包裹体的Rb-Sr等时线年龄为 231 ± 10 Ma（叶锦华等,1999),含金石英脉 Ar-Ar 法坪年龄为 210.59±0.99Ma(刘家军等,2002)。

成矿组分:Au,Sb,(Ag)。

矿床(点)实例:(新)乌恰县萨瓦亚尔顿金锑矿床(与吉尔吉斯斯坦同名金矿相连),吉根、五瓦金矿点。

简要特征:矿体呈似层状、板状,次为脉状。矿石自然类型可分为金矿石和金锑矿石;按矿石构造划分为石英网脉型、石英硫化物网脉型和浸染型三类。矿石中金矿物主要为自然金、含银自然金,次为银金矿,多数粒径为 $1\sim40\mu m$(王玉山等,2008);其他金属主要为黄铁矿、毒砂、辉锑矿,次为磁黄铁矿、脆硫锑铅矿、辉锑铁矿等;非金属矿物主要为石英、绢云母,次为碳酸盐、绿泥石、碳质等。矿石 Au 的品位一般为 $1.04\times10^{-6}\sim8.8\times10^{-6}$;金锑矿石 Sb 品位为 $0.59\%\sim3.26\%$;伴生 Ag $20\times10^{-6}\sim70\times10^{-6}$。

成因认识:"萨瓦亚尔顿式"金矿类似"穆龙套式"金矿,属于黑色岩系中热液脉型-破碎蚀变岩型金矿。本区上志留统—下泥盆统黑色岩系作为控矿地层,印支期构造运动及深部岩浆活动提供热动力,少量岩浆热液与被加热的大量地下水混合,沿韧性剪切带活化成矿物质,迁移上升到韧-脆性过渡部位沉淀成矿。

【大山口式】

成矿区带:塔里木板块北缘成矿带(Ⅲ-12)。

建造构造:上志留统—下泥盆统大山口组的一套类复理石建造中,主要岩性为千枚岩化泥质粉砂岩、千枚岩化含碳泥岩、铁白云石化砂岩、凝灰质砂岩。本区有大山口断裂和可肯达坂断裂夹持的在萨恨托亥-大山口韧性剪切带,含矿体受其控制极为明显,并且区内发育多条闪长玢岩、英安斑岩脉体,也与金矿关系密切,金矿就产在闪长玢岩、英安斑岩体内外接触带及含碳细碎屑岩中。

成矿时代:晚石炭世。大山口石英脉型矿石石英流体包裹体 Rb-Sr 等时线年龄为 354 ± 8.1Ma(陈富文等,2004)。

成矿组分:Au。

矿床(点)实例:(新)和静县大山口、萨恨托亥金矿床,苏浩斯台金矿点,吾拉斯台金矿化点;阿合奇县布隆金矿床。

简要特征:矿体多呈群带、密集脉带状产出,单矿体以脉状、似层状为主,少量呈不规则状、透镜状、豆荚状等。矿体的中心主要为石英大脉-网脉型金矿石,矿物以石英为主,有少量铁白云石,金属矿物为少量黄铁矿和极少量黄铜矿;边部为蚀变糜棱岩型金矿石,形成于粉砂岩质、英安斑岩质、闪长玢岩质糜棱岩中,沿糜棱面理有石英细脉密集产出,微量黄铁矿呈浸染状产出。矿石中肉眼可偶见自然金(董新丰等,2011),矿体 Au 品位 $1.5\times10^{-6}\sim3.5\times10^{-6}$。

成因认识:"大山口式"金矿类似"萨瓦亚尔顿式"金锑矿,属于黑色岩系中热液脉型-破碎蚀变岩型金矿。虽然成矿流体均为岩浆热液与被加热的地下水混合,但不同之处在于"萨瓦亚尔顿式"金锑矿离提供热源的侵入体较远,岩浆热液的比例相对较小;而"大山口式"金矿离提供热源的侵入体较近,岩浆热液的比例也就相对较大。

【梧南-喜迎式】

成矿区带:塔里木板块北缘成矿带(Ⅲ-12)。

建造构造:下石炭统甘草湖组陆屑砂屑白云岩、细晶白云岩、陆屑砂屑灰岩、含生物碎屑砂屑灰岩、中细粒石英砂岩。通过该岩系的伊尔托古什布拉克韧-脆性剪切带及褶皱核部层间破碎带控制金矿体。本区酸性斑岩脉比较发育,局部与矿化蚀变带直接接触。

成矿时代:早石炭世。

成矿组分:Au,(Ag)。

矿床(点)实例:(新)鄯善县梧南、喜迎、鸽形山金矿床。

简要特征:矿体形态似层状、脉状或透镜状。矿石类型主要为蚀变岩型金矿石,白云岩破碎后,裂隙被黄铁矿、黄铜矿、石英碳酸盐网脉充填而成;次为石英脉型金矿石,为含黄铜矿-黄铁矿石英脉。矿石构造主要有细脉状—浸染状、网脉状、脉状。矿石中金矿物为自然金,粒径小于 $10\mu m$ 的占 61.3%,$10\sim 37\mu m$ 的占 32.3%,$37\sim 74\mu m$ 的占 4.6%,$74\sim 295\mu m$ 的占 2.1%,主要分布于 $1\sim 32\mu m$(晁会霞等,

2008);其他金属矿物主要为黄铁矿,次为黄铜矿、磁铁矿,少量磁黄铁矿、方铅矿等;非金属矿物主要为白云石、石英,少量绢云母、绿泥石、方解石等。矿石 Au 品位 $1.15\times10^{-6}\sim20.38\times10^{-6}$(梁广林等,2004;晁会霞等,2008)。

成因认识:下石炭统甘草湖组为控矿地层,伊尔托古什布拉克韧-脆性剪切带及褶皱核部层间破碎带为控矿构造。在海西中晚期构造运动及深部中酸性岩浆活动提供热动力,岩浆热液与被加热的地下水混合,活化地层中成矿物质,沿韧性剪切带迁移到韧-脆过渡部位及皱褶核部层间破碎带沉淀成矿。

【双峰岭式】

成矿区带:塔里木陆块北缘隆起成矿带(Ⅲ-13)。

建造构造:前震旦系变质岩系,双峰岭一带为混合片麻岩、斑点状变粒岩、混合岩化变粒岩、混合花岗岩和少量混合岩,局部夹有糖粒状石墨化大理岩和细粒大理岩。大小金沟一带下部以黑云母变粒岩层为主体夹有石榴石浅粒岩层;上部由石榴石浅粒岩和变质石英砂岩交替互层组成。矿体受变质岩系中断裂破碎带控制。

成矿时代:未定。

成矿组分:Au,(Ag)。

矿床(点)实例:(新)和硕县双峰岭金矿床,山潭、分水岭、沙棘果沟金矿点;尉犁县大小金沟金矿床。

简要特征:矿体呈脉状、透镜状。矿石类型主要为石英脉型,次为蚀变岩型。矿石中金矿物为银金矿,双峰岭粒径在双峰岭蚀变岩型矿石中为 $5\mu m$ 左右,石英脉型矿石中粒径一般大于 $10\mu m$(赵新生等,1999),大小金沟石英细脉矿石中偶见明金(杨天奇,1992);其他金属矿物为黄铁矿、方铅矿、黄铜矿;非金属矿物为石英、绢云母、绿泥石及碳酸盐。双峰岭矿床 Au 平均品位 3.51×10^{-6};大小金沟矿床 Au 平均品位 5.69×10^{-6}。

成因认识:前震旦系变质岩系为控矿层位,通过变质岩系的断裂破碎带为控矿构造。区域构造运动提供热动力,变质及混合岩化热液,活化地层中矿质,运移到有利构造裂隙中富集成矿。

【金窝子式】

成矿区带:金窝子-公婆泉-东七一山成矿带(Ⅲ-14)。

建造构造:金矿产于海西期黑云母花岗闪长岩-二长花岗岩及其围岩上泥盆统金窝子组沉凝灰岩、含砾沉凝灰岩、凝灰质砾岩、凝灰质砂岩、千枚岩夹泥质页岩和碳质板岩及少量薄层灰岩中。陈富文等(1999)对金窝子花岗闪长岩体进行了 Rb-Sr 同位素年龄,获得等时线年龄为 354 ± 31Ma(牛亮等,2014)。区内穿切岩体和地层的韧-脆性逆冲断裂及次级断裂十分发育,为控矿构造。

成矿时代:印支期。陈富文(1999)获得金窝子岩体构造破碎带中含金石英大脉 Rb-Sr 等时线年龄为 228 ± 22Ma,含金石英网脉 Rb-Sr 等时线年龄为 230 ± 57Ma;王清利等(2008)获金窝子矿石中绢云母 Ar-Ar 法坪年龄为 243.2 ± 1.8Ma(牛亮等,2014)。

成矿组分:Au,(Ag)。

矿床(点)实例:(新)哈密市金窝子 3 号、210 号金矿床,金窝子 163 号、208 号、214 号、250 号金矿点;(甘)瓜州县照壁山金矿床。

简要特征:矿体形态呈大脉状、复脉状和透镜状。矿石类型主要为石英脉型,次为蚀变岩型。石英脉型矿脉以充填方式产于岩体中的张性—张扭性断裂裂隙中;透镜状蚀变岩型金矿体主要产于蚀变糜棱岩化沉凝灰岩中。矿石中金矿物为自然金、银金矿,粒径小于 $5\mu m$ 的占 17.17%,粒径 $5\sim20\mu m$ 的占 56.13%,$20\sim50\mu m$ 的占 22.07%,$50\sim100\mu m$ 的占 3.27%,大于 $100\mu m$ 的占 1.36%(舒斌等,2006);其他金属矿物主要为黄铁矿,次为闪锌矿、方铅矿、黄铜矿等;非金属矿物主要为石英,其次为方解石、绿泥石、绢云母等。矿石 Au 品位变化于 $1.5\times10^{-6}\sim317.46\times10^{-6}$,Ag 品位变化于 $0.86\times10^{-6}\sim137.98\times10^{-6}$。矿床 Au 平均品位 5.0×10^{-6}。

成因认识:上泥盆统金窝子组火山-沉积岩系及海西期花岗岩为控矿地质建造,穿切岩体和地层的韧-脆性逆冲断裂及次级断裂为控矿构造。印支期深部岩浆活动提供热动力,岩浆热液及被加热的地下水混合,活化前期地质建造中矿质,沿构造裂隙迁移到合适位置沉淀成矿。

【小西弓式】

成矿区带：敦煌成矿带（Ⅲ-15）。

建造构造：古元古界敦煌岩群黑云石英片岩岩组：黑云石英片岩、二云石英片岩、变粒岩、浅粒岩夹透辉石大理岩、石墨大理岩及斜长角闪片岩等。金矿受白墩子—小西弓一带多条平行的韧-脆性剪切带控制，同时是在海西期石英闪长岩、二长花岗岩、黑云二长花岗岩岩体周边 0.2～2km 的范围。

成矿时代：海西晚期。石英脉型和蚀变岩型金矿石绢云母 K-Ar 同位素年龄分别为 284 ± 4Ma 和 267 ± 7Ma（张晓峰，2003，转引自聂凤军等，2003）。

成矿组分：Au，(Ag)。

矿床（点）实例：（甘）肃北县小西弓、金庙沟金矿床，黄尖丘、羊圈沟、乌龙泉、小西弓东南、老君庙、金庙井、西尖山西南金矿点；瓜州县白墩子金矿床，白墩子北东、白墩子西金矿点。

简要特征：矿体呈脉状、透镜状赋存在石英脉与脉侧蚀变糜棱状二云片岩内。矿石构造主要有浸染状、细脉浸染状。矿石中金矿物为自然金和银金矿；其他金属矿物为黄铁矿，次为磁黄铁矿、毒砂、闪锌矿、方铅矿、黄铜矿等；非金属矿物主要为石英，次为绢云母、绿泥石、斜长石、黑云母、阳起石等。矿石 Au 品位 1.53×10^{-6}～83.3×10^{-6}，平均品位 8.4×10^{-6}。

成因认识：古元古界敦煌岩群变质岩系为控矿层位，白墩子-小西弓韧-脆性剪切带为控矿构造。印支期中酸性岩浆活动提供热动力，岩浆热液为主，与被加热的地下水混合，活化变质岩系矿质，迁移到合适部位沉淀成矿。

【红十井式】

成矿区带：敦煌成矿带（Ⅲ-15）。

建造构造：上石炭统干泉组地层，一套海相基性火山熔岩及凝灰质碎屑岩及凝灰质板岩，岩性为斑状玄武岩、千糜岩化凝灰质砂岩、千糜岩化凝灰质粉砂岩、玄武岩、凝灰质板岩。通过该火山-沉积岩系的红十井-矛头山韧-脆性逆冲断裂带控矿。

成矿时代：海西晚期（周济元等，2003）。

成矿组分：Au。

矿床（点）实例：（新）若羌县红十井、大青山、222 金矿床，红西、骆驼峰、平梁子、青山东金矿点。

简要特征：矿体呈似层状、豆荚状、脉状。矿石类型为石英脉型和破碎蚀变岩型。矿石中金矿物主要为自然金，微量金银矿，其粒径在红十井一般为 1～48μm（贾金典等，2014），在大青山一般为 10～500μm（张国成，2003）；其他金属主要为黄铁矿，少量黄铜矿、磁铁矿等；非金属矿物主要为石英，次为绢云母、绿泥石、碳酸盐等。矿体 Au 平均品位 1.30×10^{-6}～5.56×10^{-6}。

成因认识：上石炭统火山-沉积岩系为控矿地层，韧-脆性逆冲断裂带为控矿构造。海西晚期深部岩浆活动提供热动力，岩浆热液与被加热的地下水混合，活化地层中成矿物质，沿韧性剪切带上升到向脆性过渡部位沉淀形成金矿。

【新老金厂式】

成矿区带：敦煌成矿带（Ⅲ-15）。

建造构造：下二叠统哲斯群海陆交互相火山-沉积岩系，火山岩段为玄武岩、英安岩、英安质流纹岩夹少量泥质板岩，碎屑岩段为变质砂岩、泥质板岩、碳质板岩、凝灰质砂质板岩。通过该套地层火山-沉积岩系的多条断裂及次级断裂为控矿构造，新金厂断裂南侧火山岩段分布新金厂、老金厂金矿床，新金厂断裂碎屑岩段分布北金、碧玉山、碧东、全鑫金矿点。老金厂南和西均出露有印支期花岗闪长岩株，年龄分别为 234Ma 和 237Ma（甘肃地质调查院，2013）。

成矿时代：印支期。

成矿组分：Au，(Ag)。

矿床（点）实例：（甘）瓜州县新金厂、老金厂、北金、碧玉山、碧东、全鑫金矿点。

简要特征：矿体形态呈脉状、透镜状、板状、似板状产出。大多矿体中部为石英脉型，边部为蚀变岩型，还有的在浅部为石英脉型，深部为破碎蚀变岩型。矿石构造主要有脉状、角砾状、浸染状。矿石中金矿物为自然金、含银自然金，其粒径在火山岩地段矿床中一般 $37\sim74\mu m$（田春生等，2004），而在碎屑岩地段的矿床中多小于 $37\mu m$（石敬佩等，2003）；其他金属矿物主要为黄铁矿，少量为方铅矿、毒砂，偶见闪锌矿、黄铜矿等；非金属矿物为石英、长石、绿泥石，次为绢云母、绿帘石、方解石、辉石等。新、老金厂矿床 Au 平均品位分别为 6.5×10^{-6} 和 5.8×10^{-6}。

成因认识：下二叠统火山-沉积岩系为控矿层位，通过该地层的大断裂及次级断裂为控矿构造。印支期中酸性岩侵入活动提供热动力，岩浆热源与被加热的地下水混合，活化火山-沉积岩系地层中矿质，迁移到合适构造部位沉淀成矿。

【苦阿式】

成矿区带：铁克里克成矿带（Ⅲ-17）。

建造构造：早石炭统阿羌岩组海相火山喷发-正常碎屑沉积夹条带状硅铁建造，岩石变质程度达到绿片岩相，为绿泥石石英片岩、绿帘石化石英片岩、片理化绢云母片岩，原岩以安山岩-英安岩为主，夹有少量陆源碎屑岩和碳酸盐岩。地层遭受褶皱及断裂，铁金矿产于倒转复背斜两翼，构成南北矿带，而其中金矿主要富集于次级断裂破碎部位。距矿带 $100\sim200m$ 出露有石炭纪——二叠纪石英闪长岩和石英闪长玢岩。

成矿时代：海西中晚期。

成矿组分：Fe，Au，（Cu，Ag）。

矿床（点）实例：（新）于田县苦阿、帕西木、恰克能萨依铁金矿床，麻特、小沙勒铁金矿点。

简要特征：铁金矿体呈层状、似层状、透镜状。铁金共生矿体多分布于磁铁石英岩内；而独立金矿体则产于含金蚀变岩内，以硅化、黄铁矿化、黄铜矿化与金成矿关系最为紧密。矿石中金矿物为自然金，粒径多为 $5\sim50\mu m$；其他金属矿物主要为磁铁矿，次为黄铁矿，少量磁黄铁矿、黄铜矿、方铅矿、闪锌矿、斑铜矿；非金属矿物主要为长石，次为石英、方解石、绿帘石等，少量绿泥石等。矿石 TFe 平均品位 $27.45\%\sim54.70\%$，Cu $0.11\times10^{-2}\sim0.59\times10^{-2}$，Au $0.23\times10^{-6}\sim18.87\times10^{-6}$，Ag $5.31\times10^{-2}\sim9.73\times10^{-2}$（吴益平等，2007）。

成因认识：早石炭世海底火山喷流作用形成含金铜条带状铁建造（铁矿层及铜金矿源层），后经变质作用、构造活动和岩浆侵位的改造，岩浆热液与变质流体混合，活化金铜矿质，沿构造破碎蚀变带叠加，形成铁金矿体及独立金矿体。

【大平沟-祥云式】

成矿区带：阿尔金成矿带（Ⅲ-19）。

建造构造：太古宇米兰岩群达格拉格布拉克岩组的一套中、高温变质的高角闪岩相-麻粒岩相深变质岩系，主要岩性为褐灰色—褐红色变粒岩、灰绿色变粒岩夹片岩、灰绿色片岩夹变粒岩（大平沟）。中元古界长城系扎斯勘赛河组浅变质岩系，下部岩性为灰绿色片理化粉砂岩夹灰岩、大理岩透镜体，中部岩性为土黄色—杂色构造破碎蚀变岩夹灰岩、硅质岩透镜体，上部岩性为灰色砂屑灰岩。金矿床受阿尔金北缘右行韧-脆性剪切带及次级断裂的控制。矿区外围出露加里东期花岗岩体，例如大平沟西黑云母花岗岩锆石 U-Pb 年龄为 $485\pm10Ma$（杨屹等，2004）。

成矿时代：加里东期。大平沟金矿床石英流体包裹体 Rb-Sr 等时线年龄为 $487\pm21Ma$（杨屹等，2004）。

成矿组分：Au。

矿床（点）实例：（新）若羌县大平沟、祥云金矿床，红柳沟、盘龙沟、大平沟西金矿点。

简要特征：矿体多呈透镜状、细脉状等斜列式平行展布。金矿石类型为石英脉和蚀变糜棱岩型。矿石中金矿物主要为自然金，粒径一般为 $1\sim50\mu m$，最大可达 $70\mu m$ 以上（陈宣华等，2002；杨屹等，2002；李学智等，2002）；其他金属矿物为黄铁矿，次为黄铜矿、闪锌矿、方铅矿等；非金属矿物主要为石英、钾长石，次为绿泥石、绢云母、方解石、绿帘石等。矿体 Au 平均品位 $4.16\times10^{-6}\sim13.35\times10^{-6}$。

成因认识：前寒武系变质岩系为控矿地层，阿尔金北缘韧-脆性剪切带及次级断裂为控矿构造。加里东期构造运动及中酸性岩浆活动提供热动力，岩浆热液与变质流体混合，活化变质岩系中矿质，沿韧性剪切带迁移到向脆性的部位沉淀成矿。

【榆树沟-阴洼沟式】

成矿区带：河西走廊成矿带（Ⅲ-20）。

建造构造：下奥陶统阴沟群上亚群变质含砾砂岩、砂岩、板岩、灰岩及中基性火山岩。金矿赋存于该套地层榆树沟山复式背斜南翼的次级背斜轴部压扭性断裂、次级断裂及层间构造破碎带，直接围岩为绢云母板岩。附近出露有加里东晚期花岗岩体，矿区仅有花岗斑岩脉，与金矿关系密切。

成矿时代：加里东晚期。

成矿组分：Au。

矿床(点)实例：(甘)嘉峪关市阴洼沟金矿床(阴洼沟矿段、红柳沟矿段)，榆树沟山、十八里沟、羊肠子沟、大磨子沟金矿点。

简要特征：矿体形态为透镜状、脉状、似层状。矿石类型主要为破碎蚀变岩型，次为石英脉型。矿石中金矿物为自然金，粒径小于$10\mu m$的占35.64%，$10\sim37\mu m$的占64.37%（赵民等，2016）；其他金属矿物为黄铁矿、白铁矿、少量方铅矿、黄铜矿、闪锌矿等；非金属矿物主要为石英，次为绢云母、绿泥石、碳酸盐、长石等。矿石 Au 品位 $0.88\times10^{-6}\sim15.68\times10^{-6}$。

成因认识：下奥陶统阴沟群上亚群为控矿地层，该套地层背斜轴部压扭性断裂、次级断裂及层间构造破碎带为控矿构造。加里东晚期构造运动及中酸性岩浆活动提供热动力，岩浆热液、变质热液及被加热的地下水混合，活化地层中矿质，迁移到构造裂隙沉淀成矿。

【金场子式】

成矿区带：河西走廊成矿带（Ⅲ-20）。

建造构造：上泥盆统老君山组为钙质砂岩、粉砂岩，夹泥质、砂质灰岩透镜体；下石炭统前黑山组及臭牛沟组为灰岩、钙质粉砂岩、砂岩、泥页岩。二人山银铅硫铁矿床和金场子金矿床均赋存于通过该套地层的二人山-金场子构造破碎蚀变带(仲佳鑫等，2012)，同时与燕山期闪长玢岩脉关系密切。据航磁异常推断及地质分析，该地区在1km左右的深度可能存在有较大的隐伏岩体，区域地表出露的岩脉是其存在的标志(刘建兵等，2010；朱丹等，2015)，闪长玢岩脉锆石 U-Pb 同位素年龄为 144.4 ± 1.1Ma$\sim$ 170.2 ± 0.75Ma(艾宁等，2011)。

成矿时代：燕山期。

成矿组分：Au，(Ag，Pb)。

矿床(点)实例：(宁)中卫市金场子金矿床，黄石坡沟金矿点。

简要特征：矿体形态为似层状、透镜状。原生矿石金银矿物为自然金、银金矿、自然银、辉银矿、角银矿等；其他金属矿物为黄铁矿、毒砂，次为方铅矿、黝铜矿、黄铜矿、闪锌矿等；非金属矿物主要为石英、碳酸盐，次为绢云母、绿泥石等。金场子金矿体浅部大部分已变为氧化矿石，有黄钾铁矾化、褐铁矿化含金碎裂岩、角砾岩、泥质粉砂岩等，氧化带自然金粒径 $30\sim80\mu m$（邱朝霞，1989）。矿体 Au 平均品位 $2.25\times10^{-6}\sim6.92\times10^{-6}$；矿石伴生 Ag $3.7\times10^{-6}\sim61.59\times10^{-6}$。

成因认识：上泥盆统和下石炭统沉积岩系为控矿地层，通过该套地层的构造破碎带为控矿构造。燕山期闪长玢岩有关深部中酸性岩浆活动提供热动力，岩浆热液与被加热的地下水混合，活化地层中矿质，迁移到构造裂隙沉淀成矿。

【马场沟式】

成矿区带：北祁连成矿带（Ⅲ-21）。

建造构造：长城系海原群西华山组云母钠长石英片岩、云母石英片岩、绿泥石云母石英片岩，局部出现薄层大理岩透镜体或夹层。金矿分布于通过地层的大断裂及次级断裂带，同时与加里东晚期煌斑岩脉关系密切。

成矿时代：加里东晚期。

成矿组分：Au，(Ag)。

矿床(点)实例：(宁)海原县马场沟金矿床，柳沟金矿点。

简要特征：矿体形态呈脉状、透镜状、豆荚状。矿石类型以煌斑岩型为主，石英脉型为次，蚀变岩型少量。矿石中金矿物为自然金，粒径一般 $10\sim53\mu m$，最大达 $320\mu m$（南安宁等，2011）；其他金属矿物主要为黄铁矿，次为黄铜矿、闪锌矿、方铅矿等；非金属矿物主要为石英，次为碳酸盐、绿泥石、绢云母等，少量钠长石、电气石等。矿体平均品位：Au $6.928\times10^{-6}\sim13.8\times10^{-6}$，伴生 Ag $26.65\times10^{-6}\sim48.16\times10^{-6}$。

成因认识：长城系海原群西华山组变质岩系为控矿层位，穿过该地层的断裂破碎带为控矿构造。加里东晚期构造运动及中酸性岩浆活动提供热动力，岩浆热液与变质流体混合，活化地层中矿质，运移到构造破碎带沉淀成矿。

【鹰嘴山式】

成矿区带：北祁连成矿带（Ⅲ-21）。

建造构造：中寒武统格尔莫沟群黑茨沟组粉砂质板岩、凝灰岩、安山质火山角砾岩、安山岩夹硅质岩与结晶灰岩透镜体。沿该地层中断裂带断续分布透镜状蚀变镁质超基性岩块，蚀变为蛇纹岩、滑石菱镁岩、石英菱镁岩、次生石英岩等，而金矿就同这些破碎蚀变超基性岩关系密切相关。

成矿时代：加里东晚期。矿石 Rb-Sr 等时线年龄为 $413\pm5\mathrm{Ma}$（杨建国等，2005）。

成矿组分：Au，(Ag)。

矿床（点）实例：（甘）肃北县鹰嘴山中型金矿床，香毛山金矿化点。

简要特征：矿体呈陡倾的似板状、透镜状。矿体顶板为硅化绢云母化粉砂质板岩，黑色黄铁矿碳酸盐化次生石英岩为容矿岩石，向下依次为青色次生石英岩—碳酸盐滑石片岩—滑石蛇纹片岩。矿石中金银矿物为自然金、自然银、银金矿、角银矿等，粒径较小的约 $20\mu m$，一般 $125\sim650\mu m$，最大可达 2mm（毛景文等，1998）；其他金属矿物主要有黄铁矿，次为磁黄铁矿、毒砂、黄铜矿、方铅矿，闪锌矿等；非金属矿物主要为石英，次为方解石、白云石、菱镁矿、绿泥石、滑石、蛇纹石、绢云母等。矿体 Au 平均品位 $4.91\times10^{-6}\sim9.16\times10^{-6}$；伴生 Ag $6\times10^{-6}\sim12\times10^{-6}$。

成因认识：中寒武统火山-沉积岩系地层及侵位其中的镁质超基性岩为控矿地质建造，穿切这些建造的断裂破碎带为控矿构造。加里东晚期构造运动及深部中酸性岩浆活动提供热动力，岩浆热液及被加热的地下水混合，活化镁质超基性岩体及地层中矿质，沿构造破碎带沉淀成矿。

【川刺沟-红土沟式】

成矿区带：北祁连成矿带（Ⅲ-21）。

建造构造：下奥陶统阴沟群变安山玄武岩、砂板岩、变砂岩、大理岩。托勒山主脊沿俯冲断裂带（也为韧-脆性剪切带）及次级断裂带断续分布透镜状蚀变基性、超基性岩块，其中超基性常蚀变为蛇纹岩、滑石菱镁岩、石英菱镁岩等，而金矿与石英菱镁岩关系最为密切。外围分布有加里东期花岗岩。

成矿时代：加里东晚期。

成矿组分：Au。

矿床（点）实例：（青）祁连县川刺沟、红土沟金矿床，撒拉河、大水沟、三岔什金矿点，玉石沟、龙孔金矿化点。

简要特征：矿体呈似层状、脉状、透镜状。矿石类型为石英脉型与破碎蚀变岩型。矿石中金矿物为自然金，粒径多为 $1\sim10\mu m$（石爱萍等，2012）；其他金属矿物主要有黄铁矿、毒砂，少量黝铜矿、白铁矿、闪锌矿等；非金属矿物主要为石英，次为绢云母、碳酸盐、蛇纹石、绿泥石等。矿体 Au 平均品位 $1.27\times10^{-6}\sim9.33\times10^{-6}$。

成因认识：下奥陶统阴沟群火山-沉积岩系地层及侵位其中的镁质超基性岩为控矿地质建造，穿切这些建造的韧-脆性剪切带为控矿构造。加里东晚期构造运动及深部中酸性岩浆活动提供热动力，岩浆热液及被加热的地下水混合，活化镁质超基性岩体及地层中矿质，沿构造破碎带沉淀成矿。

【寒山式】

成矿区带：北祁连成矿带（Ⅲ-21）。

建造构造：北祁连西段下奥陶统阴沟群下部为凝灰质板岩、凝灰质砂岩、变长石石英岩屑砂岩；中部为安山质凝灰岩、安山质晶屑岩屑凝灰岩、安山质角砾凝灰岩、安山质角砾凝灰熔岩夹英安质凝灰岩、凝灰质板岩透镜体;上部为火山碎屑岩夹陆源碎屑岩。金矿赋存于穿过该套地层的韧-脆性剪切带及次级断层。寒山附近辉长闪长岩及南侧青山花岗闪长岩锆石 U-Pb 年龄分别为 370 ± 25Ma 和 347.1 ± 6.4Ma(杨建国等,2005)。

成矿时代:海西期。含金石英脉 Rb-Sr 等时线年龄为 372 ± 8Ma,热液蚀变岩 Rb-Sr 等时线年龄为 339 ± 10Ma(杨建国等,2005)。

成矿组分:Au,(Ag)。

矿床(点)实例:(甘)瓜州县寒山、土杂山金矿床,巴个峡、红口子金矿点;肃北县牛毛泉金矿点。

简要特征:矿体多呈平行带状、脉状、扁豆状。矿石类型为破碎蚀变岩型和石英脉型。矿石中金银矿物为自然金、银金矿、辉银矿,金矿物粒径一般为 $5\sim150\mu m$,个别达 1.05mm(杨兴吉,1999,2007);其他金属矿物主要为黄铁矿、毒砂,次为黝铜矿、黄铜矿、方铅矿、闪锌矿等;非金属矿物主要为石英、绢云母、铁白云石,次为绿泥石、辉石、黑云母、白云母、长石、石榴石、蛇纹石、石墨、阳起石、锆石、透闪石、重晶石、叶蜡石。矿体 Au 平均品位 $2.18\times10^{-6}\sim4.5\times10^{-6}$。

成因认识:下奥陶统火山-沉积岩系为控矿层位,穿过该套地层的韧-脆性剪切带及次级断裂破碎带为控矿构造。海西期构造运动及深部中酸性岩浆活动提供热动力,岩浆热液及被加热的地下水混合,活化地层中矿质沿韧性剪切带向上运移到向脆性过渡的位置沉淀成矿。

【青分岭式】

成矿区带:北祁连成矿带(Ⅲ-21)。

建造构造:北祁连东段下奥陶统阴沟群浅变质海相火山-沉积岩系,其下段以晶屑岩屑凝灰岩夹凝灰质板岩、绢云石英片岩为主,局部夹安山质角砾凝灰岩,中上部为主要含矿地层;上段以碳硅质板岩、凝灰质砂岩、凝灰岩为主,顶部结晶灰岩。金矿分布于冷龙岭东段穿过该地层大断裂的次级断裂带,同时与海西期二长岩体关系密切。

成矿时代:海西期。

成矿组分:Au,(Ag)。

矿床(点)实例:(甘)天祝县青分岭金矿床,长沟、细浪沟金矿点,人熊沟金矿化点。

简要特征:矿体呈脉状、透镜状、似层状产出,以石英脉型为主,伴随破碎蚀变岩型,其中蚀变岩型金矿石包括蚀变角闪二长岩、蚀变二长岩、蚀变正长岩、蚀变凝灰岩、蚀变凝灰质砂岩和碳硅质板岩等。矿石中金矿物主要为含银自然金,次为银金矿,粒径少量小于 $2.5\mu m$,大多 $2.5\sim500\mu m$,最大的大于 1mm (肖文进等,2012);其他金属矿物主要为黄铁矿,次为毒砂、磁黄铁矿、黄铜矿、方铅矿等;非金属矿物主要为石英,次为碳酸盐、绢云母、钾长石、斜长石等。矿石 Au 品位多为 $1\times10^{-6}\sim17\times10^{-6}$,伴生 Ag 为 $0\sim3\times10^{-6}$。

成因认识:下奥陶统阴沟群火山-沉积岩系为控矿层位,穿过该地层的大断裂及次级断裂带为控矿构造。海西期构造运动及中酸性岩浆活动提供热动力,岩浆热液及被加热地下水混合,活化地层中矿质,运移到断裂破碎带沉淀成矿。

【赛坝沟式】

成矿区带:柴达木北缘成矿带(Ⅲ-24)。

建造构造:上奥陶统—下志留统滩间山群绿片岩及部分斜长角闪片岩类,夹少量变余中基-基性火山岩、火山碎屑岩夹云母石英片岩、大理岩、海绿石砂岩及细碧岩等,此外偶有新元古代中粗粒花岗闪长岩-英云闪长岩(全岩 Rb-Sr 等时线年龄为 946 ± 24Ma)和古元古界达肯大坂群片麻岩等基底岩石块体,呈断层接触。穿过这些岩石建造的嘎顺-乌达热乎韧-脆性剪切带及次级断裂控制金矿分布(丰成友等,2002)。

成矿时代:加里东晚期。剪切带中蚀变糜棱岩型金矿石绢云母 Ar-Ar 法坪年龄为 426 ± 2Ma(丰成友等,2002)。

成矿组分:Au,(Ag)。

矿床(点)实例:(青)乌兰县赛坝沟、乌达热乎、拓新沟金矿床,嘎顺、石棉沟、托莫尔日特、阿里根刀若金矿点;大柴旦镇龙柏沟、红柳沟金矿床,胜利沟、红灯沟金矿点;冷湖镇野骆驼泉金矿床,千枚岭金矿点。

简要特征:矿体呈脉状、透镜状。矿石类型为石英脉型和蚀变糜棱岩型。矿石中金矿物主要为自然金,少量的银金矿,粒径多为1～25μm,石英脉膨大处偶见"窝子金"可达1.5mm左右(付青元等,1998);其他金属矿物主要为黄铁矿,次为毒砂、磁铁矿、赤铁矿、黄铜矿、方铅矿、闪锌矿等;非金属矿物有石英、斜长石、绢云母、绿泥石等。矿体Au平均品位为4.34×10^{-6}～10.47×10^{-6}。

成因认识:晚奥陶世先形成裂谷,最后发展为小洋盆,局部发育托莫尔日特蛇绿岩,并富集了Au、Cu等有益元素。晚志留世裂谷式小洋盆封闭碰撞,滩间山群火山岩和蛇绿岩组合发生动力变质作用,并形成一系列韧性糜棱岩带,构造运动及中酸性岩浆活动提供热动力,岩浆热液与变质流体混合,活化围岩成矿物质,沿韧性剪切带运移到韧-脆性构造转换部位沉淀成矿。

【滩间山式】

成矿区带:柴达木北缘成矿带(Ⅲ-24)。

建造构造:中元古界万洞沟群中浅变质沉积岩系,下岩组主要为厚层状白云石大理岩和条带状白云石大理岩,上部夹碳质绢云千枚岩;上岩组主要岩性为斑点状碳质绢云千枚岩、碳质绢云千枚岩、白云母钙质片岩及白云石大理岩。通过该套地层的韧脆性剪切带及次级断裂破碎带控制金矿;海西期侵入岩(岩石类型有斜长花岗斑岩及花岗斑岩,花岗细晶岩、斜长细晶岩、闪长玢岩或闪长细晶岩及云煌岩脉)也与金矿关系密切,测得斜长花岗斑岩锆石U-Pb年龄为350.4 ± 3.2Ma(贾群子等,2013)。

成矿时代:海西期。

成矿组分:Au,(Ag)。

矿床(点)实例:(青)大柴旦镇滩间山矿田(金龙沟金矿床、瀑布沟金矿床、细晶沟金矿点)、青龙沟金矿床;乌兰县沙柳泉金矿点。

简要特征:矿体呈似层状、脉状、透镜状等。矿石类型为蚀变碳质糜棱片岩型和破碎蚀变脉岩型。矿石中金矿物为自然金、含银自然金、银金矿;其他金属矿物主要为黄铁矿,次为毒砂、磁黄铁矿、黄铜矿、闪锌矿、方铅矿等;非金属矿物主要为石英、绢云母,次为碳酸盐、绿泥石、绿帘石、石墨等。矿体Au平均品位2.27×10^{-6}～4.92×10^{-6},伴生Ag 3.0×10^{-6}～15.96×10^{-6}。

成因认识:中元古界万洞沟群中浅变质岩系为控矿层位,通过该套地层的韧-脆性剪切带及次级断裂破碎带为控矿构造。海西期构造运动及岩浆活动提供热动力,岩浆热液与变质流体混合,活化地层中矿质,沿韧性剪切带上升到向脆性过渡部位尤其是遇到含碳质岩石沉淀成矿。

【五龙沟式】

成矿区带:东昆仑成矿带(Ⅲ-26)。

建造构造:古元古界金水口岩群白沙河组混合岩化中—细粒黑云斜长片麻岩、角闪黑云斜长片麻岩及镁质大理岩等;中元古界长城系小庙组中—细粒角闪斜长片麻岩、黑云石英片岩、变粒岩夹大理岩等;新元古界青白口系丘吉东沟组的下岩段为片理化变砾岩、砂砾岩、千枚岩夹大理岩及结晶灰岩,上岩段主要为由灰绿色变安山质火山角砾岩、片理化安山岩、凝灰质板岩、硅质板岩。金矿赋存于通过这些变质岩系发育的岩金沟、萤石沟-红旗沟、三道梁-苦水泉3条韧-脆性剪切带中。印支期侵入岩与成矿关系密切,例如石灰沟口外滩辉石岩-辉长岩-闪长岩岩株及相关闪长玢岩脉(Rb-Sr等时线年龄为209.09Ma),近岩株具矽卡岩型铜锌铅矿化(伴生金),向南东随着远离岩株产出构造蚀变岩型金矿。在空间上,铜锌铅矿化分布于外滩及东支沟海拔较低处,而蚀变构造岩型金矿化分布于海拔较高处(李厚民等,2001)。

成矿时代:印支期。五龙沟3条金矿体锆石和磷灰石裂变径迹年龄197.4～235.0Ma和244.0Ma(袁万明等,2000);韧性剪切带金矿中的黑云母Ar-Ar法坪年龄为242.72 ± 1.69Ma(寇林林等,2010)。

成矿组分:Au,(Ag,Sb,Cu,Zn,Pb)。

矿床(点)实例:(青)都兰县五龙沟金矿床(包括红旗沟、淡水沟、黑石沟、黄龙沟、水闸东沟等);白日其利金矿点。

简要特征：金矿体主要呈脉状、透镜状。矿石类型主要为破碎蚀变岩型。矿石中金矿物主要为自然金、含银自然金，粒径多小于 $30\mu m$，最大粒径 $0.139mm\times0.308mm$（李厚民等，2001）；其他金属矿物主要为黄铁矿、毒砂，次为辉锑矿、辉铁锑矿，少量磁黄铁矿、黄铜矿、闪锌矿、方铅矿等；非金属矿物主要为石英、绢云母、斜长石，次为方解石。矿石 Au 品位为 $1.03\times10^{-6}\sim33.52\times10^{-6}$；矿体 Au 平均品位 $1.70\times10^{-6}\sim14.49\times10^{-6}$。

成因认识：元古宇变质岩系地层为控矿层位，穿过该套地层的韧-脆性剪切带及次级破碎带为控矿构造。印支期构造运动及岩浆活动提供热动力，岩浆热液与被加热的地下水混合，活化变质岩系矿质，迁移到构造带有利部位沉淀成矿。

【鹿儿坝式】

成矿区带：南秦岭成矿带西段，即西秦岭成矿带（Ⅲ-28）。

建造构造：中三叠统光盖山组自下而上依次4个岩性组：第一岩组为薄层灰岩夹鲕状灰岩、砾屑灰岩、砂质板岩及砂岩；第二岩组为灰绿色中厚层砂岩及砂质板岩；第三岩组下部为深灰色—灰绿色砂岩、砂质板岩夹薄层灰岩，上部为薄层灰岩、钙质砂岩、粉砂岩夹板岩；第四岩组为中—厚层长石石英砂岩夹砂质板岩、粉砂岩及少量灰岩扁豆体，金矿赋存于该套地层中近东西向压扭性断裂破碎带及次级断裂破碎带，有花岗闪长玢岩脉也沿断裂带侵入，并与金矿关系密切，脉岩的锆石 U-Pb 年龄为 $218.2\pm2.33Ma$（刘云华等，2014）。

成矿时代：印支期末—燕山早期。

成矿组分：Au，（Sb，Ag）。

矿床（点）实例：（甘）岷县鹿儿坝金矿床（包含鹿峰和簸箕沟两个矿段），大沟寨、章哈寨、多纳金矿点。

简要特征：矿体呈似层状、透镜状及脉状。矿石类型主要为破碎蚀变砂岩、粉砂岩、砂板岩型，次为蚀变破碎闪长玢岩型。矿石中金矿物主要为自然金，次为银金矿，粒径一般小于 $2\mu m$，最大 $250\sim300\mu m$（高熙贺等，2015）；其他金属矿物主要为黄铁矿、辉锑矿，次为毒砂、磁黄铁矿，少量磁铁矿、闪锌矿等；非金属矿物主要为石英、方解石，次为绢云母、斜长石，少量白云石、绿泥石、绿帘石等。矿体 Au 平均品位为 $3.01\times10^{-6}\sim6.15\times10^{-6}$，平均 4.93×10^{-6}。

成因认识：中三叠统光盖山组沉积岩系为控矿层位；通过该套地层的断裂带及次级断裂破碎带为控矿构造。印支晚期构造运动及中酸性岩浆活动提供热动力，岩浆热液与被加热的地下水混合，活化地层中矿质，迁移到断裂破碎带有关次级断裂破碎带沉淀成矿。燕山期，受区域挤压作用影响，金元素再次活化迁移，叠加富集形成品位较富的金矿体。

【大水式】

成矿区带：南秦岭成矿带西段，即西秦岭成矿带（Ⅲ-28）。

建造构造：二叠系生物灰岩；下三叠统马热松多组白云岩、粉晶质灰岩、泥晶灰岩和中三叠统忠曲组白云质灰岩、泥质灰岩等。金矿赋存于通过这些地层的断裂带及次级构造破碎带。区内分布忠格扎拉、格尔括合和忠曲中酸性小岩株及岩脉：忠格扎拉岩株由中心向边缘依次为二长花岗岩-石英闪长岩-微晶辉石闪长岩，Rb-Sr 同位素年龄 204.08Ma（赵彦庆等，2003）；格尔括合岩株由中心向边缘依次为花岗闪长斑岩-黑云母闪长玢岩，锆石 U-Pb 年龄为 $215.8\pm1.3Ma$；大水矿区脉岩中心到边缘为黑色细晶闪长岩-黑云母花岗闪长岩-闪长玢岩，锆石 U-Pb 年龄 $202.9\pm1.5Ma$（闫海卿等，2014）。

成矿时代：印支晚期—燕山早期。各矿区蚀变岩和矿石的9个锆石裂变径迹年龄在 $150\sim219Ma$ 之间（袁万明等，2010）。

成矿组分：Au，（Ag）。

矿床（点）实例：（甘）玛曲县大水（格尔珂）、贡北金矿床，格尔托金矿点；碌曲县恰若、辛曲、忠曲金矿床。

简要特征：矿体呈似层状、透镜状、囊状、脉状等。矿体主要产于脉岩内外接触带或其附近的围岩中，从脉岩的中心部位向外，依次为黑色细晶闪长岩—黑云母花岗闪长岩—蚀变矿化闪长玢岩—细脉和网脉状闪长岩型矿石—交代似碧玉岩型矿石—赤铁矿化硅化碳酸盐岩型矿石—碳酸盐岩。矿石中金矿物主要为自然金,次为银金矿,粒径多为 $10\sim37\mu m$(赵彦庆等,2003),最小 $8\mu m$,最大 1.3mm(代文军等,2011);其他金属矿物主要为赤铁矿、黄铁矿,少量黄铜矿、含铁黝铜矿、磁黄铁矿、辉锑矿、辰砂、雄雌黄、方铅矿、辉锑矿、磁铁矿、白钨矿等;非金属矿物主要为石英、方解石,次为白云石、绿泥石、绢云母、重晶石等。矿石 Au 品位 $1.0\times10^{-6}\sim62.16\times10^{-6}$;矿体 Au 平均品位 $7.14\times10^{-6}\sim17.21\times10^{-6}$;矿床 Au 平均品位 11.70×10^{-6}。

成因认识:三叠系马热松多组碳酸盐岩系为控矿层位;通过该套地层的断裂带及次级断裂破碎带为控矿构造。印支晚期—燕山早期构造运动及中酸性岩浆活动提供热动力,岩浆热液与被加热的地下水混合,活化地层中矿质,迁移到断裂破碎带有关次级断裂破碎带沉淀成矿。

【大场式】

成矿区带:北巴颜喀拉-马尔康成矿带(Ⅲ-30)。

建造构造:下三叠统巴颜喀拉山群昌马河组,下段主要为中薄层长石石英砂岩、岩屑砂岩、粉砂岩、粉砂质板岩;上段主要为板岩夹砂岩,岩性有含黄铁矿的长石石英砂岩、粉砂岩、粉砂质板岩及碳质板岩。金矿赋存于通过该套地层的甘德-玛多区域性韧-脆性逆冲韧-脆性剪切带的次级断裂破碎带及褶皱的层间滑脱破碎带。东侧地区出露有印支期—燕山期花岗岩;而区内地球物理资料显示深部有隐伏岩体存在。

成矿时代:印支晚期。矿石中绢云母 Ar-Ar 年龄为 218 ± 3.2Ma(张德全等,2005)。

成矿组分:Au,(Sb)。

矿床(点)实例:(青)曲麻莱县大场、扎拉依、扎家同哪、加给陇洼、东乘公玛、上红科、稍日哦金矿床,大东沟、扎拉依陇洼、旁海、照大额南、格涌尕玛考金矿点,盖寺由池、错泥金矿化点。

简要特征:矿体呈带状、似板状、脉状、透镜状。矿石类型主要为破碎蚀变岩型,次为石英脉型。锑矿化分布于金矿化外围及顶部。矿石中金矿物为自然金,其粒径在硫化物石英脉中多为 $0.74\sim2$mm 之间,碎裂蚀变岩中多为 $10\sim200\mu m$(赵俊伟等,2007);其他金属矿物主要为黄铁矿、毒砂,次为辉锑矿,少量黄铜矿、方铅矿、闪锌矿等;非金属矿物主要为石英,次为长石、方解石、绢云母等。矿石 Au 品位一般为 $2\times10^{-6}\sim20\times10^{-6}$,平均品位 5.69×10^{-6}。

成因认识:三叠系巴颜喀拉群浅变质浊积岩系为控矿层位,通过该套地层的甘德-玛多区域逆冲韧-脆性剪切带的次级断裂破碎带及褶皱的层间滑脱破碎带为控矿构造。印支期构造运动及深部岩浆活动提供热动力,岩浆热液、变质水、大量被加热的建造水、地下水混合,从围岩中萃取成矿物质,运移上升到韧性剪切带向脆性过渡的位置沉淀成矿。

【阔克吉式】

成矿区带:喀喇昆仑-羌北成矿带(Ⅲ-35)。

建造构造:志留系—泥盆系木吉群第 a 岩性段灰色—灰黑色含碳硬绿泥石绢云母千枚岩、绿灰色硬绿泥石绢云母千枚岩、千枚岩化变砂岩等。金矿受通过该套地层的乌孜别里断裂与琼巴额什断裂之间韧-脆性剪切带次级断裂破碎带及层间构造破碎带控制,并与花岗斑岩脉关系密切。

成矿时代:未定。

成矿组分:Au,(Cu)。

矿床(点)实例:(新)阿克陶县阔克吉金矿床及多处金矿点。

简要特征:矿体呈脉状,密集的雁行式排列。矿石类型为构造蚀变岩型及石英脉型。围岩蚀变较强,有硅化、绢云母化、绿泥石、黄铁矿化等。矿石 Au 品位 $1.03\times10^{-6}\sim23.95\times10^{-6}$,平均 4.47×10^{-6}。

成因认识:志留系—泥盆系浅变质沉积岩系为控矿层位,通过该套地层的韧-脆性剪切带次级断裂破碎带及层间构造破碎带为控矿构造。该金矿床相对于志留系—泥盆系木吉群地层具有明显后生特点,后期区域构造运动及深部中酸性活动提供热动力,岩浆热液、变质水及被加热的地下水混合,活化地层中矿质,运移上升到韧性剪切带向脆性过渡的位置沉淀成矿。

【牛头沟式】

成矿区带:鄂尔多斯西缘成矿带(Ⅲ-59)。

建造构造:新太古界—古元古界贺兰山群岩性主要由灰色—深灰色、灰绿色黑云二长片麻岩、黑云斜片麻岩、含矽线石榴黑云斜长片麻岩、条带状—条纹状混合岩及眼球状混合岩、黑云二长变粒岩、黑云斜长变粒岩、含矽线石榴二长变粒岩、黑云斜长变粒岩等组成。正谊关大断裂的次级断裂控矿,其中,主矿体产于贺兰山群变质岩系推覆于石炭系沉积岩之间的断裂破碎带,另外石英脉型矿体产于变质岩系内构造裂隙。

成矿时代:印支期—燕山期。

成矿组分:Au,(Ag)。

矿床(点)实例:(宁)石嘴山市牛头沟金矿床,梁根、树龙沟、北岔沟、柳葫芦沟、大麦里沟金矿点。

简要特征:矿体形态呈脉状、透镜状。矿石类型为破碎带蚀变岩型和石英脉型。矿石中金属矿物为自然金、自然银;其他金属矿物主要为黄铁矿,次为磁黄铁矿、方铅矿、闪锌矿,少量黄铜矿等;非金属矿物主要为石英,次为长石、绢云母、绿泥石、绿帘石、方解石等。矿体 Au 品位一般为 $1.37\times10^{-6}\sim5.98\times10^{-6}$,平均品位 2.63×10^{-6}。

成因认识:新太古界—古元古界贺兰山群变质岩系作为金的矿源层,逆冲推覆断裂及次级构造裂隙为控矿构造。印支期—燕山期构造运动及深部中酸性岩浆活动,岩浆热液、变质热液及被加热地下水混合,活化变质岩系中矿质,再造形成破碎带蚀变岩型和石英脉型金矿。

【桐峪式】

成矿区带:华北陆块南缘成矿带(Ⅲ-63)。

建造构造:新太古界太华群深变质岩系自下而上为大月坪组黑云斜长片麻岩夹斜长角闪岩,条带状或条纹状混合岩,局部有均质混合岩;板石山组石英岩、长石石英岩、黑云斜长片麻岩、斜长角闪岩、石墨石英片岩及大理岩;洞沟组黑云斜长片麻岩、斜长角闪片麻岩夹斜长角闪岩和磁铁石英岩;三关庙组黑云斜长片麻岩和角闪斜长片麻岩,夹斜长角闪岩、片麻岩,并可见混合岩化;秦仓沟组角闪斜长片麻岩,夹少量斜长角闪岩;桃峪组片麻岩夹大理岩及石英岩透镜体。该套地层构成的大月坪-金罗斑复式背斜轴部韧-脆断裂及次级断裂构造直接控制着含金石英脉及破碎蚀变带。同时,金矿脉的分布围绕燕山期娘娘山、文峪、华山等黑云母二长花岗岩体,这些岩体锆石 U-Pb 年龄为 $135\sim139$Ma(高昕宇等,2012)。

成矿时代:燕山期。杨砦峪、枪马和东闯金矿床中热液蚀变矿物绢云母及黑云母进行 Ar-Ar 法坪年龄和等时线年龄分别为 $120.3\sim134.4$Ma、$120.9\sim134.4$Ma 和 130.6 ± 1.6Ma(毕诗健等,2011)。

成矿组分:Au,(Ag,Pb,Cu)。

矿床(点)实例:(陕)潼关县桐峪、东桐峪、善车沟、文峪、东闯、金硐岔、杨砦峪、枪马、蒿岔峪、立峪金矿床;洛南县葫芦沟、王排金矿床;蓝田县湘子岔、安岭沟金矿床。

简要特征:矿体多数产在石英脉中,有的产在石英脉周围的蚀变岩内,有的上部为石英脉型而下部变为蚀变岩型。含金石英脉呈透镜状、不规则板状、脉状。矿石中金矿物主要为自然金,次为银金矿;金属矿物以黄铁矿为主,方铅矿、黄铜矿次之,少量磁铁矿、闪锌矿、辉钼矿、辉锑矿、辉铋矿、黑钨矿、白钨矿等;非金属矿物主要为石英,少量方解石、绢云母、绿帘石、绿泥石等。矿体 Au 平均品位 18.89×10^{-6}。

成因认识:新太古界火山-沉积变质岩系为控矿层位;该套地层中大月坪-金罗斑复式背斜轴部压性、压扭性为主的次级断裂为控矿构造。燕山期中酸性岩浆活动提供热动力,岩浆热液及被加热的地下水混合,活化变质岩系矿质,迁移到合适构造位置沉淀成矿,一般矿体上部以石英脉型为主(桐峪等石英脉型金矿床),深部以蚀变岩型为主(葫芦沟破碎蚀变岩型金矿床),也可迁移至元古宙花岗岩破碎带沉淀(湘子岔破碎蚀变岩型金矿床)。

【柴家庄-大店沟式】

成矿区带:北秦岭成矿带(Ⅲ-66A)。

建造构造:下古生界李子园群斜长角闪片岩、绿帘绿泥石英片岩、绿泥钠长片岩绢云绿泥石英片岩、石榴石白云片岩、二云石英片岩。金矿赋存于通过该套地层的韧-脆性剪切破碎带及次级剪切挤压破碎带,区内出露多个印支期—燕山期二长花岗岩体。

成矿时代:印支期—燕山期。

成矿组分：Au，(Ag，Cu)。

矿床(点)实例：(甘)天水市柴家庄、李子园、木皮沟梁、沈家沟、尖草湾、甘沟、白崖沟、冯家场、夏家坪、西安河、朱家湾、陈家山、刘家坪、松坪梁、西安沟、黑沟、散岔金矿床，雨子沟、望天沟、东沟、二黄沟金矿点；两当县大店沟、湘潭子金矿床，雷家沟、西沟金矿化点。

简要特征：矿体呈似层状、透镜状、脉状。矿石类型为石英脉型和蚀变岩型。矿石中金矿物为自然金、银金矿，在柴家庄矿床粒径为 $5\sim250\mu m$，其中大多小于 $37\mu m$（杨敬礼等，2004）；在大店沟矿床粒径为 $1\sim10\mu m$ 的占 71.06%，$10\sim37\mu m$ 的占 18.42%，$37\sim74\mu m$ 的占 10.52%（王海岗等，2011）；在白崖沟矿床粒径小于 $10\mu m$ 的占 3.96%，$10\sim37\mu m$ 的占 29.37%，$37\sim74\mu m$ 的占 64.02%，大于 $74\mu m$ 的占 2.64%（陈健等，2008）；在冯家场矿床粒径小于 $10\mu m$ 的占 6.1%，$10\sim37\mu m$ 的占 29.2%，$37\sim74\mu m$ 的占 40.3%，大于 $74\mu m$ 的占 14.4%（陈健等，2003）。其他金属矿物主要为黄铁矿，次为黄铜矿、斑铜矿、方铅矿、闪锌矿等；非金属矿物主要为石英、绢云母，次为方解石、斜长石、绿泥石等。矿体 Au 平均品位多为 $3.15\times10^{-6}\sim37.92\times10^{-6}$。

成因认识：下古生界李子园群火山-沉积变质岩系为控矿层位，通过该套地层的韧-脆性剪切带及次级破碎带为控矿构造。印支期—燕山期构造运动及中酸性岩浆活动提供热动力，岩浆热液、变质流体及被加热的地下水混合，活化地层中矿质，沿韧性剪切带上升，在向脆性过渡位置及次级断裂破碎带沉淀成矿。上述"柴家庄-大店沟式"金矿床与该层位"柳梢沟式"银金铅矿床可构成同一成矿系列。

【八卦庙式】

成矿区带：南秦岭成矿带西段，即西秦岭成矿带（Ⅲ-28）。

建造构造：上泥盆统星红铺组下段浅变质细碎屑岩建造，主要岩性为斑点状铁白云质粉砂质绢云千枚岩、铁白云质绢云千枚岩及条带状大理岩等。金矿赋存于二里河-长沟-八卦庙北西西向逆冲推覆断层产生韧性剪切带及次级断裂和层间破碎带。八卦庙仅有中酸性脉岩，东南部靠近双王有西坝印支期—燕山期中酸性复式岩体，年龄为 $148.1\sim213.5$Ma（贾润幸等，2000）。

成矿时代：印支期—燕山期。八卦庙顺层石英脉 Ar-Ar 法坪年龄为 232.58 ± 1.59Ma（冯建忠等，2002），切层石英脉 Ar-Ar 法坪年龄为 131.91 ± 0.89Ma（邵世才等，2001）。丝毛岭绢云母 Ar-Ar 法坪年龄为 211.9 ± 1.5Ma（王义天等，2014）。

成矿组分：Au，(Ag)。

矿床(点)实例：(陕)凤县八卦庙、柴蚂、丝毛岭、谭家沟、沈家湾、小梨园金矿床，打柴沟、东沟、打柴沟脑、松树湾、荒草沟、唐家湾、西河洞沟、国安寺金矿点；太白县古迹、老铁厂金矿床，硬沟、石地、大沟、马槽沟、红水河、小苏家沟、大寡妇沟金矿点。

简要特征：金矿体呈似层状、透镜状、脉状产于剪切带内。含金石英脉有两种：一种为早期 NW 向顺层无根揉皱石英脉，受脆韧性剪切构造控制，脉较宽，宽度可大于 0.5m；第二种为晚期 NE 向切层石英细脉、网脉，宽度较小，一般几厘米至十几厘米，含金性较前者好。矿石中金矿物主要为含银自然金，粒径变化于 $1\mu m\sim3$mm 之间，以 $50\sim700\mu m$ 的为主，偶见 $1.2\sim3$mm（张长年等，1993；韦龙明等，1998；方维萱，2000）；其他金属矿物主要为磁黄铁矿、黄铁矿，次为白铁矿、黄铜矿、方铅矿、闪锌矿、钛铁矿、磁铁矿、辉钼矿、毒砂等；非金属矿物主要为石英、铁白云石，次为绢云母、绿泥石、方解石、钠长石等。矿石 Au 品位 $1.32\times10^{-6}\sim15.15\times10^{-6}$，平均品位 5.85×10^{-6}。

成因认识：上泥盆统星红铺组下段浅变质细碎屑岩系为控矿层位，印支期大型逆冲推覆断层产生韧性剪切带及次级断裂和层间破碎带为控矿构造。印支期构造运动及深部中酸性岩浆活动提供热动力，岩浆热液、变质流体及被加热的地下水混合，活化地层中的矿质，沿韧性剪切带向上迁移到向脆性过渡的位置沉淀成矿。

【双王式】

成矿区带：南秦岭成矿带西段，即西秦岭成矿带（Ⅲ-28）。

建造构造：上泥盆统星红铺组变质砂岩、粉砂质绢云板岩、泥质板岩夹钠长板岩、钙质板岩、结晶灰岩。矿体直接容矿岩石为钠长质角砾岩带，而角砾岩体空间展布受层状钠质岩和构造带的双重控制。

角砾岩中角砾主要由层状钠长岩组成,角砾岩体边部偶见粉砂质千枚岩、微晶灰岩角砾出现。角砾胶结物主要为铁白云石、方解石,其次为钠长石、石英和黄铁矿。在该地段南侧分布有西坝中酸性复式岩体,年龄为 148.1～213.5Ma(贾润幸等,2000)。

成矿时代:印支期—燕山期。据中国科学院贵阳地球化学研究所测定矿区Ⅱ、Ⅲ成矿阶段黄铁矿 Ar-Ar 法坪年龄分别为 183.09±20.6Ma 和 168.0±16.2Ma,Ⅳ阶段黄铁矿铅同位素模式年龄为 102Ma(石准立,1989)。穿插关系显示成矿活动期间侵入的煌斑岩墙锆石 U-Pb 年龄为 242±17Ma(宫勇军等,2016)。

成矿组分:Au,钠长石,(Ag)。

矿床(点)实例:(陕)太白县双王金矿;凤县青崖沟金矿点。

简要特征:矿体直接赋存于含矿层位中的钠长角砾岩中,呈似层状、或透镜状。金矿赋存于钠长角砾岩的胶结物(主要为铁白云石、钠长石、石英、方解石和黄铁矿等集合体),矿化强弱取决于胶结物中黄铁矿矿化的发育程度。矿石中金矿物主要为自然金,少量碲金矿和银金矿,粒径小于 10μm 的占 10.96%,10～20μm 的占 17.2%,20～40μm 的占 26.12%,40～74μm 的占 24.08%,大于 74μm 的占 21.6%(汪昭祥,1989),个别达 0.3～1mm(古貌新等,1983);其他金属矿物主要为黄铁矿,少量白铁矿、微量磁黄铁矿、黄铜矿、六方硫镍矿、毒砂、蓝辉铜矿、黝铜矿、紫硫镍矿、闪锌矿、硫铋镍矿、方铅矿、辰砂、辉钴矿、针镍矿、辉钼矿、钒云母、钒铬云母、钙钒榴石等,而且电子探针分析黄铁矿含铂钯(樊硕诚,1994);非金属矿物主要为钠长石,次为含铁白云石、方解石,少量石英等。矿石 Au 品位变化于 $0.80×10^{-6}～9.70×10^{-6}$,矿体平均品位 $1.77×10^{-6}～3.08×10^{-6}$。

成因认识:上泥盆统星红铺组下段浅变质细碎屑岩系为控矿层位,尤其受有关钠长角砾岩带的控制,而钠长角砾岩带应视为特殊的构造破碎带,金就赋存于胶结物中。印支期—燕山期构造运动及中酸性岩浆活动提供热动力,岩浆热液、变质流体及被加热的建造水、地下水混合,活化地层中矿质,沿钠长角砾岩带沉淀成矿。热液活动可带来铬镍铂钯等元素暗示该区泥盆系之下可能有基性—超基性岩。

【铧厂沟式】

成矿区带:南秦岭成矿带西段,即西秦岭成矿带(Ⅲ-28)。

建造构造:位于南秦岭与碧口地块过渡带。矿区南部为中新元古界碧口群中酸性火山碎屑岩夹基性熔岩、凝灰岩的透镜体或条带;北部为中下泥盆统三河口群粉砂质绢云千枚岩、变石英砂岩、灰岩、泥质灰岩、凝灰质绢云千枚岩、凝灰质板岩夹细碧岩透镜体等。金矿体赋存在三河口群中韧-脆性剪切破碎带。

成矿时代:未定。

成矿组分:Au。

矿床(点)实例:(陕)略阳县铧厂沟金矿床。

简要特征:主矿带赋存于细碧岩透镜体及少量凝灰质千枚岩中,矿石以蚀变细碧岩型为主,局部有石英脉型;矿石中金矿物为自然金,粒径小于 10μm 的占 36.07%,10～70μm 的占 63.93%(冯黑科,2000),偶见大于 200μm,最大甚至 4mm×8mm(党明福,1991);其他金属矿物主要为黄铁矿,少量黄铜矿、斑铜矿、闪锌矿、方铅矿、辉砷镍矿、硫镍钴矿、磁黄铁矿等;非金属矿物主要为钠长石、铬云母、绢云母、碳酸盐、石英,次为绿泥石等。北矿带和南矿带分别赋存于碎裂蚀变生物碎屑灰岩及碳质灰岩中;矿石类型为蚀变岩型及石英脉型;矿石中金矿物为自然金,粒径小于 10μm 的占 30%,10～70μm 的占 30%,大于 70μm 的占 40%(冯黑科,2000),偶见大于 295μm(许寻会等,2014);其他金属矿物主要为黄铁矿,少量黄铜矿、闪锌矿、方铅矿、辉锑矿等;非金属矿物主要为石英、碳酸盐等。南矿带赋存于硅化变质石英砂岩。矿石 Au 品位 $0.8×10^{-6}～24.5×10^{-6}$。

成因认识:中—下泥盆统三河口群沉积岩及基性火山岩为控矿层位,通过该套地层的韧-脆性剪切带为控矿构造。矿床相对于中—下泥盆统地层具后生特点,晚期构造运动及深部岩浆活动提供热动力,岩浆热液、变质流体及少量被加热地下水混合,活化地层中矿质迁移,使金在控矿韧性剪切带内富集成矿。

【干河坝式】

成矿区带：南秦岭成矿带西段，即西秦岭成矿带（Ⅲ-28）。

建造构造：位于南秦岭与碧口地块过渡带。该带内岩石主体为晚古生代洋壳发育直接相关的裂陷盆地沉积的强变形火山-沉积岩系，混进构造冷侵位强蚀变超基性岩体（如高山、三岔子、庄科、横现河、大帽台、鞍子山等岩体）及规模不等的白云岩块（如相公山、尖山子等白云岩块）推覆体。沿勉县-略阳-康县带的北侧分布多处中酸性侵入体，锆石 U-Pb 年龄为 206～220Ma。干河坝矿区出露震旦系相公山岩块、泥盆系金家河岩片（D_jj）、乔子沟岩片（D_1q）、朱家山岩片（Dz）、郭镇岩片（Dgz），各构造岩片均以韧-脆性剪切构造相接触，由北向南呈叠瓦状分布，常见钠长斑岩脉，金矿赋存于乔子沟岩片及金家河岩片强剪切带（任小华等，2007；金文洪等，2011）。

成矿时代：印支期。

成矿组分：Au。

矿床（点）实例：（陕）略阳县干河坝金矿床，金家河金矿点。

简要特征：矿体呈似层状、透镜状，顺片理产出。矿石类型为蚀变千枚岩、片岩型和蚀变白云岩型。矿石中金矿物主要为银金矿，粒径小于 $5\mu m$ 的占 19.86%，5～$10\mu m$ 的占 56.4%，10～$20\mu m$ 的占 23.7%（郭彩莲等，2015）；其他金属矿物主要为黄铁矿、毒砂，少量磁黄铁矿、黄铜矿、黝铜矿、闪锌矿、方铅矿等；非金属矿物主要为石英、绢云母，次为铁白云石，少量绿泥石、重晶石等。矿石 Au 品位 1×10^{-6}～40.2×10^{-6}；主矿体 Au 平均品位 4.45×10^{-6}～5.50×10^{-6}。

成因认识：勉县-略阳-康县一带泥盆系火山-沉积岩、冷侵位蚀变超基性岩、外来白云岩等混杂构造岩带控矿。印支晚期强褶皱变形伴随由北东向南西的左行逆冲剪切构造活动，产生一系列中深层次的高角度韧性逆冲剪切带，切割俯冲期形成的顺层（片）剪切带。这一构造过程使金大量活化，含矿流体沿逆冲剪切带向上运移，至浅部脆-韧性过渡位置成矿（金文洪等，2011）。

【阳山式】

成矿区带：南秦岭成矿带西段，即西秦岭成矿带（Ⅲ-28）。

建造构造：位于南秦岭与碧口地块过渡带。中泥盆统三河口组浅变质细碎屑岩建造，由绢云千枚岩、薄层状灰岩、长英质砂岩、粉砂岩及粉砂质板岩组成。金矿赋存于通过该套地层的安昌河-观音坝逆冲韧-脆性剪切带的次级断裂及层间破碎带中，并且一般产于斜长花岗斑岩脉的内外接触带附近，据航磁等资料推断北部有大面积的隐伏岩体存在。联合村斜长花岗斑岩脉锆石 U-Pb 年龄为 212.7±3.4Ma～217.8±2.8Ma；新关花岗斑岩脉锆石 U-Pb 年龄为 223.2±5.4Ma；郭家坡花岗细晶岩脉锆石年龄 209.9±6.4Ma；安坝斜长花岗斑岩脉锆石 U-Pb 年龄为 187.8±4.6Ma（雷时斌等，2010）。

成矿时代：印支期—燕山期。含金石英黄铁矿细脉中石英 Ar-Ar 法坪年龄为 195.31±0.86Ma；矿体内石英细脉中锆石 U-Pb 年龄主要为 195.4～200.9Ma、126.9±3.2Ma（齐金忠等，2006）。

成矿组分：Au，（Ag）。

矿床（点）实例：（甘）文县阳山（泥山-葛条湾-安坝-高楼山-阳山-张家山-北金山矿段）、新关、关牛湾、后斗湾金矿床，郭家坡、陶家湾、红岩沟金矿点，康县尚家沟金矿点；（川）南坪县联合村、甲勿池金矿床。

简要特征：矿体呈似层状、脉状、透镜状。矿石类型按容矿岩石主要为蚀变千枚岩和蚀变斑岩型，次为蚀变砂岩型和蚀变灰岩型，少量石英脉型。矿石中金矿物主要为自然金，次为银金矿，粒径小于 $5\mu m$ 的占 74.31%，5～$10\mu m$ 的占 21.99%，10～$37\mu m$ 的占 3.62%，大于 $37\mu m$ 的仅占 0.08%（南争路等，2013）；但石英脉型矿石中，粒径多为 100～$500\mu m$，个别达 1～3mm（余金元等，2010；毛世东等，2012）；其他金属矿物主要为黄铁矿、毒砂，次为辉锑矿，少量的黄铜矿、方铅矿、闪锌矿、黝铜矿、钛铁矿、磁铁矿、钛磁铁矿、磁黄铁矿、白铁矿、硫锑铅矿等；非金属矿物主要为石英、绢云母、碳酸盐，次为绿泥石、绿帘石、重晶石等。主矿体 Au 平均品位 2.50×10^{-6}～6.08×10^{-6}；矿床 Au 平均品位 5.64×10^{-6}。

成因认识：中泥盆统三河口组浅变质沉积岩系为控矿层位，安昌河-观音坝逆冲韧-脆性剪切带的次级断裂及层间破碎带为控矿构造。印支期—燕山期热液活动构造运动及中酸性岩浆活动提供热动力，岩浆热液、变质流体及被加热的地下水混合,活化地层中矿质运移到断裂及层间破碎带有利的空间沉淀成矿。

【黄龙式】

成矿区带:南秦岭成矿带东段(Ⅲ-66B)。

建造构造:中下志留统梅子垭组第五岩性段含碳绢云母石英片岩及含碳黑云母变斑晶绢云母石英片岩,高碳质富含黄铁矿。通过该套地层的黄龙-沈坝逆冲断裂的次级断裂及韧性剪切带控制金矿。矿区内岩浆岩不发育,零星可见黑云母花岗岩脉。

成矿时代:印支期—燕山期。

成矿组分:Au。

矿床(点)实例:(陕)汉阴县黄龙(硝磺硐、金沟矿段)、八庙沟、范家沟金矿床,八庙沟西、金斗坡金矿点。

简要特征:矿体呈似层状产于劈理化带,产状与围岩一致,二者呈渐变过渡接触。容矿岩石为黄铁矿或磁黄铁矿绢云母石英片岩。矿石中金矿物主要为自然金、银金矿,粒径小于$30\mu m$的占26.18%,$43\sim76\mu m$的占12.97%,大于$76\mu m$的占50.71%(白龙安,2005);其他金属矿物主要为黄铁矿、磁黄铁矿,偶见黄铜矿、方铅矿、闪锌矿等;非金属矿物主要为石英,次为绢云母、黑云母、碳酸盐、绿泥石、绿帘石、石榴石等。矿体Au平均品位$1.81\times10^{-6}\sim2.52\times10^{-6}$。

成因认识:中下志留统梅子垭组浅变质含碳砂泥质的碎屑岩为控矿层位,通过该套地层的黄龙-沈坝逆冲断裂的次级断裂及韧性剪切带为控矿构造。该矿床式金矿相对于中下志留统地层明显具后生特点,晚期构造运动及深部中酸性岩浆活动提供热动力,热液活化地层中矿质,沿韧性剪切带运移到向脆性过渡的位置沉淀于劈理裂隙中成矿。

【李家沟式】

成矿区带:龙门山-大巴山成矿带(Ⅲ-73)。

建造构造:位处勉县-阳平关断裂北侧。下震旦统雪花太坪组底部砾岩段由砾岩、含砾杂砂岩、含砾凝灰岩夹细碧岩透镜体组成;中部板岩段由粉砂质板岩、泥钙质板岩、凝灰质板岩、碳质板岩、含碳绢云母板岩组成;上部碳酸盐岩巨厚层硅质白云岩、硅藻白云岩、硅化白云岩、白云质灰岩夹碳质板岩、绢云母板岩透镜体组成(陈世杰等,2014)。金矿赋存于勉县-阳平关NE向深大断裂的次级断裂及硅质白云岩层与板岩层间破碎带。中基性岩脉大量出现在断裂带中,主要为蚀变闪长玢岩及蚀变辉绿岩,与金矿化关系密切。

成矿时代:未定。

成矿组分:Au,(Cu)。

矿床(点)实例:(陕)勉县李家沟和李家沟西金矿床。

简要特征:矿体呈似层状、脉状、透镜体。矿石类型为破碎蚀变白云岩型、破碎蚀变板岩型、破碎蚀变闪长玢岩型和石英脉型。矿石中金矿物为自然金,粒径多为$10\sim50\mu m$,最小$3\mu m$,最大$100\mu m$(帅德权等,1982);其他金属矿物主要为黄铁矿,次为黄铜矿,少量黝铜矿、磁黄铁矿、毒砂等;非金属矿物主要为石英、白云石,次为铁白云石、方解石、绢云母、钠长石等。矿石Au品位为$1\times10^{-6}\sim42.3\times10^{-6}$,Au平均品位$8.83\times10^{-6}$。

成因认识:下震旦统浅变质沉积岩及基性火山岩为控矿层位,通过该套地层的勉县-阳平关NE向深大断裂的次级断裂及硅质白云岩层与板岩层间破碎带为控矿构造。晚期构造运动及中基性岩浆活动提供热动力,岩浆热液、变质流体及少量被加热地下水混合,活化地层中矿质迁移,使金在控矿构造破碎带内富集成矿。

【口头坝式】

成矿区带:龙门山-大巴山成矿带(Ⅲ-73)。

建造构造:中新元古界碧口群白杨组,由含碳质砂质板岩、含碳质绢云板岩、硅质板岩组成。金矿赋存于通过该地层的柴家沟-岭千里-枣园坝NE向压扭性断裂破碎带。

成矿时代：未定。

成矿组分：Au，(Ag)。

矿床（点）实例：（甘）文县口头坝金矿床，马家坡、竹园坝、土桥沟金矿点；康县三河金矿化点。

简要特征：矿体呈脉状。矿石类型为蚀变岩型和石英脉型。矿石中金矿物主要有自然金、银金矿，粒径多大于$100\mu m$，最大可达$1\sim 2mm$；其他金属矿物主要为黄铁矿，次为方铅矿、闪锌矿、辰砂等；非金属矿物主要为石英，次为方解石、绿泥石、绢云母。矿体Au平均品位$3.24\times 10^{-6}\sim 4.37\times 10^{-6}$。

成因认识：中新元古界碧口群白杨组浅变质沉积岩系为控矿层位，柴家沟-岭千里-枣园坝压扭性断裂为控矿构造。矿床相对于中新元古界碧口群具有明显后生特点，晚期热液活动活化下部地层中矿质在构造应力的驱动下向应力释放区迁移，在有利的成矿空间沉淀成矿。

【火峰垭式】

成矿区带：龙门山-大巴山成矿带（Ⅲ-73）。

建造构造：位处勉县-略阳-康县三角地带。阳平关-广坪大断裂北侧广泛出露中新元古界碧口群二亚群二岩组及三岩组地层，主要岩性为细碧角斑岩、细碧角斑质凝灰岩、变质凝灰质砂岩、板岩、千枚岩，夹大理岩。金矿赋存于通过该地层的韧-脆性剪切带及次级断裂破碎带。火峰垭矿区见花岗斑岩脉（张孝攀等，2015）。

成矿时代：未定。

成矿组分：Au。

矿床（点）实例：（陕）宁强县火峰垭（林家崖-太阳坡-瞎子湾矿段）、金厂沟、旧房梁、小燕子沟金矿床，鸡头山、金硐子湾、小梁上、王家坪、李青湾、杨家沟、曹家沟金矿点。（陈剑祥等，2013；张孝攀等，2015）

简要特征：矿体呈脉状、透镜状。矿石类型为石英脉型、蚀变火山岩型及磁铁石英岩型。矿石中金矿物主要有自然金，可见明金；其他金属矿物主要为黄铁矿，少量黄铜矿、闪锌矿、方铅矿、黝铜矿、磁铁矿等；非金属矿物主要为石英、钠长石，次为碳酸盐、绢云母、绿泥石、绿帘石，偶见铬镍云母。矿石Au品位$1\times 10^{-6}\sim 20\times 10^{-6}$；矿体Au平均品位$3.9\times 10^{-6}\sim 5.15\times 10^{-6}$。

成因认识：中新元古界碧口群二亚群火山-沉积岩系为控矿层位，通过该套地层的韧脆性剪切带为控矿构造。矿床相对于碧口群明显具后生特点，晚期构造运动及中酸性岩浆活动提供热动力，热液活化地层中矿质沿剪切带运移到向脆性过渡的位置沉淀成矿。

【煎茶岭式】

成矿区带：龙门山-大巴山成矿带（Ⅲ-73）。

建造构造：下震旦统断头崖组白云岩与新元古代超基性岩体成断裂接触。超基性岩强烈蚀变为纤胶蛇纹岩、叶蛇纹岩、滑镁岩、菱镁岩及石英菱镁岩等。花岗斑岩株侵入于超基性岩体中，采用锆石U-Pb法测得同位素年龄为$216\pm 4Ma$（姜修道等，2012），环绕斑岩体周围超基性岩中分布镍、铁矿体，再外有石棉，更外到蚀变超基性岩与周边围岩接触的韧-脆性剪切带则分布金矿体（聂江涛等，2012）。

成矿时代：印支期。

成矿组分：Au，Ni，Fe，（石棉）。

矿床（点）实例：（陕）略阳县煎茶岭金矿床。

简要特征：围绕超基性岩体分布北矿段、南矿段、东矿段，矿体呈似板状、透镜状，上盘为震旦系断头崖组白云岩，下盘主要为蛇纹岩-滑镁岩-石英菱镁岩。矿石中金矿物为自然金，少量银金矿，颗粒大小多为$0.5\sim 32\mu m$；其他金属矿物主要为黄铁矿、白铁矿、微量磁黄铁矿、闪锌矿、方铅矿、黄铜矿、毒砂、紫硫镍矿、辉砷镍矿、镍黄铁矿、磁铁矿等；非金属矿物主要为白云石、方解石和石英，少量蛇纹石、铬云母、滑石和钠长石等（岳素伟等，2013）。矿石Au品位$1\times 10^{-6}\sim 135\times 10^{-6}$，Au平均品位$7.58\times 10^{-6}$。

成因认识：新元古代镁质超基性岩为矿源岩，韧脆性剪切带为控矿构造。印支期构造运动及花岗斑岩侵入超基性岩体内提供热动力，岩浆热液、变质流体与被加热的地下水混合，活化超基性岩中矿质向周围运移，环绕斑岩体周围高温地带超基性岩中沉淀镍、铁矿体，蚀变超基性岩与周边围岩接触的低温地带沉淀金矿体。

四、后生热液微细浸染型

【瓦勒根式】

成矿区带：南秦岭成矿带西段，即西秦岭成矿带（Ⅲ-28）。

建造构造：下中三叠统隆务河组中—薄层状中细粒长石杂砂岩与深灰色绢云板岩互层，夹中—薄层状结晶灰岩。金矿赋存于通过该套地层的东西向层间断裂破碎带，同时与侵入断裂中的印支期—燕山期石英斑岩株关系密切，赋矿岩石为石英斑岩及外接触带破碎蚀变砂板岩。

成矿时代：印支晚期。

成矿组分：Au，(Ag，Sb，As)。

矿床(点)实例：(青)泽库县瓦勒根金矿床，夺确壳金砷矿床，席地金矿点、夏德日金锑矿点、拉依沟、吉地、754、西尕克日、官秀寺金矿点；同德县石藏寺、牧羊沟金矿床，马日当、莫洛琼哇沟脑金矿点；兴海县浪贝金锑矿点、拿东北金砷银矿点。

简要特征：矿体为似层状、透镜状。矿石类型主要为破碎蚀变砂板岩型，次为蚀变石英斑岩型。矿石构造类型为细脉状、浸染状。矿石中金矿物主要为自然金与含银自然金，粒径多为 $2\sim10\mu m$，以小于 $5\mu m$ 为主(曾福基，2009)；其他金属矿物主要为黄铁矿、毒砂，次为磁黄铁矿，少量辉锑矿、方铅矿、闪锌矿、黄铜矿等；非金属矿物主要为石英、长石，次为方解石、白云石、绢云母等。矿体 Au 平均品位 $1.83\times10^{-6}\sim5.47\times10^{-6}$；矿石伴生 Ag $1.1\times10^{-6}\sim3.3\times10^{-6}$，Sb $0.05\%\sim0.42\%$。

成因认识：下中三叠统隆务河组沉积岩系为控矿层位；通过该套地层的东西向层间断裂破碎带为控矿构造。印支晚期中酸性岩浆活动提供热动力，岩浆热液与被加热的地下水混合，活化地层中矿质，运移到断裂破碎带中沉淀成矿。

【拉尔玛式】

成矿区带：南秦岭成矿带西段，即西秦岭成矿带（Ⅲ-28）。

建造构造：下寒武统太阳顶组相间产出的深灰色—灰黑色厚层—块状碳质硅岩与碳质板岩局部可见粉砂岩、碳酸盐岩；出露少量中酸性脉岩，主要为英安斑岩岩脉。硅岩中的杂质矿物有黄铁矿、重晶石、碳质和泥质物等。矿体赋存于层间破碎带。

成矿时代：燕山期—喜山期。

成矿组分：Au，(Ag，Se，Pt，Pd)。

矿床(点)实例：(川甘交界)碌曲县拉尔玛金矿床(俄都-邛莫-牙相3个矿段)。

简要特征：矿体沿层间破碎带呈串珠状、透镜状、似层状、长条状、漏斗状、脉状产出。矿石构造主要有角砾状、角砾—碎斑状、浸染状、脉状—网脉状、条带状等。矿石类型主要为板岩型、硅质岩型，次为英安玢岩型。矿石中金矿物为自然金，其粒径 $0.2\sim5\mu m$ 的占 44.28%，$5\sim10\mu m$ 的占 15.52%，$10\sim20\mu m$ 的占 18.58%，$20\sim50\mu m$ 的占 15.01%，$50\sim100\mu m$ 的占 5.85%，$100\sim200\mu m$ 的占 0.76%(刘家军等，1994)；其他金属矿物主要为辉锑矿、黄铁矿，次为白铁矿、灰硒汞矿、闪锌矿、方铅矿、黄铜矿、雄黄、雌黄、红锑矿、黝铜矿、硒硫锑矿、硒硫锑铜矿、白硒铁矿等；非金属矿物主要为石英、重晶石、地开石，次为绢云母、高岭石、有机物等。各类型矿石 Au 品位 $1.25\times10^{-6}\sim8.5\times10^{-6}$；伴生 Ag $2.0\times10^{-6}\sim3.6\times10^{-6}$，Se $55.09\times10^{-6}\sim89.85\times10^{-6}$，Pt $0.001\times10^{-6}\sim0.113\times10^{-6}$，Pd $0.001\times10^{-6}\sim0.126\times10^{-6}$。

成因认识：下寒武统含碳硅质岩系为控矿地层，燕山期以来多期次的构造活动，发生构造变形和地层岩石的破碎，构造运动及深部中酸性岩浆活动提供热动力，被加热的地下水沿断裂运移，活化地层中成矿元素，迁移到有利部位沉淀成矿。

【坪定式】

成矿区带：南秦岭成矿带西段，即西秦岭成矿带（Ⅲ-28）。

建造构造：中泥盆统下吾那组浅变质沉积岩，由凝灰质板岩、钙质板岩、含粉砂绢云板岩、含碳板岩及少量生物碎屑灰岩、黏土岩等组成。金矿体赋存于岩石断裂破碎带。

成矿时代：印支期。

成矿组分：Au，(As)。

矿床(点)实例：(甘)舟曲县坪定、羊里尾沟金矿床，九源、卡玛、查布金矿点。

简要特征：矿体的富集与断带中的裂隙、破劈理发育强度成正相关，形态呈似层状、脉状、透镜状产出，具分支、复合、膨大收缩、尖灭再现现象。矿石构造有块状、角砾状、碎裂状、脉状、网脉状、浸染状、条带状、斑点状。矿石中金矿物为自然金，粒径多为 $0.2\sim0.4\mu m$(谭光裕，1992)；其他矿石矿物主要为黄铁矿、雌黄、雄黄，次为毒砂、辉锑矿等；脉石矿物有石英、方解石、黏土矿物等。矿床 Au 平均品位 8.46×10^{-6}，As 6.62%；含 Ag 很低，仅 1×10^{-6}。

成因认识：中泥盆统下吾那组浅变质沉积岩系为控矿地层，印支期发生强烈褶皱，产生一系列不同级别的断裂裂隙，构造运动及深部岩浆活动提供热动力，被加热的地下水，沿断裂运移过程活化岩石中成矿元素，迁移到有利部位沉淀成矿。

【庞家河式】

成矿区带：南秦岭成矿带西段，即西秦岭成矿带(Ⅲ-28)。

建造构造：上泥盆统下东沟组，主要岩性为变质粉砂岩、粉砂质千枚岩、钙质千枚岩。近东西向韧-脆性剪切带(挤压片理化带及层间破碎带)属含矿构造。

成矿时代：印支期—燕山期。

成矿组分：Au，(Ag)。

矿床(点)实例：(陕)凤县庞家河金矿床，吴家沟、堡子山金矿点。

简要特征：金矿体呈脉状、似层状、透镜状主要赋存于千枚岩与变质砂岩界面附近的千枚岩中，受韧-脆性剪切带控制。矿体沿走向、倾向有分支复合、膨胀收缩、尖灭再现等现象。矿石中金矿物为自然金、银金矿，粒径多为 $0.025\sim0.42\mu m$(权志高，1996)；其他金属矿物主要为黄铁矿、毒砂，少量方铅矿、闪锌矿等。矿石 Au 品位 $1.51\times10^{-6}\sim10.09\times10^{-6}$，矿床 Au 平均品位 4.16×10^{-6}。

成因认识：上泥盆统浅变质细碎屑岩系为控矿层位，韧-脆性剪切变形构造带为控矿构造。印支期—燕山期区域构造运动及中酸性岩浆活动提供热动力，岩浆热液与变质流体混合，活化地层中矿质，沿韧性剪切带运移到韧-脆性的过渡部位沉淀成矿。

【大桥式】

成矿区带：南秦岭成矿带西段，即西秦岭成矿带(Ⅲ-28)。

建造构造：赋矿地层为下三叠统留风关群浊积岩，岩性为含碳硅质角砾岩和复成分角砾岩，局部夹纹层状硅质岩、板岩等组成。窑上-石峡断裂穿过矿区，经构造运动后又产生构造破碎，构造角砾微裂隙充填有石英、黄铁矿细脉，主要矿体均赋存于构造硅质角砾岩中。矿区构造破碎带见 12 条花岗闪长岩脉，区域上有转庙子印支期花岗闪长岩株。

成矿时代：印支期。

成矿组分：Au，(Ag)。

矿床(点)实例：(甘)西和县大桥金矿床。

简要特征：矿体呈似层状、板状、透镜状，均顺层产出，产状与硅质角砾岩层基本一致。矿石类型分为：硅质角砾岩型金矿石、复成分角砾岩型金矿石和品位较差的纹层状硅质岩型矿石等。矿石构造主要为浸染状、斑点状、脉状—交错脉状—网脉状、条带状、纹层状、角砾状、胶状构造。石英细脉的脉宽 $1\sim2.5mm$。矿石中金矿物为自然金、银金矿，粒径为 $0.5\sim10\mu m$ 的占 46.1%，$10\sim37\mu m$ 的占 31.7%，$37\sim74\mu m$ 的占 19.2%(尤关进等，2009)；其他金属矿物主要为黄铁矿，少量黄铜矿、闪锌矿、方铅矿、毒砂、硫锑铅矿、脆硫锑铅矿等；非金属矿物主要为石英，还含有碳质、方解石、萤石、绿帘石、绢云母等。矿石 Au 平均品位 3.10×10^{-6}，伴生 Ag 4.77×10^{-6}。

成因认识：下三叠统留风关群浊积岩为控矿层位，穿过该套地层的窑上-石峡断裂破碎带为控矿构造，三叠纪晚期中酸性岩浆活动提供热动力，岩浆热液与被加热的地下水混合，活化地层中矿质，运移到有利构造部位沉淀成矿。

【马鞍桥式】

成矿区带：南秦岭成矿带东段（Ⅲ-66B）。

建造构造：上泥盆统桐峪寺组，为一套浅变质的浅海—滨海相泥质、粉砂质沉积夹碳酸盐岩、碳质沉积。其中金矿产于黑云千枚（糜）岩、绢云千枚（糜）岩、斜长黑云绢云千枚（糜）岩、钙质绿泥绢云千枚（糜）岩、大理岩、碳质构造片岩斜长黑云绢云千枚岩、钙质绿泥绢云千枚岩。金矿分布受通过该套地层的韧-脆性剪切带、次级断裂带及层间破碎带控制。附近出露柳林沟、香沟等中酸性岩体及岩脉，已测得香沟锆石 U-Pb 年龄 242.0 ± 0.8Ma（朱赖民等，2009）。

成矿时代：印支期—燕山期。

成矿组分：Au，(Ag)。

矿床(点)实例：(陕)周至县马鞍桥(河西-香沟-大崖沟-正南沟等矿段)、安家歧、金铜沟、清水河金矿床，沙梁子、柳林沟、磨子沟、虎豹河、沙沟金矿点。

简要特征：金矿体呈似层状、透镜状、扁豆状。矿石类型有破碎蚀变岩型（蚀变千枚岩型、碳质片岩型）和含金石英脉型。矿石构造为千枚（糜）状、星散浸染状、斑点状、细脉浸染状等。矿石中金矿物为自然金，粒径在马鞍桥矿床 $5\sim30\mu m$（栾长青等，2007）；其他金属矿物为黄铁矿、磁黄铁矿，次为毒砂，少量黄铜矿、闪锌矿、方铅矿、白铁矿、辉锑铅矿、锑铋碲矿等；非金属矿物主要为石英、绢云母、碳酸盐，次为绿泥石、钠长石等。矿体 Au 平均品位 $4.82\times10^{-6}\sim5.82\times10^{-6}$。

成因认识：上泥盆统桐峪寺组沉积岩系为控矿层位，通过该套地层的韧-脆性剪切带、次级断裂带及层间破碎带为控矿构造。印支期—燕山期区域构造运动及中酸性岩浆活动提供热动力，岩浆热液、变质流体及被加热的建造水及地下水混合，活化地层中矿质，沿韧性剪切带迁移到向脆性过渡的构造空间沉淀成矿。

【金龙山式】

成矿区带：南秦岭成矿带东段（Ⅲ-66B）。

建造构造：上泥盆统铁山组（原南羊山组），下段为含生物鲕粒粉晶灰岩夹石英砂岩、泥质粉砂岩；上段为中厚层白云质长石石英砂岩夹砂屑灰岩、角砾状灰岩、生物碎屑灰岩。下石炭统袁家沟组含燧石灰岩，局部为块状、砾状灰岩。矿（化）体分布于背斜的核部，近东西向断裂、北东向断裂、北西向断裂及层间破碎带是为含矿构造。根据遥感解译环形构造推断该区深部存在隐伏岩体。

成矿时代：印支期—燕山期。矿石绢云母 Ar-Ar 法年龄为 232.7 ± 6.9Ma（赵利青等，2001）和 142.34 ± 0.83Ma（刘云华等，2015）。

成矿组分：Au，(Sb)。

矿床(点)实例：(陕)镇安县金龙山金矿床(古楼山-丘岭-腰俭-金龙山等 4 个矿段)、古道沟、太白庙、夹石沟、杨家岭、郭家山、灯台垭、涝池垭、西沟、龙王沟、小紫龙、王家湾金矿点。

简要特征：金矿体呈似层状、透镜状、脉状，赋存于断裂破碎带与层间破碎带，上泥盆统中占92.5%，而赋存在下石炭统中仅占 7.5%。从深部向浅部矿石类型有黄铁矿型金矿石，毒砂-黄铁矿型金矿石，辉锑矿-黄铁矿型金矿石和辉锑矿-毒砂-黄铁矿型金矿石，显示上锑下金分带。矿石构造为稀疏浸染状、细脉-浸染状、条带状、角砾状。矿石中金矿物为自然金，粒径多为 $1\sim5\mu m$，个别达 $7\mu m$（杨涛等，2000）；其他矿石矿物主要为砷黄铁矿、毒砂，次为黄铁矿、辉锑矿，少量为闪锌矿、方铅矿、砷黝铜矿、雄黄等；脉石矿物主要为石英、铁白云石、方解石，次为绢云母、重晶石、石墨及碳质等。矿石 Au 平均品位：金龙山矿段 5.20×10^{-6}，腰俭矿段 3.17×10^{-6}，丘陵矿段 4.35×10^{-6}，古楼山矿段 2.88×10^{-6}。

成因认识：上泥盆统细碎屑-碳酸盐岩与下石炭统碳酸盐岩为控矿层位，断裂破碎带与层间破碎带为控矿构造。印支期—燕山期构造运动及深部岩浆活动提供热动力，岩浆热液及被加热的大量建造水与地下水混合，活化地层中矿质运移到合适的位置沉淀成矿。由于温度分带，破碎带下段上泥盆统沉淀金矿，破碎带上段石炭统沉淀金锑矿。

【惠家沟式】

成矿区带：南秦岭成矿带东段（Ⅲ-66B）。

建造构造：中泥盆统古道岭组（原杨岭沟组）：上岩段为中厚层状灰岩、泥质灰岩、泥质钙质粉砂质千枚岩；中岩段主要由灰岩、泥质灰岩、钙质粉砂质千枚岩、泥质钙质千枚岩等组成，局部夹白云岩、生物碎屑灰岩等；下岩段为粉砂质千枚岩，含铁石英砂岩，局部夹薄层灰岩。通过该套地层的惠家沟-草家川背斜轴向平行的南羊山断裂带次级断裂及北翼层间破碎带控矿。

成矿时代：印支期。

成矿组分：Au，(Sb)。

矿床（点）实例：（陕）旬阳县惠家沟（文家沟-广家寨-陈家院等矿段）、小河金矿床（阴坡岭-杨门寨-南沟等矿段）、淋湘金矿点。

简要特征：金矿体赋存于层间破碎带，呈似层状、透镜状、脉状。层间破碎带分布破碎-角砾岩型金矿石，旁侧分布浸染千枚岩型金矿石，最外侧为浸染千枚岩型金锑矿石。矿石中金矿物为自然金，粒径$2\sim83\mu m$，大多小于$40\mu m$（唐永忠，1999）；其他金属矿物主要为黄铁矿、毒砂，次为辉锑矿，偶见白钨矿、黄铜矿、方铅矿等；非金属矿物主要为石英、绢云母、铁白云石、方解石，次为钠长石、白云母、金红石等。矿石 Au 品位$1.5\times10^{-6}\sim4.21\times10^{-6}$，Au 平均品位$2.63\times10^{-6}$。

成因认识：中泥盆统古道岭组浅变质细碎屑-碳酸盐岩为控矿层位，通过该套地层的南羊山断裂带、次级断裂及层间破碎带为控矿构造。印支期热液活动再造，矿质活化迁移富集成矿。"惠家沟式"金矿与"金龙山式"金矿相比，主要是赋矿层位略深一些。

应当指出，目前地质文献对微细浸染型金矿说法多样，本书建议按照勘查及岩矿鉴定可获取的地质特征来定义。微细浸染型金矿：指岩金矿（通常是沉积岩、浅变质沉积岩）中后生热液成因的，并且围岩蚀变微弱或热液脉微细（一般小于 10mm，甚至小于 1mm）、载金矿物微细（一般小于 0.5mm，甚至小于 0.1mm）、金矿物微细（一般小于$37\mu m$，甚至小于$10\mu m$）的难识别金矿。对明显由石英脉体或破碎蚀变带控制的金矿，无论金矿物是否微细，均应优先划为石英脉型-破碎蚀变岩型。

在选矿工艺中，按照矿石中分散的金矿物微细（一般小于$37\mu m$，甚至小于$10\mu m$）单一特征，一般定名为微细粒浸染型金矿石，仅反映微细浸染型金矿的三条基本特征之一。

第十四章 银 矿

银是一种重要的资源。首先,作为一种重要的贵金属,还保留有旧货币时代痕迹;其次,用做饰品和贵重用具,其中电镀银器也广泛存在。在这些方面,银有着与金相似的地位。

第一节 矿产概况和成矿时段

截至 2009 年,西北地区探获银矿床 129 处(21 处为独立银矿或共生银矿,其余均为伴生银矿),大型 7 处(甘肃金川、小铁山;青海锡铁山、铜峪沟;新疆阿舍勒、土屋-延东;陕西银洞子),中型 46 处,小型 76 处。按累计查明银资源量统计对比,甘肃占 31.16%,青海占 29.73%,新疆占 25.69%,陕西占 13.23%,宁夏仅占 0.18%。近年,西北地区银矿找矿勘查又取得新进展。

新疆:阿勒泰地区阿舍勒铜矿区深部找矿勘查新增 333+334 级铜金属量 $24.95×10^4$ t,伴生金 7.42t,银 210t。伊犁南部那拉提发现勘查出的卡特巴阿苏金矿床,探获 332+333 级金资源量 86.5t,伴生银 114.23t。萨热克铜矿累计探获 331+332+333 级铜 $85.09×10^4$ t,其中 2011—2015 年新增铜金属资源量 $74.73×10^4$ t 及伴生银金属资源量 152t。祁曼塔格白干湖一带钨锡矿探获伴生铜 $4.2×10^4$ t 及伴生银 262t。

青海:东昆仑沟里一带累计探获 332+333+334 级伴生银 1900t(有 332+333 级 1080t),其中 2011—2015 年新增 332+333+334 级伴生银 632.33t(有 332+333 级 565t)。柴北缘大柴旦双口山外围银铅矿 2014—2015 年探获 333+334 级银资源量 87.8t。

甘肃:北祁连白银厂矿田新发现四方山锌铅铜矿床,铜铅锌资源量(铜约占 6.5%,铅锌约占 93.5%)$52×10^4$ t,地质特征及成分特点类似小铁山为锌铅铜型,可判断伴生银必定可观,需检测。厂坝铅锌矿床伴生银平均品位 $14.61×10^{-6}$,新增深部及外围新发现的铅锌矿体也应检测伴生银。

陕西:新增伴生银 803.04t。

宁夏:卫宁北山地区二人山矿区验证钻孔(ZK139-1)累计见银铅多金属矿 51.2m(潘进礼等,2013)。根据王改平等(2014)发布的详细数据统计,有 44m 银铅硫铁矿,Ag 平均品位 $157.15×10^{-6}$,Pb 平均品位 3.82%,Cu 平均品位 0.46%,S 平均品位 14.73%,需进一步评价。

按截至 2009 年累计查明资源量分析(图 14-1),西北地区银矿主要成矿期为海西期(48.48%),其次为加里东期(20.57%)、前寒武纪(10.85%)、燕山期(10.22%)、印支期(8.98%),仅极少量形成于及喜山期(0.90%)。

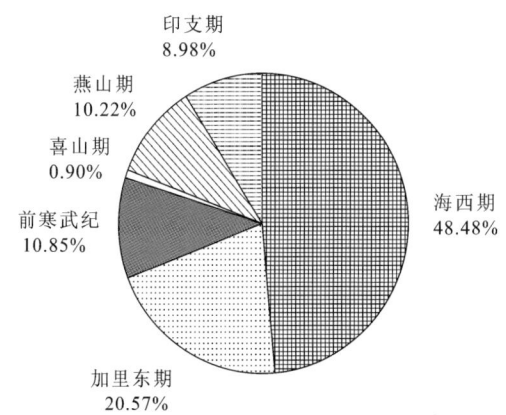

图 14-1 西北地区银矿时代统计分布图(截至 2009 年数据)

第二节 矿床类型及矿床式

按截至2009年累计查明资源量分析(图14-2),西北地区银矿最重要的矿床类型为海相火山型(40.34%),其次为层控热液型(18.73%)、热液型(12.22%)、斑岩型(10.71%)、陆相火山型(6.37%)、岩浆型(6.36%)、接触交代型(5.04%),仅极少量沉积变质型(0.24%)。

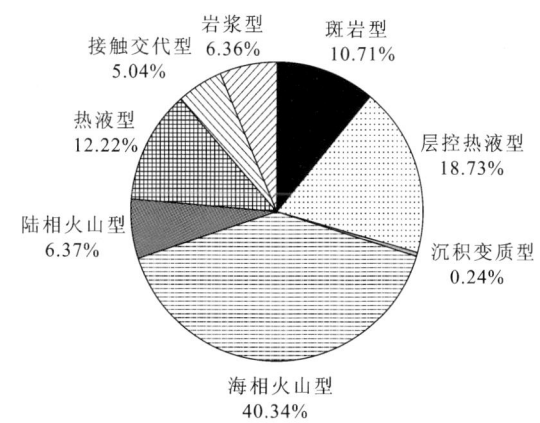

图14-2 西北地区银矿类型统计分布图(截至2009年数据)

一、岩浆型

【黄山式】【金川式】铜镍(伴生银),参见第八章镍矿中的同名矿床式。

二、陆相火山型

【索尔巴斯陶式】【阿希式】【石英滩式】金(伴生银),参见第十三章金矿中的同名矿床式。
【鄂拉山口式】【老藏沟式】【那日尼亚式】铅锌(伴生银),参见第六章铅锌矿中的同名矿床式。

三、海相火山型

【赵卡隆式】铁银铅,参见第二章铁矿中的同名矿床式。
【阿舍勒式】【红海-红土坡式】【小热泉子式】【卡特里西式】【彩华沟式】【折腰山式】【恰冬式】【铜峪沟式】【筏子坝式】铜(伴生银),参见第五章铜矿中的同名矿床式。
【小铁山式】铅锌铜(伴生银),【可可塔勒式】【铁木尔特式】【蛟龙掌式】铅锌(伴生银),参见第六章铅锌矿中的同名矿床式。

四、斑岩型

【土屋-延东式】【索尔库都克】【包古图】铜(伴生银),【白山堂】铜铅(伴生银),【乌兰乌珠尔式】铜锡(伴生银),参见第五章铜矿中的同名矿床式。
【硫磺山式】
成矿区带:塔里木板块北缘成矿带(Ⅲ-12)。

建造构造：早石炭世石英斑岩岩株侵入中上奥陶统硫磺山群细砂岩、硅质岩、生物碎屑结晶灰岩、砾状灰岩系中多组断裂交会部位，银铅矿产于石英斑岩体内部及其与灰岩接触带。

成矿时代：早石炭世。石英斑岩锆石 U-Pb 年龄 $340.2±4.3$Ma；含矿石英细脉的纯净石英 Rb-Sr 等时线年龄为 $346±30$Ma（新疆维吾尔自治区地质矿产勘查开发局，2012）。

成矿组分：Pb，Ag，Au。

矿床（点）实例：（新）托克逊县硫磺山银铅矿床。

简要特征：矿体多呈脉状、透镜状、似层状、马蹄状和簸箕状在石英斑岩体内部及其与灰岩接触带上产出。原生硫化物型矿石主要有致密块状黄铁矿型矿石、黄铁矿化石英斑岩矿石、方铅矿化结晶灰岩矿石、脉状黄铁矿型矿石。主要金属矿物有黄铁矿、黄铜矿、闪锌矿、方铅矿；非金属矿物为石英、绢云母、绿泥石、高岭石、重晶石、石膏、方解石等。矿石具角砾状、块状、浸染状、细脉浸染状、条带状构造。几个主矿体平均品位：Pb $19.40\%\sim28.52\%$，Ag $264\times10^{-6}\sim1092\times10^{-6}$，Au $2.5\times10^{-6}\sim8.6\times10^{-6}$。矿床平均品位：Ag 195×10^{-6}，Pb 3.91%。

成因认识：早石炭世中酸性岩浆沿断裂交汇位置侵位于中上奥陶统硫磺山群地层，形成浅成—超浅成石英斑岩岩株，岩浆期后热液在内外接触带充填交代形成银铅矿床。

五、矽卡岩型

【辉铜山式】铜（伴生银），参见第五章铜矿中的同名矿床式。

【维宝式】【什多龙式】铅锌（伴生银），参见第六章铅锌矿中的同名矿床式。

【维权式】

成矿区带：觉罗塔格-黑鹰山成矿带（Ⅲ-8）。

建造构造：晚石炭世的百灵山花岗岩-花岗闪长岩体沿多组断裂交汇部位侵入上石炭统土古土布拉克组浅海相砂岩、凝灰岩和灰岩互层岩系中，银矿体主要产于岩体外接触带的矽卡岩化灰岩夹砂岩层中。矿体产状与地层倾向相反，受断裂控制，容矿岩石为矽卡岩。

成矿时代：晚石炭世末期。花岗岩体中的锆石 U-Pb 年龄为 $297±3$Ma（王龙生等，2005）。

成矿组分：Ag，Cu，（Pb，Zn）。

矿床（点）实例：（新）鄯善县维权银铜矿床。

简要特征：矿体主要呈脉状、透镜状产于矽卡岩中，由矿体中心向两侧金属矿物分带特征明显，内带为铜银矿，外带为铅锌矿。矿石构造有细脉状、稀疏浸染状、不规则团块状等。围岩蚀变为矽卡岩化、碳酸盐化、绿帘石化、绿泥石化、阳起石化及少量绢云母化。矿石中金属矿物主要为黄铜矿、黄铁矿，次为磁铁矿、方铅矿、闪锌矿、辉银矿、自然银等；非金属矿物主要为石英、斜长石、绢云母、钙铁榴石、绿泥石、黑云母，少量角闪石、辉石、绿帘石、方解石等。矿床 Ag 平均品位 353.17×10^{-6}，Cu 平均品位 0.54%。

成因认识：晚石炭世末期中酸性岩侵入，接触交代成矿。

六、层控热液型

【腰岘子式】【天鹿式】铜（伴生银），参见第五章铜矿中的同名矿床式。

【沙里塔什式】【花牛山式】银铅锌，【彩霞山式】【觉东式】【掉石沟式】【厂坝-李家沟式】【邓家山-铅硐山式】【下拉地式】【东莫扎抓式】【楚多曲式】【锡铁山式】【马元式】铅锌（伴生银），参见第六章铅锌矿中的同名矿床式。

【玉西式】

成矿区带：伊犁南缘-中天山-旱山成矿带（Ⅲ-11）。

建造构造：蓟县系卡瓦布拉克群第二岩组石英岩、变粒岩、斜长角闪片岩、黑云母斜长片麻岩夹黑云母石英片岩、白云石大理岩，原岩为砂泥质-碳酸盐岩（基性火山岩）建造。矿体赋存于白云大理岩、条带状白云石大理岩、黑云母斜长片麻岩破碎岩中。矿区北侧出露图兹雷克海西期花岗岩岩体、钾长花岗岩。

成矿时代：海西期。

成矿组分：Ag,Pb,Zn,Cu。

矿床(点)实例：(新)哈密市玉西银多金属矿床。

简要特征：矿体呈脉状、似层状、透镜状；银矿物有辉银矿、角银矿、自然银、脆银矿、碎银矿；其他金属矿物有黄铁矿、黄铜矿、方铅矿、闪锌矿；非金属矿物有白云石、方解石、石英、白云母、黝帘石、绢云母、重晶石、绿泥石等。矿石构造主要为浸染状、脉状、网脉状，次为角砾状、块状；蚀变类型以硅化、碳酸盐化为主，次有绿泥石化、重晶石化、绢云母化。矿石品位 Ag $40.50\times10^{-6}\sim259.17\times10^{-6}$，Pb $0.13\%\sim4.37\%$，Zn $0.10\%\sim1.71\%$，Cu $0.04\%\sim6.92\%$。

成因认识：蓟县系卡瓦布拉克群火山-沉积变质岩系为控矿层位，构造破碎带为控矿构造。海西期区域构造运动及中酸性岩浆活动提供热动力，岩浆热液与被加热的地下水混合，活化地层中矿质，迁移到有利构造破碎带沉淀成矿。

【南泉式】

成矿区带：敦煌成矿带(Ⅲ-15)。

建造构造：蓟县系平头山组浅海相细碎屑岩-碳酸盐岩系，夹有硅岩及少量酸性—基性火山岩，该地层赋存花牛山铅锌银矿床，矿体主要呈似层状，采自花牛山三矿区的玄武岩锆石 U-Pb 年龄 1071Ma(杨建国等，2010)。该套地层受印支期钾长花岗岩侵入，接触带叠加矽卡岩型铅锌贫矿体，同时还形成花牛山金矿床和花黑滩钼矿床；钾长花岗岩锆石 U-Pb 年龄 225 ± 2Ma，花牛山金矿床辉钼矿 Re-Os 年龄 221.0 ± 3.4Ma；花黑滩钼矿床辉钼矿 Re-Os 年龄 225.2 ± 2.4Ma(朱江等，2013)。在铅锌银矿床西约 10km 分布南泉银金矿床，受方山口-花牛山断裂的次级断裂及层间破碎带控制。

成矿时代：印支期。

成矿组分：Ag,Au。

矿床(点)实例：(甘)瓜州县南泉银金矿床。

简要特征：矿化岩石主要为薄层状结晶灰岩中的角砾状硅化灰岩，少数为硅化千枚状板岩。矿体多呈脉状、似层状产出，局部有膨大收缩现象。共圈定银矿体 7 条，银金矿体 2 条。矿石构造为碎裂状、角砾状、脉状、条带状、网脉状、稀疏浸染状；银与硅化、褐铁矿化、铁碳酸盐化、黄铁矿化、孔雀石化、蚀变关系密切。矿石中非金属矿物主要为石英、方解石，次白云石、斜长石等；金属矿物仅占 0.5%，主要为黄铁矿、毒砂、黄铜矿、方铅矿、闪锌矿，次为斑铜矿、黝铜矿等；微量金银矿物，主要为自然银、角银矿、银金矿，次为银黝铜矿、硫铜银矿、自然金等。矿床 Ag 平均品位 169.71×10^{-6}。

成因认识：蓟县系平头山组沉积岩系为控矿层位，方山口-花牛山深大断裂的次级断裂及层间破碎带为控矿构造。印支期构造运动及中酸性岩浆活动提供热动力，岩浆热液及被加热的地下水混合，活化地层中的矿质，迁移到有利构造部位沉淀成矿。

【二人山式】

成矿区带：河西走廊成矿带(Ⅲ-20)。

建造构造：上泥盆统老君山组为钙质砂岩、粉砂岩，夹泥质、砂质灰岩透镜体；下石炭统前黑山组及臭牛沟组为灰岩、钙质粉砂岩、砂岩、泥页岩。二人山银铅硫铁矿床和金场子金矿床均赋存于通过该套地层的二人山-金场子构造破碎蚀变带(仲佳鑫等，2012)，同时与燕山期闪长玢岩脉关系密切。据航磁异常推断及地质分析，该地区在 1km 左右的深度可能存在有较大的隐伏岩体，区域地表出露的岩脉是其存在的标志(刘建兵等，2010；朱丹等，2015)，闪长玢岩脉锆石 U-Pb 同位素年龄为 144.4 ± 1.1Ma$\sim$ 170.2 ± 0.75Ma(艾宁等，2011)。

成矿时代：燕山期。

成矿组分：Ag,Pb,硫铁矿,(Au)。

矿床实例：(宁)中卫市二人山银铅硫铁矿床。

简要特征：矿区圈定 11 个硫铁矿体，呈透镜状、串珠状，剖面上呈斜列分布。原生矿石矿物主要为黄铁矿、毒砂，其次为黄铜矿、斑铜矿等；矿石构造有角砾状、条带状、块状、斑杂状、脉状等；围岩蚀变主要硅化、碳酸盐化，其次为钠长石化、高岭石化、重晶石化和绢云母化。矿床 S 平均品位 17.3%。

矿区另外还圈出 7 个银、铅矿体。矿石构造为角砾状、细脉浸染状、脉状构造、斑杂状等。矿石矿物有自然银、辉银矿、汞银矿、角银矿、辉铋矿、菱锌矿、方铅矿、闪锌矿、黄铁矿等；非金属矿物有石英、绢云母、绿泥石、方解石、重晶石、白云石等。矿区 Pb 平均品位 1.68%，Ag 平均品位 41.87×10^{-6}，伴生 Au 平均品位 0.45×10^{-6}。

成因认识：上泥盆统老君山组与下石炭统前黑山组地层为控矿层位，断裂破碎带为控矿构造。燕山期闪长玢岩有关岩浆活动提供的热动力，活化成矿物质迁移，充填在断裂破碎带成矿，属于层控热液型。

【解嘎式】

成矿区带：昌都-普洱成矿带（Ⅲ-36）。

含矿建造：矿体赋存于中侏罗统雁石坪群沉积岩系，通过该套地层的解曲深断裂次级断裂破碎带控矿，含矿岩性为中岩组上岩段灰褐色长石石英砂岩及灰绿色泥灰岩。矿区东西两侧地区均出露有燕山晚期花岗岩体。

成矿时代：燕山晚期。区内矿石铅模式年龄为 97 ± 3.5Ma 与燕山期花岗岩年龄 98 ± 2.5Ma 相近（鲁海峰等，2005）。

成矿组分：Ag，Cu，Pb，Zn。

矿床（点）实例：（青）囊谦县解嘎银铜铅锌矿床。

简要特征：矿区共圈定 4 条含矿破碎带，所发现的 9 条矿体均赋存于其中。矿体呈透镜状、似层状、豆荚状。矿石构造为细脉状、星点状、浸染状，局部块状。围岩蚀变以碳酸盐化和硅化最普遍。矿石矿物主要为黄铜矿、黄铁矿、方铅矿、闪锌矿等。规模最大的 V 号矿体平均品位：Ag 490.28×10^{-6}，Cu 1.15%，Pb 0.70%，Zn 0.76%。

成因认识：中侏罗统雁石坪群沉积岩系中岩组上岩段灰褐色长石石英砂岩及灰绿色泥灰岩为控矿层位，解曲深断裂有关次级断裂破碎带为控矿构造。燕山晚期构造运动及中酸性岩浆活动提供热动力，岩浆热液与被加热的地下水混合，活化地层中成矿物质，在次级断裂破碎带中沉淀成矿。

【柳梢沟式】

成矿区带：北秦岭成矿带（Ⅲ-66A）。

建造构造：下古生界丹凤群黑湾里组和木其滩组为主要含矿地层，含矿岩石为绿泥绿帘片岩、绿泥绢云石英片岩、绢云石英片岩、大理岩、灰岩等。矿体受北东-南西向和近南北向断裂构造控制，矿（化）体分布在韧脆性断裂带中及细粒闪长岩脉外接触带，产状与含矿断裂产状相一致。

成矿时代：印支期。

成矿组分：Ag，Au，Pb。

矿床（点）实例：（甘）两当县柳梢沟银金铅矿床，尖山子银多金属矿化点。

简要特征：矿体受断裂构造控制，呈脉状、透镜状。矿石为块状构造、角砾状构造、脉状构造、条带状构造、网脉状构造、稀疏浸染状构造、薄层状构造。矿石中贵金属矿物银金矿、金银矿、自然金、自然银、辉银矿，金矿物粒径多为 $5\sim60\mu m$，也有小于 $1\mu m$；其他金属矿物主要为黄铁矿、方铅矿、毒砂、硫锑铜铅矿、闪锌矿，次为硫锑铅矿、锌锑黝铜矿、黄铜矿等；非金属矿物主要为石英、绢云母、绿帘石、绿泥石，次为钾长石、白云石、方解石、磷灰石等。矿体平均品位为：Au $3.00\times10^{-6}\sim7.00\times10^{-6}$；Ag $8.28\times10^{-6}\sim300.00\times10^{-6}$；Pb 0.24%~32.62%。矿床平均品位：Au 5.40×10^{-6}，Ag 210×10^{-6}，Pb 4.32%（王立波等，2013）。

成因认识：下古生界丹凤群中基—酸性火山沉积变质岩系为控矿层位，地层中断裂破碎带为控矿构造。印支期构造运动及中酸性岩浆活动提供热动力，岩浆热液及被加热的地下水混合，活化地层中矿质，迁移到有利构造部位沉淀成矿。

【银硐子式】

成矿区带：南秦岭成矿带东段（Ⅲ-66B）。

建造构造：中泥盆统青石垭组，主要为一套粉砂岩、黏土岩夹少量碳酸盐岩地层。而多金属矿体出现在从黏土岩向碳酸盐岩开始增多的黏土岩和粉砂岩层位中，含矿岩石具纹层状构造。在大西沟-银硐子矿田，车房沟西侧主要为菱铁矿重晶石（大西沟矿床），而车房沟东侧主要为银多金属硫化物（银硐子矿床）；在纵向上银铅锌铜等多金属产于下部，往上变为菱铁矿、重晶石矿。矿体下盘围岩以深灰色—灰黑色含碳质千枚岩、含碳钙质千枚岩为主；矿体上盘围岩主要为白云质绢云结晶灰岩夹绿泥绢云千枚岩，矿体恰好位于细碎屑岩向碳酸盐岩的过渡部位。

成矿时代：中泥盆世。

成矿组分：Ag，Pb，Zn，Cu。

矿床（点）实例：（陕）柞水县银硐子银铅多金属矿床。

简要特征：矿体呈层状、似层状、透镜状，叠加少量穿层脉状。矿体下盘围岩以含碳质千枚岩、含碳钙质千枚岩为主；矿体上盘围岩主要为白云质绢云结晶灰岩夹绿泥绢云千枚岩。矿层内的含矿主岩以含钠长石、重晶石条带的硅质板岩为主，其次为含燧石条带的硅质板岩。矿化从下向上为铜银矿-铜锌铅银矿-铅银矿-铅矿-菱铁矿的分带规律。矿石矿物金属矿物主要为方铅矿、黄铜矿、闪锌矿、黄铁矿、毒砂，次为磁黄铁矿、银黝铜矿等，银主要赋存于方铅矿、银黝铜矿等硫化矿物中；非金属矿物主要为石英、钠长石、铁白云石、菱铁矿、方解石、绿泥石、重晶石等，其中重晶石和钠长石最为常见（陈在劳，2009）。矿石构造以条纹、条带状构造为主，其次为角砾状构造、斑杂状构造、脉状构造；矿区蚀变作用较弱，仅在矿体的上下盘有弱的绿泥石化、硅化、黄铁矿化及碳酸盐化。各类矿石品位：Ag 42.5×10^{-6}～294.0×10^{-6}，Pb 0.33%～24.00%，Zn 0.01%～3.33%，Cu 0.05%～0.76%（方维萱等，1999）。矿床Ag平均品位100.32×10^{-6}。

成因认识：东秦岭泥盆纪海槽中断续有火山活动存在，柞水-山阳凹陷中，既有中基性火山岩，又有中酸性火山岩。大西沟-银硐子以东地区的中泥盆统中含有大量凝灰岩夹层。到中泥盆世后期，含矿岩系以陆源碎屑沉积为主，火山喷发处于相对宁静时期，但海底喷流活动强烈。柞水大西沟-银硐子热水盆地总体远离火山中心，车房沟东侧以喷流热液自身沉淀银多金属硫化物为主，形成银硐子银多金属矿床；车房沟西侧海水中溶解的HCO_3^-受热流影响转化为CO_3^{2-}，与热液带来的Fe^{2+}结合沉积为菱铁矿，海水中SO_4^{2-}离子与热液带来的Ba^{2+}离子结合沉积为重晶石矿层，形成大西沟菱铁矿-重晶石矿床。印支期—燕山期热液改造，矿田普遍产生一些脉状矿体。

【大兴-银洞沟式】

成矿区带：南秦岭成矿带东段（Ⅲ-66B）。

建造构造：中新元古界武当山群杨坪岩组条带状绢云石英钠长片岩、细粒绢云钠长浅粒岩，其次为薄层泥质白云岩、绿泥石英片岩、含碳云母石英片岩、黑云石英钠长片岩。近东西向褶皱及其轴部附近走向断裂、轴面劈理及节理裂隙组成的断裂带属含矿构造，沿该构造带分布硅化、绢云母绿泥石化、黄铁矿化和铁白云石等热液蚀变，以及细脉状、网脉状石英脉。

成矿时代：印支期。银洞沟银金矿石Rb-Sr年龄205Ma（陈毓川等，2010）。

成矿组分：Ag，Au。

矿床（点）实例：（陕）白河县大兴银金矿床；（鄂）竹山县银洞沟银金矿床。

简要特征：矿体均隐于地下200m，主要呈脉状或薄板状，少数呈透镜状，分布于近东西向断裂蚀变带内，矿体一般由含矿石英脉及硅化围岩组成，部分矿段为含矿石英网脉组成。矿石金属矿物有自然银、金银互化物、辉银矿、辉铜银矿、硫铜银矿、方铅矿、闪锌矿、黄铁矿；矿石以微—细粒稠密浸染状构造、细粒浸染状构造、细脉状构造、条带状构造为主；矿区主要蚀变有硅化、绢云母绿泥石化、黄铁矿化、铁白云石化。银矿体Ag品位43×10^{-6}～688×10^{-6}；银金矿体Ag品位143.73×10^{-6}～189.69×10^{-6}，Au品位1.3×10^{-6}～2.07×10^{-6}；金矿体Au品位4.55×10^{-6}～7.6×10^{-6}。矿床Ag平均品位140.85×10^{-6}。

成因认识：中新元古界武当山群杨坪岩组火山沉积变质岩系为控矿层位，地层中断裂破碎带为控矿构造。印支期热液作用活化地层中矿质，迁移到有利构造部位沉淀成矿。

七、热液型

【石硐沟式】

成矿区带：中祁连成矿带（Ⅲ-22）。

含矿建造：古元古界北大河群一套中深变质的火山岩-沉积岩石组合，岩性为云母石英片岩、大理岩，被奥陶纪野牛滩似斑状花岗闪长岩侵入，花岗闪长岩锆石 U-Pb 年龄 459±2.5Ma（毛景文等，2003）。接触带形成塔尔沟石英脉-矽卡岩型钨矿床，接触带外侧北西-南东向石硐沟大理岩与千枚岩层间断裂破碎带控制银铅锌矿床。

成矿时代：晚奥陶世。

成矿组分：Ag，Pb，Zn。

矿床（点）实例：（甘）肃北县石洞沟银铅锌矿床，石硐山铅锌矿点。

简要特征：矿体赋存于断裂带内硅化灰岩透镜体及大理岩与破碎带接触部位，部分产在破碎带内，呈似层状、透镜体状。矿体上盘为大理岩，下盘为千枚岩。含矿岩石为角砾状硅化灰岩；矿石类型为石英脉型和碎裂岩型。矿石金属矿物主要为黄铁矿、白铁矿、方铅矿、闪锌矿，少量银锑黝铜矿、硫锑铜银矿、黄铜矿、磁黄铁矿、磁铁矿、车轮矿等；非金属矿物主要为石英、铁白云石、方解石，次为绿泥石、绢云母等。矿石的构造类型主要为块状、浸染状、脉状—网脉状，其次为团块状、斑点状、斑杂状等；蚀变类型有硅化、绢云母化、大理岩化、碳酸化、黄铁矿化和方铅矿化，其中硅化、绢云母化、黄铁矿化分布最广泛，与铅锌银成矿关系最密切。矿床平均品位：Pb 1.08%，Zn 1.06%，Ag 147.69×10^{-6}。

成因认识：晚奥陶世野牛滩似斑状花岗闪长岩侵入古元古界北大河群，接触带形成塔尔沟石英脉-矽卡岩型钨矿床，接触带外侧北西-南东向石硐沟断裂破碎带控制银铅锌矿床。

【尕科合式】

成矿区带：南秦岭成矿带西段，即西秦岭成矿带（Ⅲ-28）。

建造构造：中三叠统古浪堤组一套浅海陆棚相碎屑岩夹碳酸盐岩，被印支期尕科合石英闪长岩株及花岗斑岩脉侵入。岩体的内外接触带均发育有 Cu、Ag、As 矿化，以含矿石英脉形式产出。

成矿时代：印支期。石英闪长岩的全岩 K-Ar 同位素年龄为 222±3Ma（青海地矿局第三地质队，1991）。

成矿组分：Ag，As，(Cu，Pb，Sn，Au)。

矿床（点）实例：（青）兴海县尕科合银砷矿床。

简要特征：矿体呈板状、脉状、透镜状，有铜砷银矿体、银砷矿体、铜矿体、铜砷矿体、砷矿体。矿石构造主要为角砾状、浸染状、斑杂状，其次为块状、脉状、条带状、网脉状等；围岩蚀变有硅化、碳酸盐化、矽卡岩化、绿泥石化、绢云母化。矿石矿物主要有黄铁矿、毒砂、黄铜矿，次为闪锌矿、方铅矿、银黝铜矿、自然银-金银矿、辉银矿、黝锡矿、锡石等；非金属矿物主要有石英，次为方解石、长石、绢云母、白云母等。矿石类型以铜银砷矿石为主，次为银砷矿石、银矿石，再次为砷矿石、铜矿石和极少的铜银矿石。矿床平均品位：Ag 145.6×10^{-6}，Cu 0.61%，As 7.90%。

成因认识：印支期尕科合石英闪长岩及花岗斑岩脉侵入，岩浆期后热液在内外接触带沉淀成矿。

【赛日欠式】

成矿区带：南秦岭成矿带西段，即西秦岭成矿带（Ⅲ-28）。

建造构造：中三叠统光盖山组细粒长石岩屑砂岩、长石砂岩、泥板岩、微晶灰岩、粗晶灰岩及藻灰岩，发育碎裂化、片理化。矿体受地层中断裂破碎蚀变带控制。矿区分布少量燕山期脉岩（辉绿玢岩、煌斑岩、闪长玢岩、石英闪长玢岩等），结合遥感环形构造推断深部有隐伏岩体。

成矿时代：燕山期。

成矿组分：Ag，Au，(Pb，Zn)。

矿床（点）实例：（甘）卓尼县赛日欠银金矿床。

简要特征:矿体受矿区内主要断裂破碎带控制,呈带状、层带状、透镜体状、串珠状等,有金银共生矿体3个、独立金矿体1个。共生矿体规模品位一般均高于独立矿体。构造以浸染状构造、块状构造为主,碎裂构造、细脉条带状构造次之。金银矿物有自然金、辉银矿,人工重砂中自然金粒径多为$100\mu m$左右(尚晓龙,2005);其他金属矿物有黄铁矿、毒砂、闪锌矿、方铅矿、脆硫锑铅矿;非金属矿物主要为石英、方解石,次为白云石、长石,少量绢云母、绿泥石等。矿石银平均品位135.74×10^{-6}。

成因认识:中三叠世光盖山组碎屑岩-碳酸盐岩为控矿层位,地层中断裂破碎带为控矿构造。燕山期构造运动及深部岩浆活动提供热动力,岩浆热液与被加热的地下水混合,活化地层中成矿物质,迁移到有利构造部位沉淀成矿。

第十五章 锂 矿

锂在现代电子产品的蓄电池制造中占重要地位,近年还研发轻质铝锂合金用于大飞机制造,用量日益增大。

第一节 矿产概况和成矿时段

截至2009年,西北地区探获锂矿床23处,其中超大型3处(青海察尔汗、西台吉乃尔、东台吉乃尔),大型1处(青海一里坪),中型9处,小型10处。将此时累计查明Li_2O和$LiCl$均换算为锂金属资源量来对比,青海占99.34%,新疆占0.66%。

近年,西北地区锂矿找矿勘查有一定进展。新疆:新发现的福海县卡鲁安一带锂辉石矿勘查估算锂(Li_2O)资源量10×10^4t,达到大型规模。青海:在柴达木盆地2012年提交液体334资源量分别为KCl 1.298×10^8t,$MgSO_4$ 4.807×10^8t,$NaCl$ 27.254×10^8t,$MgCl_2$ 21.957×10^8t,$LiCl$ 3.505×10^4t,B_2O_3 9.718×10^4t。

按截至2009年累计查明资源量分析(图15-1),西北地区锂矿形成时段主要集中在喜山期(97.15%);其他时段非常少(海西期1.93%,印支期0.59%,燕山期0.33%,加里东期0.002%)。

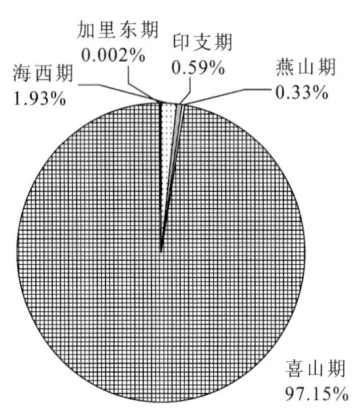

图15-1 西北地区锂矿时代统计分布图(截至2009年数据)

第二节 矿床类型及矿床式

锂矿床按矿床成因分为2大类:花岗岩型(可细分为蚀变花岗岩型和花岗伟晶岩型)和卤水型(包括地表卤水型和地下卤水型)。按截至2009年累计查明资源量分析(图15-2):西北地区锂矿床主要为卤水型(97.15%),并且主要为地表卤水,地下卤水型很少;次为花岗伟晶岩型(2.85%);蚀变花岗岩型仅有极少(0.002%),仅有少量矿点。

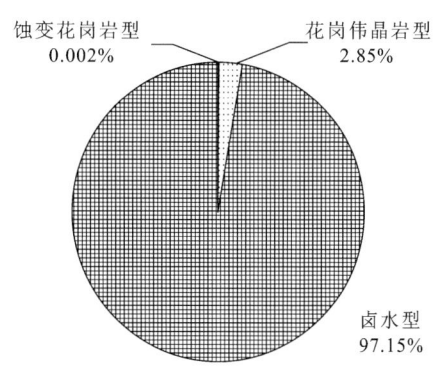

图 15--2 西北地区锂矿类型统计分布图(截至 2009 年数据)

一、花岗伟晶岩型

【可可托海式】

成矿区带:北阿尔泰成矿带(Ⅲ-1)。

建造构造:可可托海大面积分布黑云母二长花岗岩,花岗伟晶岩脉在其内外接触带上分布。伟晶岩的分布主要受构造和花岗岩控制,矿床范围内伟晶岩脉有 25 条。稀有金属主要赋于 3 号花岗伟晶岩脉,分为 9 个带:由外向内即文象变文象结构中粗粒伟晶岩带(Ⅰ带)、细粒钠长石带(Ⅱ带)、块体微斜长石带(Ⅲ带)、石英-白云母带(Ⅳ带)、叶钠长石-锂辉石带(Ⅴ带)、石英-锂辉石带(Ⅵ带)、白云母-薄片钠长石带(Ⅶ带)、锂云母-薄片钠长石带(Ⅷ带)和块体石英核带(Ⅸ带)。

成矿时代:早石炭世—早白垩世。全岩 Rb-Sr 等时线年龄 331.9Ma,全岩-白云母-磷灰石的 Rb-Sr 等时线年龄 218±5.8Ma,15 件白云母的 K-Ar 法年龄为 120~246Ma,6 件辉钼矿的 Re-Os 等时线年龄 208.8Ma(刘锋等,2012)。

成矿组分:Li,白云母,(Be,Nb,Ta,Rb,Cs)。

矿床(点)实例:(新)富蕴县可可托海稀有金属矿床。

简要特征:3 号花岗伟晶岩脉中锂的单独矿物主要是锂辉石,其次有锂云母、磷锰锂矿及锂磷铝石。该伟晶岩脉第 Ⅴ 带由叶钠长石-锂辉石组成,第 Ⅵ 带由石英-锂辉石组成,均为锂矿带;第 Ⅶ 带由白云母-薄片钠长石组成,为锂的贫矿带。

铍的单独矿物主要是绿柱石,其次有微量金绿宝石。绿柱石主要富集在细粒钠长石及石英-白云母集合体中,其次在叶钠长石-锂辉石、石英-锂辉石及白云母-石英-叶钠长石集合体等。第 Ⅱ 结构带为富铍矿带(体),由含铍最富的细粒钠长石集合体为主组成的;第 Ⅳ 结构带为铍矿带(体),由富铍的石英-白云母集合体为主组成的;第 Ⅴ、Ⅵ 结构带为贫铍矿带(体),分别由较贫铍的叶钠长石-锂辉石及石英-锂辉石为主组成的。

铌、钽的主要矿物为铌、钽铁矿族矿物,其次是铀细晶石,铋细晶石等。外部结构带(Ⅰ~Ⅳ)中 Nb_2O_5/Ta_2O_5 比值为 1~5.14,所形成的多为钽铌锰矿;内部结构带(Ⅴ~Ⅷ)中 Nb_2O_5/Ta_2O_5 比值为 0.2~1,形成的矿物多为铌钽锰矿、铀细晶石、铋细晶石等,内部结构带向深部不但品位增高,而铌、钽比值继续下降,钽更为富集。

铷、铯大部分呈分散状态,其中铷全部分散无独立矿物,铯只有少部分呈独立矿物-铯榴石存在,铷、铯绝大部分分散于云母及微斜长石之中,其含量由外向内递增。

矿床平均品位:Li_2O 0.356%,Rb_2O 0.108%,Cs_2O 0.019%,BeO 0.063%,Nb_2O_5 0.0091%,Ta_2O_5 0.0078%。

成因认识:早石炭世该区大规模的地壳重熔形成特别富挥发分的花岗岩浆,侵入非常稳定的构造块体内,极其缓慢地分异结晶后残余极富挥发分岩浆贯入现存空间继续缓慢地分异结晶,形成一系列伟晶岩型稀有金属、白云母矿床。

【柯鲁木特式】

成矿区带：北阿尔泰成矿带（Ⅲ-1）。

建造构造：海西中晚期的二云母二长花岗岩内外接触带上有大量花岗伟晶岩脉，分布严格受构造控制，围岩主要为变质程度较高的结晶片岩。矿区内已发现76条花岗伟晶岩脉，其中发育稀有金属矿化的花岗伟晶岩脉有30余条（李泰德，程剑，2004）。

成矿时代：晚石炭世—早侏罗世（新疆维吾尔自治区地质矿产勘查开发局，2013）。

成矿组分：Li，白云母，(Be，Nb，Ta，Rb，Cs)。

矿床（点）实例：（新）富蕴县柯鲁木特锂矿床。

简要特征：112号矿脉规模居该矿床伟晶岩脉之首位，产于二云母二长花岗岩中，形成Li、Be、Nb、Ta稀有金属矿，矿化元素富集严格受伟晶岩结构的控制。锂在石英-钠长石-锂辉石带中有最大的富集；钽铌在钠长石-石英-白云母巢体带、糖晶状钠长石集合体中有较好的富集；铍在钠长石-石英-白云母巢体带中有最大的富集；铷、铯在钠化块体带中有较好的富集。矿石矿物主要为锂辉石，次为锂云母、白云母、绿柱石，含少量钽铌锰矿、独居石、细晶石等；非金属矿物以微斜长石、钠长石和石英等。112号脉平均品位：Li_2O 1.31%，BeO 0.0546%，Nb_2O_5 0.0134%，Ta_2O_5 0.0127%，$(ZrHf)O_2$ 0.0038%，Rb_2O 0.0739%，Cs_2O 0.0071%。

成因认识：海西晚期，有地幔物质参与的陆壳重熔分异的特别富挥发分的二云母花岗岩浆沿背斜轴部向上侵位于稳定的构造块体内，在围岩较封闭环境非常缓慢结晶后残余极富挥发分岩浆贯入现存空间继续缓慢地分异结晶形成伟晶岩型矿床。

【大红柳滩式】

成矿区带：南巴颜喀拉-雅江成矿带（Ⅲ-31）。

建造构造：燕山期二云母花岗岩体侵入于上三叠统斜长黑云母石英片岩中，外接触带花岗伟晶岩脉发育，圈定伟晶岩脉99条，富含锂辉石的伟晶岩脉都远离花岗岩。区内共有24条锂辉石伟晶岩脉，稀有金属矿物集中于石英-锂辉石带中。

成矿时代：侏罗纪。伟晶岩矿床白云母Ar-Ar同位素年龄为156～185Ma（周兵等，2011）。

成矿组分：Li，(Be，Ta，Rb，Cs，白云母)。

矿床（点）实例：（新）皮山县大红柳滩锂矿床；和田市大红柳滩西、阿合栏杆锂矿床。

简要特征：锂辉石矿主要分布于中粗粒伟晶结构带中。矿石矿物主要为锂辉石，少量锂云母、绿柱石及铌钽铁矿；非金属矿物主要为石英、钠长石、白云母、微斜长石等。平均品位：Li_2O 1.179%，BeO 0.061%，Ta_2O_5 0.007%。

成因认识：燕山期造山运动，使陆壳重熔分异的二云母花岗岩浆向上侵位。当富含流体岩浆聚集于岩浆房顶部，受北西向断裂破碎带影响贯入，并随伟晶岩浆温度和压力缓慢下降依次形成伟晶岩型矿床。

二、地表及地下卤水型

【台吉乃尔式】

成矿区带：柴达木盆地成矿区（Ⅲ-25）。

建造构造：柴达木盆地次级盆地的蒸发盐夹膏盐建造及粉细砂沉积建造。上更新统：主要有含粉砂黏土石盐、粉砂石盐、含淤泥芒硝石盐、含石膏粉砂石盐、石盐、含粉砂石盐及石膏等。全新统：主要有含粉砂石盐、石盐，次为粉砂石盐、含芒硝石盐等。

成矿时代：第四纪晚更新世—全新世。

矿床（点）实例：（青）西台吉乃尔、东台吉乃尔、一里坪等现代盐湖。

成矿组分：$LiCl$，KCl，$NaCl$，$MgCl_2$，B_2O_3。

简要特征:以液体锂矿为主、固液共生的超大型矿床。液体矿产中有用组分除 LiCl 之外,还有 KCl、NaCl、MgCl$_2$、B$_2$O$_3$ 等。固体矿主要产于上更新统化学沉积盐层中固体锂矿化,在盐类沉积层和碎屑层中普遍含锂,一般底部 LiCl 多为 0.1% 以下,上部 0.1% 以上,最高 0.27%。卤水矿层分为:地表卤水矿(湖水)和地下卤水矿。地表(湖水)卤水矿:湖水均为高矿化度卤水,矿化度 326.2～345.2g/L,锂、硼、钾等组分含量远高于最低工业品位或边界品位要求,已构成可利用矿层。地下卤水矿分为晶间潜卤水、孔隙潜卤水和晶间承压卤水 3 个矿层:① 晶间潜卤水矿层,LiCl 平均 3.85g/L,B$_2$O$_3$ 平均 3.49g/L,K$^+$ 平均 17.56g/L;② 孔隙潜卤水矿层,主要赋存于上更新统的中粗砂和含砂石盐互层等岩层中,LiCl 平均 3.60g/L,B$_2$O$_3$ 平均 0.93g/L,K$^+$ 平均 12.58g/L;③ 晶间承压卤水矿层,岩性为含砂石盐和含白钠镁矾、粉细砂石盐,矿化度 320～330g/L,LiCl 平均 1.88g/L,B$_2$O$_3$ 平均 1.29g/L,K$^+$ 平均 9.51g/L。

成因认识:第四纪更新世早期青藏高原的强烈抬升,使柴达木气候极度寒冷干燥,导致绝大多数盐湖全面干涸成盐,生成了几百米厚的石盐层及晶间卤水矿;更新世末至全新世,气候干湿交替,在丰水年出于有大量的洪水补给,并带来较多粉细砂沉积,随后又干旱蒸发,形成了较厚的孔隙卤水层。该矿床类型属第四纪内陆湖泊化学沉积卤水锂矿床。

【南翼山式】

成矿区带:柴达木盆地成矿区(Ⅲ-25)。

建造构造:柴达木盆地西部凹陷区茫崖凹陷亚区。古近系—新近系:干柴沟组为紫红色中厚层状砂岩、泥岩、钙质泥岩、粉砂岩;油砂山组为砂质泥岩、泥质粉砂岩、泥灰岩、页岩、粉砂岩等。

成矿时代:古近纪—新近纪。

矿床(点)实例:(青)茫崖镇南翼山、油泉子深层卤水矿。

成矿组分:KCl,LiCl,B$_2$O$_3$。

简要特征:卤水赋存于南翼山背斜带上,地下储水层在油砂山组主要分布于 219.05～1800m 之间,在干柴沟组主要分布于 2943～4578m 之间。含卤水层岩性有钙质粉砂岩、泥质粉砂岩、泥灰岩、藻灰岩、细砂岩。卤水矿化度一般在 177.1～287.9g/L,属中矿化度不饱和型卤水,与石油、天然气共生。主要化学组分 K$^+$ 含量最高 10 200mg/L,最低 920mg/L,一般在 1360～6520mg/L 之间;B$_2$O$_3$ 平均 2234.9mg/L,最低 451mg/L,最高 4251mg/L;LiCl 含量最高 2067.96mg/L,最低 122.2mg/L,平均 774.6mg/L。

成因认识:南翼山及邻近地区古近纪—新近纪卤水物质主要来源于继承的古湖水、泥火山物质和周边岩石风化淋滤后将元素迁移到盆地。经新构造运动,随古近纪—新近纪地层的褶皱隆起,富含钾、硼、锂、碘等有益组分的卤水,在相对的封闭条件下成矿。

第十六章 稀土矿

稀土金属以其独特的性质,广泛应用于电子、石油化工、冶金、机械、能源、轻工、环境保护、农业等领域。用稀土可生产荧光材料、稀土金属氢化物电池材料、电光源材料、永磁材料、储氢材料、催化材料、精密陶瓷材料、激光材料、超导材料、磁致伸缩材料、磁致冷材料、磁光存储材料、光导纤维材料等。

第一节 矿产概况和成矿时段

截至2009年,西北地区探获稀土矿床8处,其中有中型3处(新疆波孜果尔,陕西黄龙铺钼矿伴生稀土,青海上庄磷矿伴生稀土),小型5处。按此时累计查明稀土矿金属氧化物资源量对比,陕西占41.01%,青海占34.37%,新疆占20.65%,甘肃占4.10%。

近年,西北地区稀土矿勘查取得新进展。新疆:塔里木地块瓦北(瓦吉里塔格)稀土矿经勘查,估算 30×10^4 t 稀土氧化物资源量,由小型提升为中型。甘肃:北祁连干沙鄂博(干沙河脑)稀土矿床经勘查,稀土氧化物资源量从原来 3×10^4 t 增加到 4.9×10^4 t,规模接近中型。

按截至2009年累计查明资源量分析(图16-1),西北地区稀土矿成矿时段主要在海西期(38.26%),其次在印支期(33.21%)和加里东期(28.52%)。

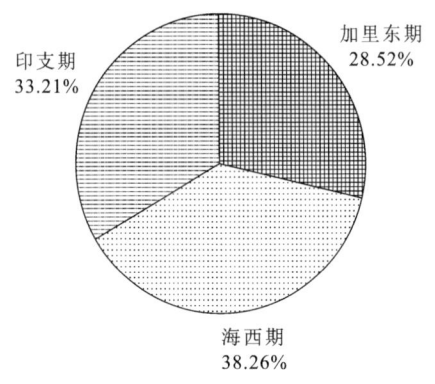

图 16-1 西北地区稀土矿时代统计分布图(截至2009年数据)

近年勘查取得显著进展的瓦北(瓦吉里塔格)稀土矿成矿时段属海西期(见后面矿床式)。

第二节 矿床类型及矿床式

按截至2009年累计查明资源量分析(图16-2)西北地区稀土矿床主要为岩浆型(62.56%),次为热液型(36.61%),二者均与偏碱性或碱性侵入岩有关;极少量沉积型(0.83%)。

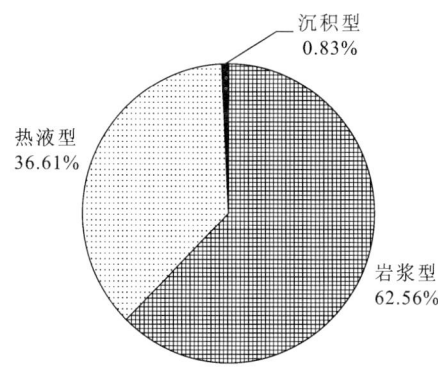

图 16-2　西北地区稀土矿类型统计分布图（截至 2009 年数据）

一、岩浆型

【波孜果尔式】

成矿区带：塔里木板块北缘成矿带（Ⅲ-12）。

建造构造：赋矿碱性花岗岩株，顶部向下依次为霓石似伟晶岩-霓石钠长花岗岩-钠闪霓石花岗岩。碱性伟晶岩的交代蚀变作用强烈，主要有钠长石化、天河石化、霓辉石化、金云母化、方钠石化、碳酸盐化、云英岩化、电气石化等。

成矿时代：二叠纪。

成矿组分：Nb，Ta，Zr，(RE)。

矿床（点）实例：（新）拜城县波孜果尔铌钽矿床（伴生稀土）。

简要特征：已出露的霓石花岗岩顶部全岩矿化，矿体在地表呈直径为 1km 的岩筒状，矿化富集带是岩株顶部的霓石似伟晶岩和霓石钠长花岗岩，以及呈岩枝或岩脉穿入外接触带大理岩中的霓石钠长花岗岩。矿石以 Nb，Ta，Zr 矿化为主，RE 为辅。矿石 $\sum REO$ 达 $0.0345\% \sim 0.1109\%$，其中 HREO 达 $0.0165\% \sim 0.0397\%$。主要矿石矿物为烧绿石和锆石，次为硅锆钙石、独居石、磷灰石、钍石和硅钙钍矿。

矿床成因：二叠纪碱性花岗岩浆分异形成稀有金属矿床，伴生稀土金属。

【瓦北式】

成矿区带：塔里木盆地成矿区（Ⅲ-16）。

建造构造：侵入体为基性—超基性岩-碱性岩杂岩体，由橄榄岩、橄榄辉石岩、辉石岩、碱性辉长岩、碱性角闪正长岩及方钠霓霞正长岩组成的杂岩体；晚期有方解石白云石碳酸岩脉、似金伯利岩脉和煌斑岩脉等，反映了岩浆多期活动的特点。锆石 U-Pb 年龄 357.9 ± 6.5 Ma（新疆维吾尔自治区地质矿产勘查开发局，2011）。

成矿时代：石炭纪。

成矿组分：Nb，RE，Fe，(Ti，V，P)。

矿床（点）实例：（新）巴楚县瓦吉里塔格钒钛磁铁矿床与瓦北稀有-稀土矿床。

简要特征：在基性—超基性岩中有钒钛磁铁矿，赋存于辉石岩相，呈浸染状和极少量的致密块状；金属矿物主要有磁赤铁矿、磁铁矿、钛铁晶石，次有钛铁矿、假象赤铁矿；矿石 TFe 品位一般 20.00% 左右，局部 $25\% \sim 40\%$，TiO_2 $5.5\% \sim 8.5\%$，V_2O_5 $0.15\% \sim 0.2\%$。瓦北碳酸岩脉中有稀土-铌-磷矿，稀土矿物以独居石为主，有少量氟碳铈矿；铌矿物为烧绿石；磷矿为磷灰石。矿石含 RE_2O_3 $0.61\% \sim 2.08\%$，平均 1.14% 左右；Nb_2O_5 $0.0210\% \sim 0.2998\%$，平均 0.105%；伴生 P_2O_5 $0.70\% \sim 7.38\%$，平均 2.97%。

成因认识：晚古生代裂谷环境，碱性-基性-超基性岩浆分异形成钒钛磁铁矿床，碳酸岩脉形成稀有-稀土矿床。

【上庄式】

成矿区带:南祁连成矿带(Ⅲ-23)。

建造构造:加里东中期偏碱性基性超基性岩体,单斜辉石岩体(含黑云母透辉石岩体及黑云母次透辉石岩体等),高铁低镁稍偏碱性。

成矿时代:加里东期。

成矿组分:P,(Fe,RE,次透辉石)。

矿床实例:(青)平安县上庄铁磷矿床(伴生稀土)。

简要特征:磷灰石矿主要分布于黑云母次透辉石岩、含磁铁矿黑云母次透辉石岩及角闪次透辉石岩岩相带中;大部分呈似层状,少部分呈透镜状或扁豆状,产状与岩体产状一致;矿石的有用矿物为磷灰石、磁铁矿(包括少量钛铁矿)及次透辉石(含少量霓次透辉石)。其他矿物有黑云母、角闪石、榍石、黄铁矿(含少量黄铜矿)、长石、绿帘石及方解石等。稀土元素主要赋存于磷灰石中,为伴生有益组分,以轻稀土元素(La、Ce、Nd、Sm)为主,均呈类质同象赋存于磷灰石及其他矿物中。单矿物中稀土元素(RE_2O_3)的平均含量为:磷灰石 0.693%,榍石 1.25%,次透辉石 0.032%,蛭石化黑云母 0.014%,磁铁矿 0.017%,硫化物 0.007%,方解石 0.133%。

成因认识:幔源偏碱性-基性-超基性岩浆,上侵地壳分异使磷、铁和稀土富集成矿。

二、岩浆热液型

【干沙鄂博式】

成矿区带:北祁连成矿带(Ⅲ-21)。

建造构造:海西期碱性斑岩体,岩性以霓辉正长斑岩为主,次为碱长正长斑岩、霓辉碱长石英正长斑岩、霓辉碱长正长斑岩,各岩性间为相变过渡。该岩体侵入于加里东期形成的毛藏寺酸性岩基的中心部位,在斑岩体周围发育环形裂隙。

成矿时代:晚二叠世。岩体 Rb-Sr 等时线年龄为 256.11±12.5Ma(陈耀宇,朱四宏,2001)。

成矿组分:RE,(Cu,Pb,Mo,U,Th,萤石)。

矿床实例:(甘)天祝县干沙鄂博(干沙河脑)稀土矿床。

简要特征:矿体形态呈脉状、透镜状,分布于碱性斑岩体偏北部;矿石金属矿物有氟碳钙铈矿、氟碳铈矿、黄铁矿、黄铜矿、斑铜矿、方铅矿,非金属矿物以石英、方解石、钾长石为主;围岩蚀变在主成矿期以硅化、萤石化为主,绢云母化、黑云母化、钾长石化、钠长石化、青磐岩化次之。次生成矿期以碳酸盐化为主,硅化、萤石化、重晶石化、钠长石化、钾长石化等次之。RE 全部产于斑岩体内,呈面型矿化;Cu,Pb 主要产于斑岩体内、外接触带;Mo 主要产于斑岩体内部。圈出稀土矿体 19 个,平均 REO 品位 1.03%～2.94%,伴生 Cu 0.01%～0.12%,Pb 0.05%～0.32%,共(伴)生 Mo 0.03%～0.077%,U 和 Th 平均为 0.0044% 和 0.0074%;铜矿体 Cu 品位 0.53%;铅矿体 Pb 品位 0.31%～0.53%,伴生 REO 品位 0.240%～0.374%。

成因认识:晚二叠世,霓辉正长斑岩体侵入,有关热液形成 RE、Mo、U、Th 矿体,内外接触带形成 Cu、Pb 矿体。

【华阳川式】

成矿区带:华北陆块南缘成矿带(Ⅲ-63)。

建造构造:位于小夫峪-华阳川-黄龙铺-驾鹿北西走向的深断裂带,矿化赋存石英方解石脉岩群密集地段,围岩为太古宇太华群黑云母斜长角闪片麻岩。脉岩伟晶结构,矿物以石英和方解石为主,少量微斜长石、霓辉石、钠铁闪石、金云母等。

成矿时代:印支期。

成矿组分:U,Nb,Pb,(RE)。

矿床实例:(陕)华县华阳川铀铌铅矿床(伴生稀土)。

简要特征：矿体产于石英碳酸盐脉及围岩。矿石矿物为铌钛铀矿、晶质铀矿、方铅矿、长白矿($PbNb_2O_6$)、铀钍石，其次为独居石、褐帘石、磷灰石、榍石、磁铁矿、菱锶矿、重晶石-天青石族矿物、锆石等可综合利用矿物；脉石矿物主要有微斜长石、石英、钠长石、角闪石、黑云母、方解石等。蚀变有硅化、黑云母化、霓辉石化、碳酸盐化、微斜长石化、脉状钠长石化、绿帘石化、绿泥石化、绢云母化等。矿床平均品位：U 0.017%，Nb_2O_5 0.021%，Pb 0.495。伴生稀土（La、Ce 为主，次为 Nd）赋存于独居石（RE_2O_3 含量 58.31%~66.16%）和褐帘石（RE_2O_3 含量 17.93%~25.56%）（惠小朝等，2014）。

成因认识：碳酸岩浆携带成矿物质沿断裂迁移，侵入太华群变质裂隙中，形成铀铌铅矿床，伴生稀土。根据石英方解石脉铀含量较高，一般大于 0.05%，两侧片麻岩相对较低，0.01%<U<0.03%（王江波等，2013），判断成矿物质来源于碳酸岩脉。

【大石沟式】

成矿区带：华北陆块南缘成矿带（Ⅲ-63）。

建造构造：在小夫峪-华阳川-黄龙铺-驾鹿北西走向的深断裂带内，含矿的石英方解石碳酸岩脉和黑云正长斑岩脉、霓辉正长斑岩脉相伴产出，并常常切割这些偏碱性和碱性岩脉。石英方解石碳酸岩脉主要由方解石（50%~70%）、石英（30%~50%）、微斜长石（5%左右）、钡天青石（4.5%左右）组成。各类脉的围岩为元古宙熊耳群变细碧岩。

成矿时代：印支期。

成矿组分：Mo，Pb，(RE)。

矿床实例：（陕）洛南县黄龙铺矿田大石沟、桃园钼铅矿床，石家湾Ⅱ号矿体，垣头、桃园、二道河、宋家沟、双庙、东西沟钼铅矿点（伴生稀土）。

简要特征：矿石矿物成分主要为黄铁矿、辉钼矿、方铅矿、黄铜矿，独居石、铌铅铀矿、磷钇矿、天青石；非金属矿物为方解石、石英、微斜长石。矿化元素品位：Mo 0.07%~0.144%，Pb 0.1%~0.5%，La_2O_3 0.01%~0.1%，Ce_2O_3 0.03%~0.3%，Sr 0.05%~0.3%，Ag $1×10^{-6}$~$5×10^{-6}$（许成等，2009）。

成因认识：根据成矿流体总硫 $\delta^{34}S=+1.0‰$，总碳 $\delta^{13}C=-5.0‰$，方解石 $(^{87}Sr/^{86}Sr)_i=0.7058$（黄典豪等，1984），判断碱性-偏碱性岩脉和碳酸岩脉的岩浆主要来源于上地幔的低度部分熔融，但不排除钼铅可能部分地来源于古老基底岩石。

【驾鹿式】

成矿区带：华北陆块南缘成矿带（Ⅲ-63）。

建造构造：位于小夫峪-华阳川-黄龙铺-驾鹿北西走向的深断裂带，花岗伟晶岩脉、碱性正长岩脉、含锰方解石石英脉等。各类脉的围岩为太古宇太华群黑云母斜长角闪片麻岩。

成矿时代：印支期。

成矿组分：RE，(Mo，Pb，U，Nb)。

矿床（点）实例：（陕）洛南县驾鹿稀土矿点；华县小夫峪稀土矿点。

简要特征：稀土矿化与含锰方解石石英脉、钾钠长石岩脉关系密切，并构成稀土矿体。主要稀土元素为 Ce、La、Y、Yb。含锰方解石石英脉型稀土矿石品位：Ce_2O_3 0.22%，Y_2O_3 0.058%；钾钠长石岩脉型稀土矿石品位：Ce_2O_3 0.27%，Y_2O_3 0.03%。矿石矿物有磷钇矿、氟磷铈镧矿、氟碳钙铈矿、独居石、磷铝铈矿等。含稀土元素的矿物有锰方解石、钾钠长石、绿帘石、重晶石、方铅矿、榍石、锐钛矿、磷灰石等。伴生放射性元素铀、稀有、有色金属及分散元素。

成因认识：印支期岩浆热液活动沿断裂构造形成碱性正长岩脉、含锰方解石石英脉的同时形成稀土矿等。

三、沉积型

【天桥则式】

参见第七章铝矿中的同名矿床式。

第十七章 磷 矿

磷矿是指在经济上能被利用的磷酸盐类矿物的总称,主要用于制取磷肥,其次用于制取黄磷、赤鳞、磷酸和其他磷酸盐类及磷化合物,是一种重要的化工矿物原料。

第一节 矿产概况和成矿时段

截至 2009 年,西北地区探获磷矿床 51 处,其中大型 5 处(陕西天台山、九子沟,青海上庄,甘肃罗家峡,新疆且干布拉克),中型 14 处,小型 32 处。按此时磷矿石累计查明矿石资源量统计对比,陕西占 44.21%,青海占 33.81%,甘肃占 14.15%,新疆占 6.92%,宁夏仅占 0.91%。

按截至 2009 年查明磷矿石资源量统计分析(图 17-1),西北地区磷矿主要成矿时段在加里东期(83.70%),其次在海西期(11.48%)及前寒武纪(仅 4.83%)。从后面将论述的矿床类型及矿床式资料可知,沉积型磷矿主要形成于晚震旦世—寒武纪,少量形成于奥陶纪;岩浆型磷矿主要形成于海西期,次为加里东期。

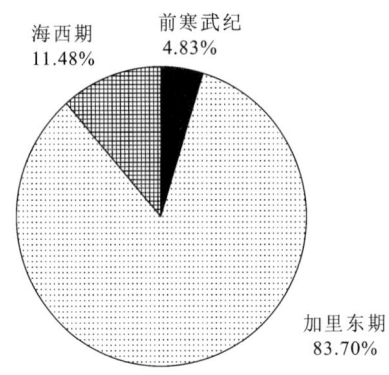

图 17-1 西北地区磷矿时代统计分布图(截至 2009 年数据)

第二节 矿床类型及矿床式

按截至 2009 年查明磷矿石资源量统计分析(图 17-2),西北地区磷矿主要成因类型以岩浆型磷矿占绝对优势(高达 87.05%),与偏碱性基性超基性岩及偏碱性中性岩有关;其次为沉积型(12.69%),大部分在震旦系—寒武系中,少部分在泥盆系—石炭系;极少量沉积变质型(仅 0.25%),产于前震旦系古老变质岩系中。

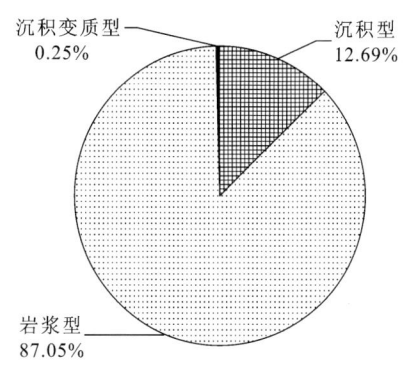

图 17-2 西北地区磷矿类型统计分布图(截至 2009 年数据)

一、沉积变质型

【先明峡式】

成矿区带：中祁连成矿带(Ⅲ-22)。

建造构造：中元古界长城系湟中群青石坡组，灰色薄层粉砂质板岩、硅质板岩、结晶灰岩等，含磷矿层。

成矿时代：中元古代。

成矿组分：P。

矿床(点)实例：(甘)天祝县先明峡磷矿床，克拉斯、南蓬沟、铁城沟磷矿点。

简要特征：矿体及矿化体均呈似层状或透镜状夹于含磷碳质硅质板岩中。矿石可分为条带状磷矿石和砂砾状磷矿石两种自然类型，后者有时还可呈角砾状构造，也可称为角砾状磷矿石。矿石矿物主要为胶磷矿占矿物量的 10%～20%，局部可见呈生物残片，其次为磷灰石。由于胶磷矿外缘往往为碳磷灰石取代，推测后者系前者变化而来。脉石为石英、绢云母及碳酸盐类，含不同量的有机碳，局部有机碳含量可达 30%～40%。

成因认识：大陆边缘浅海的沉积环境，携带含磷物质的深水洋流上升，在有利部位，含磷物质在生物化学作用下富集成矿，浅变质作用可使磷矿物粒径略微变粗。

【黑沟峡式】

成矿区带：南祁连成矿带(Ⅲ-23)。

建造构造：中元古界长城系湟中群青石坡组一套含泥质钙(镁)质岩夹含胶磷矿的碳质硅质岩。赋矿岩性为绢云板岩夹碳质石英板岩，属低绿片岩相变质岩。

成矿时代：中元古代。

成矿组分：P。

矿床实例：(青)湟中县黑沟峡磷矿床；乐都县大峡磷矿床。

简要特征：矿体赋存于碳质石英板岩中，矿石类型有条纹条带状硅质磷矿石，砂砾状钙质磷矿石，角砾状钙质磷矿石，以硅质磷矿石为主。主要矿石矿物为胶磷矿，脉石矿物为石英、方解石、绢云母等。矿体 P_2O_5 品位 6.50%～11.50%，矿床平均品位 9.17%。

成因认识：中元古代大陆边缘浅海—半浅海沉积环境，携带含磷物质的深水洋流上升，在有利部位，含磷物质在生物化学作用下富集成矿，浅变质作用可使磷矿物粒径略微变粗。

二、沉积型

【苏盖提布拉克式】

成矿区带：塔里木陆块北缘隆起成矿带（Ⅲ-13）。

建造构造：位于柯坪断块，下寒武统萨尔布拉克组为一套滨浅海相碎屑岩、碳酸盐岩建造。该组中段为灰色中厚层状含磷生物碎屑白云岩、瘤状生物碎屑白云岩、碳质泥岩、页岩、含不规则硅质岩条带白云岩，其底部为 1~4m 厚的磷钒矿层，具下磷上钒结构：下部为灰黑色磷块岩；上部为黑色条带状硅质岩与黄褐色钒土层互层。

成矿时代：早寒武世。

成矿组分：P，V，(U)。

矿床实例：(新)乌什县苏盖提布拉克、阔西塔西、卡拉峻磷钒矿床；尉犁县木穷都克、窝伦塔格磷矿床。

简要特征：矿体呈层状、似层状，具下磷上钒结构：下部磷块岩，厚度 0.1~1.2m，矿石主要由胶磷矿、玉髓和石英、重晶石等组成；上部钒土矿赋存于泥页岩、泥质岩、粉砂岩层中，厚度为 1~4m，主要钒矿物为钒钙铀矿、钒铀云母、钒钡铜矿及钒铅锌矿等。磷矿石 P_2O_5 品位 12%~14%。

成因认识：早寒武世滨海—浅海环境，生物化学沉积形成磷矿层。寒武纪初生物大爆发，生物活动对磷矿的富集起着至关重要的作用，同时磷酸盐对钒起着吸附(富集)作用。

【方山口式】

成矿区带：敦煌成矿带（Ⅲ-15）。

建造构造：下寒武统双鹰山组下部为磷钒矿层位：磷矿顶板地层为钒矿层，由灰黑色含钒碳质板岩、浅灰色含钒千枚岩、灰色含钒黏土板岩、深灰色含钒粉砂质板岩组成；含磷岩系为灰白色含砾黏土岩和磷矿层(由上部硅质磷块岩、中部黄色粉砂质磷块岩和底部灰黄色黏土质磷块岩)组成；底板地层为上青白口统白云质大理岩。

成矿时代：早寒武世。

成矿组分：P，V，U，(Y，La，Ce)。

矿床实例：(甘)敦煌市方山口磷钒矿床；肃北县七角井子、罗雅楚山、西双鹰山磷矿床；瓜州县大泉磷矿床。(新)哈密市平台山、大水磷矿床。

简要特征：矿体形态为层状、似层状、透镜状，上钒下磷。方山口钒矿层：矿石矿物以含钒云母为主，有少量含钒电气石，脉石以石英为主，次为碳质和磷灰石、长石、黏土矿物，钒矿石 V_2O_5 品位 0.6%~1.28%。磷矿层：矿石矿物以氟磷灰石为主，胶磷矿少量；脉石以石英为主，次为方解石、白云石、白云母、绢云母、黑云母等。磷矿石 P_2O_5 品位 8.44%~31.61%。上钒下磷矿层中，局部共生有铀矿。伴生稀土元素，REO 总量 0.11%~0.13%，主要为 Y，La，Ce。

成因认识：早寒武世滨海—浅海环境，生物化学沉积形成磷矿层，黏土和有机质对 V_2O_5 吸附作用可能是导致钒富集的原因。

【马房子沟式】

成矿区带：阿拉善成矿带（Ⅲ-18）。

建造构造：赋矿地层为震旦系韩母山群草大坂组含磷碎屑岩建造，下岩段自下而上由冰碛砾岩、砾状磷质岩、砂质磷质岩、石英砂岩、似鲕—砾状磷质岩、厚层含砂白云质灰岩与紫红色—灰黑色钙砂岩互层夹含碳质磷质岩组成，属主含矿岩石；上岩段为结晶灰岩、含砾灰岩、钙质千枚岩。

成矿时代：晚震旦世。

成矿组分：P。

矿床实例：(甘)永昌县马房子沟磷矿床，大黑沟、棕子沟、大大坂沟、红崖山、坡拉麻顶、烧火筒沟磷矿点。(蒙)阿拉善右旗青井子磷矿床。

简要特征：矿体形态似层状或透镜状产出，随背斜、向斜褶皱形态变化而变化。砂质磷质岩为主要工业矿层，层位稳定。矿石由碎屑成分（55%～65%）和胶结物（35%～45%）组成。碎屑物主要为石英，次为微斜长石、斜长石等组成。胶结物为磷灰石、胶磷矿。矿石 P_2O_5 含量变化于 5%～22.43%，矿床平均 10.37%。

成因认识：早震旦世末期，冰川结束，开始了大规模的海侵，在本区沉积了晚震旦世浅海—滨海相碎屑-碳酸盐岩沉积，海水中的富含磷物质以无机的或生物化学的方式于陆缘海—浅海陆棚区沉积形成了磷矿层。环境极不稳定，有大量分选及磨圆较差的近物源碎屑及砾石。

【苏峪口-景福山式】

成矿区带：鄂尔多斯西缘成矿带（Ⅲ-59）。

建造构造：产于下寒武统辛集组海相碎屑岩-碳酸盐含磷建造。矿层顶板为钙质长石中细砂岩；矿层的上部为钙质磷块岩，中部为砂质磷块岩，下部为磷砾岩；矿层底板为硅质含钾泥板岩。

成矿时代：早寒武世。

成矿组分：P。

矿床（点）实例：（宁）贺兰县苏峪口、紫花沟磷矿床。（陕）陇县景福山、周家渠磷矿床；岐山县涝川磷矿床。

简要特征：矿体呈层状、似层状分布，按自然类型由下而上由砾状磷块岩、砂质磷块岩和钙质磷块岩组成。矿石由砾石和胶结物组成，砾石成分为石英，胶结物主要为胶磷矿，其次含铁质的碳酸盐和泥质，具基底式胶结。矿石 P_2O_5 品位 13.03%～21.70%。

矿床成因：早寒武世古陆块边缘滨浅海地带，以陆源碎屑为物源的滨浅海相沉积过程，生物化学沉积形成磷块岩矿床。环境极不稳定，有大量分选及磨圆较差的物源碎屑及砾石。

【天台山式】

成矿区带：龙门山—大巴山成矿带（Ⅲ-73）。

建造构造：赋矿地层为上震旦统陡山沱组碎屑岩向碳酸盐岩的过渡带，下岩段下部由碳质千枚岩及含锰白云岩组成，上部为磷块岩矿层是磷矿赋存层位；中岩段以含锰白云岩为主，夹锰矿层，是锰矿赋存层位；上岩段为白云岩夹钙质石英岩条带或硅质条带。

成矿时代：晚震旦世。

成矿组分：P，Mn。

矿床实例：（陕）汉中市天台山、勉县茶店、观山磷矿床；略阳县何家岩、金家河、田家沟、徐家沟磷矿床；宁强县阳平关、陈家沟、宽川铺磷矿床。

简要特征：矿体呈层状，随地层一起受褶皱弯曲，矿层厚度变化于 0.55～25.56m。矿石自然类型以薄层状泥硅质磷块岩和条带状泥硅质磷块岩为主，次为白云质磷块岩。矿石矿物主要为胶磷矿、磷灰石，脉石矿物有绢云母、石英、白云石、黄铁矿、石榴石等。磷矿石 P_2O_5 平均含量 9.44%～26.01%。

成因认识：晚震旦世滨海—浅海环境，生物化学沉积形成磷块岩矿床。

【阳平关式】

成矿区带：龙门山-大巴山成矿带（Ⅲ-73）。

建造构造：含磷岩系地层为下寒武统牛蹄塘组，为一套浅海—滨海相以泥岩为主的碎屑岩建造，常含碳并夹一定量的碳酸盐岩和硅质岩、燧石层，由南往北碳酸盐岩增多。含磷岩系位于中下部碎屑岩转变为碳酸盐岩的过渡部位及燧石层发育部位。

成矿时代：早寒武世。

成矿组分：P。

矿床实例：（陕）宁强县阳平关、宽川铺磷矿床；南郑县朱家河、朱家坝磷矿床；勉县观山磷矿床。

简要特征：含磷岩石为黑色薄层状条带状灰质磷块岩、泥质磷块岩、砂质磷块岩、硅质磷块岩、泥磷块岩、碳磷块岩。矿体呈似层状、透镜状，层位比较稳定。矿石自然类型为鲕状细粒白云质磷块岩，矿石矿物以胶磷矿为主，少量的磷灰石，脉石矿物有玉髓、重晶石、方解石、绢云母。矿石 P_2O_5 含量

11.37%~16.50%。

成因认识：晚震旦世滨海—浅海环境，生物化学沉积形成磷块岩矿床。

三、岩浆型

【且干布拉克式】

成矿区带：塔里木陆块北缘隆起成矿带（Ⅲ-13）。

建造构造：赋矿岩石偏碱性基性超基性岩-碳酸岩杂岩体，可划分出含磷灰石黑云母次透辉石岩相、磁铁矿次透辉石岩相、纯橄岩相、碳酸岩相。其中磷灰石矿床主要赋存在含磷灰石黑云母次透辉石岩相、碳酸岩相和磁铁矿次透辉石岩相内。

成矿时代：新元古代。且干布拉克超基性岩碳酸岩杂岩体全岩 Sm-Nd 等时线年龄为 802 ± 52Ma（孙宝生等，2007）；碳酸岩斜锆石 U-Pb 年龄为 810 ± 6Ma；蚀变金云母 Ar-Ar 年龄为 812 ± 1.2Ma；辉石岩锆石 U-Pb 年龄为 818 ± 11Ma（王玉往等，2013）。

成矿组分：P，透辉石，(Fe)。

矿床实例：(新)尉犁县且干布拉克磷灰石透辉石矿床，团结村北山磷灰石、透辉石矿点。

简要特征：且干布拉克矿床矿石类型有两大类：以次透辉石岩型磷矿石为主，次为碳酸岩型磷矿石。矿石矿物磷灰石，脉石矿物有次透辉石、金云母、榍石、磁铁矿、纤闪石、白云石、方解石。矿石 P_2O_5 品位为 3.99%~5.09%，TFe 含量为 12.56%~16.37%（夏学惠等，2009）。

成因认识：新元古代裂谷期，幔源偏碱性基性超基性-碳酸岩浆上侵地壳，岩浆分异形成透辉石、磷灰石矿；岩浆期后热液交代形成金云母矿；近地表的金云母风化形成蛭石矿。

【罗家峡式】

成矿区带：中祁连成矿带（Ⅲ-22）。

建造构造：含矿岩体为海西期偏碱性中性侵入岩，呈岩株、岩瘤产出，侵入于长城系兴隆山群，主要岩性石英闪长岩、黑云母闪长岩，局部为钾长石闪长岩。

成矿时代：海西期。

成矿组分：P，(Fe，Ti)。

矿床实例：(甘)甘谷县罗家峡磷矿床。

简要特征：磷矿体主要产于黑云母闪长岩中，其次为钾长石闪长岩，呈似层状、透镜状，部分具分叉或夹石现象。矿石矿物主要为氟磷灰石，次有磁铁矿、金红石。非金属矿物以斜长石为主，次为角闪石、黑云母等，局部钾长石较高。矿床 P_2O_5 含量 2.77%、TFe 7.53%、SFe 6.28%、TiO_2 2.36%。

成因认识：板内断陷盆地，中祁连岩浆带，海西期偏碱性中性岩浆分异形成低品位磷灰石矿床。

【上庄式】

成矿区带：南祁连成矿带（Ⅲ-23）。

建造构造：位处拉脊山一带，含矿岩体为上庄偏碱性基性超基性岩体。岩性为：黑云母透辉石岩，多分布岩体北部，含少量磷灰石（1%左右）；黑云母次透辉石岩和黑云母次透辉石-低铁次透辉石岩，多分布于岩体南部，且出现少量角闪石，含较多磷灰石（2%~20%，平均 8%）及磁铁矿（0~17%，平均 13%）。

成矿时代：加里东中期。

成矿组分：P，(Fe，RE)。

矿床实例：(青)平安县上庄磷灰石矿床。

简要特征：矿体严格受岩体控制，磷灰石呈浸染状分散在黑云母次透辉石相和黑云母次透辉石-低铁次透辉石岩相。矿石有用矿物为磷灰石，次为磁铁矿（含少量钛铁矿）；脉石矿物主要为次透辉石、低铁次透辉石、黑云母，次为角闪石、榍石等。矿石 P_2O_5 含量变化于 2.18%~4.73%；伴生的可溶铁 SFe 5.6%~10.74%，稀土元素（RE_2O_3）含量 0.083%~0.106%，以 La、Ce 为主。单矿物中稀土元素

(RE_2O_3)含量:磷灰石 0.461%～0.943%,榍石 1.216%～1.249%。

成因认识:加里东中期,幔源偏碱性-基性-超基性岩浆上侵地壳,早期形成北部的黑云母透辉石岩相,晚期形成南部的黑云母次透辉石岩和黑云母次透辉石-低铁次透辉石岩,其中磷灰石富集为矿体。

【九子沟式】

成矿区带:北秦岭成矿带(Ⅲ-66A)。

建造构造:含矿岩体为九子沟偏碱性-基性-超基性岩体。岩性为细粒黑云母透辉石岩,多分布岩体边部,含磷灰石较少(不超过 5%);中粒黑云母次透辉石岩,分布于岩体中部,含磷灰石较多(5%～15%),其中在局部为粗粒黑云母次透辉石岩,并出现少量正长石,磷灰石也更多(15%～30%)。

成矿时代:印支期。

成矿组分:P,(Fe,RE)。

矿床实例:(陕)凤县九子沟磷灰石矿床。

简要特征:矿体严格受岩体控制,磷灰石呈浸染状分散在黑云母次透辉石岩相。矿石构造为浸染状、团块状。矿石矿物主要为氟磷灰石,次有磁铁矿;脉石矿物主要为次透辉石、黑云母等。矿石 P_2O_5 品位主要变化于 2.26%～4.46%,矿床 P_2O_5 平均品位 3.84%;伴生稀土(RE_2O_3)总量为 0.076%～0.093%,以 La、Ce 为主。磷灰石稀土 RE_2O_3 含量 0.684%～1.110%。

成因认识:印支期,幔源偏碱性-基性-超基性岩浆上侵地壳,早期形成边部的细粒黑云母透辉石岩相,晚期形成中部的中粗粒黑云母次透辉石岩,其中磷灰石富集为矿体。

第十八章 硫 矿

硫矿的直接用途是生产硫酸和硫磺,是重要的工业原料和材料,用途非常广泛。

第一节 矿产概况和成矿时段

截至2009年,西北地区探获硫矿床84处,大型4处(陕西金堆城钼矿伴生硫铁矿,黄龙铺钼矿伴生硫铁矿;甘肃金川铜镍矿伴生硫铁矿;新疆阿舍勒铜矿共生硫铁矿),中型35处,小型45处。自然硫矿床较少,且达到中型的仅有新疆玉力群。

应当说明的是,甘肃金川铜镍矿伴生硫铁矿石量 37915.25×10^4 t,品位较低(平均含硫4.9%),相当于硫品位20%的矿石量约 7899×10^4 t。陕西金堆城钼矿伴生硫铁矿 78150.8×10^4 t,品位较低(平均含硫2.813%),相当于硫品位20%的矿石量约 10992×10^4 t;黄龙铺钼矿伴生硫铁矿 37942.2×10^4 t,品位较低(平均含硫2.7%),相当于硫品位20%的矿石量约 6400×10^4 t。据此,未将这几个矿床划为超大型,而划为大型范围。

按截至2009年累计查明硫铁矿石资源量,并进行类似上述几个大型硫铁矿床的方法折算后统计对比,陕西占48.03%,甘肃占21.94%,新疆占15.93%,青海占14.03%,宁夏仅占0.072%。近年,西北地区伴生硫铁矿找矿有一定新进展。

新疆:阿勒泰地区阿舍勒铜矿区深部找矿勘查新增333+334级铜金属量 24.95×10^4 t,共伴生锌金属量 5.4×10^4 t,共伴生硫铁矿矿石量 2477.49×10^4 t、伴生金7.42t、银210t。

甘肃:在北祁连,白银厂矿田,已知折腰山-火焰山矿床深部500~1600m深处找到新矿体,估算333+334铜资源量 11.6×10^4 t,过去已知折腰山、火焰山分别为铜矿共伴生的大型和中型硫铁矿床;新发现四方山锌铅铜 52×10^4 t,矿床特征类似小铁山锌铅铜矿床,过去也已知小铁山为共伴生硫铁矿床达中型规模。因此它们的硫铁矿资源量必然随之增加。

青海:祁曼塔格地区累计探获铜铅锌 502.72×10^4 t,其中2011—2015年新增 74.73×10^4 t获估算出铜锌钼等多金属资源量 80.16×10^4 t;多彩地区累计探获铜铅锌 252.89×10^4 t,其中2011—2015年新增 238.14×10^4 t,伴生硫铁矿也应是很可观的资源。

宁夏:卫宁北山地区二人山矿区验证钻孔(ZK139-1)累计见银铅多金属矿51.2m(潘进礼等,2013)。根据王改平等(2014)发布的详细数据统计,有44m银铅硫铁矿,矿床平均品位:Ag 157.15×10^{-6},Pb 3.82%,Cu 0.46%,S 14.73%,需进一步评价。

按截至2009年累计查明硫铁矿石资源量,并进行与上一节类似折算后的数据统计来概略对比(图18-1),西北地区硫铁矿最重要的成矿时段为海西期(28.41%)、燕山期(26.52%)及前寒武纪(21.57%);其次在印支期(15.01%)及加里东期(8.38%);极少量在喜山期(0.11%)。自然硫很少,在喜山期成矿。

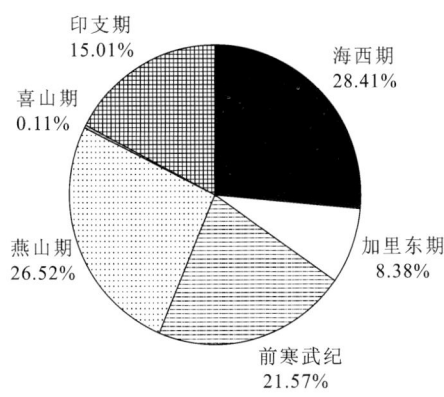

图 18-1 西北地区硫矿时代统计分布图(截至 2009 年数据)

第二节 矿床类型及矿床式

硫矿床为两大类,即自然硫型和硫铁矿型。然后将硫铁矿进一步划分。按截至 2009 年累计查明硫铁矿石资源量,并进行与上一节类似折算后统计来概略对比(图 18-2),西北地区硫矿类型主要为侵入岩浆热液型(42.88%)及火山岩型(30.58%),其次为岩浆型(19.06%),再次为沉积变质型(3.91%)及层控热液型(2.70%),极少量沉积型(0.72%)及自然硫(0.16%)。

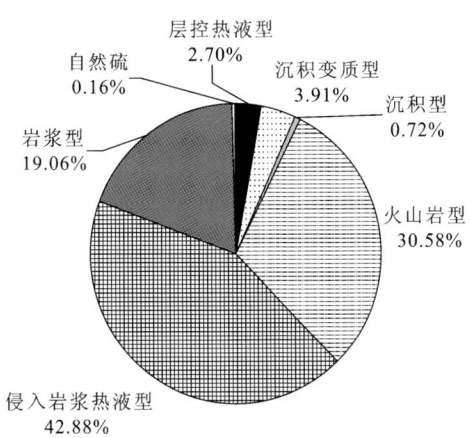

图 18-2 西北地区硫矿类型统计分布图(截至 2009 年数据)

一、自然硫型

【塔格拉克式】

成矿区带:塔里木陆块北缘隆起成矿带(Ⅲ-13)。

建造构造:古新统塔拉克组和小库孜拜组石膏盐岩层夹碳酸盐岩建造,石膏盐岩和白云岩、粉砂质泥岩。硫矿脉充填于岩石裂隙。

成矿时代:第四纪古新世。

成矿组分:S。

矿床实例:(新)温宿县塔格拉克自然硫矿点。

简要特征:矿(化)体主要为沿裂隙充填的硫矿脉,矿(化)体形态以脉状为主,次为透镜状、似层状;

矿物为自然硫,矿石呈角砾状、团块状、网脉状;矿化蚀变粉砂质泥岩微弱的退色化。矿石 S 平均品位 11.30%。

成因认识:来源于深部的硫化氢,上升到浅部转变为自然硫,沉淀于岩石裂隙之中成矿。

【玉力群式】

成矿区带:塔里木盆地成矿区(Ⅲ-16)。

建造构造:古新统巴什布拉克组及阿尔塔什组的灰岩、石膏岩、黏土岩、白云岩。硫矿脉充填于岩石裂隙。

成矿时代:第四纪中上更新世。

成矿组分:S。

矿床实例:(新)和田县玉力群自然硫矿床。

简要特征:矿体形态有不规则楔状、薄层状、透镜状等;矿石矿物为自然硫,脉石矿物为方解石、黏土团块、白云石、天青石、重晶石、石英、黄铁矿及石膏残余;矿石构造主要有角砾状,团块状,脉状,网脉状,浸染状,斑杂状,环状;蚀变白云石化、碳酸盐化、石膏化、黏土化。矿石 S 平均品位 14.88%。

成矿要素:来源于深部的硫化氢,上升到浅部转变为自然硫,沉淀于岩石裂隙之中成矿。

【硫磺山式】

成矿区带:中祁连成矿带(Ⅲ-22)。

建造构造:第四系冰积、冲洪积及残坡积层。硫矿脉充填于岩石裂隙和砂砾间隙充填。

成矿时代:第四纪。

成矿组分:S。

矿床实例:(甘)肃北县与(青)天峻县衔接区硫磺山自然硫矿床,有 9 个矿段(布鲁斯、波罗沟、干沟、硫磺山 4 个主要矿段,以及干沟西山、意外沟、无名沟、大洪沟、小洪沟 5 个次要矿段)。

简要特征:矿区东西长约 19km,南北宽 0.5~2km,呈狭长带状。与区域构造线一致,呈北西西向。在平面上,矿体呈圆形或椭圆形,在剖面上,呈透镜状、似层状和蘑菇状。经流水剥蚀、切割,不少矿体埋深变浅,乃至暴露,有些矿体则分割成多种形状的矿块。矿体产状平缓。矿石分裂隙硫和砂砾硫两种类型,前者产于基岩表层,可细分块状隙硫(含 S≥40%)和裂隙硫;后者产于坡洪积中,可细分为含砾块状硫(S≥40%)和砂砾硫。富矿石含 S 高达 80% 以上(云连涛,1988)。

成因认识:来源于深部的硫化氢,上升到浅部转变为自然硫,沉淀于岩石裂隙或松散物之中成矿。

二、硫铁矿型

这里仅列举硫铁矿为主要矿种的矿床式,各类金属硫化物矿床中作为次要地位共伴生产出的矿床式参考主要矿种的矿床式。

【元宝山式】

成矿区带:觉罗塔格-黑鹰山成矿带(Ⅲ-8)。

建造构造:下石炭统雅满苏组上亚组第五岩性层,赋矿岩石为灰绿色斜长流纹质凝灰岩、沉凝灰岩、岩屑砂岩、砂屑灰岩。

成矿时代:早石炭世。

成矿组分:硫铁矿。

矿床实例:(新)鄯善县元宝山硫铁矿床。

简要特征:总体呈北西-南东向展布,其产出特征明显受层位控制;上部砂屑灰岩、碳质灰岩中赋存有赤-磁铁矿细脉;矿体和矿化体主要呈脉状、似层状、透镜状;金属矿物主要为黄铁矿,次为磁铁矿、赤铁矿、黄铜矿、闪锌矿,以及少量的方铅矿、铜蓝、辉铜矿;矿石浸染状、稠密浸染状、条带状、块状、脉状构造;围岩蚀变绿泥石化、碳酸盐化、硅化、绢云母化,次为绿帘石化、矽卡岩化、黄铁绢英岩化。矿石 S 平均品位 14.79%。

成因认识:早石炭世浅海—滨海相火山活动间歇期,喷流作用形成硫铁矿,属于海相火山型。

【可可乃克式】

成矿区带:伊犁北缘成矿带(Ⅲ-9)。

建造构造:中奥陶统奈楞格勒达坂群西矿区组石英角斑岩建造;受中奥陶世火山活动控制,产出于火山活动末期石英角斑岩与正常沉积岩接触部位火山岩一侧。

成矿时代:中奥陶世。

成矿组分:硫铁矿,Cu,(Au)。

矿床实例:(新)鄯善县可可乃克含铜硫铁矿床。

简要特征:矿体呈透镜状、似层状,部分为脉状,与地层产状基本一致,呈近东西向展布。矿石金属矿物主要为黄铁矿、黄铜矿,次为闪锌矿、辉铜矿、方铅矿、毒砂、磁黄铁矿等;常见矿石类型为致密块状块石、条带状矿石和浸染状矿石;围岩蚀变绢云母化、硅化、绿泥石化、碳酸盐化。矿床平均 S 品位 21.03%,Cu 品位 1.11%。

成因认识:中奥陶世海相火山活动间歇期,喷流作用形成的块状硫化物矿床,属于海相火山型。

【彩华沟式】

成矿区带:塔里木板块北缘成矿带(Ⅲ-12)。

建造构造:下泥盆统彩华沟组一套浅变质的海相火山碎屑岩建造,主要岩性为绢云石英片岩,绿泥石英片岩和黑云母石英片岩,其中绢云石英片岩是矿体的直接围岩。

成矿时代:早泥盆世。

成矿组分:硫铁矿,Cu,(Pb,Zn)。

矿床实例:(新)托克逊县彩华沟含铜硫铁矿床。

简要特征:矿体形态呈似层状、条带状、透镜状等。矿石金属矿物主要为黄铁矿,次为黄铜矿、闪锌矿、辉铜矿、斑铜矿、方铅矿、磁铁矿及少量的铜蓝、黝铜矿。围岩蚀变有绿泥石化、硅化、绢云母化、石膏化、重晶石化。矿石构造类型有块状、条带状、浸染状,S 平均品位 9.81%~25.70%,Cu 品位 0.32%~1.86%(赵会庆,2000)。

成因认识:早泥盆世海相火山活动间歇期,喷流形成的块状硫化物矿床,属于海相火山型。

【二人山式】

参见第十四章银矿中的同名矿床式。

【香子沟式】

成矿区带:北祁连成矿带(Ⅲ-21)。

建造构造:中寒武统黑茨沟组上岩组海相火山岩,有中酸性集块岩、角砾熔岩、凝灰岩。

成矿时代:中寒武世。

成矿组分:硫铁矿,(Cu,Au)。

矿床实例:(青)祁连县香子沟硫铁矿床。

简要特征:矿体分布总体与蚀变带产状一致,矿体形态似层状、透镜状;矿石矿物主要为黄铁矿,少量黄铜矿;矿石构造类型有条带状、浸染状和致密块状;围岩蚀变为硅化、次生石英岩化、绢云母化。矿床 S 平均品位 13.59%;局部含 Cu 0.38%~2.18%。

成因认识:中寒武世海相火山活动间歇期,喷流形成的块状硫化物矿床,属于海相火山型。

【上加克式】

成矿区带:中祁连成矿带(Ⅲ-22)。

建造构造:硫铁矿赋存于古元古界湟源群东岔沟组下亚组的中上部,按岩性组合可分为白云母石英片岩段和片岩夹大理岩段。加里东早期闪长岩侵入在该套地层中,其中容矿大理岩中的闪长岩侵入体最大,其余地段一般与围岩交替出现或呈岩脉产出。侵入体附近的地层中,有明显的接触变质现象,矿层顶底板地层的变质相带具有铁铝石榴石角闪石相的矽线石-铁铝石榴石亚相与角闪岩相过渡的特点。

成矿时代:加里东早期。

成矿组分:硫铁矿。

矿床实例:(青)互助县上加克硫铁矿床。

简要特征:矿体赋存于闪长岩内外界带矽卡岩及大理岩,呈似层状、透镜状、扁豆状;矿石中矿物主要为黄铁矿、磁黄铁矿,少量胶黄铁矿、白铁矿、黄铜矿、闪锌矿、赤铁矿、褐铁矿、磁铁矿,偶有方铅矿、钛铁矿、毒砂、铜蓝等;矿石构造以浸染状为主,次为团块状、条带状、角砾状。矿床S平均品位17.67%。

成因认识:加里东早期闪长岩侵入古元古界沉积变质岩系与大理岩发生接触交代,形成矽卡岩型硫铁矿。

【青龙滩式】

成矿区带:柴达木北缘成矿带(Ⅲ-24)。

建造构造:上寒武统滩间山群,下部变沉积岩组为一套浅变质的泥质粉砂岩、沉凝灰岩及碳酸盐岩等;上部火山岩组为一套浅变质的安山质火山岩夹硅质岩、砂岩、大理岩及少量玄武岩,其中安山质火山岩(锆石U-Pb年龄514.2±8.5Ma)赋存纹层状、条带状含铜黄铁矿体,并伴含铁硅质岩;海西晚期侵入的斜长花岗斑岩脉侵入体旁侧形成矽卡岩型脉状、透镜状含铜黄铁矿体(张德全等,2005)。

成矿时代:晚寒武世海底喷流成矿;海西叠加矽卡岩化改造。

成矿组分:硫铁矿,Cu,(Au)。

矿床实例:(青)大柴旦镇青龙滩含铜硫铁矿床。

简要特征:火山岩型矿体呈似层状、透镜状;矽卡岩型矿体呈脉状。矿石矿物主要为黄铁矿,次为黄铜矿、斑铜矿、磁黄铁矿、胶黄铁矿等;脉石矿物为绢云母、绿泥石、方解石、白云石、石英、石榴石、阳起石、透闪石、透辉石、钠长石、符山石等。矿石构造以浸染状、条带状为主,次为块状、角砾状、脉状构造。矿石类型黄铁矿矿石、含铜黄铁矿矿石、黄铜矿矿石。矿石Cu平均品位0.71%,S平均品位13.69%;伴生Au $0.1×10^{-6}$~$0.3×10^{-6}$。

矿床成因:晚寒武世岛弧环境,海相安山质火山岩喷发间歇期,海底喷流形成的含铜硫铁矿矿床;海西晚期侵入时叠加矽卡岩化改造。

【乌依塔什式】

成矿区带:西昆仑成矿带(Ⅲ-27)。

建造构造:矿体产于上石炭统克孜里奇曼组火山岩主向斜的轴部,空间分布严格受主向斜和海相基性火山岩分布范围的控制。

成矿时代:晚石炭世。

成矿组分:硫铁矿,Cu。

矿床实例:(新)乌恰县乌依塔什含铜硫铁矿床。

简要特征:矿体呈层产出,矿体形态有带状、条状、弯曲带状、环状;矿石金属矿物主要有黄铁矿、黄铜矿、方铅矿、闪锌矿、自然金;矿石类型有致密块状硫化物矿石和浸染状硫化物矿石;蚀变类型有绿帘石化、明矾石化、石英脉、绿泥石化、绢云母化、碳酸盐化。矿床Cu平均品位0.89%,S平均品位32.97%。

成因认识:晚石炭世海相火山活动间歇期,喷流形成含铜块状硫铁矿床,属于海相火山型。

【三眼桥式】

成矿区带:鄂尔多斯成矿区(Ⅲ-60)。

建造构造:上石炭统太原组下段底部铝土页岩,滨海湖泊-泥炭沼泽相-浅海相沉积建造,由铝土页岩、灰色泥岩、粉砂岩组成。

成矿时代：晚石炭世。

成矿组分：硫铁矿。

矿床实例：(陕)澄城县三眼桥硫铁矿床。

简要特征：矿体的形态以层状、似层状及不规则的巢状出现；矿石矿物成分主要为黄铁矿和白铁矿，偶见次生石膏、方解石及水绿矾等矿物；矿石类型分为细粒分散状黄铁矿石、粗粒分散状矿石、结核状矿石、块状黄铁矿石和砂岩状黄铁矿石等。矿石 S 平均品位 20%。

成因认识：晚石炭世滨海含碳质还原环境，沉积形成的硫铁矿床。

【月西式】

成矿区带：南秦岭成矿带东段(Ⅲ-66B)。

建造构造：上泥盆统冷水河组，自下而上可分为 3 个岩性段，第一岩性段是主要容矿层，为变泥钙质石英粉砂岩夹变长石石英细砂岩，偶夹硅质岩；第二岩性段为次要容矿层，为薄层状含生物碎屑泥砂质微晶灰岩。

成矿时代：晚泥盆世。

成矿组分：硫铁矿。

矿床实例：(陕)镇安县月西硫铁矿床。

简要特征：矿化带呈北西西-南东东向展布，矿体呈层状、似层状、脉状；矿物成分属单一的黄铁矿矿石，矿石矿物成分以黄铁矿为主，少量闪锌矿、方铅矿、黄铜矿、磁黄铁矿、钛铁矿、菱铁矿等；矿石构造以致密块状、纹层状、碎裂角砾状、浸染状构造为主；围岩蚀变以硅化绢云母化为主，绿泥石化、碳酸盐化次之。矿床 S 平均品位 27.62%(侯满堂,1995)。

成因认识：晚泥盆世沉积形成层状硫铁矿，后来有一定改造产生脉状硫铁矿。

【二里坝式】

成矿区带：龙门山-大巴山成矿带(Ⅲ-73)。

建造构造：中新元古界碧口群阳坝岩组下段，海陆交互喷发相的中酸性火山岩(酸性晶屑凝灰岩、中性凝灰熔岩、英安玢岩与白云岩互层)。近东西向断裂构造比较发育，矿体沿此断裂分布，显示断裂破碎带明显控矿。

成矿时代：印支期。

成矿组分：硫铁矿，Cu。

矿床实例：(陕)宁强县二里坝含铜硫铁矿床。

简要特征：矿体多分布在矿区中部，呈东西向平行排列，局部有分支、复合现象；矿体呈脉状、似层状、透镜状、鞍状、断续的小扁豆状；矿石的主要矿物成分为黄铁矿和黄铜矿，共生的金属矿物有方铅矿、闪锌矿、磁黄铁矿、磁铁矿、赤铁矿、假象赤铁矿、褐铁矿等；矿石构造以浸染状、脉状、条带状为主；围岩蚀变主要有绿泥石化、黄铁矿化、碳酸盐化、蛇纹石化、滑石化。矿床 S 平均品位 16.09%，Cu 平均品位 0.75%。

成因认识：中新元古代火山沉积仅形成硫铁矿的矿源层，印支期构造岩浆热动力作用，矿质活化迁移到断裂破碎带成矿，属于层控热液型。

第十九章 钾 盐

钾盐主要用于制造钾肥,在农业生产中具有极其重要的地位,属我国紧缺矿产资源之一,对外依存度高达75%,而国内钾盐矿床主要分布于西北地区。

第一节 矿产概况和成矿时段

截至2009年,西北地区探获钾盐矿床18处,其中,超大型1处(青海察尔汉),大型5处(青海大浪滩、昆特依、马海、尕斯库勒;新疆罗北),中型5处,小型7处。按累计查明资源量对比,青海占85.38%,新疆占14.47%,甘肃占0.14%。近年,西北地区钾盐找矿又有显著进展。

新疆:在塔里木盆地,2009年11月17日—2010年6月17日罗布泊干盐湖深部钾盐找矿钻探——科钾1井,揭示出深部碎屑岩储卤层及低品位固体钾盐(焦鹏程等,2014)。罗北凹地2011—2015年新增钾盐(液体KCl)资源储量2×10^8 t。

青海:在柴达木盆地大浪滩凹地群(梁中凹地、黑北凹地、双泉凹地、黄瓜梁凹地、风北凹地及风南凹地)、察汗斯拉图凹地、南翼山背斜构造区等,2012—2015年地质探查估算新增334级钾盐(液体)KCl 3.71×10^8 t,LiCl 3.51×10^4 t,B_2O_3 39.72×10^4 t。绝大部属于现代盐湖凹地液体KCl,背斜构造区(南翼山)地下卤水液体KCl仅占120.85×10^4 t。

西北地区的钾盐矿绝大多形成于第四纪(以河湖相碎屑-盐岩沉积为主);极少量形成于第三纪,即古近纪—新近纪(为地下卤水型);奥陶纪古盐湖相沉积型仅在陕北鄂尔多斯盆有少量线索。

第二节 矿床类型及矿床式

西北地区钾盐矿床主要属现代盐湖型;极少量地下卤水型(青海南翼山);古盐湖相沉积型仅在陕北鄂尔多斯盆有少量线索。

一、现代盐湖型

【乌勇布拉克式】

成矿区带:塔里木板块北缘成矿带(Ⅲ-12)。
建造构造:第四系全新统化学堆积层。
成矿时代:第四纪。
成矿组分:钾盐,石盐。
矿床(点)实例:(新)吐鲁番市乌勇布拉克钾硝石矿床,大洼地、裤子山钾硝石矿点。
简要特征:属以石盐为主的多种盐类矿产共(伴)生复合型陆成盐湖矿床,就硝酸盐而言,分固相和液相两种类型,以液相为主。固相钾硝石矿有两个矿体,赋存于微波状石盐壳中,主要成分为钾硝石及杂硝石,矿石品位KNO_3多为1.55%~5.83%,平均品位3.01%。卤水硝酸钾矿层分为上、下两个卤水层。上卤水层赋存于全新统化学沉积相,为主矿层;下卤水层赋存于上更新统湖相化学沉积层内。含矿段岩性主要为含石膏、石盐质黏土、粉砂质黏土和粒状石盐层,含矿卤水主要赋存于石盐层内,为晶间卤水。卤水品位 KNO_3 多为 $0.3\%\sim1.86\%$,平均品位 0.94%。

成因认识:盆地周边广泛分布一套含 K^+、Na^+、Ca^{2+}、Mg^{2+} 的绢云石英片岩、黑云母绿泥石片岩、砂岩、粉砂岩、泥岩及石灰岩等,经强烈风化剥搬运至洼地聚集,为盐类成矿提供了丰富的 K^+、Na^+、Ca^{2+}、Mg^{2+} 等物源。NO_3^- 主要来源于盆地周边砂砾石孔隙潜水、泉水。在封闭环境、炎热的气候条件下,蒸发作用使硝酸钾及其他盐类矿产的形成。

【罗布泊式】

成矿区带:塔里木盆地成矿区(Ⅲ-16)。

建造构造:第四系中—上更新统及全新统化学堆积层。储卤层主要由钙芒硝层组成,部分为石盐、石膏层。液体矿均赋存于各盐层中,根据划分的盐层相对应划分为卤水含矿层(组),各含矿层之间被较稳定的含盐黏土层所分隔,构成相对的隔水层。

成矿时代:第四纪。

成矿组分:钾盐,Mg,(Li,石盐,钙芒硝)。

矿床(点)实例:(新)若羌县罗布泊(罗北凹地、腾龙)等盐湖。

简要特征:罗布泊钾盐主要为液体卤水矿床,属内陆盐湖型液体钾盐、钠盐、镁盐矿床,伴生有固体石盐、钙芒硝等。卤水层呈层状、似层状。富钾卤水主要赋存于盐类矿物的晶间,是以卤水钾盐为主,共生有液体钠盐、镁盐和固体钾盐、石盐、镁盐、钙芒硝。卤水水化学类型属钠镁硫酸盐亚型,卤水以晶间卤水形式赋存于钙芒硝、石膏矿物晶间。少量卤水赋存于粉砂、细砂中。储卤层主要由结晶较好的盐类矿物组成,孔隙极发育。多发育次生晶间孔隙,并可见有少量的晶洞孔隙。卤水中 KCl 含量 $1.3\%\sim1.6\%$,平均 1.46%,伴生 LiCl 含量 $60\sim134mg/L$。

成因认识:第四纪时期,喜马拉雅运动使塔里木盆地西部抬升,东部相对沉降,罗布泊地区成为最终汇水区。晚更新世新构造运动影响,罗布泊北部较强烈抬升,使统一的罗布泊逐渐分割。罗北凹地是其中一个最大的成盐盆地,强烈的蒸发作用使盐类物质富集成矿。成矿物质主要来自盆地西部古近系—新近系含盐系,次为周边山区火山期后温热水及盆地地层水等(韩豫川等,2012)。

【小苏干湖式】

成矿区带:南祁连成矿带(Ⅲ-23)与柴达木北缘成矿带(Ⅲ-24)交接地带。

建造构造:赋矿地层为第四系全新统蒸发岩建造,属于干旱型气候形成的蒸发盐,岩石由黏土、湖积黏土、盐壳、芒硝、钾盐、石盐组成,钾赋存于盐壳和卤水中,卤水赋存于盐层底部。

成矿时代:第四纪全新统。

成矿组分:钾盐。

矿床(点)实例:(甘)小苏干湖钾盐矿。

简要特征:钾盐矿产于陆相断陷盆地小苏干湖盐湖中。钾盐矿物呈固体和液体两种形态出现,固体的矿物以钾盐,光卤石为主,赋存于盐壳下部,液体钾以 K^+ 离子形式赋存于表卤和晶间卤水中。矿体形态呈长条状、椭圆状,少数呈三角状、带状产出。矿石矿物成分有钾芒硝、钾石盐、光卤石、钾盐镁矾等。

成因认识:盐盆地汇水范围内有大量的钙镁碳酸盐和超基性岩,风化剥蚀后源不断地向小苏干湖盐矿区提供钙质、镁质及碳酸盐类;区内火山岩比较发育,局部地段见黄铁矿等硫化物的矿化,其风化后形成易溶的硫酸盐进入到小苏干湖盐矿区中;区内中酸性岩浆岩出露较广,蚀变发育,其风化产物含大量的钾、钠、锂等成分补给汇入至小苏干湖盐矿区中;接触蚀变带内常见有电气石等含硼的矿物,风化后顺水流入补给至小苏干湖盐矿区中。新近系上新统狮子沟组含有石盐层,它的溶解流入是小苏干湖盐矿区的盐类物质的另一个重要来源。此外沿深断裂运移的卤水也是矿区盐分补给的另一个重要的来源。

【大浪滩式】

成矿区带:柴达木盆地成矿区(Ⅲ-25)。

建造构造:蒸发盐夹膏盐建造。
成矿时代:第四纪早更新世—全新世。
成矿组分:K,(Li,石盐,芒硝,硼)。
矿床(点)实例:(青)格尔木市大浪滩、察汗斯拉图、昆特依、尕斯库勒盐湖。
简要特征:作为以第四纪为主要盐类沉积期的现代干盐湖,在固体盐类发生沉积的同时,有大量高浓度卤水随之而沉积,形成富含盐类的卤水矿田。矿体产状,主矿体多呈层状或似层状及大透镜体,其余都为扁豆状或小透镜状。矿层埋深,顶部矿层均出露地表,一般埋深在5~20m,最大埋深25m左右。含矿层厚度一般为0.3~1m,最大厚度10.25m(大浪滩K6层),大浪滩矿区的下部层位厚度较大,单层厚度一般为3~5m。含矿层KCl品位最高30.64%,最低1.06%,一般品位为6%~18%。大浪滩梁中矿床属硫酸盐型钾盐沉积矿床,含钾矿物以钾石盐为主,光卤石次之,少量软钾镁矾、钾盐镁矾等,伴生盐类矿物有泻利盐、石盐、芒硝、水氯镁石等。矿石自然类型有光卤石钾矿石、钾石盐-石盐矿石、软钾镁矾-钾石盐矿石,钾石盐-泻利盐、白钠镁矾矿石、含黏土、淤泥-钾石盐矿石。
成因认识:大浪滩次级盆地,构造运动引起的褶皱隆起,使盆地西部各凹陷之间及内部各洼地之间先后受到分割,后期强烈的新构造运动,使整个盆地与周围山系形成高低悬殊的"高山深盆"地貌景观,西部褶皱进一步隆起,各次级盆地凹陷之间进一步分割、解体,直至晚更新世中期完全解体,以致在距今约10万年西部各次盆地相继干涸,出现干盐湖相沉积。在各次盆地干盐湖滩的内部洼地(梁北凹陷、昆西凹陷、德宗马海西部凹陷)中形成固体钾矿床,在其盐类沉积层中的晶间卤水中形成大型规模的液体钾矿床。

【察尔汗式】
成矿区带:柴达木盆地成矿区(Ⅲ-25)。
建造构造:察尔汗盐湖大部分为裸露地表的干盐湖,仅边缘残留有面积不大的8个卤水湖,其中以位于南部边缘的达布逊盐湖面积最大。含盐系分为5个含盐组,由下而上为S_1、S_2、S_3、S_4、S_5,每个含盐组由下部碎屑层+上部石盐层组成。
成矿时代:第四纪晚更新世—全新世。
成矿组分:钾盐,Mg,(Li,B,石盐)。
矿床(点)实例:(青)格尔木市察尔汗盐湖;大柴旦镇马海盐湖等矿床。
简要特征:钾盐分为固体钾矿和液体钾矿两种,以后者为主,约占总储量的2/3。固体钾盐矿主要赋存在第四系上更新统晚期至全新统的石盐层中,按矿体赋存层位和深度,自下而上分为8个矿层(即K1~K8),位S_4含盐组中的K4~K7是主矿层,分布在整个湖区,矿物成分主要为石盐、光卤石,少量钾石盐。KCl含量一般3%~9.92%。液态钾矿包括湖表卤水和晶间卤水两种,以后者为主。湖表卤水分不同季节K^+含量变化于6~27.84g/L。晶间卤水分两个含水段:下段位于S_1、S_2、S_3含盐组;上段位于S_4含盐组,是主含钾层。卤水KCl含量一般19.5~22.44g/L。
成因认识:察尔汗盐湖自形成独立盆地(距今3.7万年)后,在东、西、南三面大量水源的补给和极端干旱的气候条件下,经过长时间(约6千年)的蒸发浓缩,便进入盐自析阶段。在距今1.5万年左右,察尔汗盐湖发展到鼎盛阶段,湖区范围内全部进入盐自析阶段。此段时间约0.7万年,气候进一步干旱,周边水补给量减少,蒸发量超过补给量,盐湖便进入了干盐湖阶段。

二、地下卤水型

【南翼山式】
成矿区带:柴达木盆地成矿区(Ⅲ-25)。
建造构造:柴达木盆地西部凹陷区茫崖凹陷亚区。古近系—新近系:干柴沟组为紫红色中厚层状砂岩、泥岩钙质泥岩、粉砂岩;油砂山组为砂质泥岩、泥质粉砂岩、泥灰岩、页岩、粉砂岩等。
成矿时代:古近纪—新近纪。

矿床(点)实例:(青)茫崖镇南翼山—油泉子一带背斜构造区深层卤水矿。

成矿组分:钾盐,Li,B,(I)。

简要特征:卤水赋存于南翼山背斜带上,地下储水层在油砂山组主要分布于219.05~1800m之间,在干柴沟组主要分布于2943~4578m之间。含卤水层岩性有钙质粉砂岩、泥质粉砂岩、泥灰岩、藻灰岩、细砂岩。卤水矿化度一般为177.1~287.9g/L,属中矿化度不饱和型卤水,与石油、天然气共生。主要化学组分K^+含量最高10 200mg/L,最低920mg/L,一般为1360~6520mg/L;B_2O_3平均2234.9mg/L,最低451mg/L,最高4251mg/L;LiCl含量最高2067.96mg/L,最低122.2mg/L,平均774.6mg/L。

成因认识:南翼山及邻近地区古近纪—新近纪卤水物质主要来源于继承的古湖水、泥火山物质和周边岩石风化淋滤后将元素迁移到盆地。经新构造运动,随古近纪—新近纪地层的褶皱隆起,富含钾、硼、锂、碘等有益组分的卤水,在相对的封闭条件下成矿。

第二十章 硼 矿

硼矿是制取硼砂、硼酸和其他各种硼化物、单质硼的主要原料。其制品广泛用于化工、冶金、光学玻璃、国防、原子能、医药、橡胶及轻工业等部门。

第一节 矿产概况和成矿时段

截至2009年,西北地区探获硼矿床8处,其中超大型2处(青海察尔汗、大柴旦),大型4处(青海东台吉乃尔、西台吉乃尔、一里坪、小柴旦),中型1处,小型1处。此时的累计查明硼矿B_2O_3资源量,青海占99.53%,新疆仅占0.47%。

近年,西北地区硼矿找矿有一定进展。新疆:罗布泊湖盆地近年探明盐湖卤水中蕴藏着丰富的伴生硼资源,B_2O_3总储量$433.5×10^4$t(支红军,2012)。青海:在柴达木盆地2012年提交液体334资源量分别为:KCl $1.298×10^8$t,$MgSO_4$ $4.807×10^8$t,NaCl $27.254×10^8$t,$MgCl$ $21.957×10^8$t,LiCl $3.505×10^4$t,B_2O_3 $9.718×10^4$t。目前,西北累计估算B_2O_3资源,青海约占80%,新疆升至约20%。

按截至2009年累计查明资源量分析(图20-1),西北地区硼矿最重要的成矿时段以喜山期占绝对优势(99.988%);极少量在海西期(0.012%)。

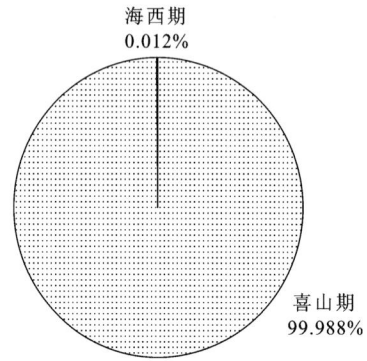

图20-1 西北地区硼矿时代统计分布图(截至2009年数据)

第二节 矿床类型及矿床式

按截至2009年累计查明资源量分析(图20-2),西北地区硼矿以现代湖泊沉积型占绝对优势(99.988%),极少量为热液型(0.012%)。

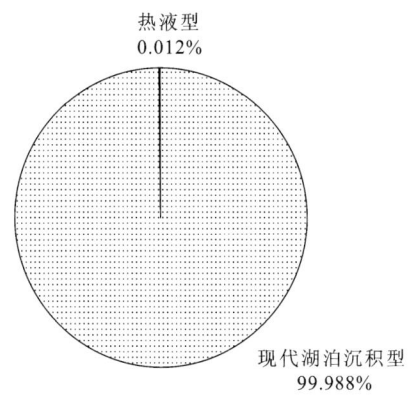

图 20-2　西北地区硼矿类型统计分布图(截至 2009 年数据)

一、现代湖泊沉积型

【西湖式】

成矿区带：敦煌成矿带(Ⅲ-15)。

建造构造：第四纪现代盐湖化学沉积建造，一般厚 3~5m，自上而下细分为：①湖表卤水(0.2~0.5m)；②硬石膏-粉砂、淤泥层；③盐渍化细砂-粉砂层；④重盐渍化亚砂土龟裂壳层；⑤戈壁砾石与含盐亚黏土。各类固体样碱溶分析，B_2O_3 含量介于 0.02%~0.1%。

成矿时代：第四纪全新世。

成矿组分：芒硝，石盐，B。

矿床(点)实例：(甘)敦煌市西湖、条湖、波罗湖、野马井子、香炉墩、新店湖硼矿点。

简要特征：盐类矿体形态多呈饼状、锅状、透镜状，产状大多水平，规模大小各处不等，一般厚 0.5~1.7m，最大 4.5m，其上常有 0.2~1.2m 的盐碱壳。硼矿化主要为地表含硼卤水和晶间卤水，湖表卤水 B_2O_3 含量 400~900mg/L，高者达 1021.7mg/L，平均 735.5mg/L；地下卤水或称晶间卤水，B_2O_3 含量 20~120mg/L，最高 532.3mg/L。

成因认识：盆地周围古老岩石中盐类物质，风化剥蚀后随地表水、地下水带入湖盆中，经过蒸发、浓缩、富集、结晶沉积成芒硝矿、石盐矿，最终在湖表残余卤水中 B_2O_3 富集成矿。盆地周围的古老岩系和花岗岩中广泛分布着电气石，它可能是盐湖中硼元素的最初来源。

【大小柴旦式】

成矿区带：柴达木北缘成矿带(Ⅲ-24)。

建造构造：第四系全新统盐湖沉积建造，由下向上为：底部淤泥石膏层，以淤泥石膏为主，次由碳酸盐、黏土矿物及碎屑，并含大量硼酸盐矿物，是主要含矿层，具蒸发盐、碎屑岩建造。中部为芒硝层，芒硝含量在 60% 以上，并含大量硼酸盐矿物，也是主要含矿层；顶部为石盐层，石盐含量占 70% 以上，其他为淤泥芒硝和粉砂，本层下部含硼酸盐矿物。

成矿时代：第四纪晚更新世—全新世。

成矿组分：硼，石盐，芒硝，(钾盐，Li，Mg)。

矿床(点)实例：(青)大柴旦、小柴旦盐湖。

简要特征：矿床层位稳定，呈层状产出，有固体和液体两种，前者为主。①固体硼矿：矿石类型有石盐硼矿、芒硝硼矿、淤泥石膏硼矿、黏土硼矿、盐类硼矿钠硼解石富矿等多种。但硼酸盐矿物则很简单，主要为钠硼解石、柱硼镁石及水方硼石等，非金属矿物主要有石盐、石膏、芒硝等。各矿层 B_2O_3 平均品位 2.02%~10.07%。②液体硼矿：主要为地表含硼卤水和晶间卤水两种自然类型。二者化学成分基本一致,主要有益组分为硼、锂、钾、钠、镁、溴碘等。液体矿 B_2O_3 品位 0.68～3.50g/L。

成因认识:在晚更新世早、中期,柴旦湖盆主要为浅湖、滨湖相碎屑沉积,形成了石膏、芒硝、石盐等,在距今约 3 万年的强烈新构造运动,使柴北缘断裂进一步发育,形成较多的温泉水和泥火山物质,从而带来丰富的硼、锂等物质,卤水 B_2O_3、Li^+ 含量高,伴随蒸发-化学沉积作用,形成了柴旦盐湖矿床。

二、热液型

【西西尔塔格式】

成矿区带:准噶尔南缘成矿带(Ⅲ-6)。

建造构造:上石炭统柳树沟组第二、第三亚组断层接触面下部。第二亚组玄武岩中的断裂发育部位。第二亚组主要岩性为玄武岩、杏仁状玄武岩、安山岩、玄武质角砾熔岩、层凝灰岩、泥灰岩。第三亚组主要岩性为砂岩,其中夹有泥岩和层凝灰岩的薄层。

成矿时代:晚石炭世。

成矿组分:B。

矿床(点)实例:(新)吐鲁番市西西尔塔克、七泉湖、煤窑沟、小羊沟硼矿点。

简要特征:硼矿主要分布于肖霍鲁克复向斜的南翼,处在上石炭统柳树沟组第二、第三亚组断层接触面下部。第二亚组玄武岩中的断裂发育部位。断裂多为高角度北倾逆断层,倾角 60°～75°不等,常形成几十米厚的断层破碎带,带内岩石极其破碎,碳酸盐脉沿裂隙充填,是主要的控矿构造,矿体主要产于断层破碎带中。共圈出硼矿体 4 个,矿石类型以网脉状含硼碳酸盐脉为主,团块状含硼碳酸盐脉和含硼泥灰岩矿石次之。矿石矿物主要为硅硼钙石。各矿体 B_2O_3 平均品位 6.08%～9.90%。

成因认识:石炭纪裂谷拉张期间,火山活动剧烈,硼矿物质来源于火山活动富含硼矿物质的中性、基性火山岩,在其活动过程中提供了硼的矿物质;后期构造活动强烈,形成大量北西向断裂。后期沿断裂带发生构造热液活动,含水热液溶解矿源层的大量硼矿物质,使得矿源层中进一步聚集增富,形成沿断裂带断续分布的矿体。

第二十一章 重晶石矿

重晶石粉的最大用量是作石油、天然气、煤层气钻井泥浆加重剂,还可配置大密度混凝土用于原子能工业、核电站及 X 射线实验室等防护性建筑;制取钡的化工产品;提取钡并生产钡合金等。

第一节 矿产概况和成矿时段

截至 2009 年,西北地区探获重晶石矿床 22 处,其中,中型 7 处(陕西大西沟,石梯,水坪,獐子坪,千担沟黑沟午峪;甘肃东风沟,镜铁山),小型 15 处。镜铁山重晶石多与铁矿石伴生,平均品位仅 7.32%,经矿石量乘以 0.2 折算后划为中型。按此时处理后西北累计探明资源量,陕西占 80.05%,甘肃占 12.87%,青海占 5.11%,新疆占 1.53%,宁夏占 0.44%。

近年,西北地区重晶石找矿有一定进展。甘肃:北山地区双鹰山重晶石矿床外围新发现津鲁木重晶石矿床,探获重晶石矿石 $504.9×10^4$ t,已达到中型规模。青海:东昆仑东段抗得弄舍铅锌矿共伴生重晶石的量非常可观,描述为"重晶石岩",需评价经济价值。

按截至 2009 年累计查明资源量分析(图 21-1),西北地区重晶石矿形成时段主要在加里东期(59.95%),其次在海西期(29.82%)及前寒武纪(9.53%),仅极少量在燕山期(0.44%)及印支期(0.26%)。

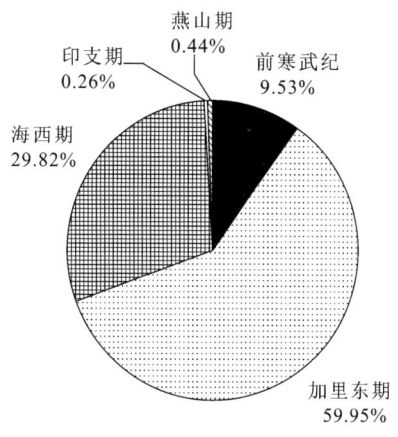

图 21-1 西北地区重晶石矿时代统计分布图(截至 2009 年数据)

第二节 矿床类型及矿床式

按截至 2009 年累计查明资源量分析(图 21-2),西北地区重晶石矿床类型主要为海相沉积型(86.64%),次为沉积变质型(9.63%),少量热液型(3.73%)。本区已知的沉积变质型矿床,前身也属海相沉积型,前二类型合计高达 96.27%。一般认为海相沉积型重晶石由海底喷流中 Ba^{2+} 与海水中 SO_4^{2-} 结合形成,可见此种成矿作用在重晶石成矿中的地位多么重要。

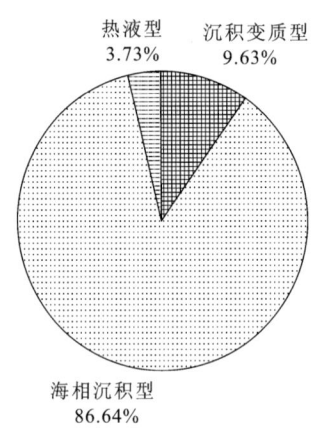

图 21-2　西北地区重晶石矿类型统计分布图（截至 2009 年数据）

一、沉积变质型

【小东索式】【镜铁山式】

同第二章铁矿中的同名矿床式。

二、海相沉积型

【双鹰山式】

成矿区带：敦煌成矿带（Ⅲ-15）。

建造构造：中寒武统双鹰山组沉积岩系，为一套碳质泥硅质板岩、千枚岩、含磷结核硅质岩、生物灰岩岩系。岩性有碳质板岩、粉砂质板岩、硅质板岩、结晶灰岩、泥质灰岩、硅质岩、白云岩及千枚岩等。有含磷层位，为磷块岩及磷结核，有时见含重晶石扁豆体的硅质板岩。

成矿时代：中寒武世。

成矿组分：重晶石。

矿床（点）实例：（甘）肃北县双鹰山、泽鲁木重晶石矿床。

简要特征：矿体成层状、似层状、透镜状产出。矿石矿物主要为重晶石，脉石矿物有方解石、白云石、石英、绢云母等。矿石类型以块状为主，放射状、结核状、斑块状次之，Ba_2SO_4 含量多数为 85%～95%。

成因认识：早古生代被动陆缘海相沉积环境，海底喷流 Ba^{2+} 与海水中 SO_4^{2-} 结合沉积成矿。

【水坪式】

成矿区带：南秦岭成矿带东段（Ⅲ-66B）。

建造构造：上震旦统—下寒武统鲁家坪组细碎屑岩-硅质岩-碳酸盐岩建造，其岩石组合由下而上为薄层灰岩-碳质灰岩、碳质板岩、碳硅质板岩及黑色硅质岩、微薄层碳质灰岩夹碳质板岩、绢云母石英片岩夹灰岩。

成矿时代：早寒武世。

成矿组分：重晶石。

矿床（点）实例：（陕）平利县水坪、獐子坪、神仙台重晶石矿床；紫阳县茶寨子重晶石矿床。

简要特征：矿体呈稳定的层状产于含矿地层中下部碳质板岩、灰岩及碳质硅质岩中，共有三层矿体，其平均厚度 1.88～3.15m。矿层产状与围岩产状完全一致，界线清楚，与灰岩、硅质岩、碳质板岩均有相变现象。矿石品位 $BaSO_4$ 一般为 80%～90%，最高 97.58%，最低 40%。矿石矿物以重晶石为主，脉石矿物为方解石、石英。

成因认识：南秦岭早寒武世裂陷海盆，浅海相沉积环境，海底喷流 Ba^{2+} 与海水中 SO_4^{2-} 结合沉积成矿。

【石梯式】

成矿区带:南秦岭成矿带东段(Ⅲ-66B)。

建造构造:下志留统梅子垭组细碎屑岩-硅质岩建造,其岩石组合由下而上为绢云母石英片岩夹变质石英砂岩条带、板状含碳硅质岩夹绢云母石英片岩、绢云母石英片岩等。

成矿时代:早志留世。

成矿组分:重晶石,(毒重石)。

矿床(点)实例:(陕)安康市石梯、茨沟、良田垭、九里岗、青山沟重晶石矿床;旬阳县叶家寨、神河重晶石矿床。

简要特征:矿体呈层状、似层状、扁豆状主要赋存于含矿地层中部,矿体顶、底板均为含碳硅质岩。含矿层位稳定,矿体与围岩界线清楚,围岩中常含有重晶石2%～10%,局部呈过渡关系,矿体产状与围岩产状一致。矿石品位$BaSO_4$变化于56.44%～87.56%,$BaCO_3$变化于0.33%～2.36%。矿石矿物以重晶石为主,脉石矿物为石英、碳质、斜钡钙石、方解石。

成因认识:南秦岭早古生代裂陷海盆,浅海相沉积环境,海底喷流Ba^{2+}与海水中SO_4^{2-}或CO_3^{2-}结合沉积成矿。

【大西沟式】

参见第二章铁矿中的同名矿床式。

【东风沟式】

成矿区带:龙门山-大巴山成矿带(Ⅲ-73)。

建造构造:重晶石矿赋存于下寒武统干沟组:下岩段为灰黑色薄层状硅质岩夹深灰色薄—中层状不纯灰岩、白云岩,厚度80m;中岩段为深灰色—灰黑色含硅质条带碳质粉砂质板岩,其上产似层状重晶石矿,厚度450m;上岩段主要为灰色条带状含碳粉砂岩夹粉砂质板岩及细砂岩,厚度大于380m。

成矿时代:早寒武世。

成矿组分:重晶石。

矿床(点)实例:(甘)文县东风沟、关家沟重晶石矿床。

简要特征:矿体呈似层状、块状、透镜状。矿石按结构构造分为3种自然类型:致密块状矿石、带状矿石、团块状矿石。矿石矿物为重晶石,矿石Ba_2SO_4平均品位90.12%。脉石矿物有石英、绢云母、白云母、长石等。

成因认识:寒武纪摩天岭陆缘裂谷,浅海相沉积环境,海底喷流Ba^{2+}与海水中SO_4^{2-}结合沉积成矿。

三、热液型

【阿登套式】

成矿区带:伊犁成矿带(Ⅲ-10)。

建造构造:下石炭统大哈拉军山组主要为一套酸性熔岩、火山碎屑岩、砂岩、砾岩夹灰岩。附近有二叠纪中酸性岩侵入于大哈拉军山组地层内。

成矿时代:海西晚期。

成矿组分:重晶石。

矿床(点)实例:(新)昭苏县阿登套重晶石矿床,察布查尔县苏阿苏、可可达萨依重晶石矿点。

简要特征:矿体呈脉状产于灰岩地层中,为石英-重晶石脉型,西部产于英安斑岩与灰岩接触带中,东部产于英安斑岩中。矿石矿物为重晶石,非金属矿物为石英、方解石,其中重晶石含量在60%～80%,石英为20%～40%,而方解石含量仅为0.1%。

成因认识:伊犁石炭纪裂谷沉积矿源层;晚期热液再造形成矿脉。

【一条岭式】

成矿区带:河西走廊成矿带(Ⅲ-20)。

建造构造:赋矿地层为泥盆系老君山组第一段,主要岩性为薄—中厚层状砾状,含砾砂岩,粗粒、中粒石英砂岩及长石石英砂岩,细砂岩等。南北向大断裂的近东西向次级断裂是容矿构造,同期裂隙有的被燕山期闪长玢岩脉侵入。在二人山-黄石坡沟-金场子,重晶石脉分布于含金银铅锌多金属矿脉外侧。

成矿时代:燕山期。

成矿组分:重晶石。

矿床(点)实例:(宁)中卫市一条岭重晶石矿床,米地梁、黄石坡沟重晶石矿点。

简要特征:矿体常呈脉状、透镜状、囊状、扁豆状等形态产出,矿脉主要为镜铁矿石英重晶石脉,赤(褐)铁矿石英重晶石脉,次为规模较小的重晶石脉、石英脉。矿石矿物为重晶石,脉石矿物为石英、方解石。矿石 Ba_2SO_4 平均品位 40%。

成因认识:晚泥盆世沉积矿源层,燕山期热液活化形成矿脉。

【锡铁山南式】

成矿区带:柴达木北缘成矿带(Ⅲ-24)

建造构造:赋矿地层主要寒武纪—奥陶纪滩间山群:下部以中酸性—中基性火山熔岩、凝灰岩为主夹钙质、硅质和砂泥质沉积层的火山岩性段;中部为火山-沉积岩岩性段,由火山碎屑岩、碳酸盐岩、硅质岩与含铁碧玉岩及陆源砂泥质千枚岩等组成;上部由中基性火山熔岩、凝灰岩夹少量片岩、石英岩、变粒岩及大理岩组成,为主要的赋矿层位。已知重晶石矿体主要赋存于北西向、北西西向断裂中,断裂控矿作用明显。

成矿时代:海西期。成矿断裂切穿泥盆纪地层,并沿断裂在泥盆纪地层中有重晶石矿脉产出。

成矿组分:重晶石,(Pb,Zn)。

矿床(点)实例:(青)大柴旦镇锡铁山南重晶石矿床;德令哈市穿山沟西重晶石矿点、穿山沟西分水岭北重晶石矿点。

简要特征:矿体呈平行脉状、小扁豆状,矿体受构造裂隙控制。矿石类型主要为石英-重晶石型和方解石-重晶石型,矿石矿物主要为重晶石,脉石矿物为石英及方解石。矿石含 $BaSO_4$ 一般 23.2%~62.1%,平均品位 41.22%。伴生铅 0.02%~0.12%,锌 0.03%~1.28%。

矿床成因:寒武纪—奥陶纪沉积矿源层;热液再造形成矿脉。

【金临式】

成矿区带:南秦岭成矿带西段,即西秦岭成矿带(Ⅲ-28)。

建造构造:赋矿建造为中泥盆统西汉水群安家岔组第二岩性段千枚岩夹薄层灰岩,夹有少量重晶石层,但工业矿体受构造裂隙控制,并且平行的同期裂隙有的被三叠纪闪长玢岩脉侵入,金临重晶石矿区北侧出露三叠纪细粒黑云二长花岗岩体。

成矿时代:三叠纪。

成矿组分:重晶石。

矿床(点)实例:宕昌县金临重晶石矿点。

简要特征:重晶石矿(化)体呈简单的单脉延伸,受构造裂隙控制,倾角在 85°左右,矿石类型为致密块状矿石,矿石矿物为重晶石,Ba_2SO_4 平均品位 87.79%。围岩蚀变有硅化、重晶石化、绢云母化、褐铁矿化、方解石化。

成因认识:秦岭泥盆纪裂陷盆地沉积矿源层;晚期热液再造成矿。

第二十二章　菱镁矿

菱镁矿资源主要有两个用途，一是提取金属镁，二是用于耐火材料。

第一节　矿产概况和成矿时段

截至 2009 年，西北地区探获菱镁矿床 6 处，其中大型 1 处（新疆尖山），中型 1 处，小型 4 处。按此时累计查明菱镁矿矿石资源量对比，新疆占 61.85%，甘肃占 37.17%，青海占 0.98%。

按截至 2009 年累计查明资源量分析（图 22-1），西北地区菱镁矿最重要的成矿时期主要为海西期（95.40%），其次是加里东期（4.60%）。

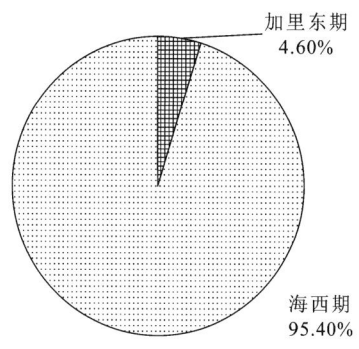

图 22-1　西北地区菱镁矿时代统计分布图（截至 2009 年数据）

第二节　矿床类型及矿床式

按截至 2009 年累计查明资源量分析（图 22-2），西北地区菱镁矿矿床以镁质碳酸盐岩交代型占绝对优势（99%），少量为镁质超基性岩蚀变型（1%）。

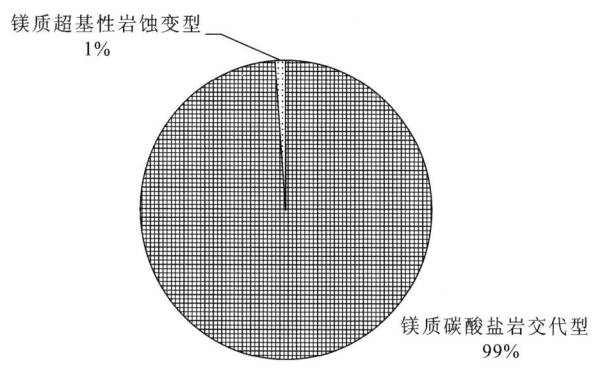

图 22-2　西北地区菱镁矿类型统计分布图（截至 2009 年数据）

一、镁质碳酸盐岩交代型

【尖山式】

成矿区带：塔里木板块北缘成矿带（Ⅲ-12）。

建造构造：尖山菱镁矿化带赋存于下泥盆统阿尔彼什麦布拉克组上亚组第二岩性层的浅黄色—灰白色白云石大理岩中。本矿区内白云石大理岩具有距矿体越近 MgO/CaO 比值越大的特点：菱镁矿矿体中 MgO/CaO 比值 10.74～51.92，矿体顶底板矿化白云石大理岩 MgO/CaO 比值 2.93～4.67，再向外白云石大理岩 MgO/CaO 比值 0.91～2.08，均大于白云石 MgO/CaO 理论比值 0.72。区内以较强脆性为特征的白云石大理岩中，节理裂隙特别是层间裂隙十分发育（范香莲等，2012）。

成矿时代：晚泥盆世。

成矿组分：菱镁矿。

矿床实例：（新）鄯善县尖山菱镁矿矿床，梧桐沟菱镁矿矿点。

简要特征：矿体为大透镜状。矿物组合菱镁矿、白云石、方解石、石英、水镁石、滑石、白云母、绢云母、金云母、钙镁橄榄石、钠长石、黄铁矿。矿石构造类型主要有：块状构造、粗晶菊花状构造、蠕虫状构造、条带状构造、浸染状构造、阶梯状构造等；围岩蚀变菱镁矿化、滑石化、蛇纹石化、硅化、绢云母化、碳酸盐化、褐铁矿化、黄铁矿化。矿石 MgO 含量 42.48%～46.21%（范香莲等，2012）。

成因认识：早泥盆世残余海盆环境沉积的镁质碳酸盐岩，在晚泥盆世随着构造活动的进行，在尖山一带表现为中酸性岩浆岩为主的侵入活动，在区内较广泛地发生了热接触变质作用，同时为进行交代富集提供了充分的热液和部分物源条件，形成以中—粗晶为主的晶质菱镁矿床。

【哈勒哈特式】

成矿区带：塔里木板块北缘成矿带（Ⅲ-12）。

建造构造：中泥盆统萨阿尔明组一套滨—浅海潮坪相富镁碳酸盐岩沉积，岩性主要为厚层白云岩夹少量生物碎屑灰岩。矿区断裂破碎及节理裂隙，控制着菱镁矿矿体分布。

成矿时代：晚泥盆世。

成矿组分：菱镁矿。

矿床实例：（新）和静县哈勒哈特菱镁矿矿床，胡尔哈提菱镁矿矿点。

简要特征：矿体大部分出露地表，矿体形态极不规则，规模较大者，多为囊状、似层状、不规则状；规模小者，多为透镜状、扁豆状，大部分矿体斜交岩层走向呈北西西向延伸；矿石矿物为菱镁矿，脉石矿物主要为白云石，少量方解石、黄铁矿、石英、蛇纹石、滑石、绿帘石、绿泥石等；矿石构造主要为块状构造、条带状构造及放射状构造；围岩蚀变绿帘石化、绿泥石化、蛇纹石化、滑石化。矿石 MgO 品位 41.82%～45.87%（胡秀军等，2011）。

成因认识：晚古生代中泥盆世残余海盆环境沉积的镁质碳酸盐岩，在晚泥盆世随着构造活动的进行，在哈勒哈特一带表现为强烈的动力构造活动，产生大量的构造热液，在其迁移过程中溶解了深部白云石大理岩中的镁等组分，上升沿破裂带及间裂隙，对浅部白云岩发生充分的热液交代作用，形成哈勒哈特一带的菱镁矿床，矿体形态多呈不规则状，与地层有一定程度的斜交。

【四道红山式】

成矿区带：敦煌成矿带（Ⅲ-15）。

建造构造：蓟县系平头山群上岩组第二岩段，岩性为白云石大理岩或硅质白云石大理岩，矿区还见海西中期花岗岩闪长岩和黑云二长花岗岩侵入体，对滑石矿、菱镁矿的生成有一定关系。

成矿时代：海西中期。

成矿组分：菱镁矿，（滑石）。

矿床实例：（甘）金塔县四道红山菱镁矿矿床。

简要特征：矿体产状受地层岩性的控制，与地层产状基本一致，极个别矿体（如7号）是含镁热液沿裂隙贯入交代而成,矿体走向与层理斜交;矿体的形态主要呈似层状,不规则状、长条状,少数呈透镜体状、扁豆状,并有分叉现象。矿石主要矿物为菱镁矿,含量85%~99%;其次有白云石(1%~15%)、蛇纹石(0~5%)、橄榄石(0~3%)及微量的方解石、滑石、氧化镁、硅镁石等。矿石构造以块状构造为主,次有条带状、皮壳状和斑杂状;矿石的自然类型分为白云石-菱镁矿矿石、白云石-蛇纹石-菱镁矿矿石和蛇纹石-菱镁矿矿石三类;围岩蚀变以菱镁矿化、滑石化为主。矿石平均MgO品位44.06%。

成因认识:蓟县系平头山群白云石大理岩,在海西中期中酸性岩浆侵入作用分异出来的富含挥发分,沿主断裂上升,溶解深部白云石大理岩中的镁等组分,热液由高压区迁移至低压区,对层间裂隙带白云石大理岩进行交代,形成菱镁矿床。

【别盖式】

成矿区带:中祁连成矿带(Ⅲ-22)。

建造构造:中元古代北大河群三岩组,近东西向的西倾不对称向斜的条带状白云石大理岩。

成矿时代:加里东中期。

成矿组分:菱镁矿。

矿床实例:(甘)肃北县别盖菱镁矿矿床。

简要特征:矿体呈似层状、透镜体状、不规则状与地层斜交或为角闪岩截断;矿石主要矿物为菱镁矿,含量85%~90%,次为白云石等。矿石构造:块状构造为主,次有条带状、条痕状。矿石的自然类型分为灰白色中粗粒条纹状菱镁矿,白色中粒块状菱镁矿及肉红色细粒块状菱镁矿三类;围岩蚀变普遍具有强烈的白云石化及褪色作用,其次是碳酸盐化、黄铁矿化、滑石化。矿床平均MgO品位43.73%。

成因认识:古元古代北大河群条带状白云石大理岩,加里东中期伴随着大规模构造运动,流体溶解深部白云石大理岩中的镁等组分,热液由高压区迁移至低压区,沿裂隙带对白云石大理岩进行交代,形成菱镁矿床。

二、镁质超基性岩蚀变型

【草大坂式】

成矿区带:北祁连成矿带(Ⅲ-21)。

建造构造:中寒武统黑茨沟组变火山沉积岩系,斜长绿泥片岩、绿泥钠长石英片岩、钠长绿泥片岩、钠长绿泥石英片岩、变安山玄武岩、变英安岩、变玄武岩、绢云钠长石英片岩等。超基性岩体(群)沿黑河断裂带侵入于黑茨沟组中,由全蛇纹石化纯橄岩、斜辉辉橄岩、蛇纹岩、滑石菱镁岩等组成,m/f值为7.6~9.2(杨青云,2014)。

成矿时代:加里东晚期。

成矿组分:菱镁矿,滑石,(Au)。

矿床实例:(青)祁连县草大坂滑石菱镁矿床。

简要特征:矿体形态似层状、透镜状、脉状平型排列。矿石中矿物成分以滑石、菱镁矿为主,次为绿泥石、阳起石、白云石、方解石、磁铁矿、铬尖晶石、石英、黄铁矿、闪锌矿、方铅矿,偶见自然金。矿石中滑石含量平均45.89%,菱镁矿含量平均37.55%,局部Au含量可达6×10^{-6}(杨青云,2014)。

成因认识:祁连中寒武世裂谷转换为小洋盆阶段侵入的镁质超基性岩,加里东晚期造山过程受热液蚀变交代,先后形成蛇纹石、滑石、菱镁矿等,同时金也有活化再富集表现。

第二十三章 萤石矿

萤石主要用于钢铁、氟化工、炼铝及建材工业等。在冶金工业中用于做助熔剂；在化学工业中用于制取氢氟酸及生产耐化学腐蚀、耐低温、耐老化、耐摩擦等特性的氟化工产品。

第一节 矿产概况和成矿时段

截至2009年，西北地区探获萤石矿床16处，其中，大型2处（甘肃七坝泉、头沟-照路沟），中型4处，小型10处。按此时累计查明萤石资源量对比，甘肃占73.83%，陕西占12.32%，青海占10.70%，新疆占3.15%。

近年，西北地区萤石找矿勘查有一定进展。陕西：南秦岭东段新发现大磨沟-闹阳坪萤石矿床。甘肃：阿拉善合黎山七坝泉萤石矿集区，也新增了一些萤石资源储量。

按截至2009年累计查明资源量分析（图23-1），西北地区萤石矿形成时段主要在海西期（46.29%）和加里东期（45.24%），其次在印支期（8.32%），仅很少量在燕山期（0.14%）。前二时段已占91.53%。

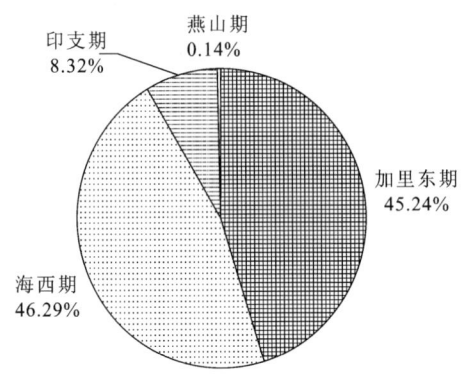

图23-1 西北地区萤石矿时代统计分布图（截至2009年数据）

第二节 矿床类型及矿床式

按截至2009年累计查明资源量分析（图23-2），西北地区萤石矿类型主要为岩浆热液型（93.45%），次为层控热液型（6.55%）。

一、岩浆热液型

【巴音沟式】

成矿区带：伊犁南缘-中天山-旱山成矿带（Ⅲ-11）。

建造构造：控矿侵入岩主要为二叠纪的花岗岩-二长花岗岩-正长花岗岩-花岗斑岩，侵入地层为

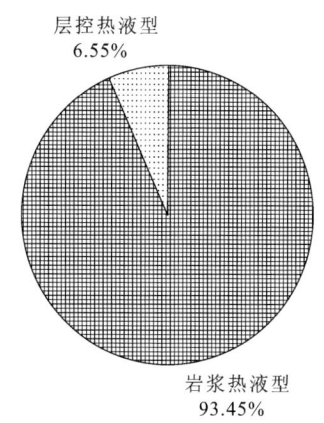

图 23-2 西北地区萤石矿类型统计分布图(截至 2009 年数据)

中—下石炭统阿克沙克组砂岩-灰岩建造;矿体均赋存 NE 向断层、断裂破碎带中。

成矿时代:晚二叠世。

成矿组分:萤石。

矿床(点)实例:(新)和静县巴音沟萤石矿点,阿牙沙拉沟萤石矿点(5 处)。

简要特征:矿体形态呈单个形态以脉状为主,少数为不规则脉状、透镜状,赋存于海西晚期的中粗粒花岗岩、花岗斑岩及围岩裂隙中;矿石类型石英-萤石型和萤石-石英型;矿石矿物为萤石;矿石 CaF_2 品位 30%～50%。

成因认识:晚二叠世花岗岩-花岗斑岩有关岩浆期后中—低温热液沿断裂构造及节理裂隙充填成矿。

【七坝泉式】

成矿区带:阿拉善成矿带(Ⅲ-18)。

含矿岩系:与海西晚期酸性侵入岩有关,赋矿地层为南华系墩子沟群磁铁石英岩-云母石英片岩-黑云变粒岩,萤石矿脉受破碎带和节理的控制,矿脉的上、下盘围岩为条带状黑云母斜长片麻岩。

成矿时代:二叠纪。

成矿组分:萤石。

矿床(点)实例:(甘)高台县七坝泉苦水沟萤石矿床,土圪涝河、银锅子、沙山河萤石矿点。

简要特征:矿体呈脉状断续产出,一般长 5～50m,最长 255m,厚 0.5～3m。矿脉带长 0.6～1.5km。矿石构造有致密块状、角砾状、条带状、网脉状构造。主要矿物为萤石,矿石 CaF_2 品位 71.47%～95.04%。

成因认识:海西晚期岩浆期后热液沿断裂破碎带充填成矿。

【神螺山式】

成矿区带:敦煌成矿带(Ⅲ-15)。

建造构造:产出于海西晚期侵入岩与下二叠统双堡堂组绿色陆屑杂砂岩、火山岩建造,由砂岩、砾岩、英安质泥灰岩、泥灰质砂岩夹英安质层凝灰岩、凝灰质砂岩和薄层状灰岩地层与外接触带。矿体受北 NE、北 NW 或 NS 向 3 组断裂控制。

成矿时代:二叠纪。

成矿组分:萤石。

矿床(点)实例:(甘)金塔县神螺山、玉石山萤石矿床。

简要特征:矿体以充填为主的脉状体呈单脉、平行脉、束状脉等形态产出,一般为 30～80m,最长达 290m。矿石构造有块状、角砾状、条带状、同心圆状、梳状、晶簇状构造。主要矿物为萤石,矿石 CaF_2 品位 84.13%。

成因认识:海西晚期岩浆期后热液沿断裂破碎带充填成矿。

【头沟-照路沟式】

成矿区带：河西走廊成矿带（Ⅲ-20）。

建造构造：加里东期花岗岩体，组成岩体的岩性主要为石英闪长岩、二长花岗岩、斑状花岗岩。赋矿地层为寒武系大黄山组变质砂岩，矿体产于变质砂岩与二长花岗岩的外接触带内，受 NW 向、NW 向断裂构造带及低序次断裂、裂隙带的控制。

成矿时代：加里东期。

成矿组分：萤石。

矿床（点）实例：（甘）永昌县头沟-照路沟萤石矿床，火烧沟萤石矿点；肃南县西石门萤石矿床；武威市大沙沟萤石矿床，大泉沟萤石矿点；天祝县斑阳河萤石矿点。

简要特征：矿体呈规则脉状形态产出。矿石构造有致密块状、纹层状、条带状及碎裂-角砾状构造等。矿石类型为纯萤石型矿石及石英-萤石型，主要矿物为萤石，矿石 CaF_2 品位 55%。与萤石矿关系密切的有硅化、方解石化。

成因认识：加里东期花岗岩有关岩浆期后热液沿断裂、裂隙带充填成矿。

【花石掌式】

成矿区带：中祁连成矿带（Ⅲ-22）。

建造构造：赋矿地层为古元古界托赖岩群结晶片岩，侵入岩为加里东中期的中粒二长花岗岩及脉岩（白云母细粒花岗岩脉、石英脉和萤石石英脉）。萤石产于花岗岩和结晶片岩中的节理中。

成矿时代：加里东期。

成矿组分：萤石。

矿床（点）实例：（青）大通县花石掌、其美丫豁、热水掌萤石矿床；海晏县三联萤石矿床。

简要特征：矿体呈脉状集中产于中—中粗粒二长花岗岩体边部的次级裂隙中。矿体产状与次级裂隙产状基本一致。矿体围岩主要为中—中粗粒花岗岩，部分为萤石石英脉体。矿石自然类型主要为石英-萤石型，部分属萤石-石英型（CaF_2 含量小于 47%），局部富矿团块或条带则为萤石型。矿石组分简单，主要为萤石和石英，次有少量玉髓、蛋白石、绢云母、褐铁矿。矿石 CaF_2 品位为 34.79%～74.57%，平均 49.6%。

成因认识：加里东期二长花岗岩有关岩浆期后热液沿岩体上部的节理裂隙及破碎带等成矿有利部位充填成矿。

【大格勒式】

成矿区带：东昆仑成矿带（Ⅲ-26）。

建造构造：赋矿地层为古元古界金水口岩群结晶片岩，侵入岩为印支期钾长花岗岩。矿体受钾长花岗岩和古元古界金水口岩群接触带附近的北西向断裂破碎带中北西向含矿破碎蚀变带控制。

成矿时代：印支期。

成矿组分：萤石，Pb，(RE)。

矿床（点）实例：（青）格尔木市大格勒沟萤石矿床；都兰县五龙沟西三色沟铅萤石矿点（伴生 HRE）。

简要特征：矿体呈脉状赋存于钾长花岗岩体与古元古界金水口岩群接触带附近的北西向断裂破碎带中。矿体产状与北西向、北北西向次级裂隙产状基本一致。矿体围岩主要为中粒钾长花岗岩，部分为萤石石英脉体。矿石类型分为方铅矿萤石石英脉、含重稀土方铅矿萤石石英脉、萤石石英脉、萤石脉；矿石组分简单，主要为萤石和石英，次有少量方铅矿、含重稀土矿物，非金属矿物为石英、菱铁矿、方解石、绢云母、高岭石和黄钾铁矾等。萤石富矿平均品位（CaF_2）85.87%，贫矿平均品位 38.65%，矿区萤石平均品位 46.16%；铅平均品位 8.04%；稀土（Y_2O_3）平均品位 0.0995%。

成因认识：印支期钾长花岗岩有关岩浆期后热液沿断裂破碎带充填成矿。

【玉石坡式】

成矿区带：北秦岭成矿带（Ⅲ-66A）。

建造构造：矿床赋存于印支期沙河湾岩体的玉石坡断裂带中。该岩体内部相为中粒环斑状、似斑状黑云母角闪石英二长岩，边缘相为中粒似斑状二长花岗岩和闪长花岗岩。岩体边缘有萤石与石英、方解石等共同组成规模不等的脉体充填于岩体内（以北西西向为主）的断裂带中。

成矿时代：印支期。

成矿组分：萤石，（Mo）。

矿床（点）实例：（陕）商洛市玉石坡萤石矿床；柞水县青岗槽萤石矿点。

简要特征：矿体一般呈脉状、透镜状沿岩体内的北西西向、北东向及近南北向3组断裂裂隙分布，并具明显的水平对称分带性，自断裂中心向两侧依次为萤石带、含萤石石英大脉带、石英细脉带。近矿围岩蚀变主要有硅化、绢云母化、高岭土化。矿石CaF_2品位20.82%～79.50%。有用矿物主要为萤石，含少量辉钼矿和铁钼华。

成因认识：印支期花岗岩浆期后热液充填岩体边部断裂裂隙成矿。

【李源式】

成矿区带：北秦岭成矿带（Ⅲ-66A）。

建造构造：燕山期蟒岭花岗岩活动可分出3次：第一次侵入为细—中粒闪长岩、石英闪长岩；第二次侵入体分边缘相和内部相，边缘相为中粗粒二长花岗岩，内部相为中粗粒似斑状二长花岗岩；第三次为细粒二长花岗岩。萤石产于中粗粒似斑状二长花岗岩相中，受东西向、北北东向及北西西向三组断裂控制，主要沿北北东向和北西西向两组"X"形断裂追踪部位充填，构成近南北向的矿带。

成矿时代：燕山期。

成矿组分：萤石，（Mo）。

矿床（点）实例：（陕）洛南县李源萤石矿床，小西沟、歪垛子、窄巷沟、狮子坪、碾子沟萤石矿点。

简要特征：矿体呈脉状，厚度变化较大，一般在两组断裂交汇处和倾角变缓部位增厚，受一组断裂控制时矿体变薄。矿石的矿物成分简单，主要为萤石和石英（或石髓）。矿石自然类型有三种，即萤石型，以萤石为主，含少量石英及其他杂质，CaF_2含量大于55%；石英-萤石型，CaF_2含量20%～55%；萤石-石英脉，CaF_2含量10%～20%。矿石主要为变晶结构，致密块状、条带状、角砾状及环带状构造。矿石品位：贫矿CaF_2含量20.75%～42.88%；富矿CaF_2含量56.63%～59.72%。矿石伴生有益元素主要为Mo，一般含量为0.01%～0.02%，个别达0.04%。

成因认识：燕山期二长花岗岩浆期后热液充填成矿。

【大磨沟-闹阳坪式】

成矿区带：南秦岭成矿带东段（Ⅲ-66B）。

建造构造：平利复背斜东翼的次级褶曲大磨沟向斜，核部地层为中志留统竹溪群泥钙质板岩夹泥晶灰岩及细晶灰岩，两翼由梅子垭组和洞河群组成。萤石矿体主要产于加里东晚期喷发的碱性粗面斑岩及粗面火山角砾岩与竹溪群板岩、灰岩的接触部位及岩石裂隙带。

成矿时代：加里东晚期。

成矿组分：萤石，（Zn）。

矿床（点）实例：（陕）平利县大磨沟-闹阳坪萤石矿床，姚家沟-松沙河萤石矿点。

简要特征：矿体产于断裂破碎带中，呈似层状、透镜状、脉状。按容矿岩石分，矿石主要为粗面岩型，次为板岩型。矿石矿物主要以萤石为主，局部有闪锌矿富集（韩鹏飞等，2014）；脉石矿物主要为铁白云石、石英，次为斜长石、钾长石、方解石。矿石CaF_2品位30.22%～50.94%（孙健等，2012）。

成因认识：加里东晚期喷发的粗面岩、粗面斑岩与钙质板岩、灰岩接触带，岩浆中携带的F与地层中的Ca结合形成萤石矿。

二、层控热液型

【铁列克式】

成矿区带：塔里木板块北缘成矿带（Ⅲ-12）。

建造构造:赋矿地层为上石炭统喀拉治尔加组灰岩与黑色凝灰质石英斑岩角砾岩层或灰绿色凝灰质石英斑岩层。矿体受两组节理裂隙所控制:一组北西向,产状 290°～310°∠60°;另一组为北北西向,产状 340°～360°∠60°～70°。

成矿时代:早二叠世。

成矿组分:萤石。

矿床(点)实例:(新)拜城县铁列克萤石矿床。

简要特征:矿体形态呈脉状,赋存于灰岩与黑色凝灰质石英斑岩角砾岩层或灰绿色凝灰质石英斑岩层的接触带中;矿石类型为方解石-石英-萤石型矿石;矿石矿物萤石;矿石 CaF_2 品位 61.73%。

成因认识:早二叠世浅成喷出岩浆沿构造裂隙发生裂隙性喷发活动,气态-热水溶液体中的氟化物亦随着裂隙上升贯入,与上石炭统石灰岩发生碳酸盐交代作用,形成了热液型萤石矿床。

【塔提克布拉克式】

成矿区带:塔里木陆块北缘隆起成矿带(Ⅲ-13)。

建造构造:赋矿地层为上寒武统—下奥陶统丘里塔格组灰色中—厚层夹薄层状灰岩、含燧石条带灰色中—厚层夹薄层状灰岩。萤石矿点就赋存于丘里塔格组灰岩段中,受 NE 和 NW 向断裂构造控制。

成矿时代:晚二叠世。

成矿组分:萤石。

矿床(点)实例:(新)巴楚县提克布拉克-宏宇萤石矿床,三岔口红海、三水玉其布拉克萤石矿点;阿图什市也提库玉其布拉克萤石矿点。

简要特征:矿体形态呈脉状、透镜状,赋存于灰色中—厚层夹薄层状灰岩;矿石类型为石英-萤石型矿石;矿石矿物萤石;矿石 CaF_2 品位 36.27%。

成因认识:在晚二叠世区域岩浆热事件构造应力的作用下,富含 F 等矿化组分的热流体沿构造裂隙贯入迁移至地壳浅部,与上寒武统—下奥陶统的碳酸盐岩地层结合形成萤石矿。

【十里坪式】

成矿区带:南秦岭成矿带东段(Ⅲ-66B)。

建造构造:在十里坪矿区,南矿段赋矿围岩为武当山岩群的绢云钠长石英片岩(变石英角斑岩);北矿段赋矿围岩为太古宙转路沟杂岩的(石榴石)黑云斜长片麻岩等及耀岭河岩组的绿帘阳起钠长片岩(变基性火山岩)等。矿脉受断层破碎带-节理控制。

成矿时代:海西期。萤石 Sm-Nd 等时线年龄为 $392±24Ma$,(谢才富等,2004)。

成矿组分:萤石,Sb,(Au)。

矿床(点)实例:(陕)商南县十里坪锑萤石矿。

简要特征:矿脉在平面上斜列,剖面上呈叠瓦状,脉体近于等间距。原生矿石以萤石石英辉锑矿矿石为主,石英辉锑矿矿石仅见于南矿段。矿石的矿物组成较简单,主要有萤石、石英、辉锑矿、黄铁矿、钾长石等,可见少量重晶石、白云石及微量方解石、雌黄、黄铜矿、闪锌矿。该矿床萤石 CaF_2 平均品位 44.86%,锑矿体中 Sb 一般为 1.64%～9.31%,伴生金 Au $0.2×10^{-6}$～$1.62×10^{-6}$。

成因认识:成矿流体以大气降水为主,活化变质地层矿质成矿。第一阶段为黄铁矿-钾长石-石英脉,具金矿化和锑矿化;第二阶段为角砾状萤石-石英-辉锑矿脉,仅局部含辉锑矿;第三阶段为萤石-石英-辉锑矿脉,是锑的主成矿阶段。

参 考 文 献

Anita N Berzina,Alexander F Korobeinikov.中亚造山带中斑岩铜钼矿的 Re,Pt,Pd 和 Au 含量[J].岩石学报,2007,23(8):1957-1972.
艾宁,任战利,李文厚,等.宁夏沉积型磷矿成矿特征及资源潜力预测[J].地下水,2013,35(4):165-168.
艾宁,任战利,李文厚,等.宁夏卫宁北山地区矿床类型及成矿时代[J].矿床地质,2011,30(5):941-948.
安芳,朱永峰.热液金矿成矿作用地球化学研究综述[J].矿床地质,2011,30(5):709-814.
安芳,朱永峰.新疆阿希金矿矿床地质和地球化学研究[J].矿床地质,2009,28(2):143-156.
白凤军,肖荣阁.东秦岭钼矿的主要类型、成矿特征和成矿时代[J].矿产与地质,2009,23(6):500-506.
白开寅,陈丽秋,魏刚峰.滩间山花岗质岩石化学特征和脉岩型金矿成矿作用的关系[J].地球科学与环境学报,2007,29(3):252-255.
白龙安.陕西省汉阴县黄龙金矿床地质特征及找矿标志[J].地质找矿论丛,2005,20(增刊):24-27.
白至信,肖立清,刘宗保.柯鲁木特矿床 116 伟晶岩脉地质特征简述[J].新疆有色金属,1992(1):1-4.
白智山.金川Ⅱ矿区 F_(17)以西 2-#矿体地质特征与深部找矿预测[D].昆明:昆明理工大学,2005.
白仲吾,杨彦,慕政芳.甘肃小柳沟矿区钨钼矿控矿因素及成因关系探讨[J].甘肃地质学报,2005,14(2):64-69.
班宜红,马晓辉,吴飞,等.新疆哈密东戈壁超大型钼矿床成矿热液蚀变作用分析[J].中国钼业,2012,36(2):10-20.
包相臣.哈密黄山东铜镍矿床中几个罕见矿物[J].矿物岩石,1994,14(1):53-57.
鲍佩声,王希斌.对大道尔吉铬铁矿床成因的新认识[J].矿床地质,1989,8(1):3-18.
鲍荣华,郭娟,许容,等.中国菱镁矿开发居世界重要地位[J].国土资源情报,2012(12):25-30.
毕诗健,李建威,李占轲.华北克拉通南缘小秦岭金矿区基性脉岩时代及地质意义[J].地球科学——中国地质大学学报,2011,36(1):17-32.
边飞.青海省大场金矿床成矿年代学研究及矿床成因类型探讨[D].西安:西北大学,2012.
蔡仲举.康古尔韧性剪切带金矿床成矿特征及成因[J].新疆地质,1998,16(2):163-178.
曹小勤,仲新,冯小刚.北祁连西段志留纪残留海盆地沉积充填特征及盆地演化动力学分析[J].甘肃地质,2010,19(2):27-31.
曹晓峰,吕新彪,张平,等.新疆中天山东部彩霞山铅锌矿床稳定同位素特征及成因探讨[J].中南大学学报(自然科学版),2013,44(2):662-672.
曹养同.新疆库车盆地古近系—新近系蒸发岩系发育规律及其金属成矿研究[D].北京:中国地质科学院,2011.
曹勇华,赖健清.新疆白干湖钨锡矿流体包裹体特征及成因[J].中南大学学报(自然科学版),2012,43(2):644-650.
查显锋,董云鹏,李玮,等.南秦岭佛坪隆起的成因探讨—构造解析的证据[J].大地构造与成矿学,2010,34(3):331-339.
常雪生.新疆西昆仑地区铅锌矿成矿特征与找矿前景[J].新疆有色金属.2003(1):2-8.
晁会霞,杨兴科,梁广林,等.新疆鄯善县梧南金矿床成因及成矿条件[J].地球科学与环境学报,2008,30(1):24-31.
车自成,刘良,罗金海.中国及其邻区区域大地构造[M].北京:科学出版社,2002.
车自成,刘良,孙勇.阿尔金铅、钕、锶、氩、氧同位素研究及其早期演化[J].地球学报,1995,(3):334-337.
陈斌,邵行来.新疆哈密市镜儿泉葫芦岩体铜镍矿 TEM 异常的地质意义[J].新疆有色金属,2010,(2):19-22.
陈秉祥.甘肃省成县金家坪锰矿地质特征及找矿前景[J].甘肃地质,2007,16(3):26-28.
陈超,吕新彪,曹晓峰,等.新疆库米什地区晚石炭世—早二叠世花岗岩年代学、地球化学及其地质意义[J].地球科学,2013,38(2):218-232.
陈从喜,蒋少涌,蔡克勤,等.辽东早元古代富镁质碳酸盐岩建造菱镁矿和滑石矿床成矿条件[J].矿床地质,2003,22(2):166-176.
陈丹玲,刘良,孙勇,等.北秦岭松树沟高压基性麻粒岩锆石的 LA-ICP-MSU-Pb 定年及其地质意义[J].科学通报,2004,49(18):1901-1908.
陈殿芬.我国一些铜镍硫化物矿床主要金属矿物的特征[J].岩石矿物学杂志,1995,14(4):345-354.
陈福根,杜本臣,武清周,等.陕西石家湾钼矿床中辉钼矿(多型)初步研究[J].陕西地质,1984,2(2):1-21.

陈福根.陕西秦岭东部钼矿床(大石沟矿床为主)中辉钼矿内的铼[J].陕西地质,1987,5(2):59-67.
陈富文,李华芹.新疆萨瓦亚尔顿金锑矿成矿作用同位素地质年代学[J].地球学报,2003,24(6):563-567.
陈刚,李向平,周立发,等.鄂尔多斯盆地构造与多种矿产的耦合成矿特征[J].地学前缘,2005,12(4):535-541.
陈怀录,张良旭,吕鸿图.马衔山萤石矿床萤石裂变径迹年龄的测定及成矿时代探讨[J].科学通报,1987(14):1087-1090.
陈建平,苗放,李苹.新疆黄山铜镍成矿带成矿预测的定量综合研究[J].成都理工学院学报,1998,25(增刊):32-37.
陈剑祥,高福平,卫中弟,等.陕西宁强县青木川—旧房梁一带典型金矿床特征、控矿因素及找矿标志[J].新疆有色金属,2013(2):15-18.
陈健,廖明伟,王晓明.甘肃白崖沟金矿床地质特征及找矿前景浅析[J].黄金,2008,29(5):12-17.
陈健,孙明,段晓华.甘肃冯家场金矿地质特征及找矿方向[J].黄金地质,2003,9(4):34-38.
陈奎,田新文,杨桂荣,等.阿沙哇义金矿地质特征及找矿标志[J].新疆地质,2007,25(4):384-388.
陈雷,王宗起,闫臻,等.秦岭山阳-柞水矿集区150~140Ma斑岩-矽卡岩型CuMoFe(Au)矿床成矿作用研究[J].岩石学报,2014,30(2):416-436.
陈连红,张卫敏.陕西省双元沟—池沟地区斑岩型铜(钼)矿成矿条件与远景分析[J].地质与勘探,2007,43(5):6-10.
陈亮,孙勇,裴先治,等.德尔尼蛇绿岩^{40}Ar-^{39}Ar年龄:青藏最北端古特提斯洋盆存在和延展的证据[J].科学通报,2001,46(5):424-426.
陈民扬,庞春勇,肖孟华.煎茶岭镍矿床成矿作用特征[J].地球学报,1994(1-2):138-144.
陈民扬,杨志,宋显志.煎茶岭岩体的"硫化作用"及成矿关系[J].矿产与地质,1981(1):44-49.
陈三明,吴虹,谭泛,等.基于ASTER的遥感地球化学统计预测模型及应用——以金川铜镍矿床外围找矿为例[J].桂林理工大学学报,2010,30(4):480-489.
陈少伟,王宪伟,许波,等.大西沟矿区石英脉型钼矿地质特征及找矿预测[J].西部探矿工程,2010(9):135-137.
陈生民.祁连山地区钨矿特征及找矿前景分析[J].黄金科学技术,2007,15(2):26-35.
陈世杰,李建伟,高关军.陕西省勉县李家沟金矿床成矿地质条件及矿床地质特征[J].甘肃冶金,2014,36(3):69-74.
陈世平,王登红,屈文俊,等.新疆葫芦铜镍硫化物矿床的地质特征与成矿时代[J].新疆地质,2005,23(3):230-233.
陈苏龙,马国栋,李玉莲,等.青海省泽库县瓦勒根金矿床地质特征及成因分析[J].西北地质,2015,48(4):168-175.
陈陶成.新疆哈密黄山-镜儿泉铜镍矿带成矿地质背景及矿例介绍[J].西北地质,1990(1):20-25.
陈铁岭,黄任远,董有,等.成因地质模型在斑岩型钼矿资源总量预测上的应用[J].河南地质,1987,5(1):51-57.
陈旺.小南山铜镍矿区及外围地质地球物理特征及其找矿方法试验研究[J].矿产与地质,1997,11(5):347-352.
陈文林,李连松,周湘志.青海平安上庄磷矿床地质特征及成因探讨[J].四川地质学报,2007,27(4):269-273.
陈文明.新疆小热泉子铜(锌)矿床同位素研究[J].地球学报,1999,20(4):349-356.
陈宣华,党玉琪,尹安,等.柴达木盆地及其周缘山系盆山耦合与构造演化[M].北京:地质出版社,2010.
陈宣华,杨风,王小凤,等.阿尔金北缘地区剥离断层控矿和金矿成因——以大平沟金矿床为例[J].吉林大学学报,2002,32(2):122-127.
陈衍景,李超,张静,等.秦岭钼矿带斑岩体锶氧同位素特征与岩石成因机制和类型[J].中国科学(D辑:地球科学),2000,30(增刊):64-72.
陈耀宇,孙永君,刘伯崇.金川铜镍矿Ⅱ矿区地表原生晕异常与深部矿化关系初探[J].甘肃地质,2007(4):51-55.
陈耀宇,朱四宏.北祁连中段与碱性岩有关的金、稀土矿床地质特征及控矿因素[J].华南地质与矿产,2001,(4):45-49.
陈玉峰,董银峰,肖泽忠.甘肃小独山西钨矿床成因探讨[J].中国钨业,2009,24(5):22-27.
陈玉华,文雪峰,宋录西,等.青海尕龙格玛铜铅锌矿区成矿地质特征及找矿前景分析[J].矿产勘查,2011,2(4):369-375.
陈毓川,毛景文,等.桂北地区矿床成矿系列和成矿历史演化轨迹[M].桂林:广西科学技术出版社,1995.
陈毓川,裴荣富,王登红.三论矿床的成矿系列问题[J].地质学报,2006,80(10):1501-1508.
陈毓川,王登红,陈郑辉,等.重要矿产和区域成矿规律研究技术要求[M].北京:地质出版社,2010.
陈毓川,王登红,等.中国西部重要成矿区带矿产资源潜力评估[M].北京:地质出版社,2010.
陈毓川,王登红,李厚民,等.重要矿产预测类型划分方案[M].北京:地质出版社,2010.
陈毓川,王登红,徐志刚,等.对中国成矿体系的初步探讨[J].矿床地质,2006,25(2):65-395.
陈毓川,王登红,朱裕生,等.中国成矿体系与区域成矿评价[M].北京:地质出版社,2007.
陈毓川.矿床的成矿系列[J].地学前缘,1994,1(3):90-99.

参考文献

陈毓川.中国主要成矿区带矿产资源远景评价[M].北京:地质出版社,1999.

陈在劳.陕西柞水银硐子银多金属矿床基本地质特征[J].矿产与地质,2009,23(6):519-523.

陈彰瑞,程寄皋.东秦岭松树沟超镁铁岩体铬铁矿成矿特征分析[J].中国有色金属学报,1997(2):11-16.

陈志.银的主要矿床类型[J].西北地质,1989(3):49-54.

陈志宏,陆松年,李怀坤,等.北秦岭德河黑云二长花岗片麻岩体的成岩时代——TIMS 和 SHRIMP 锆石 U-Pb 同位素年代学[J].地质通报,2004,23(2):136-141.

程东,沈芳,柴东浩.山西铝土矿的成因属性及地质意义[J].太原理工大学学报,2001,32(6):576-579.

程怀德,马海州,山发寿,等.温度影响溴和铷分配的热力学分析及在钾盐矿床中的应用[J].矿床地质,2010,29(4):704-712.

程寄皋,冀哲明,何先池,等.东秦岭松树沟铬铁矿矿物组分特征及其成矿条件分析[J].新疆有色金属,1997(1):9-11.

程建忠,车丽萍.中国稀土资源开采现状及发展趋势[J].稀土,2010,31(2):65-69.

程敏清,杨玉春,赵桂芳,等.新疆喀拉通克铜镍矿贵金属矿物定量研究[J].贵金属地质,1992(4):243-251.

程松林,冯京,涂其军,等.新疆莱历斯高尔铜钼矿地质特征及找矿前景[J].新疆地质,2009,27(3):236-240.

程小珍,杨伦,张晓.内蒙古小东沟钼矿成矿地质条件分析[J].地质与勘探,2007,43(5):11-16.

程裕淇,陈毓川,赵一鸣,等.再论矿床的成矿系列问题[J].地球学报,1983(2):5-68,138-139.

程裕淇,陈毓川,赵一鸣.初论矿床的成矿系列问题[J].地球学报,1979,1(1):39-65.

初振利.新疆铜镍矿床成矿规律和成矿预测研究[D].昆明:昆明理工大学,2012.

崔进寿.甘肃省黑山铜镍矿床地质特征[J].甘肃科技,2010,26(4):71-74.

崔学军,李中兰,朱炳泉,等.北祁连西段寒山金矿床铅同位素等时线年龄及意义[J].地质科技情报,2008,27(3):47-50.

崔学奇,吕宪俊,周国华.金堆城钼矿石的物质组成及钼、铜、铅的赋存状态研究[J].矿物岩石地球化学通报,1999,18(4):370-373.

代文军,陈耀宇,金鼎国,等.甘肃枣子沟金矿床控矿因素及找矿标志[J].黄金,2012,33(8):17-21.

代文军,雒晓刚,史文全,等.甘肃大水金矿床金的赋存状态和金矿物特征[J].黄金,2011,32(8):16-21.

戴塔根,尹学朗,张德贤.喀拉通克铜镍矿成岩成矿模式[J].中国有色金属学报,2013,23(9):2567-2573.

单小莉,田小云.新疆托克逊县天禧金矿成因探讨[J].西部探矿工程,2008,11:162-165.

单小莉,徐晟,丁树强,等.东天山小热泉子铜矿床地质特征及成因分析[J].西部探矿工程,2009(10):122-124.

单小莉,徐晟,郑玉壮.新疆彩花沟含铜黄铁矿矿找矿模式的建立[J].新疆地质,2009,27(1):32-37.

党明福.陕西省略阳县铧厂沟金矿地质特征[J].陕西地质,1991,9(1):18-30.

邓飞跃.新疆东戈壁钼矿岩浆岩的岩石化学特征[J].西部探矿工程,2012,24(3):115-116.

邓刚,贾红旭,王恒.新疆北山裂谷红石山镍矿床特征及找矿方向[J].新疆有色金属,2011,34(5):8-11.

邓刚,吴华,卢全敏.东天山白山斑岩型钼矿床的地质特征及找矿标志[J].地质通报,2004,23(11):1132-1138.

邓刚,杨再峰,卢鸿飞,等.东天山发现并探明白山大型燕山期石英网脉-斑岩型钼矿床[J].矿床地质,2003,22(3):317.

邓津辉,史基安,王琪,等.金川镍矿含矿岩体的稀土元素及微量元素地球化学特征[J].矿物岩石,2003,23(1):61-64.

邓小华,姚军明,李晶,等.东秦岭寨凹钼矿床辉钼矿 Re-Os 同位素年龄及熊耳期成矿事件[J].岩石学报,2009,25(11):2739-2746.

邓燕华.次生紫硫镍矿氧化膜成分的研究及意义[J].地质科学,1983(3):251-258.

邓宇峰,宋谢炎,陈列锰,等.东天山黄山西含铜镍矿镁铁-超镁铁岩体岩浆地幔源区特征研究[J].岩石学报,2011,27(12):3640-3652.

邓宇峰,宋谢炎,颉炜,等.新疆北天山黄山东含铜镍矿镁铁-超镁铁岩体的岩石成因:主量元素、微量元素和 Sr-Nd 同位素证据[J].地质学报,2011,85(9):1435-1451.

邓宇峰,宋谢炎,周涛发,等.新疆北天山黄山东含铜镍矿镁铁-超镁铁岩体地球化学特征及岩石成因[J].矿物学报,2011(S1):160-161.

邓振球.新疆铜镍硫化物矿床地质-地球物理模式及找矿标志[J].新疆地质,1990(3):193-204.

邸素梅.我国菱镁矿资源及市场[J].非金属矿,2001,24(1):5-6.

丁嘉鑫,韩春明,肖文交,等.北山造山带花牛山岛弧东段钨矿床成矿时代和成矿动力学过程[J].岩石学报,2015,31(2):594-616.

丁建华,程松林,陈兴华,等.新疆东天山铅锌矿成矿规律及区域预测[J].地质通报,2010,29(10):1504-1511.

丁抗.陕西公馆地区汞锑矿床地球化学研究[D].贵阳:中国科学院地球化学研究所,1986.

丁奎首,秦克章,许英霞,等.东天山主要铜镍矿床中磁黄铁矿的矿物标型特征及其成矿意义[J].矿床地质,2007(1):109-119.

丁振举,姚书振,周宗桂,等.陕西略阳铜厂铜矿成矿时代及地质意义[J].西安工程学院学报,1998,20(3):24-27.

董广法,刘树峰,郑崔勇,等.勉略宁地区锰矿成矿环境及找矿方向[J].矿产与地质,2004,18(6):550-554.

董虎臣,康春华.新疆克拉美里超基性岩带铬铁矿的形成机理[J].西北地质,1986(1):6-7.

董连慧,冯京,庄道泽,等.新疆地质矿产勘查回顾与展望[J].新疆地质,2011,29(1):1-6.

董连慧,冯京,庄道泽,等.新疆富铁矿成矿特征及主攻类型成矿模式探讨[J].新疆地质,2011,29(4):416-422.

董连慧,李基宏,李凤鸣,等.新疆铬铁矿成矿条件与勘查部署建议[J].新疆地质,2012,30(3):292-299.

董显扬,李金铭.大道尔吉铬铁矿床成矿期的构造作用[J].西北地质科学,1981,2(1):23-24.

董显扬.祁连山含铬铁矿的超基性岩体类型[J].西北地质科学,1982,3(4):80-84.

董新丰,薛春纪,石福品.新疆西天山大山口金矿地质及成矿流体包裹体地球化学[J].地学前缘,2011,18(5):172-181.

董永观,郭坤一,廖圣兵,等.新疆西昆仑科库西里克铅锌矿床地质及元素地球化学特征[J].地质学报,2006,80(11):1730-1738.

董永观,肖惠良,郭坤一,等.西昆仑地区成矿带特征[J].矿床地质,2002,21(增刊):113-116.

董云鹏,周鼎武,张国伟.东秦岭松树沟蛇绿岩中超镁铁质岩及铬铁矿的成因探讨[J].地质找矿论丛,1996(1):33-43.

杜安道,何红蓼,殷宁万,等.辉钼矿的铼-锇同位素地质年龄测定方法研究[J].地质学报,1994(4):221-230.

杜本臣,朱炳义.陕西金堆城钼矿田构造特征及与成矿关系的探讨[J].陕西地质,1984,2(1):15-24.

杜红星,魏永峰,薛春纪,等.多宝山铅锌矿地质特征及地球化学研究[J].新疆地质,2012,30(1):52-57.

杜红星,魏永峰,薛春纪,等.和田宝塔山铅锌矿地质特征与流体包裹体研究[J].新疆地质,2013,31(1):16-20.

杜品龙.新疆某地自然硫矿床地质特征简介[J].矿床地质,1984,3(4):80-84.

杜秋定,朱迎堂,伊海生,等.新疆西南天山石炭纪岩相古地理与铝土矿[J].沉积与特提斯地质,2008,28(3):108-112.

段士刚,薛春纪,李野,等.新疆库尔尕生铅锌矿床地质、流体包裹体和同位素地球化学[J].矿床地质,2012,31(5):1014-1024.

段永民,杨礼敬,王强国.甘肃文县筏子坝铜矿床地质-地球物理-地球化学综合找矿效果[J].物探与化探,2005,29(5):383-387.

俄地里斯·吾亚孜.萨尔托海铬铁矿24群成因与探矿预测[J].新疆有色金属,2011,34(S2):81-83.

樊启顺,马海州,谭红兵,等.柴达木盆地西部卤水化学特征与找钾研究[J].地球学报,2007,28(5):446-455.

樊启顺,马海州,谭红兵,等.柴达木盆地西部油田卤水的硫同位素地球化学特征[J].矿物岩石地球化学通报,2009,28(2):137-142.

樊硕诚.陕西双王大型金矿床成矿模式成矿规律与找矿前景探讨[J].陕西地质,1994,12(1):27-37.

范宏瑞,谢奕汉,王凯怡,等.碳酸岩流体及其稀土成矿作用[J].地学前缘,2001,8(4):289-295.

范香莲,彭方洪,田忠锋.新疆鄯善县尖山菱镁矿地质特征与成因初探[J].新疆有色金属,2012(增刊):9-12.

范照雄,贺领兄,马秀兰,等.青海平安上庄岩浆型铁磷稀土矿床成矿规律与成矿模式探讨[J].青海科技,2011(5):34-36.

方维萱,张国伟,黄转莹.银硐子-大西沟特大型银多金属矿床中重晶石岩类特征及成岩成矿作用[J].岩石学报,1999,15(3):484-491.

方耀奎.新疆沙尔布拉克金矿床成因矿物学成矿模式[J].地质科学,1996,21(3):320-326.

丰成友,李东生,屈文俊,等.青海祁曼塔格索拉吉尔矽卡岩型铜钼矿床辉钼矿铼-锇同位素定年及其地质意义[J].岩矿测试,2009,28(3):223-227.

丰成友,张德全,李大新,等.青海赛坝沟金矿地质特征及成矿时代[J].矿床地质,2002,21(1):45-52.

冯昌荣,何立东,郝延海,等.新疆塔什库尔干县一带铁多金属矿床成矿地质特征及找矿潜力分析[J].大地构造与成矿学,2012,36(1):102-110.

冯黑科.铧厂沟金矿床地质及地球化学特征[J].工程设计与研究,2000(总107):1-5.

冯宏业,许英霞,秦克章,等.东疆圪塔山口含硫化物镁铁-超镁铁岩体SIMS锆石U-Pb年龄及意义[J].矿床地质,2012,31(增刊):699-700.

参考文献

冯建忠,汪东波,王学明,等.甘肃礼县李坝大型金矿床成矿地质特征及成因[J].矿床地质,2003,22(3):257-263.

冯建忠,汪东坡,王学明,等.陕西八卦庙金矿脆-韧性剪切带控矿特征及成矿构造动力学机制[J].中国地质,2002,29(1):58-66.

冯京,兰险,张维洲,等.新疆莱历斯高尔铜钼矿找矿方法及综合信息找矿模型[J].新疆地质,2008,26(3):240-246.

冯骐.新疆喀拉通克铜镍矿床成矿条件及找矿方向[J].西北地质,1987(4):32-39.

冯胜斌,邢矿,周洪瑞,等.北秦岭二郎坪群重晶石岩热水沉积地球化学证据及其成矿意义[J].世界地质,2007,26(2):199-207.

冯小珍,肖晔,刘长学.高台沟硼矿地质地球化学及成因分析[J].化工矿床地质,2008,30(4):207-217.

冯益民,何世平.祁连山大地构造与造山作用[M].北京:地质出版社,1996.

冯志兴,孙华山,吴冠斌,等.青海锡铁山铅锌矿床类型刍议[J].地质论评,2010,56(4):501-512.

付开泉,李百祥.甘肃金川铜镍矿床地质-地球物理综合找矿模型[J].甘肃地质,2006(1):62-67.

付青元,李宝林.赛坝沟金矿成矿特征及控矿条件[J].青海地质,1998(1):43-49.

付治国.《新疆哈密市东戈壁钼矿勘探报告》科技成果总体达到国际先进水平[J].中国钼业,2011(1):52.

傅德彬.硫化铜镍矿床矿浆成矿的基本问题[J].吉林地质,1988(1):9-13.

甘肃省地质调查院.甘肃省铬矿资源潜力评价报告[R].兰州:甘肃省地质调查院,2012.

甘肃省地质调查院.甘肃省金矿资源潜力评价报告[R].兰州:甘肃省地质调查院,2011.

甘肃省地质调查院.甘肃省磷矿资源潜力评价成果报告[R].兰州:甘肃省地质调查院,2012.

甘肃省地质调查院.甘肃省硫矿资源潜力评价成果报告[R].兰州:甘肃省地质调查院,2012.

甘肃省地质调查院.甘肃省铝土矿资源潜力评价报告[R].兰州:甘肃省地质调查院,2010.

甘肃省地质调查院.甘肃省锰矿资源潜力评价报告[R].兰州:甘肃省地质调查院,2012.

甘肃省地质调查院.甘肃省铅锌矿资源潜力评价报告[R].兰州:甘肃省地质调查院,2011.

甘肃省地质调查院.甘肃省铁矿资源潜力评价报告[R].兰州:甘肃省地质调查院,2010.

甘肃省地质调查院.甘肃省铜矿资源潜力评价报告[R].兰州:甘肃省地质调查院,2011.

甘肃省地质调查院.甘肃省稀土矿资源潜力评价成果报告[R].兰州:甘肃省地质调查院,2011.

甘肃省地质调查院.甘肃省银矿资源潜力评价报告[R].兰州:甘肃省地质调查院,2013.

甘肃省地质调查院.甘肃省萤石矿、菱镁矿、重晶石资源潜力评价成果报告[R].兰州:甘肃省地质调查院,2012.

甘肃省地质调查院.甘肃省重要矿产区域成矿规律研究报告[R].兰州:甘肃省地质调查院,2013.

甘肃省地质局.甘肃省构造体系与外生矿产分布规律图说明书[R].兰州:甘肃省地质局,1979.

甘肃省有色金属地质勘查局张掖矿产勘查院.甘肃省锡矿资源潜力评价报告[R].兰州:甘肃省有色金属地质勘查局,2011.

甘肃有色金属地质勘查局天水总队.甘肃锑矿资源潜力评价成果报告[R].兰州:甘肃省有色金属地质勘查局,2011.

高春亮,余俊清,展大鹏,等.柴达木盆地盐湖硼矿资源的形成和分布特征[J].盐湖研究,2009,17(4):6-13.

高春亮,张丽莎,余俊清,等.大柴旦盐湖卤水演变及环境变化的矿物学记录[J].地球化学,2013(2):10-15.

高辉,Hronsky J,曹殿华,等.金川铜镍矿床成矿模式、控矿因素分析与找矿[J].地质与勘探,2009,45(3):218-228.

高纪璞,杨合群,李树勋,等.新疆喀拉萨依含锡花岗岩体地质特征及成岩成矿机制[J].西北地质科学,1992,13(1):27-37.

高菊生.陕西蔡凹锑矿构造特征及其对成矿的控制[J].有色金属矿产与勘探,1999(1):53-59.

高菊生.陕西蔡凹锑矿控矿因素富集规律及找矿方向探讨[J].陕西地质.1998,16(1):72-78.

高明,王忠建,王洪恩,等.银洞岭银矿床地质地球化学特征分析[J].矿业快报,2008,24(6):58-59.

高萍.新疆喀拉通克铜镍矿矿物特征研究[D].西安:长安大学,2012.

高卫宏,李青锋,刘萍,等.西成铅锌找矿突破对凤太深部找矿的影响[J].甘肃冶金,2015,37(5):74-81.

高熙贺,王建林,刘云华.甘肃岷县鹿儿坝金矿床地质特征及矿床成因探讨[J].杨凌职业技术学院学报,2015,14(2):16-19.

高晓理,彭明兴,胡长安,等.新疆彩霞山铅锌矿床流体包裹体研究[J].地球科学与环境学报.2006,28(2):25-29.

高昕宇,赵太平,高剑峰,等.华北陆块南缘小秦岭地区早白垩世埃达克质花岗岩的 LA-ICP-MS 锆石 U-Pb 年龄、Hf 同位素和元素地球化学特征[J].地球化学,2012,41(4):303-325.

高永宝,李文渊,钱兵,等.新疆维宝铅锌矿床地质、流体包裹体和同位素地球化学特征[J].吉林大学学报(地球科学版),2014,44(4):1153-1165.

高永宝,李文渊,谭文娟.祁曼塔格地区成矿地质特征及找矿潜力分析[J].西北地质,2010,43(4):35-43.

高永宝,李文渊,谢燮,等.青海化隆地区拉水峡铜镍矿床地质、地球化学特征及成因[J].地质通报,2012,31(5):763-772.

高永宝,李文渊,张照伟.青海日月-化隆地区与基性—超基性岩有关的铜镍矿研究进展及成矿潜力[J].矿床地质,2010,29(S1):863-864.

高永伟,张振亮,王志华,等.西天山卡特巴阿苏金矿床成矿年代学及其地质意义——来自绢云母 ^{40}Ar-^{39}Ar 同位素年龄证据[J].地质与勘探,2015,51(5):805-815.

高兆奎,白仲吾.祁连褶皱系钨成矿规律研究[J].甘肃地质学报,2003(2):59-61.

葛文胜,刘斌,邱斌,等.新疆东天山南缘富钾硝酸盐盐湖成矿带地质特征及资源潜力[J].矿床地质,2010,29(4):640-648.

葛肖虹,刘永江,任收麦,等.对阿尔金断裂科学问题的再认识[J].地质科学,2001,36(3):319-325.

耿建.新疆哈密玉西银矿床地质特征简介[J].西北地质,1992,36(1):319-325.

耿新霞,杨富全,杨建民,等.新疆阿尔泰铁木尔特铅锌矿床稳定同位素组成特征[J].矿床地质,2010,29(6):1088-1100.

耿新霞,左文喆,陈风河,等.新疆准噶尔北缘索尔库都克铜钼矿氦-氩同位素组成及地质意义[J].现代地质,2014,28(2):331-338.

宫相宽,陈丹玲,赵姣.陕西铜厂闪长岩地球化学、锆石 U-Pb 定年及 Lu-Hf 同位素研究[J].西北地质,2013,46(3):50-63.

宫勇军,姚书振,谭满堂,等.陕西双王金矿床矿化富集规律对成矿构造的指示意义[J].地球科学,2016,41(2):189-198.

龚英.喀拉通克铜镍矿区一号矿床铜镍金属元素的空间分布特征[J].新疆有色金属,2011,34(2):1-2.

苟国朝,田培昭,张新虎,等.大道尔吉蛇绿岩型超镁铁岩铬铁矿中铂族元素分布特征[J].西北地质,1994(1):11-19.

苟国朝,田培昭,周会武,等.祁连山蛇绿岩型超镁铁岩铬铁矿床成矿的主要特征[J].甘肃地质学报,1993(1):35-45.

古抗衡.我国北西部地区金矿分布规律、控矿因素及找矿方向的探讨[J].西北地质,1989(3):7-13.

古貌新,戴安周.陕西双王金矿床地质特征[J].陕西地质,1983,1(2):23-31.

顾连兴,张遵忠,吴昌志,等.东天山黄山-镜儿泉地区二叠纪地质-成矿-热事件:幔源岩浆内侵及其地壳效应[J].岩石学报,2007,23(11):2869-2880.

顾巧根,芮行健,欧沛宁,等.阿尔泰多拉纳萨依金矿床初探[J].中国地质科学院南京地质矿产研究所所刊,1988,9(3):1-12.

顾新鲁,陆成新,宋文杰,等.罗北凹地液体钾盐矿远景区"同源不同期"成矿模式分析[J].盐湖研究,2009,17(2):21-26.

顾新鲁.新疆若羌县罗北凹地卤水钾矿床资源开发潜力分析[D].长春:吉林大学,2007.

关志辉.陕南锰矿主要类型、地质特征及找矿方向[J].中国锰业,1988(2):12-32.

贵州省地质调查院.奥依亚依拉克幅1:250 000区域地质调查报告[R].贵阳:贵州省地质调查院,2002.

郭安林,张国伟,强娟,等.青藏高原东北缘印支期宗务隆造山带[J].岩石学报,2009,25(1):1-12.

郭保健,毛景文,李厚民,等.秦岭造山带秋树湾铜钼矿床辉钼矿 Re-Os 定年及其地质意义[J].岩石学报,2006,22(9):2341-2348.

郭彩莲,李小菲,王重阳.陕西省略阳县干河坝金矿床矿石工艺矿物学研究[J].黄金,2015,36(6):20-23.

郭福琪.陕西潼峪潼关等地区有白钨矿[J].长安大学学报(地球科学版),1986(3):18.

郭海兵.新疆哈密市圪塔山口铜镍矿地质特征浅析[J].新疆有色金属,2011,34(S1):20-23.

郭宏,李霞,毛启贵,等.新疆东天山岩浆铜镍硫化物矿床地质特征及成矿环境[J].新疆地质,2006,24(2):135-140.

郭涛,邹振林,田江涛.新疆哈密大水锰矿地质特征及成因分析[J].新疆地质,2009,27(2):150-154.

郭晓东,金宝义,徐燕夫,等.新疆东部马庄山金矿地质特征及矿床成因[J].黄金地质,2002,8(1):21-25.

郭勇明,张锦祥,邹振林,等.新疆哈密市玉西银矿床成因类型探讨及找矿意义[J].新疆地质,2007,25(3):263-266.

郭原生,王金荣,解宪丽,等.白银厂矿田石英钠长斑岩 Sm-Nd,Rb-Sr 同位素特征及意义[J].甘肃科学学报,2001,13(1):37-40.

郭召杰等,张志成,王建君.阿尔金山北缘蛇绿岩带的 Sm-Nd 等时线年龄及其大地构造意义[J].科学通报,1998,43(18):1981-1984.

参 考 文 献

郭周平,白赟,赵辛敏,等.北祁连浪力克铜矿镁安山质岩石年代学及地球化学特征[J].地质与勘探,2015,51(2):253-265.

郭周平,赵辛敏,白赟,等.北祁连浪力克铜矿床锆石U-Pb和辉钼矿Re-Os年龄及其地质意义[J].中国地质,2015,42(3):691-701.

韩宝福,季建清,宋彪,等.新疆喀拉通克和黄山东含铜镍矿镁铁-超镁铁杂岩体的SHRIMP锆石U-Pb年龄及其地质意义[J].科学通报,2004,49(22):2324-2328.

韩红卫,魏梦元,牟伦洵,等.东昆仑卡特里西铜锌矿成因[J].大地构造与成矿学,2007,31(1):77-82.

韩红卫,周忠宇,欧阳国湘,等.新疆且末县卡特里西铜锌矿地质特征[J].新疆地质,2006,24(3):256-260.

韩宁宁.库车盆地古近系-新近系蒸发岩特征及其与古环境的关系[D].北京:中国地质大学(北京),2007.

韩鹏飞,杨兴科,张文高,等.陕西平利大磨沟-闹阳坪萤石矿床流体包裹体特征[J].地质与资源,2014,23(3):284-287.

韩文文,陶晓风,岳相元.新疆滴水砂岩铜矿床特征及成因探讨[J].华南地质与矿产,2011,27(3):185-220.

韩豫川,熊先孝,商朋强,等.中国钾盐矿成矿规律[M].北京:地质出版社,2012.

郝键.试谈新疆铬铁矿床成因类型的划分[J].新疆地质,1986,4(2):70-76.

郝金华,陈建平,董庆吉,等.青海省纳日贡玛斑岩钼铜矿床成矿花岗斑岩LA-ICP-MS锆石U-Pb定年及地质意义[J].现代地质,2012,26(1):45-53.

郝金华,陈建平,董庆吉,等.青海西南三江北段早古新世成岩、成矿事件:陆日格斑岩钼矿LA-ICP-MS锆石U-Pb和辉钼矿Re-Os定年[J].地质学报,2013,87(2):227-239.

郝金华,陈建平,田永革,等.青海纳日贡玛斑岩钼(铜)矿含矿斑岩矿物学特征及成岩成矿意义[J].地质与勘探,2010,46(3):367-376.

郝梓国,鲍佩声,王希斌,等.新疆西准噶尔地区冶金型与耐火型铬铁矿床的特征及其成因研究[J].地质找矿论丛,1989(3):67-77.

郝梓国.新疆西准噶尔地区蛇绿岩与豆荚型铬铁矿床的成因研究[J].中国地质科学院院报,1991(2):73-83.

何世平,王洪亮,陈隽璐,等.北秦岭西段宽坪岩群斜长角闪岩锆石LA-ICP-MS测年及其地质意义[J].地质学报,2007,81(1):79-87.

何书跃,李东生,李良林,等.青海东昆仑鸭子沟斑岩型铜(钼)矿区辉钼矿铼-锇同位素年龄及地质意义[J].大地构造与成矿学,2009,33(2):236-242.

何治亮,毛洪斌,周晓芬.塔里木多旋回盆地与复式油气系统[J].石油与天然气地质,2000,21(3):207-213.

河南省地质调查院.克克吐鲁克幅塔什库尔干塔吉克自治县幅1:250 000区域地质调查报告[R].郑州:河南省地质调查院,2004.

河南省地质调查院.新疆西昆仑塔什库尔干地区铁铅锌矿远景调查设计书[R].郑州:河南省地质调查院,2009.

河南省地质调查院.叶城县幅1:250 000区域地质调查报告[R].郑州:河南省地质调查院,2004.

贺建祥,吕鸿图,张良旭.马衔山层控萤石矿床构造特征、应力场分析及其控矿作用研究[J].兰州大学学报,1988,24(1):79-87.

洪百雄.甘肃礼县泰山锑矿地质特征及矿床成因探讨[J].甘肃科技,2010,26(7):37-40.

侯德封,王中刚.锂、铍、硼内生矿床共生元素的核演化系统[J].科学通报,1961,(12):6-10.

侯广顺,唐红峰,刘丛强,等.东天山土屋-延东斑岩铜矿围岩的同位素年代和地球化学研究[J].岩石学报,2005,21(6):1729-1736.

侯满堂,王觉国,邓胜波,等.陕西马元地区铅锌矿地质特征及矿床类型[J].西北地质,2007,40(1):42-60.

侯满堂,李瑞生,王育良.陕西周至安家岐金矿床地质特征[J].陕西地质,1999,17(2):42-64.

侯满堂,梁群峰,姚宽院,等.新疆库木库里盆地砂(砾)岩型铜矿地质特征及其控矿条件分析[J].西北地质,2005,38(1):37-46.

侯满堂,唐永忠,王党国.旬阳地区志留系铅锌矿成矿时代探讨[J].陕西地质,2006,24(2):1-7.

侯满堂,唐永忠,张连昌.陕西旬阳地区志留系铅锌矿的地质特征及找矿方向[J].地质通报,2007,26(2):155-165.

侯满堂,王党国,邓胜波,等.陕西马元地区铅锌矿地质特征及找矿方向[J].陕西地质.2006,24(16):45-56.

侯满堂,赵文平,侯岚.扬子地块西北缘石门湾铅锌矿的发现及其意义[J].西北通报,2013,46(2):128-140.

侯满堂.陕西马元铅锌矿有机质与成矿作用关系研究[J].中国地质,2009,36(4):861-870.

侯满堂.陕西镇安月西硫铁矿床地质特征及其成因[J].陕西地质,1995,13(1):7-15.

侯明杰,袁要伟.小柳沟铜钨矿区地质特征与成矿的关系[J].黑龙江科技信息,2011,(16):82-82.

侯万荣,聂凤军,杜安道,等.内蒙古西沙德盖钼矿床辉钼矿 Re-Os 同位素年龄及其地质意义[J].矿床地质,2010,29(6):1043-1053.

胡东生,张华京,徐冰,等.罗布泊第四纪湖泊沉积序列及钾盐资源的形成[J].海洋与湖沼,2007,38(3):279-288.

胡东生,张华京.罗布泊荒漠地区湖泊蒸发盐资源的形成及环境演化[J].冰川冻土,2004,26(2):212-218.

胡华伟,景宝盛,王斯林,等.新疆若羌县维宝铅锌矿床地质特征及矿床成因浅析[J].西北地质,2010,43(4):73-80.

胡建卫,郑启平.新疆东昆仑锑矿富集特征及找矿前景分析[J].吉林大学学报(地球科学版),2006,36(1):38-43.

胡丽居买.可可塔勒铅锌矿地质特征及成矿条件[J].新疆有色地质,2001(3):7-11.

胡庆雯,刘宏林,朱红英.塔木-卡兰古铅锌铜(银钴)矿成矿背景探讨[J].有色金属(矿山部分),2008,60(4):11-16.

胡秀军,张海军,杜金花,等.和静县哈勒哈特菱镁矿地质特征与找矿方向[J].新疆地质,2011,29(4):442-447.

湖南省地质调查院.且末一级电站幅1:250 000区域地质调查报告[R].长沙:湖南省地质调查院,2003.

湖南省地质调查院.银石山幅1:250 000区域地质调查报告[R].长沙:湖南省地质调查院,2003.

华仁民.金堆城钼矿成矿流体的富钙特征及其成因意义[J].地质与勘探,1985(12):22-26.

黄超勇,吴邦友,瓮纪昌,等.东天山东戈壁特大型钼矿床的发现及意义[J].地质调查与研究,2011,34(4):280-289.

黄承熊.甘肃龙首山地区含镍超基性岩岩石化学和物化探异常特征[J].甘肃地质,1986(5):77-85.

黄传计.东秦岭(河南段)钼矿成矿背景与找矿标志[J].西部探矿工程,2009,21(7):128-131.

黄典豪,杜安道,吴澄宇,等.华北地台钼(铜)矿床成矿年代学研究——辉钼矿铼-锇年龄及其地质意义[J].矿床地质,1996,(4):365-373.

黄典豪,侯增谦,杨志明,等.东秦岭钼矿带内碳酸岩脉型钼(铅)矿床地质-地球化学特征、成矿机制及成矿构造背景[J].地质学报,2009,83(12):1968-1984.

黄典豪,王义昌,聂凤军,等.黄龙铺碳酸岩脉型钼(铅)矿床的硫、碳、氧同位素组成及成矿物质来源[J].地质学报,1984(3):252-264.

黄典豪,吴澄宇,聂凤军.陕西金堆城斑岩钼矿床地质特征及成因探讨[J].矿床地质,1987,6(3):22-34.

黄典豪.东秦岭地区钼矿床中辉钼矿的铼含量及多型特征[J].岩石矿物学杂志,1992(1):74-83.

黄开国.甘肃金川镍矿可持续发展选矿问题浅谈[J].国外金属矿选矿,2001,38(1):31-32.

黄明渊.新疆哈密山岔口铜钼矿地球化学特征及找矿意义[J].新疆地质,1988,6(4):29-33.

黄庆华,马寅生,李永贤,等.新疆喀拉通克铜镍矿成矿应力场的初步分析[J].中国地质科学院地质力学研究所所刊,1991(14):65-73.

黄铁栋.新疆乌勇布拉克盐湖的形成及硝酸钾矿床特征[J].新疆地质,2005,23(1):36-40.

黄小文,漆亮,刘莹莹,等.新疆磁海铁矿 Re-Os 定年及磁铁矿微量元素特征[J].高校地质学报,2013,19(增刊):496-496.

黄振泉,胡跃华,钟平,等.金的地球化学特征和金的主要矿物[J].赣南师范学院学报,1993(1):102-114.

黄自新,陈长林.陕西安康石梯重晶石矿地质特征及成因浅析[J].科技信息,2012(33):875-876.

惠卫东,三金柱,依沙古,等.新疆伊吾淖毛湖北山金矿床地质特征与成矿模式[J].矿产与地质,2001,15(3):172-176.

惠卫东,赵鹏大,秦克章,等.东天山图拉尔根铜镍硫化物矿床综合信息找矿模型的应用[J].地质与勘探,2011,47(3):388-399.

惠小朝,李子颖,冯张生,等.陕西华阳川铀多金属矿床铀赋存状态研究[J].矿物学报,2014,34(4):573-580.

惠小朝,李子颖,黄志章,等.陕西省华阳川铀多金属矿床成矿特征[J].矿床地质,2012,31(增刊):201-202.

计文化,李荣社,陈守建,等.甜水海地块古元古代火山岩的发现及其地质意义[J].中国科学:地球科学,2011(9):1268-1280.

贾纯远.北祁连山西段含铬超基性岩体的基本特征[J].西北地质,1975(4):35-48.

贾恩环.甘肃金川硫化铜镍矿床地质特征[J].矿床地质,1986,5(1):27-38.

贾凤仪,荆平,任运良,等.陕西南部萤石矿地质特征——以陕西省闹阳坪萤石矿床为例[J].科技创新导报,2012(19):68-69.

贾凤仪,荆平,任运良,等.陕西省闹阳坪萤石矿床地质特征[J].吉林地质,2012,31(2):67-69.

参考文献

贾红旭,赖涛,王恒,等.新疆若羌红石山镍矿地质特征及找矿标志[J].新疆地质,2011,29(1):65-70.

贾金典,徐永波,黄敏,等.新疆北山裂谷西段红十井金矿地质特征[J].地质找矿论丛,2003,18(增刊):84-86.

贾群子,杜玉良,赵子基,等.柴达木盆地北缘滩间山金矿区斜长花岗斑岩锆石LA-MC-ICPMS测年及其岩石地球化学特征[J].地质科技情报,2013,32(1):87-93.

贾群子,李文明,于浦生.西昆仑块状硫化物矿床条件和成矿预测[M].北京:地质出版社,1999.

贾群子,马云海,全守村,等.甘肃龙尾沟斑岩型铜(钨)矿床成矿特征及形成环境[J].矿物岩石地球化学通报,2012,33(6):509-605.

贾群子,杨忠堂,肖朝阳,等.祁连山铜金钨铅锌矿床成矿规律和成矿预测[M].北京:地质出版社,2007.

贾群子,杨钟堂,肖朝阳,等.祁连山金属矿床成矿带划分及分布规律[J].矿床地质 2002,21(增刊):140-144.

贾伟光,吴英杰.特大型银矿床地质特征及找矿方向[J].贵金属地质,2000,9(4):229-234.

贾志业,薛春纪,屈文俊,等.新疆肯登高尔铜钼矿地质和S、Pb、O、H同位素组成及Re-Os测年[J].矿床地质,2011,30(1):74-86.

贾志业,薛春纪.新疆西天山肯登高尔铜钼矿成矿流体特征及成因[J].矿床地质,2010,29(S1):581-582.

江思宏,聂凤军,陈伟十,等.北山地区南金山金矿床的$^{40}Ar-^{39}Ar$同位素年代学及其流体包裹体特征[J].地质论评,2006,52(2):266-275.

江思宏,聂凤军,胡朋,等.北山地区岩浆活动与金矿成矿作用关系探讨[J].矿床地质,2006,25(增刊):269-272.

江思宏,聂凤军.甘肃北山红尖兵山钨矿床的$^{40}Ar-^{39}Ar$同位素年代学研究[J].矿床地质,2006,25(1):89-94.

姜春发,王宗起,李锦铁.中央造山带开合构造[M].北京:地质出版社,2000.

姜枚,谭捍东,钱辉,等.金川铜镍矿床的地球物理深部结构与成因模式[J].矿床地质,2012,31(2):207-215.

姜晓,郭勇明,杨良哲,等.哈密沙东大型钨矿床地质特征及成因探讨[J].新疆地质,2012,30(1):31-35.

姜晓玮,王永江,程博.西天山阿希型金成矿系列的成矿流体特征[J].地学前缘,2001,8(4):277-280.

姜修道,魏刚锋,张梦平,等.陕西略阳煎茶岭金矿成矿作用探讨[J].现代地质,2012,26(1):61-70.

姜修道,魏钢锋,聂江涛.煎茶岭镍矿——是岩浆还是热液成因[J].矿床地质,2010,30(6):31-35.

姜耀辉,丙行健,郭坤一.西昆仑造山带花岗岩形成的构造环境[J].地球学报,2000,21(1):23-25.

姜耀辉,周珣若.西昆仑造山带花岗岩岩石学及构造岩浆动力学[J].现代地质,1999,13(4):378.

蒋少涌,陈从喜,陈永权,等.中国辽东地区超大型菱镁矿矿床的地球化学特征和成因模式(英文)[J].岩石学报,2004,20(4):765-772.

蒋少涌,凌洪飞,杨競红,等.热液成矿作用与矿床成因的同位素示踪新技术和金属矿床直接定年[J].矿床地质,2002,21(S1):974-977.

蒋宗胜,张作衡,侯可军,等.西天山查岗诺尔和智博铁矿区火山岩地球化学特征、锆石U-Pb年龄及地质意义[J].岩石学报,2012,28(7):2074-2088.

焦建刚,刘欢,段俊,等.金川铜镍硫化物矿床Hf同位素地球化学特征与岩浆源区[J].地球科学与环境学报,2014,36(1):58-67.

焦建刚,鲁浩,孙亚莉,等.青海德尔尼铜(锌钴)矿床Re-Os年龄及地质意义[J].现代地质,2013,27(3):577-584.

焦建刚,汤中立,钱壮志,等.东秦岭金堆城花岗斑岩体的锆石U-Pb年龄、物质来源及成矿机制[J].地球科学——中国地质大学学报,2010,35(6):1011-1022.

焦建刚,王勇,钱壮志,等.新疆喀拉通克铜镍硫化物矿床Y9岩体年代学与成岩成矿机制探讨[J].矿床地质,2014,33(4):675-688.

焦建刚,袁海潮,何克,等.陕西华县八里坡钼矿床锆石U-Pb和辉钼矿Re-Os年龄及其地质意义[J].地质学报,2009,83(8):1159-1166.

杰肯.新疆富蕴县柯鲁木特锂钽铌矿床116脉深部勘探的依据[J].新疆有色金属,2001(3):1-6.

颉炜,宋谢炎,邓宇峰,等.甘肃黑山铜镍硫化物含矿岩体的地质特征及橄榄石成因探讨[J].岩石学报,2013,29(10):3487-3502.

金文洪,汪志强,高晓宏.勉-略混杂岩带构造地质特征与金矿成矿——以陕西省略阳县干河坝金矿床为例[J].甘肃地质,2011,20(3):37-45.

晋红展,万建领,李晓磊.新疆和田县多宝山铅锌矿地质特征及找矿思路[J].新疆有色金属,2012(增刊):71-73.

景宝盛,单金忠.新疆东昆仑维宝地区铅锌矿床找矿标志及找矿方向[J].地质找矿论丛,2013,28(4):499-507.

景宝盛,胡华伟,李惠,等.新疆东昆仑鸭子泉—维宝一带地质成矿规律浅析[J].西北地质,2010,43(4):62-72.

景宝盛,严隋强,刘松明.新疆托克逊县忠宝钨矿忠宝岩体岩石化学特征[J].资源环境与工程,2012,26(6):582-586.

康杰.新疆乌什县阔西塔西钒磷矿特征及探矿前景浅析[J].新疆有色金属,2013(5):27-30.

柯昌辉,王晓霞,李金宝,等.华北地块南缘黑山-木龙沟地区中酸性岩的锆石 U-Pb 年龄、岩石化学和 Sr-Nd-Hf 同位素研究[J].岩石学报,2013,29(3):781-800.

柯昌辉,王晓霞,杨阳,等.北秦岭南台钼多金属矿床成岩成矿年龄及锆石 Hf 同位素组成[J].中国地质,2012,39(6):1562-1576.

孔维琼.北祁连山西段卡瓦一带铁矿地质特征及成因探讨[D].北京:中国地质大学(北京),2015.

寇林林,罗明非,钟康惠,等.青海五龙沟金矿矿集区Ⅰ号韧性剪切带 $^{40}Ar/^{39}Ar$ 年龄及地质意义[J].新疆地质,2010,28(3):330-333.

匡文龙,刘继顺,朱自强,等.塔西南 MVT 型铅锌矿床成矿作用机制研究[J].新疆地质,2003,21(1):136-140.

匡文龙,刘继顺,朱自强.西昆仑上其汗地区块状硫化物矿床的区域成矿条件[J].矿物岩石地球化学通报,2003,22(1):42-46.

矿床地质所所长办公室.罗布泊钾矿地质调查新突破[J].地球学报,1995(4):403.

来雅文.岩浆硫化铜镍型铂(铂族)矿床类型、分布与峨眉玄武岩铂钯赋存状态研究[D].长春:吉林大学,2006.

雷时斌,齐金忠,朝银银.甘肃阳山金矿带中酸性岩脉成岩年龄与成矿时代[J].矿床地质,2010,29(5):869-880.

李百祥,腾汉仁,辛承奇.黑山铜镍矿重磁电异常解释[J].甘肃地质学报,1999(2):65-71.

李犇,朱赖民,弓虎军,等.北秦岭松树沟橄榄岩与铬铁矿矿床的成因关系[J].岩石学报,2010,26(5):1487-1502.

李犇,朱赖民,张国伟,等.北秦岭西部陕西铜峪 VHMS 型铜矿床矿化地质特征、成矿背景与矿床成因[J].中国科学(D辑:地球科学),2010,40(8):970-995.

李犇.北秦岭松树沟铬铁矿矿床和铜峪铜矿床地质地球化学与成矿动力学背景[D].西安:西北大学,2010.

李本海,薛秀娣.新疆北部喀铜镍矿中首次发现的几种金属矿物[J].新疆地质,1984,2(2):64-105.

李波涛,赵元艺,钱作华,等.青海察尔汗盐湖别勒滩区段固体钾盐液化前后物质组成对比及意义[J].矿床地质,2010,29(4):669-683.

李波涛.新疆塔里木盆地罗布泊钾盐物质来源[D].北京:中国地质大学(北京),2012.

李博秦,姚建新,王峰,等.西昆仑麻扎-黑恰达坂多金属矿化带的发现及地质意义[J].地质论评,2007,53(4):571-576.

李博秦.普鲁裂谷火山岩带块状硫化物矿床特征及找矿远景分析[J].陕西地质,2002,20(2):59-65.

李昌年.火成岩微量元素岩石学[M].武汉:中国地质大学出版社,1992.

李长龙,许文进.甘肃掉石沟铅锌矿同位素特征及意义[J].甘肃科技,2009,25(23):29-32.

李超,屈文俊,杜安道.大颗粒辉钼矿 Re-Os 同位素失耦现象及$^{(187)}$Os 迁移模式研究[J].矿床地质,2009,28(5):707-712.

李朝阳,邓海琳,胡耀国,等.有关银矿床研究中几个问题的讨论[J].矿物岩石地球化学通报,2000,19(4):221-222.

李朝阳,刘铁庚,叶霖,等.我国与火山岩有关的大型、超大型银矿床[J].中国科学(D辑:地球科学),2003,32(S2):69-77.

李大民,梁积伟,孙永君.甘肃省野牛滩矿田的成矿模式研究[J].地质学报,2010,84(3):431-438.

李大新,丰成友,赵一鸣,等.青海卡尔却卡铜多金属矿床蚀变矿化类型及矽卡岩矿物学特征[J].吉林大学学报(地球科学版),2011,41(6):1818-1830.

李德东,王玉往,王京彬,等.新疆香山杂岩体的成岩与成矿时序[J].岩石学报,2012,28(7):2103-2112.

李东.新疆阿尔泰山北带诺尔特盆地成矿规律及找矿标志浅谈[J].新疆有色金属,2013,(增刊):48-50.

李东生,古凤宝,张海兰,等.青海省卡尔却卡斑岩型铜矿地质特征及找矿意义[J].地质学报,2012,45(1):174-183.

李凤鸣,彭湘萍,石福品,等.西天山石炭纪火山-沉积盆地铁锰矿成矿规律浅析[J].新疆地质,2011,29(1):55-60.

李凤鸣,彭湘萍,张勤军.西昆仑切列克其菱铁矿床特征及成矿模式[J].新疆地质,2010,28(3):274-279.

李福让,王瑞廷,高晓宏,等.陕西省略阳县徐家沟铜矿床成矿地质特征及控矿因素[J].地质学报,2009,83(11):1751-1760.

李广伟.红土型镍矿地质特征及分布规律[J].科技资讯,2011(34):129-129.

李海光.孝义—霍州一带铝土矿形成的古地理环境及找矿前景[J].华北地质矿产杂志,1998,13(3):249-256.

参 考 文 献

李浩,唐中凡,刘传福,等.新疆罗布泊盐湖卤水资源综合开发研究[J].地球学报,2008,29(4):517-524.

李红宇,郭合伟,孙文坤.宁夏香山地区泥盆系砂(页)岩型铜矿地质特征及找矿标志研究[J].地质与勘探,2009,45(1):13-17.

李红宇,宋新华,郭合伟,等.宁夏贺兰山北段牛头沟金矿地质地球化学特征和矿床成因探讨[J].地质与勘探,2010,46(6):1036-1044.

李宏茂,时友东,刘忠,等.东昆仑山若羌地区白干湖钨锡矿床地质特征及成因[J].地质通报,2006,25(S1):277-281.

李宏茂,时友东,刘忠,等.东昆仑西段黑山-祁曼塔格成矿带钨锡成矿地质条件及找矿方向[J].地质与资源,2007,16(2):86-90.

李洪普,宋忠宝,田向东,等.东昆仑四角羊铅锌多金属矿床成矿地质特征及找矿意义[J].西北地质,2010,43(4):179-187.

李洪英,毛景文,叶会寿,等.东秦岭金堆城钼矿集区花岗斑岩岩石地球化学特征及地质意义[J].矿床地质,2010,29(S1):219-220.

李厚民,陈毓川,王登红,等.陕西南郑地区马元锌矿的地球化学特征及成矿时代[J].地质通报,2007,26(5):546-552.

李厚民,高辉.矿产资源储量核查与评估[M].北京:地质出版社,2010.

李厚民,沈远超,胡正国,等.青海东昆仑五龙沟金矿床成矿条件及成矿机理[J].地质与勘探,2001,37(1):65-69.

李厚民,沈远超,胡正国,等.青海五龙沟金矿床矿石、矿物含金性及金的赋存状态[J].矿物学报,2001,21(1):89-94.

李厚民,叶会寿,毛景文,等.小秦岭金(钼)矿床辉钼矿铼-锇定年及其地质意义[J].矿床地质,2007,26(4):417-424.

李华芹,陈富文,蔡红,等.新疆东部马庄山金矿成矿作用同位素年代学研究[J].地质科学,1999,34(2):251-256.

李华芹,陈富文,蔡红.新疆西准噶尔地区不同类型金矿床Rb-Sr同位素年代研究[J].地质学报,2000,74(2):181-192.

李华芹,陈富文.东疆小热泉子铜锌矿床成岩成矿作用年代学及矿床成因讨论[J].矿床地质,2002,21(S):401-404.

李华芹,吴华,陈富文,等.东天山白山铼钼矿区燕山期成岩成矿作用同位素年代学证据[J].地质学报,2005,79(2):249-255.

李华芹,谢才富,常海亮,等.新疆北部有色贵金属矿床成矿作用年代学[M].北京:地质出版社,1998.

李辉.青海西台吉乃尔盐湖钾锂硼矿开采的环境影响分析及卤水开采方案优化[D].西安:长安大学,2011.

李会民,李智明.扬子地台北缘锰矿成矿地质特征及找矿方向研究[J].地质与勘探,2005,41(1):18-21.

李惠民,陈志宏,相振群,等.秦岭造山带商南-西峡地区富水杂岩的变辉长岩中斜锆石与锆石U-Pb同位素年龄的差异[J].地质通报,2006,25(6):653-659.

李家棪.大柴旦盐湖硼、锂分布规律(续)[J].盐湖研究,1994,2(2):20-28.

李建安.玉门市东车路沟金矿床地质特征及找矿标志[J].甘肃科技,2010,26(17):32-33.

李军.新疆萨尔托海超基性岩体流动构造与铬铁矿成矿部位的关系[J].西北地质,1982(2):23-31.

李侃,张新伟,高永宝,等.青海省化隆县沙加含铜镍矿基性杂岩体地质特征及Re-Os同位素研究[J].西北地质,2012,45(4):314-320.

李克,程洁.甘肃小独山钨矿床矿石特征[J].甘肃冶金,2009,31(5):65-69.

李诺,陈衍景,张辉,等.东秦岭斑岩钼矿带的地质特征和成矿构造背景[J].地学前缘,2007,14(5):186-198.

李诺,孙亚莉,李晶,等.小秦岭大湖金钼矿床辉钼矿铼锇同位素年龄及印支期成矿事件[J].岩石学报,2008,24(4):810-816.

李鹏,吕新彪,陈超,等.新疆东天山小白石头黑云母花岗岩年代学、地球化学特征及其地质意义[J].地质与勘探,2011(4):543-554.

李舢,王涛,童英,等.北山辉铜山泥盆纪钾长花岗岩锆石U-Pb年龄、成因及构造意义[J].岩石学报,2011,27(10):3055-3070.

李世金,孙丰月,高永旺,等.小岩体成大矿理论指导与实践——青海东昆仑夏日哈木铜镍矿找矿突破的启示及意义[J].西北地质,2012,45(4):185-191.

李双庆,杨晓勇,屈文俊,等.南秦岭宁陕地区月河坪夕卡岩型钼矿Re-Os年龄和矿床学特征[J].岩石学报,2010,26(5):1479-1486.

李嵩龄,李文铅,冯新昌,等.东天山尾亚复式岩株形成时代讨论[J].新疆地质,2004,20(2):357-359.

李锁成,陈永彬,赵彦庆,等.西秦岭北部蛇绿混杂岩带成矿作用与区域构造演化的关系[J].矿床地质,2005,24(06):

656-662.

李泰德,程剑.新疆富蕴县柯鲁木特锂-钽-铌矿床228号脉地质特征分析[J].矿产与地质,2004,18(5):428-431.

李泰德.新疆富蕴县乔夏哈拉金铜铁矿田地质特征及成因分析[J].地质与勘探,2002,38(1):18-21.

李天虎.金川Ⅰ矿区深边部地质-地电化学-地球物理多元信息成矿预测[D].桂林:桂林理工大学,2012.

李彤泰.新疆哈密市黄山基性—超基性岩带铜镍矿床地质特征及矿床成因[J].西北地质,2011,44(1):54-60.

李文博,周卫东,陈世昌,等.湖北银洞沟银矿床地质特征及成因类型[J].地学前缘,2010,17(1):177-185.

李文光.我国新发现一大型硫矿床[J].化工地质,1982(1):98-98.

李文渊,董福辰,张照伟,等.西北地区矿产资源成矿远景与找矿部署研究[M].北京:地质出版社,2012.

李文渊,赵东宏,宋忠宝,等.北祁连山塞浦路斯型铜矿床特征及勘查方法[M].西安:陕西科技出版社,2005.

李遐昌.金堆城-黄龙铺钼矿田地球化学特征及成矿条件的初步分析[J].地质与勘探,1983,(6):59-64.

李先军,赵祖应.西昆仑北段矿产分布特征及找矿方向浅析[J].地质与勘探,2009,45(2):1-7.

李先梓,严阵,卢欣祥.秦岭-大别山花岗岩[M].北京:地质出版社,1993.

李湘俊.青海青龙滩中型黄铁矿的发现[J].地质与勘探,1983(9):48-51.

李向东.甘肃省永靖县梯子崖—庙沟一带锰矿资源开发利用方案研究[J].甘肃科技,2008,24(6):47-48.

李晓雄,袁旭东,陈二虎,等.顺藤摸瓜循序渐进是寻找深部隐伏铅锌矿的有效途径[J].甘肃冶金,2015,37(4):80-86.

李行,白文吉,陈方伦,等.扬子地块北缘和西缘前寒武纪镁铁层状杂岩及含铂性[M].西安:西北大学出版社,1995.

李续彬,李建军.青海省都兰县勒河沟地区钼矿地质特征及找矿方向[J].科技创新导报,2011,(27):86-86.

李学智,陈柏林,陈宣华,等.大平沟金矿床矿石特征与金的赋存状态[J].地质与勘探,2002,38(5):49-53.

李永峰,毛景文,胡华斌,等.东秦岭钼矿类型、特征、成矿时代及其地球动力学背景[J].矿床地质,2005,24(3):292-304.

李永峰,王春秋,白凤军,等.东秦岭钼矿Re-Os同位素年龄及其成矿动力学背景[J].矿产与地质,2004,18(6):571-578.

李永峰,谢克家,罗正传,等.河南舞阳铁山铁矿床地球化学特征及其环境意义[J].地质学报,2013,87(9):1377-1397.

李永军,王冉,李卫东,等.西准噶尔达尔布特南构造-岩浆岩带斑岩型铜-钼矿新发现及找矿思路[J].岩石学报,2012,28(7):2009-2014.

李永勤,王瑞廷,丁坤,等.陕西凤县八卦庙金矿脆韧性剪切带控矿特征及成矿模式探讨[J].西北地质,2015,48(1):101-108.

李勇,周宗桂.陕西镇安—旬阳地区汞锑、铅锌、金矿床成因及演化规律浅析[J].地质与资源,2003,12(1):19-35.

李玉林,吴礼斌,吴雪晶,等.新疆特克斯县大恩别列钨矿地质特征及成因探讨[J].新疆有色金属,2007,30(1):16-19.

李育森.甘肃北山南泉银(金)矿床地质特征及成因探讨[J].黄金,2010,31(7):16-20.

李裕能.甘肃文县重晶石矿床地质特征[J].西北地质,1985(1):52-59.

李裕能.甘肃重晶石矿床地质特征及远景分析[J].化工地质,1986(1):22-29.

李毓芳.新疆萨尔托海超基性火山岩浆与铬铁矿浆的上冲式赋存规律及同寻找工业矿群的关系[J].新疆矿冶,1985(2):13-21.

李月臣,赵国春,屈文俊,等.新疆香山铜镍硫化物矿床Re-Os同位素测定[J],岩石学报,2006,22(1):245-251.

李志丹,薛春纪,张舒,等.新疆西南天山霍什布拉克铅锌矿床地质、地球化学及成因[J].矿床地质,2010,29(6):983-998.

李钟模.中国硫矿床的分类及分布规律[J].贵州化工,1992(1):13-16.

李钟模.中国硫矿床分类与预测[J].化工矿物与加工,2002(9):173-178.

栗亚芝,宋忠宝,杜玉良,等.纳日贡玛斑岩型铜钼矿与玉龙斑岩铜矿成矿特征对比研究[J].西北地质,2012,49(1):149-158.

梁光河,徐兴旺,肖骑彬,等.大地电磁测深法在铜镍矿勘查中的应用——以与超镁铁质岩有关的新疆图拉尔根铜镍矿为例[J].矿床地质,2007,26(1):120-127.

梁广林,王世新,陈杰,等.喜迎金矿床地质特征及成因类型探讨[J].新疆地质,2004,22(2):178-182.

梁婷,王登红,胡长安,等.新疆彩霞山铅锌矿微量和稀土元素地球化学特征初步研究[J].地质与勘探,2008,44(5):1-9.

廖明汉,王波.陕西石梯重晶石矿床地质特征及其成因初步探讨[J].陕西地质,1988.6(2):12-20.

廖士范.铝土矿矿床成因与类型(及亚型)划分的新意见[J].贵州地质,1998,15(2):139-143.

廖士范.论铝土矿床成因及矿床类型[J].华北地质矿产杂志,1994,9(2):153-160.

廖文雄,郭海龙.新疆尼勒克县—精河县奈楞格勒一带铜钼矿地球化学特征[J].西部探矿工程,2010,22(4):149-152.

参 考 文 献

林德松.我国中低温热液脉型稀土矿床成矿特征及找矿前景[J].有色金属矿产与勘查,1999(6):672-673.

林国芳,刘凤萍.北祁连加里东造山带南缘钨矿成矿背景及找矿潜力[J].甘肃地质学报,2003(1):78-84.

凌锦兰,赵彦锋,康珍,等.柴达木地块北缘牛鼻子梁镁铁质-超镁铁质岩体岩石成因与成矿条件[J].岩石学报,2014,30(6):1628-1646.

刘伯崇.甘肃玉门-肃南地区砂岩型铜矿赋矿地层特征及其归属[J].西北地质,2011,44(1):28-38.

刘策,王忠阳,地里夏提·买买提.新疆鄯善县石英滩金矿矿石矿物学和金矿物特征[J].贵金属,2009,30(3):9-11.

刘成林,焦鹏程,陈永志,等.罗布泊断陷带内形成富钾卤水机理研究[J].矿床地质,2010,29(4):602-608.

刘成林,焦鹏程,王弭力,等.罗布泊盐湖巨量钙芒硝沉积及其成钾效应分析[J].矿床地质,2007,26(3):322-329.

刘成林,焦鹏程,王弭力,等.新疆罗布泊第四纪盐湖上升卤水流体及其成钾意义[J].矿床地质,2003,22(4):386-392.

刘成林,焦鹏程,王弭力,等.盆地钾盐找矿模型探讨[J].矿床地质,2010,29(4):581-592.

刘成林,王弭力,焦鹏程,等.罗布泊第四纪卤水钾矿储层孔隙成因与储集机制研究[J].地质论评,2002,48(4):437-443.

刘成林,王弭力,焦鹏程,等.罗布泊盐湖钾盐矿床分布规律及控制因素分析[J].地球学报,2009,30(6):796-802.

刘成林,王弭力,焦鹏程,等.罗布泊杂卤石沉积特征及成因机理探讨[J].矿床地质,2008,27(6):705-713.

刘春先.甘肃枣子沟金矿矿石特征[J].甘肃科技,2011,27(22):55-57.

刘春涌,刘拓,杨万志,等.新疆云雾岭地质、地球化学和自然重砂特征[J].新疆有色金属,2000(2):1-9.

刘春涌,刘拓.新疆云雾岭铜矿化的发现及其意义[J].新疆地质,1998,16(2):185-187.

刘春涌,许英.新疆齐依求Ⅰ号金矿床主要矿物的标型特征[J].新疆有色地质,1999(3):3-10.

刘德权,陈毓川,王登红,等.土屋-延东铜钼矿田与成矿有关问题的讨论[J].矿床地质,2003,22(4):334-344.

刘德权,唐延龄,周汝洪.新疆斑岩铜矿的成矿条件和远景[J].新疆地质,2001,19(1):43-48.

刘东晓,董雅清,张月宝.甘肃北山南金山—狼娃山金成矿带成矿作用特征[J].甘肃地质,2009,18(4):29-33.

刘堆富,陈玉峰.甘肃小柳沟钨矿床矿石特征[J].地质与勘探,2005,41(5):10-16.

刘堆富,汪海峰,张世新,等.北祁连西段钨钼矿地质特征及其成矿规律[J].中国钨业,2009(5):15-21.

刘锋,张志欣,李强,等.新疆可可托海3号伟晶岩脉成岩时代的限定:来自辉钼矿Re-Os定年的证据[J].矿床地质,2012,31(5):1111-1118.

刘凤山,傅学明.西北地区基性—超基性岩含矿(铬、镍)性闭合相关分析[J].兰州大学学报,1991(1):99-106.

刘凤山,傅学明.新疆哈密黄山镁铁超镁铁杂岩体含矿(Ni)性数理统计分析[J].兰州大学学报,1991(4):153-160.

刘国平,胡朋,邵胜军,等.中国稀土资源在全球地位的评估[J].世界有色金属,2011(12):26-29.

刘海鹏,王秀全.新安县铝土矿的控矿地质条件及找矿方向分析[J].矿业快报,2008,24(8):101-103.

刘洪林,董连慧.阿希金矿地质特征及成因初探[J].新疆地质,1992,10(2):110-119.

刘会文,王雪萍,邵继,等.牛鼻子梁镁铁质-超镁铁质杂岩体岩石特征[J].矿床地质,2014,33(6):87-103.

刘慧卿,李保华,唐菊兴,等.纳日贡玛铜钼矿床中流熔包裹体的发现及其意义[J].物探化探计算技术,2007,29(6):534-536.

刘家军,刘光智,廖延福,等.甘肃寨上金矿床中白钨矿矿体的发现及其特征[J].中国地质,2008,35(6):1113-1120.

刘家军,龙训荣,郑明华,等.新疆萨瓦亚尔顿金矿床石英的$^{40}Ar-^{39}Ar$快中子活化年龄及其意义[J].矿物岩石,2002,22(3):19-23.

刘家军,郑明华.拉尔玛层控金矿床中金的赋存状态研究[J].黄金,1994,15(11):7-12.

刘建兵,张永庭,褚小东.宁夏中宁县土窑铜矿矿床地质特征及找矿标志[J].宁夏工程技术,2010,9(1):75-78.

刘建宏,张新虎,赵彦庆,等.西秦岭成矿系列、成矿谱系研究及其找矿意义[J].矿床地质,2006,25(6):727-734.

刘建华,燕宁,陈玉华,等.青海松树南沟金矿成矿地质特征及外围找矿前景分析[J].矿产勘查,2011,2(3):260-264.

刘建平,王核,任广利.新疆西昆仑小同钼矿地质特征及找矿意义[J].新疆地质,2010,28(1):38-42.

刘江峰,赵双喜,李彦强,等.青海省东昆仑洪水河东地区斑岩铜钼矿找矿潜力分析[J].西北地质,2012,45(1):211-221.

刘均祥.新疆哈拉通克铜镍矿选矿试验[J].矿产综合利用,1984(2):86-87.

刘凯,任涛,曹广杰,等.汉南杂岩区毕机沟一带钒钛磁铁矿成矿规律及找矿潜力研究[J].中国钼业,2015,39(3):21-28.

刘民武.中国几个镍矿床的地球化学比较研究[D].西安:西北大学,2004.

刘平,苏端霞,黄长青.穆家庄铜矿床矿物组构及成因浅析[J].矿产与地质,2000,14(79):1-10.

刘群,许德明.钾盐矿床的分类及其找矿意义[J].地质学报,1979(4):351-362.

刘荣,方庆新,李燕,等.新疆云雾岭斑状二长花岗岩体锆石SHRIMP U-Pb年龄及构造意义[J].新疆地质,2009,27(1):10-14.

刘若新.一个含硫化铜镍矿超基性岩体的岩石特征[J].地质学报,1962,42(1):79-90.

刘升有.西秦岭北缘德乌鲁矽卡岩型铜矿床地质特征及成矿模式讨论[J].西北地质,2015,48(2):176-185.

刘通,丁海波.新疆西天山敦德铁锌矿伴生金元素赋存状态及矿石特征研究[J].科技风,2013(24):28-29.

刘伟江,杨镜明.新疆乌什苏盖提布拉克钒矿地质特征和找矿前景[J].新疆有色金属,2009(2):22-25.

刘悟辉,戴塔根,廖启林.新疆富蕴县乔夏哈拉铜(金)矿床成因探讨[J].地质找矿论丛,2006,21(4):232-235.

刘悟辉,廖启林.阿尔泰山南缘典型铜、镍、铅锌矿床成矿模式初探[J].地质找矿论丛,2006,21(3):173-177.

刘显凤,蔡忠贤,李树新,等.新疆西克尔萤石矿洞稀土元素地球化学特征及成因[J].新疆石油地质,2012(6):660-663.

刘晓煌,邓军,孙兴丽,等.北祁连西段干巴河脑钼钨矿床辉钼矿Re-Os测年及C-H-O-S同位素特征[J].吉林大学学报(地球科学版),2010,40(4):845-851.

刘晓煌,孙柏年,屈文俊,等.北祁连山西段西柳沟钨钼矿的Re-Os定年及地质意义[J].岩石学报,2007,32(10):2434-2442.

刘晓煌.北祁连西段金佛寺岩体的成岩成矿作用研究[D].兰州:兰州大学,2008.

刘新会,李根民,张增民,等.东秦岭小河-公馆多金属成矿带中金矿成矿预测[J].黄金科学技术,2011,19(3):36-42.

刘艳宾,弓小平,陈斌,等.东昆仑西段铁矿成矿机制及找矿模型[J].地质通报,2011,30(12):1950-1961.

刘应汉.青海拉水峡铜镍矿纳米物质地球化学异常特征及找矿模型[J].地质与勘探,2003,39(2):11-15.

刘英超,杨竹森,侯增谦,等.青海玉树东莫扎抓铅锌矿床地质特征及碳氢氧同位素地球化学研究[J].矿床地质,2009,28(6):770-784.

刘英俊,马东升.华南含金建造的地球化学特征[J].地质找矿论丛,1987,2(4):1-14.

刘勇,李廷栋,王彦斌,等.宁夏卫宁北山金场子闪长玢岩岩脉地质特征及SHRIMP锆石U-Pb年龄[J].中国地质,2010,37(6):1575-1583.

刘勇,刘云华,董福辰,等.甘肃枣子沟金矿床成矿时代精确测定及其地质意义[J].黄金,2012,33(11):10-17.

刘玉琳,郭丽爽,宋会侠,等.新疆西准噶尔包古图斑岩铜矿年代学研究[J].中国科学(D辑:地球科学),2009,39(10):1466-1472.

刘月高,吕新彪,张振杰,等.甘肃西和县大桥金矿床的成因研究[J].矿床地质,2011,30(6):1085-1099.

刘云华,安静,李宗会,等.西秦岭岷县鹿儿坝金矿地质特征及找矿远景[J].黄金,2014,35(11):21-26.

刘云华,李真,周肃,等.南秦岭东沟-金龙山金矿地质特征、成矿时代及其地质意义[J].地学前缘,2016,23(4):81-93.

刘增铁,任家琪,邹介人,等.青海铜矿[M].北京:中国地质出版社,2008.

刘振敏.陕南自然硫的发现及成矿条件分析[J].矿物岩石地球化学通讯,1995,14(2):122-123.

刘智,涂其军,魏华.新疆托克逊县忠宝钨矿床地质特征及成因探讨[J].资源环境与工程,2009,23(6):771-778.

龙灵利,王玉往,杜安道,等.新疆希勒库都克铜钼矿床辉钼矿Re-Os年龄及其地质意义[J].矿床地质,2011,30(4):635-644.

娄德波,邓刚,肖克炎,等.矿床地质经济模型法在东天山铜镍矿预测中的应用[J].地质通报,2010,29(10):1467-1478.

娄德波.新疆东天山铜镍矿资源潜力评价方法研究[D].北京:中国地质科学院,2009.

楼亚儿,戴自希.火山岩型金矿的地质特征及勘查准则[J].现代地质,2004,18(1):17-23.

卢鸿飞,赵献军,郭勇明,等.北山裂谷红石山镍矿床特征及成因——多期岩浆成矿作用[J].新疆地质,2012,30(2):187-191.

卢焕章.美国Culberson重晶石-硫磺矿中流体包裹体的研究[J].岩石学报,2006,22(2):485-490.

卢欣祥,李明立,尉向东,等.东秦岭斑岩型钼矿地质地球化学特征[J].云南地质,2006,25(4):415-417.

卢欣祥,罗照华,黄凡,等.秦岭-大别山地区钼矿类型与矿化组合特征[J].中国地质,2011,38(6):1518-1535.

卢欣祥,罗照华,黄凡,等.秦岭-大别山花岗岩与钼矿的关系研究[J].矿物学报,2009(S1):445-446.

卢欣祥,尉向东,于在平,等.小秦岭-熊耳山地区金矿的成矿流体特征[J].矿床地质,2003,22(4):377-385.

卢欣祥,肖庆辉,董有,等.秦岭花岗岩大地构造图[M].北京:地质出版社,1998.

卢欣祥.东秦岭两类花岗岩与两个金矿系列[J].地质论评,1994,40(5):418-428.

鲁海峰,李建亮,殷占虎.解噶地区银多金属矿成因及找矿方向初探[J].青海国土经略,2005(1):35-39.

路耀祖.试探龙湖钾盐矿床次生钾盐矿形成的地质条件[J].价值工程,2012,31(10):19-20.

吕博,杨岳清,孟贵祥,等.内蒙古东七一山碱长花岗岩的地球化学特征和成因[J].岩石矿物学杂志,2011,30(3):543-552.

吕明芬,罗先熔,王葆华,等.地电提取原始数据的综合处理方法——以金川硫化铜镍矿Ⅱ矿区为例[J].桂林理工大学学报,2010,30(2):217-222.

栾长青,唐益群,云正文.马鞍桥金矿床地质-地球化学特征及成因探讨[J].找矿地质论丛,2007,22(3):190-194.

罗传治.陈家庙铁铜矿床成矿模式探讨[J].地质与勘探,1989(9):12-16.

罗铭玖,张辅民,董群英,等.中国钼矿床[M].郑州:河南科学技术出版社,1991.

罗世清,卢建安,王立本,等.祁连山石——一种新的硼碳酸盐矿物[J].矿物学报,1993,13(2):97-101.

罗天伟,周继强.甘肃李坝金矿床成矿地质特征[J].桂林工学院学报,2004,24(4):407-411.

罗小平,薛春纪,李怀祥,等.新疆西天山查汗萨拉金矿地质、金赋存状态及同位素地球化学研究[J].矿床地质,2009,28(5):558-568.

罗小平,薛春纪,李建全,等.新疆西天山查汗萨拉金矿床流体包裹体特征及稳定同位素研究[J].地质学报,2011,85(4):505-515.

罗耀星,朱钧瑞,王耀坤.大石桥菱镁矿矿床矿石地质地球化学特征[J].矿床地质,1990(1):77-85.

罗正传,李永峰,王义天,等.大别山北麓河南新县地区大银尖钼矿床辉钼矿 Re-Os 同位素年龄及其意义[J].地质通报,2010,29(9):1349-1354.

洛长义,杨合群,朱宝清,等.论新疆兴地基性超基性杂岩分带性[J].西北地质科学,1998,19(1):52-58.

骆华宝.岩浆型铜镍矿床中紫硫镍矿的成因矿物学研究[J].地质与勘探,1994(1):38-40.

马金元,胡生忠,田向东.柴达木盆地马海钾盐矿床沉积环境与开发[J].盐湖研究,2010,18(3):9-17.

马金元.马海钾矿床北部矿段资源概略评价及开采[J].中国工程科学,2005(S1):296-300.

马黎春,刘成林,焦鹏程,等.新疆典型干盐湖成钾条件对比与指标模型初探[J].矿床地质,2010,29(4):593-601.

马万栋,马海州.塔里木盆地地质环境演化及钾矿寻找研究进展[J].西北地质,2008,41(2):63-67.

马万栋.塔里木盆地西部岩盐的地球化学特征及钾盐远景区预测研究[D].西宁:中国科学院研究生院(青海盐湖研究所),2006.

马文鹏,周云霞.喀拉通克铜镍矿床中的金属矿物珠滴构造及成因[J].矿物岩石,1987,7(2):50-57.

马武鸿.陕西公馆汞锑矿床地球化学特征[J].西安地质学院学报.1997,19(1):21-27.

马元海.大通县花石掌-其美萤石矿地质特征及找矿前景[J].建材地质,1994,76(6):23-26.

马云海,王逢春,陈百磊.阿克塞一步沟钨矿化地质特征及找矿方向探讨[J].甘肃科技,2010,26(8):24-26.

马振东.从铅同位素组成特征初步探讨豫西东秦岭钼矿带的成因和构造环境[J].地球科学,1984,27(4):57-64.

玛依拉,吕新彪,高保明,等.彩华沟含铜黄铁矿床地质特征及成因[J].矿床地质,2010,29(S1):1117-1118.

毛景文,杨建民,屈文俊,等.新疆黄山东铜镍硫化物矿床 Re-Os 位素测定及其地球动力学意义[J].矿床地质,2002,21(4):323-330.

毛景文,杨建民,张作衡,等.甘肃肃北野牛滩含钨花岗质岩岩石学、矿物学和地球化学研究[J].地质学报,2000,74(2):144-152.

毛景文,张招崇,任丰寿.北祁连山西段金属矿床时空分布和生成演化[J].地质学报,1999,73(1):73-82.

毛景文,张招崇,杨建民,等.北祁连山西段铜金铁钨多金属矿床成矿系列和找矿评价[M].北京:地质出版社,2003.

毛景文,张作衡,杨建民,等.甘肃鹰嘴山金矿床地质和成矿地球化学[J].矿床地质,1998,17(4):297-306.

毛景文,张作衡,张招崇,等.北祁连山小柳沟钨矿床中辉钼矿 Re-Os 年龄测定及其地质意义[J].地质论评,1999,45(4):412-417.

毛启贵,方同辉,王京彬,等.东天山卡拉塔格早古生代红海块状硫化物矿床精确定年及其地质意义[J].岩石学报,2010,26(10):3017-3026.

毛启贵,肖文交,韩春明,等.新疆东天山白石泉铜镍矿床基性—超基性岩体锆石 U-Pb 同位素年龄、地球化学特征及其对古亚洲洋闭合时限的制约[J].岩石学报,2006,22(1):153-162.

毛永忠,裴炳艳.甘肃蛟龙掌铅锌多金属矿床地质特征及找矿模式[J].甘肃科技,2010,26(11):29-32.

蒙轸,赵保青,张新虎,等.甘肃阿尔金成矿带安南坝青砂沟大型贫锰矿发现及意义[J].甘肃地质,2015,24(2):1-8.

孟凡巍,刘成林,倪培.全球古海水化学演化与世界主要海相钾盐沉积关系暨中国海相成钾探讨[J].微体古生物学报,2012(1):62-69.

孟贵祥,严加永,吕庆田,等.罗布泊盐湖盆地结构新发现及找钾意义[J].矿床地质,2010,29(4):609-6015.

孟健寅,王庆飞,刘学飞,等.山西交口县庞家庄铝土矿物学与地球化学研究[J].地质与勘探,2011,47(4):0593-0604.

米文满,罗先熔,张琳琳,等.甘肃金川南延铜镍硫化物矿床物化探综合找矿研究[J].广西科学,2011,18(3):249-252.

莫新华,张新泰.西南天山喀什凹陷乌拉根铅锌矿床地质特征及找矿标志[J].新疆有色金属,2014(6):7-10.

南安宁,白永江,徐俐.宁夏海原县马场沟金矿地质特征及其矿床成因[J].宁夏工程技术,2011,10(1):1-10.

南争路,李建忠,余金元,等.甘肃省文县阳山金矿安坝里南矿区矿石特征及金矿物赋存状态研究[J].矿产与地质,2013,27(2):137-143.

南征兵,唐菊兴,李葆华.纳日贡玛斑岩铜钼矿成矿元素沉淀机制探讨[J].矿业研究与开发,2008,28(2):1-2.

南征兵,唐菊兴,李葆华.青海纳日贡玛斑岩铜(钼)矿地质地球化学特征及成因探讨[J].新疆地质,2007,25(2):199-203.

南征兵,唐菊兴,李葆华.青海省纳日贡玛斑岩铜钼矿成矿物源分析[J].矿业研究与开发,2008,27(5):67-67.

倪守斌,满发胜,胡世玲,等.新疆卡拉脚古牙锑金矿床赋矿地层时代和成矿时代[J].中国科学技术大学学报,2004,34(3):342-347.

聂凤军,江思宏,白大明,等.北山地区金属矿床成矿规律及找矿方向[M].北京:地质出版社,2002.

聂凤军,江思宏,胡朋,等.甘肃北山红尖兵山钨矿床地质特征及成矿物质来源[J].矿床地质,2004,23(1):11-19.

聂凤军,江思宏,胡朋,等.甘肃小西弓金矿床成矿物质来源和含矿流体运移轨迹同位素示踪[J].地质地球化学,2003,31(4):1-10.

聂凤军,屈文俊,刘妍,等.内蒙古额勒根斑岩型钼(铜)矿化区辉钼矿铼-锇同位素年龄及地质意义[J].矿床地质,2005,24(6):638-646.

聂凤军,张万益,杜安道,等.内蒙古朝不楞矽卡岩型铁多金属矿床辉钼矿铼-锇同位素年龄及地质意义[J].地球学报,2007,27(4):315-323.

聂江涛,李赛赛,魏刚锋,等.煎茶岭金镍矿田构造特征及控岩控矿作用探讨[J].地质与勘探,2012,48(1):119-131.

聂江涛.陕西省煎茶岭金镍矿田构造特征及其控岩控矿作用[D].西安:长安大学,2010.

聂树人,邢国忠,魏锦萍.从柴达木盆地钾盐矿的遥感地质研究到罗布泊钾盐矿的发现[J].青海地质,1997(1):58-63.

聂树人.平安县元石山低品位红土型铁镍(钴)矿的预处理——磁选富集[J].青海地质,2001(1):45-50.

宁奇生,李永森,刘兰笙,等.中国斑岩铜(钼)矿的主要特征及分布规律[J].地质评论,1979,25(2):36-46.

宁夏回族自治区地质调查院.宁夏贺兰山北段金及多金属矿远景调查报告[R].银川:宁夏回族自治区地质调查院,2013.

宁夏回族自治区地质调查院.宁夏回族自治区金矿资源潜力评价报告[R].银川:宁夏回族自治区地质调查院,2011.

宁夏回族自治区地质调查院.宁夏回族自治区磷矿资源潜力评价报告[R].银川:宁夏回族自治区地质调查院,2012.

宁夏回族自治区地质调查院.宁夏回族自治区硫铁矿资源潜力评价报告[R].银川:宁夏回族自治区地质调查院,2012.

宁夏回族自治区地质调查院.宁夏回族自治区铅锌矿资源潜力评价报告[R].银川:宁夏回族自治区地质调查院,2011.

宁夏回族自治区地质调查院.宁夏回族自治区铁矿资源潜力评价报告[R].银川:宁夏回族自治区地质调查院,2010.

宁夏回族自治区地质调查院.宁夏回族自治区铜矿资源潜力评价报告[R].银川:宁夏回族自治区地质调查院,2011.

宁夏回族自治区地质调查院.宁夏回族自治区银矿资源潜力评价报告[R].银川:宁夏回族自治区地质调查院,2013.

宁夏回族自治区地质调查院.宁夏回族自治区重要矿产区域成矿规律研究报告[R].银川:宁夏回族自治区地质调查院,2013.

宁夏回族自治区矿产地质调查所.宁夏回族自治区成矿区(带)研究报告[R].银川:宁夏回族自治区矿产地质调查所,2011.

牛翠祎,薛为民,李绍儒,等.西秦岭成矿带金矿资源综合信息预测评价[J].黄金科学技术,2009,17(2):1-7.

牛广标.东天山南麓火山喷发沉积型锰矿地质特征[J].地质论评,1965,23(3):181-185.

牛宏,吕新彪,惠卫东,等.哈密图拉尔根铜镍矿Ⅰ号岩体矿床特征及成矿研究[J].新疆地质,2009,27(2):136-140.

牛奕棋,姜杰岩,彭峰,等.新疆博乐市科克赛铜钼地质特征及找矿前景探讨[J].西部探矿工程,2012,24(7):173-175.

潘进礼,汪栋刚,马瑞赟,等.二人山银铅多金属矿地质特征及成矿条件分析[J].中国西部科技 2013,12(10):24-25.

潘克跃.新疆现代盐湖的含钾特征及塔里木盆地的成钾远景[J].新疆地质,1993(3):226-237.

潘彤,马梅生.门源县松树南沟金矿地质特征及成矿特征初探[J].青海地质,1999(2):53-58.

参 考 文 献

庞奖励,孙根年.陕西煎茶岭矿床的稀土元素地球化学行为[J].中国稀土学报,1999,17(4):359-364.
庞亚明,王锡荣.甘肃马衔山南麓萤石矿的矿石类型及成因浅析[J].中国非金属矿工业导刊,2011(5):51-52.
裴耀真.甘肃北山锰矿带主要锰矿类型、成矿规律及找矿远景初析[J].地质找矿论丛,2005,20(S1):111-113.
青海省地质局第一地质水文地质大队三分队.察尔汗盐湖钾盐矿床概况[J].青海地质,1983(3):64-81.
彭大明.东秦岭萤石资源特征[J].中国非金属矿工业导刊,2002(1):37-40.
彭大明.摩天岭隆起区金属矿产查勘浅析[J].黄金科学技术,2003,11(6):1-10.
彭大明.旬阳锑汞矿田成矿研讨[J].有色金属矿产与勘查.1998,7(5):289-293.
彭德启,牛洪斌.甘肃省的汞锑矿分布规律及找矿[J].甘肃地质,2008,17(1):30-35.
彭巨贵,张发荣,赵福昌.甘肃北山地区钨矿特征及找矿远景[J].甘肃地质学报,2004(2):59-66.
彭礼贵.新疆西准噶尔地区阿尔卑斯型超基性岩中铬铁矿物包裹体研究[J].中国地质科学院院报,1987(3):103-117.
彭明兴,王君良,虞文英,等.新疆鄯善彩霞山铅锌矿床地质特征及找矿模型建立[J].新疆地质.2006,24(4):405-411.
彭桥梁,曾南石,李天虎.金川南延地区基性—超基性小岩体类型与特征[J].西北地质,2012,45(4):370-379.
彭振安,李红红,屈文俊,等.内蒙古北山地区小狐狸山钼矿床辉钼矿 Re-Os 同位素年龄及其地质意义[J].矿床地质,2010,29(3):510-516.
彭振安,李红红,张诗启,等.内蒙古北山地区小狐狸山钼矿成矿岩体地球化学特征研究[J].地质与勘探,2010,46(2):291-298.
齐金忠,杨贵才,李莉,等.甘肃省阳山金矿床稳定同位素地球化学和成矿年代学及矿床成因[J].中国地质,2006,33(6):1345-1353.
齐文,侯满堂.陕西铅锌矿类型及其找矿方向[J].陕西地质,2005,23(2):1-20.
齐文,侯满堂,王根宝.上扬子地台震旦系铅锌矿类型及找矿方向[J].地球科学与环境学报,2006,28(2):30-36.
钱兵,高永宝,李侃,等.新疆东昆仑于沟子地区与铁-稀有多金属成矿有关的碱性花岗岩地球化学、年代学及 Hf 同位素研究[J].岩石学报,2015,31(9):2508-2520.
钱壮志,王建中,姜常义,等.喀拉通克铜镍矿床铂族元素地球化学特征及其成矿作用意义[J].岩石学报.2009,25(4):832-842.
乔耿彪,伍跃中,李尚林,等.新疆西昆仑地区各成矿单元特征及找矿方向[C]//中国地质学会2013年学术年会论文摘要汇编,2013,108-115.
乔耿彪,伍跃中,尹传明,等.西昆仑库地蛇绿岩铬铁矿中铬尖晶石化学特征及其地质意义[J].西北地质,2012,45(4):346-356.
乔立斌,张玉成.甘肃小柳沟钨钼矿区钨钼矿控矿特征与成因分析[J].甘肃冶金,2008,30(6):44-48.
乔旭亮.浅析东昆仑西段南带斑岩型铜矿点的找矿意义[J].太原科技,2010(2):68-69.
秦克令,宋述光,何世平.陕西勉略宁区鱼洞子花岗岩-绿岩地体地质特征及其含金性[J].西北地质科学,1992,13(1):65-74.
秦克章,丁奎首,许英霞,等.东天山图拉尔根、白石泉铜镍钴矿床钴、镍赋存状态及原岩含矿性研究[J].矿床地质,2007,26(1):1-14.
秦克章,方同辉,王书来,等.东天山板块构造分区、演化与成矿地质背景研究[J].新疆地质,2002,20(4):302-308.
秦克章,田野,姚卓森,等.新疆喀拉通克铜镍矿田成矿条件、岩浆通道与成矿潜力分析[J].中国地质.2014,41(2):912-935.
秦来勇,莫江平,徐庆鸿,等.新疆阿尔恰勒铅锌矿床地质特征及找矿潜力分析[J].矿产勘查,2012,3(3):319-324.
秦全新.新疆若羌县罗北凹地液体钾盐矿床地质特征及成因探讨[J].新疆有色金属,2003(S2):2-4.
秦雅静,张莉,郑义,等.新疆萨热阔布金矿 Ar-Ar 定年及其地质意义[J].矿物学报,2011(S1):629-630.
秦雅静,张莉,郑义,等.新疆萨热阔布金矿床流体包裹体研究及矿床成因[J].大地构造与成矿学,2012,36(2):227-239.
青海省地质调查院.青海省锑矿资源潜力评价报告[R].西宁:青海省地质调查院,2013.
青海省地质调查院.青海省银矿资源潜力评价报告[R].西宁:青海省地质调查院,2013.
青海省地质调查院.中华人民共和国布喀达坂峰幅1:250 000区域地质调查报告[R].西宁:青海省地质调查院,2004.
青海省地质调查院.中华人民共和国库朗米其提幅1:250 000区域地质调查报告[R].西宁:青海省地质调查院,2004.
青海省地质矿产勘查开发局.青海省铬矿资源潜力评价报告[R].西宁:青海省地质矿产勘查开发局,2012.

青海省地质矿产勘查开发局.青海省金矿资源潜力评价报告[R].西宁:青海省地质矿产勘查开发局,2011.
青海省地质矿产勘查开发局.青海省磷矿资源潜力评价成果报告[R].西宁:青海省地质矿产勘查开发局,2012.
青海省地质矿产勘查开发局.青海省菱镁矿资源潜力评价成果报告[R].西宁:青海省地质矿产勘查开发局,2012.
青海省地质矿产勘查开发局.青海省硫矿资源潜力评价成果报告[R].西宁:青海省地质矿产勘查开发局,2012.
青海省地质矿产勘查开发局.青海省锰矿资源潜力评价报告[R].西宁:青海省地质矿产勘查开发局,2012.
青海省地质矿产勘查开发局.青海省铅锌矿资源潜力评价报告[R].西宁:青海省地质矿产勘查开发局,2011.
青海省地质矿产勘查开发局.青海省铁矿资源潜力评价报告[R].西宁:青海省地质矿产勘查开发局,2010.
青海省地质矿产勘查开发局.青海省铜矿资源潜力评价报告[R].西宁:青海省地质矿产勘查开发局,2011.
青海省地质矿产勘查开发局.青海省稀土矿资源潜力评价成果报告[R].西宁:青海省地质矿产勘查开发局,2011.
青海省地质矿产勘查开发局.青海省锡矿资源潜力评价报告[R].西宁:青海省地质矿产勘查开发局,2011.
青海省地质矿产勘查开发局.青海省萤石矿资源潜力评价报告[R].西宁:青海省地质矿产勘查开发局,2012.
青海省地质矿产勘查开发局.青海省重要矿产区域成矿规律研究报告[R].西宁:青海省地质矿产勘查开发局,2013.
邱朝霞.宁夏金场子金矿床氧化带中微细金球特征[J].地质与勘探,1989,25(8):39-42.
邱广淼.新疆昭苏-莫托沙拉下石炭统阿克沙克组及莫托沙拉铁-锰矿沉积环境的特征[J].新疆地质,1990(1):32-35.
曲懿华.钾盐矿床母液来源的新途径——深卤补给[J].矿物岩石,1982(1):7-14.
屈迅,徐兴旺,梁广林,等.蒙西斑岩型铜钼矿地质地球化学特征及其对东准噶尔琼河坝岩浆岛弧构造属性的制约[J].岩石学报,2009,25(4):765-776.
权志高.庞家河微细浸染型金矿金的赋存状态[J].华东地质学院学报,1996,19(3):224-230.
冉启胜,朱淑桢.红土型镍矿地质特征及分布规律[J].矿业工程,2010(3):129-129.
饶红娟,罗平,阳正熙,等.塔里木盆地西克尔萤石地球化学特征及成因讨论[J].沉积学报,2010,28(4):821-831.
饶红娟,王小丹.塔里木盆地西克尔地区萤石矿床矿物特征研究[J].科技信息,2010(19):410-410.
任华.煎茶岭控矿构造特征及其对金、镍、铁矿的控制作用[D].西安:长安大学,2012.
任纪舜.从全球看中国大地构造(中国及邻区大地构造图)[M].北京:地质出版社,1999.
任启江,郭国章,冯祖钧,等.陕西金堆城斑岩钼矿成矿过程中热及流体传输的计算模拟[J].矿床地质,1994(1):88-95.
任启江,吴俞斌,武耀城,等.陕西金堆城斑岩钼矿含矿裂隙分布规律与成因[J].矿床地质,1987,6(3):35-48.
任小华,金文洪,王瑞廷,等.南秦岭略阳干河坝金矿床地质地球化学特征[J].黄金,2007,34(5):878-886.
任新红.甘肃武山温泉钼矿地质特征及成因[J].甘肃冶金,2009,31(6):58-61.
任有祥,白文吉.新疆洪古勒楞超镁铁岩铬铁矿石中金云母包裹体矿物化学特征及意义[J].西北地质科学,1986,13(2):13-24.
任育智,孙继省,吴保全.青海省互助县白山坡钨矿地质特征及找矿前景[J].地质与勘探,2008,44(2):23-28.
任云生,王辉,屈文俊,等.延边小西南岔铜金矿床辉钼矿Re-Os同位素测年及其地质意义[J].地球科学——中国地质大学学报,2011,36(4):721-728.
芮行健,杜品龙.塔里木及其周边地区的控矿构造、成矿系列和找矿预测——大型、超大型矿床找矿预测之剖析[J].火山地质与矿产,1994,15(2):53-68.
三金柱,惠卫东,魏俊瑛,等.新疆哈密市图拉尔根①号杂岩体成矿远景探讨[J].新疆地质,2007,25(1):59-63.
三金柱,秦克章,汤中立,等.东天山图拉尔根大型铜镍矿区两个镁铁-超镁铁岩体的锆石U-Pb定年及其地质意义[J].岩石学报,2010,26(10):3027-3035.
三金柱,魏俊瑛.浅谈岩浆型铜镍硫化物矿床找矿标志[J].新疆有色金属,2009,32(5):10-11.
三金柱,魏俊瑛.新疆哈密市图拉尔根①号杂岩体岩石化学特征[J].新疆有色金属,2009,32(S2):1-3.
三金柱.黄山-镜儿泉铜镍矿带区域成矿规律探讨——以图拉尔根铜镍矿为例[J].西北地质,2012,45(4):175-184.
沙德铭,董连慧,鲍庆中,等.西天山地区金矿床主要成因类型及找矿方向[J].新疆地质,2003,21(4):419-425.
陕西省地质调查院.陕西省铬矿资源潜力评价报告[R].西安:陕西省地质调查院,2012.
陕西省地质调查院.陕西省金矿资源潜力评价报告[R].西安:陕西省地质调查院,2011.
陕西省地质调查院.陕西省磷矿资源潜力评价成果报告[R].西安:陕西省地质调查院,2012.
陕西省地质调查院.陕西省硫矿资源潜力评价成果报告[R].西安:陕西省地质调查院,2012.
陕西省地质调查院.陕西省铝土矿资源潜力评价报告[R].西安:陕西省地质调查院,2010.

陕西省地质调查院.陕西省锰矿资源潜力评价报告[R].西安:陕西省地质调查院,2012.
陕西省地质调查院.陕西省铅锌矿资源潜力评价报告[R].西安:陕西省地质调查院,2011.
陕西省地质调查院.陕西省锑矿资源潜力评价报告[R].西安:陕西省地质调查院,2013.
陕西省地质调查院.陕西省铁矿资源潜力评价报告[R].西安:陕西省地质调查院,2010.
陕西省地质调查院.陕西省铜矿资源潜力评价报告[R].西安:陕西省地质调查院,2011.
陕西省地质调查院.陕西省钨矿、稀土矿资源潜力评价成果报告[R].西安:陕西省地质调查院,2011.
陕西省地质调查院.陕西省银矿资源潜力评价报告[R].西安:陕西省地质调查院,2013.
陕西省地质调查院.陕西省萤石矿资源潜力评价报告[R].西安:陕西省地质调查院,2012.
陕西省地质调查院.陕西省重要矿产区域成矿规律研究报告[R].西安:陕西省地质调查院,2013.
陕西省地质调查院.中华人民共和国阿克萨依湖幅1:250 000区域地质调查报告[R].西安:陕西省地质调查院,2006.
陕西省地质调查院.中华人民共和国阿牙克库木湖幅1:250 000区域地质调查报告[R].西安:陕西省地质调查院,2003.
陕西省地质调查院.中华人民共和国伯力克幅1:250 000区域地质调查报告[R].西安:陕西省地质调查院,2003.
陕西省地质调查院.中华人民共和国岔路口幅1:250 000区域地质调查报告[R].西安:陕西省地质调查院,2006.
陕西省地质调查院.中华人民共和国康西瓦幅1:250 000区域地质调查报告[R].西安:陕西省地质调查院,2006.
陕西省地质调查院.中华人民共和国麻扎神仙湾幅1:2500 00区域地质调查报告[R].西安:陕西省地质调查院,2004.
陕西省地质调查院.中华人民共和国于田县幅1:250 000区域地质调查报告[R].西安:陕西省地质调查院,2003.
陕西省地质局第二地质队.陕西留坝楼房沟超基性岩铬铁矿床地质特征及工作方法简介[J].西北地质,1975,57-60.
尚恒胜,高维裕,师春,等.乌日尼图钨钼矿矿床特征与早白垩世花岗岩的关系[J].地球科学——中国地质大学学报,2012,37(6):1259-1267.
尚晓龙.赛日欠银金多金属矿物质组分、赋存状态及生成顺序[J].甘肃科技,2005,21(9):78-79.
邵世才,汪东波.南秦岭三个典型金矿床的Ar-Ar年代及其地质意义[J].地质学报,2001,75(1):106-110.
邵世宁,熊先孝.中国硼矿主要矿集区及其资源潜力探讨[J].化工矿床地质,2010,32(2):87-94.
邵小阳,孙柏年,李相传,等.甘肃北黑山铜镍矿成矿地质特征及成因探讨[J].甘肃地质,2010,19(3):19-25.
邵小阳.甘肃北山地区黑山铜镍矿地质特征及成矿规律[D].兰州:兰州大学,2011.
佘传菁.试论中国岩浆铜镍硫化物矿床成矿模式[J].地质与勘探,1985,21(1):1-14.
佘宏全,张德全,景向阳,等.青海省乌兰乌珠尔斑岩铜矿床地质特征与成因[J].中国地质,2007,34(2):306-314.
申大利,赵双喜,庄勇,等.阿尔金地区牛鼻子梁铜镍矿特征及其发现意义[J].价值工程,2011,30(9):41-43.
沈存利,张梅,于玺卿,等.内蒙古钼矿找矿新进展及成矿远景分析[J].地质与勘探,2010,46(4):561-575.
沈福农.金堆城钼矿的成因兼论深源热液成矿机制[J].地质与勘探,1985(6):8-15.
沈远超,申萍,曾庆栋,等.甘肃北山地区南金山金矿床隐爆角砾岩体的发现及成矿规律研究[J].矿床地质,2006,25(5):572-581.
盛中烈,罗铭玖,李良骏.豫西一斑岩钼矿带的基本地质特征及主要成矿控制因素[J].地质学报,1980(4):300-309.
师占义,郭炳北.甘肃金川硫化铜镍矿中铂(族)和钴等稀贵元素赋存状态的研究方法[J].西北地质,1981(2):60-66.
石爱萍,于丽丽.青海红土沟金矿床地质特征与找矿标志探讨[J].黄金科学技术,2012,20(5):45-51.
石敬佩,张玉成,林森,等.在新金厂地区寻找大型金矿的可能性研究[J].甘肃冶金,2003,25(3):37-40.
石准立,刘瑾璇,樊硕诚,等.陕西双王金矿床地质特征及其成因[M].西安:陕西科学技术出版社,1989.
时友东,尹占军,孙兴友.新疆东昆仑白干湖钨锡矿床矿段地质特征[J].吉林地质,2004,23(4):44-48.
时友东,周安顺,张天民,等.新疆东昆仑喀拉曲哈铜矿地球化学特征[J].吉林地质,2005,24(2):40-49.
史基安,王雷,高野穆一郎,等.金川超镁铁质岩元素及稀有气体同位素地球化学特征[J].矿物岩石,2005,31(1):1-12.
舒斌,陈柏林.吴淦国金窝子金矿金的赋存状态和金矿物特征[J].新疆地质,2006,24(1):30-32.
帅德权,林文弟,张斌,等.陕西李家沟金矿床矿物特征[J].成都地质学院学报,1982(3):61-68.
水兰素,常全明.华北地台G层铝土矿赋存规律[J].中国矿业,1999,8(5):65-68.
宋大康,陈雅亭.甘肃文县钙锰矿的初步研究[J].西北地质,1987(3):33-37.
宋会侠,刘玉琳,屈文俊,等.新疆包古图斑岩铜矿床地质特征[J].岩石学报,2007,23(8):1981-1988.
宋林山,汪立今,邓刚,等.新疆东天山天宇铜镍硫化物矿床地质特征初探[J].金属矿山,2008(3):114-117.
宋史刚,丁振举,姚书振,等.甘肃武山温泉辉钼矿Re-Os同位素定年及其成矿意义[J].西北地质,2008,41(1):67-73.

宋淑和.新疆精河钼矿之成因[J].地质论评,1946(S2):271-278.

宋玉财,侯增谦,王贵仁,等."三江"北段沱沱河地区的成矿规律与找矿方向[J].矿床地质,2015,34(1):1-20.

宋玉财,侯增谦,杨天南,等.青海沱沱河多才玛特大型Pb-Zn矿床定位预测方法与找矿突破过程[J].矿床地质,2013,32(4):744-756.

宋粤华.锂矿盐湖锂分离提取新方法研究取得阶段性成果[J].盐湖研究,2000,8(2):77-78.

宋忠宝,杜玉良,李智明,等.青海省矿产资源发育特征概述[J].地球科学与环境学报,2009,33(1):30-33.

宋忠宝,贾群子,张雨莲,等.三江北段纳日贡玛黑云母花岗斑岩LA-ICP-MS锆石U-Pb定年及其地质意义[J].地质通报,2012,31(2-3):439-447.

宋忠宝,李智佩,任有祥,等.北祁连山车路沟英安斑岩的年代学及地质意义[J].地质科技情报,2005,24(3):15-19.

宋忠宝,栗亚芝,陈向阳,等.东昆仑德尔尼铜矿的成矿时代及其地质意义[J].矿物岩石地球化学通报,2009,28(S):113-113.

宋忠宝,栗亚芝,陈向阳,等.东昆仑德尔尼铜矿喷流岩—铁硅质岩的发现及其成矿意义[J].地质通报.2012,31(7):1170-1177.

宋忠宝,任有祥,陈向阳,等.青海德尔尼铜(钴)矿成矿类型及物探技术应用[M].北京:地质出版社,2010.

宋忠宝,王轩,任有祥,等.东昆仑德尔尼矿床中矿床(体)的叠加成矿作用研究[J].西北地质,2007,40(4):1-6.

苏媛娜,田世洪,侯增谦,等.锂同位素及其在四川甲基卡伟晶岩型锂多金属矿床研究中的应用[J].现代地质,2011,25(2):236-242.

苏端霞,刘平等.秦岭穆家庄铜矿地球化学特征[J].地质与地球化学,2002,30(1):20-27.

苏捷,张宝林,孙大亥,等.东秦岭东段新发现的沙坡岭细脉浸染型钼矿地质特征、Re-Os同位素年龄及其地质意义[J].地质学报,2009,83(10):1490-1496.

苏犁,宋述光,宋彪,等.松树沟地区石榴辉石岩和富水杂岩SHRIMP锆石U-Pb年龄及其对秦岭造山带构造演化的制约[J].科学通报,2004,49(12):1209-1211.

苏犁,杨合群,宋述光,等.毕机沟层状杂岩体的岩相学及含矿性研究[J].西北冶金地质科技情报,1992(4):25-34.

苏小兵.甘肃省锰矿资源现状及勘查方向[J].甘肃地质,2006(1):58-61.

隋吉祥,李建威.西秦岭夏河-合作地区枣子沟金矿床成矿时代与矿床成因[J].矿物学报,2013(S):346-347.

孙宝生,黄建华.新疆且干布拉克超基性岩-碳酸岩杂岩体Sm-Nd同位素年龄及其地质意义[J],岩石学报,2007,23(7):1611-1616.

孙大鹏,高章洪,马育华,等.表生作用条件下硼酸盐矿床的形成问题[J].盐湖研究,2002,10(1):45-60.

孙大鹏,李秉孝,马育华,等.青海湖湖水蒸发实验研究[J].盐湖研究,2002,10(4):1-12.

孙桂玉.脆-韧性剪切带控矿的初步探讨——对金川铜镍矿控岩控矿构造的新见解[J].矿床地质,1990(4):352-362.

孙海田,李纯杰,李锦平,等.新疆昆仑式火山岩型块状硫化物铜矿床及成矿地质环境[J].矿床地质,2004,23(1):82-92.

孙赫,秦克章,李金祥,等.地幔部分熔融程度对东天山镁铁质-超镁铁质岩铂族元素矿化的约束——以图拉尔根和香山铜镍矿为例[J].岩石学报,2008,24(5):1079-1086.

孙赫,秦克章,徐兴旺,等.东天山镁铁质-超镁铁质岩带岩石特征及铜镍成矿作用[J].矿床地质,2007,26(1):98-108.

孙红杰.东秦岭钼矿的主要类型和成矿时代浅析[J].中国钼业,2009,33(4):28-33.

孙佳.青海化隆亚曲含镍岩体成岩成矿作用及其构造响应[D].西安:长安大学,2010.

孙健,韩和平,杨南坤,等.陕西平利闹阳坪萤石矿地质特征及找矿前景分析[J].陕西地质,2012,30(2):33-37.

孙矿生,彭德启.甘肃省铅锌矿类型及找矿方向[J].地质与勘探,2006,41(1):22-27.

孙莉,邓刚,肖克炎,等.新疆鄯善地区彩霞山铅锌矿大比例尺成矿预测[J].地质通报,2010,29(10):1512-1516.

孙莉,肖克炎,王全明,等.中国铝土矿资源现状和潜力分析[J].地质通报,2011,30(5):722-728.

孙涛.黄山东铜镍矿成矿作用与成矿深部过程研究[D].西安:长安大学,2009.

孙卫东.新疆土屋—黄山一带遥感异常提取及铜多金属找矿预测研究[D].北京:中国地质大学(北京),2010.

孙卫志,王振强.小秦岭大湖矿区钼、金矿体地质、地球化学特征与差异性分析[J].地质论评,2012,58(4):671-680.

孙小虹,刘成林,宣之强.新疆罗布泊含钾地层矿物扫描电镜研究[J].矿床地质,2010,29(4):631-639.

孙晓明,刘孝善.东秦岭钼矿带中皱纹岩的成因及其找矿意义[J].陕西地质,1993,11(1):56-61.

孙燕,慕纪录,肖渊甫.新疆香山铜镍硫化物矿床浅富矿体特征[J].矿物岩石,1996(1):51-57.

孙燕,肖渊甫,冯伟,等.东天山香山铜镍硫化物矿床矿石矿物特征及成矿意义[J].中国地质,2009,36(4):871-877.

孙燕,肖渊甫,王道永,等.新疆北山坡北基性超基性杂岩特征及成矿远景[J].成都理工大学学报(自然科学版),2009,36(4):402-408.

孙永君.甘肃野牛滩岩体的形成环境及其成矿作用[J].西北地质,2008,41(3):38-47.

孙玉宝.安徽霍邱李老庄铁矿-菱镁矿矿床地质特征及矿床成因类型[J].矿产与地质,2007,21(5):532-537.

谈应范,谢供春.甘肃西成铅锌矿田秦岭型铅锌矿地质特征及找矿方向[J].甘肃冶金,2008,30(4):40-41.

覃志安.新疆莫托萨拉铁锰矿的物质成分[J].地质找矿论丛,1999,14(4):69-75.

谭光裕.坪定砷金矿床地质特征及成矿机制探讨[J].甘肃地质学报,1992,1(1):48-54.

谭红兵,马海州,马万栋,等.塔里木盆地西部古岩盐地质地球化学特征与成钾条件分析[J].矿物岩石地球化学通报,2004,23(3):194-199.

谭红兵,马海州,张西营,等.蒸发岩序列中氯化物盐的氯同位素分馏效应及应用——兼论塔里木盆地、柴达木盆地古代岩盐的沉积阶段[J].岩石学报,2009,25(4):955-962.

谭红兵,马万栋,马海州,等.塔里木盆地西部古盐矿点卤水水化学特征与找钾研究[J].地球化学,2004,33(2):152-158.

谭红兵.塔里木盆地西部古盐岩地球化学与成钾预测研究[D].西宁:中国科学院研究生院(青海盐湖研究所),2006.

谭娟娟,朱永峰.新疆萨尔托海铬铁矿中的Fe-Ni-As-S矿物研究[J].岩石学报,2010,26(8):2264-2274.

谭其中,万平益.巴山锰矿带成矿地质条件与勘查开发思考[J].地质与勘探,2006,42(3):36-41.

汤静如,奚小双,孔华,等.甘肃小柳沟铜钨多金属矿田构造控矿作用及其找矿方向[J].地质与勘探,2006,42(3):49-52.

汤磊,熊健.干旱高山区地电化学法寻找铜镍矿研究——以青海化隆拉水峡铜镍矿区为例[J].矿产与地质,2010,24(5):475-480.

汤中立,白云来,徐章华,等.华北古陆西南缘(龙首山-祁连山)成矿系统及成矿构造动力学[M].北京:地质出版社,2002.

汤中立,等.中国古生代成矿作用[M].北京:地质出版社,2005.

汤中立.金川含铂硫化铜镍矿床成矿模式[J].甘肃地质,1991(12):104-125.

汤中立.中国主要镍矿类型及其与古板块构造的关系[J].矿床地质,1982(2):29-38.

唐冬梅,秦克章,孙赫,等.天宇铜镍矿床的岩相学、锆石U-Pb年代学、地球化学特征:对东疆镁铁-超镁铁质岩体源区和成因的制约[J].岩石学报,2009,25(4):817-831.

唐红峰,屈文俊,苏玉平,等.新疆萨惹什克锡矿与萨北碱性A型花岗岩成因关系的年代学制约[J].岩石学报,2007,23(8):1989-1997.

唐敏,刘成林,焦鹏程.世界海相钾盐矿床特征定量化分析及其意义[J].沉积学报,2009,27(2):326-333.

唐敏,刘成林,焦鹏程.库车盆地古近纪岩盐层中钾盐资源量预测研究[J].矿床地质,2009,28(4):503-509.

唐铭.火山次火山岩型银矿床的基本地质特征[J].矿产与地质,1992(5):387-392.

唐萍芝,王玉往,王京彬,等.新疆西天山菁布拉克铜镍矿含矿岩体地球化学特征[J].矿床地质,2010(S1):1131-1132.

唐小东,王战华,张绍俊,等.昆盖山北坡依迈克—塔西克西韧性剪切带控矿特征分析[J].新疆地质,2003,21(4):501-503.

唐永忠.镇旬微细浸染型金矿地质特征与找矿方向[J].陕西地质,1999,17(1):33-42.

唐玉山.新疆哈密市香山西段铜镍矿地质特征及矿床成因[J].新疆有色金属,2009,32(S2):22-26.

田春生,司雪峰.甘肃新金厂地区金矿化密集区地质特征及金矿床[J].甘肃科技,2004,20(9):135-138.

田润.察尔汗盐湖别勒滩段S-4层晶间卤水水化学和水位动态变化特征研究[D].西宁:中国科学院研究生院(青海盐湖研究所),2007.

田升平.中国磷矿基本特征及分布规律[J].化工矿床质,2000,22(1):11-16.

田世洪,杨竹森,侯增谦,等.玉树地区东莫扎抓和莫海拉亨铅锌矿床Rb-Sr和Sm-Nd等时线年龄及其地质意义[J].矿床地质,2009,28(6):747-758.

田晓云,肖国莲.新疆哈巴河县托库孜巴依金矿地质特征及成因浅析[J].新疆地质,2007,25(3):258-262.

田战武,韩俊民,潘振兴,等.小秦岭地区钼矿类型、地质特征及控矿因素[J].内蒙古石油化工,2007,33(1):92-94.

田战武.新疆喀拉通克铜镍矿成矿预测研究[D].西安:长安大学,2010.

童秀芝.可可塔勒铅锌矿床围岩蚀变及矿床成因[J].新疆有色金属,2007(1):7-9.

涂怀奎.汉中地区含磷岩系对比与磷矿床成矿特征的讨论[J],化工矿床质,1997,19(4):239-243.

涂怀奎.秦巴山区重晶石与毒重石矿床成矿特征研究[J].化工矿床质,1999(3):157-162.

涂怀奎.扬子地台北缘大型超大型重晶石矿床成矿作用的讨论[J].陕西地质,1998(2):27-36.

涂良权,马雁飞,师书冉,等.哈密东戈壁钼矿成矿特征及围岩蚀变[J].新疆地质,2011,29(4):433-436.

涂其军,董连慧,王克卓.东天山东戈壁钼矿辉钼矿 Re-Os 同位素年龄及地质意义[J].新疆地质,2012,30(3):272-276.

万博,张连昌.新疆阿尔泰南缘泥盆纪多金属成矿带 Sr-Nd-Pb 同位素地球化学与构造背景探讨[J].岩石学报,2006,3(1):40-45.

万吉.西北地区金源岩初探[J].西北地质,1988(4):10-15.

万义文.山阳一带中酸性斑岩体的成矿特点与成矿模式[J].秦岭区测,1980(3):1-36.

汪帮耀,姜常义.西天山查岗诺尔铁矿区石炭纪火山岩地球化学特征及岩石成因[J].地质科技情报,2011,30(6):18-27.

汪东波,李树新.略阳东沟坝金、银、铅、锌、黄铁矿-重晶石型矿床的成因——成矿物理化学条件及稳定同位素地球化学研究[J].西北地质,1991(3):25-32.

汪东波,邵世才,等.金与铅锌矿化的时空关系及应用[J].矿床地质,2001,20(1):78-85.

汪海峰,周继强.小柳沟钨钼矿区控矿特征及矿床成因探讨[J].甘肃冶金,2009,31(4):50-52.

汪昭祥.试论双王金矿的矿化特征和成矿模式[J].陕西地质,1989,7(2):15-26.

王爱军,程彧.甘肃省礼县中川地区李坝式金矿床载金矿物地球化学特征及矿床成因意义[J].矿产与地质,2002,16(5):297-301.

王宝金,迟效国,白晶哲,等.新疆东昆仑成矿带找矿潜力分析[J].吉林大学学报(地球科学版),2008,38(4):553-558.

王斌.小秦岭金矿地球化学特征及矿床成因探讨[D].北京:中国地质大学(北京),2009.

王斌.新疆哈密东戈壁钼矿床物化探异常特征及找矿模型[J].中国钼业,2011,35(5):7-10.

王冰生.库米什盆地的硝酸盐型钾盐矿床[J].新疆地质,1993(1):74-79.

王长青.新疆阿勒泰市小红山铜矿特征及成矿机理[J].新疆有色金属,2011,34(2):19-20.

王成,龚庆杰,席斌斌.斑岩钼矿热液流体的地球化学演化——以美国亨德森斑岩钼矿为例[J].地质找矿论丛,2009,24(2):146-151.

王翠芝,方亮,崔晓琳,等.武夷山坪地钼矿床辉钼矿的矿物学特征[J].矿物学报,2012,32(4):498-506.

王大川,段士刚,陈杰,等.新疆西天山铁木里克铁矿床火山岩锆石 U-Pb 年代学、岩石地球化学特征及地质意义[J].岩石学报,2016,32(5):1391-1408.

王登红,陈毓川,徐志刚,等.阿尔泰成矿省的成矿系列及成矿规律[M].北京:地质出版社,2002.

王登红,李超,陈郑辉,等.辉钼矿在矿床学研究中的新用途(Ⅰ):稀土元素示踪[J].吉林大学学报(地球科学版),2012,42(6):1647-1655.

王登红,李华芹,应立娟,等.新疆伊吾琼河坝地区铜、金矿成矿时代及其找矿前景[J].矿床地质,2009,28(1):73-82.

王登红,杨建民,闫升好,等.四川牦牛坪碳酸岩的同位素地球化学及其成矿动力学[J].成都理工学院学报,2002,29(5):539-544.

王东生.陕西省略阳县铜厂铜矿床地质特征及成矿分析[J].西北金属矿床质,1992,25(2):8-2.

王富春,高柏年.甘肃祁连山中西段钨矿地质特征及勘探分析[J].甘肃科学学报,2010,22(1):90-93.

王改平,马彦云,李刚.二人山地区水系沉积物异常特征研究[J].中国西部科技,2014,13(3):20-21.

王国强,李向民,徐学义,等.青海门源地区红沟铜矿床含矿基性火山岩 LA-ICP-MS 锆石 U-Pb 年龄[J].地质通报,2011,30(7):1060-1065.

王国强,李向民,徐学义,等.青海门源地区红沟铜矿床含矿基性火山岩 LA-ICP-MS 锆石 U-Pb 年龄[J].地质通报,2011,30(7):1060-1065.

王海岗,胡希有,宁站亮.甘肃省两当县龙王沟地区大店沟金矿矿石特征及金成矿阶段分析[J].内蒙古石油化工,2011(8):8-10.

王海山,刘讯,郭健,等.陕西山阳桐木沟锌矿床块状富矿的成因新探[J].矿床地质,2002,21(S):470-472.

王核,刘建平,李社宏,等.西昆仑喀依孜斑岩钼矿的发现及其意义[J].大地构造与成矿学,2008,32(2):179-184.

王核,吴玉峰,刘建平,等.西昆仑恰尔隆—大同一带斑岩铜钼矿找矿前景分析[J].矿物学报,2011(S1):845-846.

王洪亮,徐学义,陈隽璐,等.南秦岭略阳鱼洞子岩群磁铁石英岩形成时代的锆石 U-Pb 年代学约束[J].地质学报,2011,

85(8):1284-1290.

王厚庭.新疆黄山-镜儿泉铜镍成矿带典型矿床特征及成因分析[J].中国西部科技,2009,8(10):8-10.

王怀超,焦革军.青海省智益-铜峪沟海西期铜、铅、锌、锡成矿亚带[J].黄金科学技术,2006,14(3):11-15.

王江波,李卫红,惠争卜,等.陕西华阳川铀铌铅矿床地质特征[J].矿物学报,2013(S):248-249.

王进寿,郑有业,王秉璋,等.青海南部地区MVT型Pb-Zn矿床研究回顾[J].中国矿业,2011,20(12):67-71.

王居里,刘养杰,周鼎武,等.新疆萨日达拉金矿地质特征及成因探讨[J].矿床地质,2001,20(4):385-393.

王俊秋,林君,姜弢,等.可控震源地震方法在金昌铜镍矿区的应用实验[J].吉林大学学报(地球科学版),2011,41(5):1617-1622.

王开华.斑岩铜钼矿的掺合液加合岩浆成矿模式及成矿岩体的判别[J].地质地球化学,1985(6):72-74.

王坤明,王宗起,张英利,等.陕西柞木沟铁矿矿物学、成矿年代学特征及对矿床成因的指示意义[J].地学前缘,2014,21(4):235-254.

王立波,陶长青.甘肃省两当县柳梢沟金多金属矿地质特征及其成因[J].甘肃科技,2013,29(21):27-29.

王林方.冯家山砂岩型铬铁矿床基本地质特征[J].西北地质,1988(3):19-25.

王弭力,刘成林,焦鹏程.罗布泊盐湖钾盐矿床调查科研进展与开发现状[J].地质论评,2006,52(6):757-764.

王弭力,刘成林,杨智琛,等.罗布泊罗北凹地特大型钾矿床特征及其成因初探[J].地质论评,1997,43(3):249-249.

王启,周静挺,王峰.陕西勉略地区铅锌矿地质特征及找矿方向[J].矿产与地质,2006(S1):389-391.

王清廉.陕西商丹北部锑矿床成因的初步认识[J].矿床地质.1984,3(4):45-52.

王庆明.新疆东昆仑山西段砂金矿特征及成因探讨[J].新疆地质,1997,15(4):321-326.

王瑞廷,赫英,王东生,等.煎茶岭含钴硫化镍矿床成矿作用研究[J].西北大学学报(自然科学版),2003,33(2):185-190.

王瑞廷,赫英,王东生,等.略阳煎茶岭铜镍硫化物矿床Re-Os同位素年龄及其地质意义[J].地质论评,2003,49(2):205-211.

王瑞廷,李剑斌,任涛,等.柞水-山阳多金属矿集区成矿条件及找矿潜力分析[J].中国地质,2008,35(6):1291-1298.

王瑞廷,毛景文,赫英,等.煎茶岭硫化镍矿床的铂族元素地球化学特征及其意义[J].岩石学报,2005,21(1):219-226.

王瑞廷,毛景文,柯洪,等.我国西部地区镍矿资源分布规律、成矿特征及勘查方向[J].矿产与地质,2003,17(S1):266-269.

王瑞廷,毛景文,任小华,等.煎茶岭硫化镍矿床矿石组分特征及其赋存状态[J].地球科学与环境学报,2005,27(1):34-38.

王瑞廷,任涛,李建斌,等.柞水银洞子银铅多金属矿床地球化学特征、成矿模式及找矿预测[J].地质学报,2010,84(3):418-430.

王润民,赵昌龙,等.新疆喀拉通克一号铜镍硫化物矿床[M].北京:地质出版社,1991.

王润锁.浅析陕西省镇巴屈家山锰矿Ⅵ号矿体赋存特征[J].中国锰业,2001(4):18-19.

王润锁.陕西省宁强锰矿矿体特征[J].中国锰业,2011,29(3):17-18.

王若嵘.喀拉通克铜镍矿区找矿标志浅论[J].新疆有色金属,2011,34(S2):58-59.

王世称,陈永清.成矿系列预测的基本原则及特点[J].地质找矿论丛,1994,9(4):79-85.

王仕进,闫卫军.陕西巴山锰矿带优质锰矿分布规律及资源潜力预测[J].西部探矿工程,2008,20(11):142-144.

王书来,汪东波,祝新友.新疆西昆仑金(铜)矿找矿前景分析[J].地质找矿论丛,2000,15(3):224-229.

王书来,祝新友,汪东波,等.新疆布仑口铜矿带地质特征及找矿方向[J].有色金属矿产与勘查,1999,8(4):198-202.

王松,丰成友,李世金,等.青海祁曼塔格卡尔却卡铜多金属矿区花岗闪长岩SHRIMP锆石U-Pb测年及其地质意义[J].中国地质,2009,36(1):74-84.

王伟,刘树文,吴峰辉,等.陕南铜厂闪长岩体的成岩、成矿时代及其地质意义[J].北京大学学报(自然科学版),2011,47(1):91-102.

王希军,任立国,徐静,等.辽宁北部菱镁矿床地质特征及成因分析[J].地质与资源,2012,21(4):376-379.

王锡荣.文县重晶石矿的地质特征及成因探讨[J].中国非金属矿工业刊,2009(3):56-57.

王贤孝,鄂琴莲,李德刚.浅析青海省格尔木市开心岭锌矿床成因及找矿远景评价[J].科技信息,2011(11):346-347.

王小平,张诚,张翔,等.甘肃省石板墩铁矿床地质特征及找矿标志[J].矿床地质,2012,26(5):417-422.

王晓地,汪雄武,孙传敏.甘肃后长川钨矿白钨矿Sm-Nd定年及稀土元素地球化学[J].矿物岩石,2010,30(1):64-68.

王晓地,汪雄武,杨伟,等.北祁连西段加里东期花岗岩类与钨成矿作用的关系浅议[J].华南地质与矿产,2004,(1):17-23.

王新,王瑞廷,赫英.煎茶岭与金川超大型镍矿中的伴生金及其比较分析[J].西北地质科学,2000,21(1):37-45.

王绪现.商县高岭沟-丹凤蔡凹锑矿带主要控矿因素和成因探讨[J].西北地质,1985(5):28-37.

王亚磊.甘肃北山地区黑山岩体岩石成因及成矿作用[D].西安:长安大学,2012.

王焰,张旗,许荣华,等.北祁连白银矿田火山成因块状硫化物矿床成矿金属来源讨论[J].地质科技情报,2001,20(4):46-50.

王移生.青海日龙沟锡-多金属矿床地质特征及成矿作用[J].西北地质,1990(2):42-48.

王移生.青海兴海铜峪沟铜矿区早二叠世火山岩及其成矿意义[J].西北地质.1985(1):26-39.

王义天,李霞,王瑞廷,等.陕西凤太矿集区丝毛岭金矿床成矿时代的Ar-Ar年龄证据[J].地球科学与环境学报,2014,36(3):61-72.

王义天,叶会寿,叶安旺,等.小秦岭北缘马家洼石英脉型金钼矿床的辉钼矿Re-Os年龄及其意义[J].地学前缘,2010,17(2):140-145.

王银茹,黄满湘,赵亮,等.玉山钨矿岩石学特征及成矿关系[J].新疆地质,2011,29(2):217-221.

王勇,王斌,朱凌霄.喀拉通克铜镍矿二号矿床西段矿体地质特征及成因探讨[J].新疆有色金属,2011,34(3):35-38.

王玉山,李新英,张莉.新疆萨热阔布金矿矿石特性及可选性试验研究[J].新疆地质,2010,28(2):218-221.

王玉山,王士元,邓松良.新疆萨瓦亚尔顿金矿床标型矿物特征及金的分布富集规律研究[J].矿产与地质,2008,22(5):391-395.

王玉山,钟晓玲.新疆索尔库都克铜钼矿矿石特征[J].新疆地质,2004,22(2):226-227.

王玉山.萨尔托海铬铁矿矿石学特征及其成因浅析[J].新疆地质,1988(3):92-97.

王玉水.新疆温泉县北达巴特斑岩铜钼矿地质特征及成因初探[J].矿产与地质,2008,22(1):10-14.

王玉水.新疆温泉县北达巴特斑岩铜钼矿岩体蚀变特征[J].新疆有色金属,2008,31(3):12-13.

王玉往,王京彬,李德东,等.新疆北部幔源岩浆矿床的类型、时空分布及成矿谱系[J].矿床地质,2013,32(2):223-243.

王玉往,王京彬,王莉娟,等.新疆北部镁铁-超镁铁质岩的PGE成矿问题[J].地学前缘,2010,17(1):137-152.

王玉往,王京彬,王莉娟,等.新疆哈密黄山地区铜镍硫化物矿床的稀土元素特征及意义[J].岩石学报,2004,20(4):935-948.

王玉往,王京彬,王莉娟,等.岩浆铜镍矿与钒钛磁铁矿的过渡类型——新疆哈密香山西矿床[J].地质学报,2006,80(1):61-73.

王越,谷志君,李陇德,等.内蒙古某大型斑岩铜钼矿混合浮选捕收剂试验研究[J].有色金属(选矿部分),2010(5):37-40.

王召林,杨志明,杨竹森,等.纳日贡玛斑岩钼铜矿床:玉龙铜矿带的北延-来自辉钼矿Re-Os同位素年龄的证据[J].岩石学报,2008,25(3):503-510.

王兆敏.中国菱镁矿现状与发展趋势[J].中国非金属矿工业导刊,2006(5):6-8.

王哲,弓小平,毛磊,等.东昆仑西段铁矿成矿系列及靶区优选[J].西北大学学报(自然科学版),2011,41(2):298-303.

王志福,吴飞,谭克彬,等.哈密红石岗铜镍矿矿床地质特征及找矿前景[J].新疆地质,2012,30(3):307-311.

王志良,毛景文,吴淦国,等.新疆东天山石英滩金矿流体包裹体地球化学[J].地质与勘探,2003,39(2):6-10.

王志良,毛景文,张作衡,等.新疆天山斑岩铜钼矿地质特征、时空分布及其成矿地球动力学演化[J].地质学报,2006,80(7):943-955.

王宗起,闫全人,闫臻,等.秦岭造山带主要大地构造单元的新划分[J].地质学报,2009,83(11):1527-1546.

韦龙明,吴烈善,朱桂田,等.八卦庙金矿床石英脉与金矿化关系再研究[J].地质学报,1998,13(3):9-14.

魏斌贤,刘群,许德明.新疆库车盆地地下第三系盐层对比和含盐划分[J].地质论评,1984,30(1):59-68.

魏东,陈西民,吴邦朝.陕西平利大磨沟锌、萤石矿床地质特征及找矿前景分析[J].西北地质,2009,42(3):77-85.

魏东岩.试论钾盐矿床的成矿条件[J].化工矿产地质,1999(1):1-6.

魏密.新疆北山地区红石山镍矿地质地球物理特征及找矿潜力预测[J].新疆有色金属,2011,34(6):40-44.

魏荣道,崔峤.甘肃临泽凹凸棒石黏土矿开发应用研究[J].甘肃科学学报,2005,17(3):43-45.

魏文中,董显扬,曾河清,等.新疆萨尔托海超基性岩体及铬铁矿床的地质特征和成因[J].西北地质科学,1987(16):57-66.

参 考 文 献

魏文中.甘肃红石山铬铁矿床基本特征和成因[J].西北地质,1978(1):48-59.

魏文中.论甘肃一铬铁矿的成因和成因类型[J].地质学报,1978(4):269-280.

魏新俊,姜继学,王弭力.马海钾矿第四纪沉积特征及盐湖演化[J].青海地质,1992(1):40-52.

文美兰,罗先熔.金川铜镍矿Ⅱ矿区多方法找矿研究[J].矿物学报,2011(S1):410-411.

邬介人,任秉琛,黄玉春,等.西北海相火山岩地区块状硫化物矿床[M].武汉:中国地质大学出版社,1994.

毋瑞身.论述金的成矿背景——含金地质建造[J].地质找矿论丛,1987,2(4):62-69.

吴昌志,顾连兴,冯慧,等.青海锡铁山铅锌矿床的矿体成因类型讨论[J].中国地质,2008,35(6):1185-1196.

吴冠斌,孙华山,冯志兴,等.锡铁山铅锌矿床成矿构造背景[J].地球化学,2010,39(3):229-239.

吴汉泉,冯益民,霍有光,等.北祁连山中段甘肃肃南变质硬柱石蓝闪片岩的发现及意义[J].地质论评,1990,36(3):277-280.

吴华,李华芹,莫新华,等.新疆哈密白石泉铜镍矿区基性—超基性岩的形成时代及其地质意义[J].地质学报,2005,79(4):498-502.

吴华,徐兴旺,莫新华,等.东天山白石泉矿区地球物理多方法联合探查与隐伏铜镍矿定位预测[J].中国地质,2006,33(3):672-681.

吴健.利用Surpac构建图拉尔根铜镍矿三维模型[J].新疆有色金属,2011,33(5):672-681.

吴敏,许成,王林均,等.庙垭碳酸岩型稀土矿床成矿过程初探[J].矿物学报,2011,31(3):478-484.

吴鹏.实现小秦岭金矿田地质找矿新突破应解决好的几个问题[J].陕西地质,2012,30(1):104-105.

吴少锋,陈礼标,李积红,等.青海省大通县大黑山钨矿地质特征及找矿前景[J].甘肃科技,2012,28(19):30-32.

吴胜华,刘家军,翟德高.陕西大丫毒重石与杨寨重晶石矿床成矿流体特征与指示意义[J].矿物学报,2009,29(S1):143-144.

吴胜华,刘家军,张甫,等.南秦岭钡成矿带重晶石与毒重石成矿特征[J].现代地质,2010,24(2):237-244.

吴闻人.安康重晶石矿产出层位的归属兼对牛山一带火山岩时代的质疑[J].西北地质,1989(1):43-47.

吴艳爽,项楠,汤好书,等.东天山东戈壁钼矿床辉钼矿Re-Os年龄及印支期成矿事件[J].岩石学报,2013,29(1):121-130.

吴益平,张照伟,张小梅,等.新疆昆仑山北缘一带含金硅铁建造中金矿床特征及找矿标志[J].西北地质,2007,40(4):17-25.

伍跃中,李荣社,王战,等.阿尔金山各边界断裂的归属性[J].地球科学——中国地质大学学报,2007,32(5):662-670.

西安地质矿产研究所.北山成矿带找矿重大疑难问题研究成果报告[R].西安:西安地质矿产研究所,2008.

西安地质矿产研究所.中华人民共和国红坑子幅、国营鱼儿红牧场幅1:5万区域地质调查报告[R].西安:西安地质矿产研究所,2001.

西安地质矿产研究所.青藏高原北部空白区基础地质调查与研究成果报告[R].西安:西安地质矿产研究所,2006.

西安地质矿产研究所.西北地区矿产资源找矿潜力[M].北京:地质出版社,2006.

席小平.双峰山金矿床地质特征及成因探讨[J].矿产与地质,1999,13(1):28-33.

席雨,白新营,孙恒军,等.陕西银母寺铅锌矿床深部东延找矿进展与启示[J].甘肃冶金,2016,38(2):80-83.

夏林圻,夏祖春,任有祥,等.北祁连山构造-火山岩浆-成矿动力学[M].北京:中国大地出版社,2001.

夏林圻,夏祖春,任有祥,等.祁连山及邻区火山作用与成矿[M].北京:地质出版社,1998.

夏林圻,夏祖春,徐学义.北祁连山海相火山岩岩石成因[M].北京:地质出版社,1996.

夏林圻.论我国西北地区阿尔卑斯型铬铁矿的成因[J].西北地质科学,1980,1(1):27-39.

夏学惠,郝尔宏.中国磷矿床成因分类[J].化工矿床地质,2012,34(1):1-14.

夏学惠,袁家忠,郜国庆,等.塔里木地台北缘内生磷矿预测及资源远景评价[J].化工矿床地质,2009,31(3):129-158.

夏学惠,袁家忠,郜国庆,等.新疆大西沟杂岩体地球化学及铁磷矿床特征[J].吉林大学学报(地球科学版),2010,40(4):879-995.

夏学惠,袁家忠,杨辉艳,等.新疆天山成矿带沉积磷矿床地质及地球化学研究[J].山东科技大学学报(自然科学版),2012,31(3):11-21.

夏学惠,赵玉海.秦巴地区毒重石-重晶石矿床地质及成矿远景分析[J].化工矿床地质,2005,27(4):201-205.

向鼎璞,戴天富.北祁连山火山成因硫化物矿床区域成矿特征[J].矿床地质,1985,4(1):64-74.

向鹏,熊索菲.青海省共和县加当根铜(钼)矿矿床类型探讨[J].矿床地质,2010(S1):303-304.

向鹏,姚书振,周宗桂.青海加当根斑岩型铜(钼)矿床岩石地球化学特征及其成因认识[J].西北地质,2013,46(1):139-153.

肖爱芳,黎敦朋,李新林,等.新疆库木库里盆地铜矿地质特征及找矿前景[J].陕西地质,2002,20(2):50-58.

肖朝阳,邹湘华,贾群子,等.祁连成矿带矿产资源现状及思考[J].西北地质,2003,36(3):38-49.

肖凡,王敏芳,姜楚灵,等.东天山香山铜镍硫化物矿床铂族元素地球化学特征及其意义[J].地质科技情报,2013,32(1):125-138.

肖静,薛培林.青海恰冬铜矿床地质特征及成因初探[J].矿产与地质,2006,2(6):636-639.

肖启明,曾笃仁,金富秋,等.中国锑矿床时空分布规律及找矿方向[J].地质与勘探,1992(12):9-14.

肖茜.天山东戈壁钼矿成矿的地质特征[J].学习月刊,2012(12):158-158.

肖庆华,惠卫东,秦克章.东疆中天山北缘大水锰矿带锰矿成因类型及找矿方向探讨[J].矿床地质,2007,26(1):89-97.

肖庆华,秦克章,唐冬梅,等.新疆哈密香山西铜镍-钛铁矿床系同源岩浆分异演化产物——矿相学、锆石 U-Pb 年代学及岩石地球化学证据[J].岩石学报,2010,26(2):503-522.

肖庆华,秦克章,许英霞,等.东疆中天山红星山铅锌(银)矿床地质特征及区域成矿作用对比[J].矿床地质,2009,28(2):120-132.

肖荣阁,大井隆夫,蔡克勤,等.硼及硼同位素地球化学在地质研究中的应用[J].地学前缘,1999,6(2):361-368.

肖文进,赵百胜,向虹,等.甘肃省天祝县青分岭金矿床矿石特征与金的赋存状态研究[J].矿产与地质,2012,26(3):182-187.

肖晓林,仲世新,张龙,等.青海省门源松树南沟金矿床控矿因素及找矿方向[J].四川地质学报,2012,32(增刊):116-121.

谢才富,李华芹,常海亮.东天山石英滩金矿——一个碰撞造山期的浅成热液金矿[J].矿床地质,1998,17(增刊):425-428.

谢才富,熊成云,胡宁,等.南秦岭十里坪锑矿床成矿时代及成因的初步研究[J].矿床地质,2004,23(4):473-483.

谢桂青,任涛,李剑斌,等.陕西柞山盆地池沟铜钼矿区含矿岩体的锆石 U-Pb 年龄和岩石成因[J].岩石学报,2012,28(1):15-26.

谢军辉,朱凌霄.哈密黄山铜镍矿矿床成因分析及找矿思路探索[J].新疆有色金属,2011,34(1):33-36.

谢燮,李文渊,高永宝,等.祁连山拉水峡铜镍硫化物矿床矿物学、地球化学及成因[J].地质与勘探,2014,50(4):617-629.

谢燮,杨建国,王小红,等.甘肃北山红柳沟铜镍矿化基性—超基性岩体 SHRIMP 锆石 U-Pb 年龄及其地质意义[J].中国地质,2015,42(2):396-405.

谢燮.热液作用对铜镍硫化物矿床成矿的贡献[D].西安:长安大学,2011.

谢永章.金川镍矿找矿研究[J].有色金属矿产与勘查,1999(6):462-465.

谢渝,舒林,司勇.新疆甜水海地区乔尔天山一带找矿潜力浅析[J].西部探矿工程,2011(11):157-159.

谢元清.陕南东沟坝金银矿床金、银赋存状态研究[J].陕西地质,1992,10(2):13-22.

辛存林,都卫东,魏明,等.新疆西昆仑地区塔卡提铅锌矿地质特征与成矿远景[J].兰州大学学报(自然科学版),2012,48(1):20-26.

新疆维吾尔自治区地质矿产勘查开发局第一区域地质调查大队.新疆民丰县盼水河铅锑矿详查报告[R].新疆维吾尔自治区地质矿产开发局,2010.

新疆哈密发现新疆最大钼矿[J].中国钼业,2010(3):8.

新疆哈密发现一大型白钨矿[J].中国矿山工程,2012,41(6):66-67.

新疆维吾尔自治区 358 项目管理办公室.新疆 358 项目进展与成果汇报材料[R].乌鲁木齐:新疆维吾尔自治区 358 项目管理办公室,2012.

新疆维吾尔自治区地质调查院.新疆昆仑-阿尔金成矿带化探异常特征与靶区优选总结[R].乌鲁木齐:新疆维吾尔自治区地质调查院,2011.

新疆维吾尔自治区地质调查院.中华人民共和国鲸鱼湖幅 1:250 000 区域地质调查报告[R].乌鲁木齐:新疆维吾尔自治区地质调查院,2002.

新疆维吾尔自治区地质调查院.中华人民共和国木孜塔格幅 1:250 000 区域地质调查报告[R].乌鲁木齐:新疆维吾尔自

治区地质调查院,2002.

新疆维吾尔自治区地质矿产勘查开发局.新疆维吾尔自治区铬矿资源潜力评价报告[R].乌鲁木齐:新疆维吾尔自治区地质矿产勘查开发局,2012.

新疆维吾尔自治区地质矿产勘查开发局.新疆维吾尔自治区金矿资源潜力评价报告[R].乌鲁木齐:新疆维吾尔自治区地质矿产勘查开发局,2011.

新疆维吾尔自治区地质矿产勘查开发局.新疆维吾尔自治区磷矿矿产资源潜力评价成果报告[R].乌鲁木齐:新疆维吾尔自治区地质矿产勘查开发局,2012.

新疆维吾尔自治区地质矿产勘查开发局.新疆维吾尔自治区菱镁矿矿产资源潜力评价成果报告[R].乌鲁木齐:新疆维吾尔自治区地质矿产勘查开发局,2012.

新疆维吾尔自治区地质矿产勘查开发局.新疆维吾尔自治区硫矿矿产资源潜力评价成果报告[R].乌鲁木齐:新疆维吾尔自治区地质矿产勘查开发局,2012.

新疆维吾尔自治区地质矿产勘查开发局.新疆维吾尔自治区铝土矿资源潜力评价报告[R].乌鲁木齐:新疆维吾尔自治区地质矿产勘查开发局,2010.

新疆维吾尔自治区地质矿产勘查开发局.新疆维吾尔自治区锰矿产资源潜力评价成果报告[R].乌鲁木齐:新疆维吾尔自治区地质矿产勘查开发局,2012.

新疆维吾尔自治区地质矿产勘查开发局.新疆维吾尔自治区铅锌矿资源潜力评价报告[R].乌鲁木齐:新疆维吾尔自治区地质矿产勘查开发局,2011.

新疆维吾尔自治区地质矿产勘查开发局.新疆维吾尔自治区锑矿资源潜力评价报告[R].乌鲁木齐:新疆维吾尔自治区地质矿产勘查开发局,2011.

新疆维吾尔自治区地质矿产勘查开发局.新疆维吾尔自治区铁矿资源潜力评价报告[R].乌鲁木齐:新疆维吾尔自治区地质矿产勘查开发局,2010.

新疆维吾尔自治区地质矿产勘查开发局.新疆维吾尔自治区铜、铅锌、金、钨、锑、稀土、钾盐、磷等矿产资源潜力评价成果报告(上册)[R].乌鲁木齐:新疆维吾尔自治区地质矿产勘查开发局,2011.

新疆维吾尔自治区地质矿产勘查开发局.新疆维吾尔自治区铜矿资源潜力评价报告[R].乌鲁木齐:新疆维吾尔自治区地质矿产勘查开发局,2011.

新疆维吾尔自治区地质矿产勘查开发局.新疆维吾尔自治区锡矿资源潜力评价报告[R].乌鲁木齐:新疆维吾尔自治区地质矿产勘查开发局,2011.

新疆维吾尔自治区地质矿产勘查开发局.新疆维吾尔自治区银矿资源潜力评价报告[R].乌鲁木齐:新疆维吾尔自治区地质矿产勘查开发局,2013.

新疆维吾尔自治区地质矿产勘查开发局.新疆维吾尔自治区萤石矿资源潜力评价报告[R].乌鲁木齐:新疆维吾尔自治区地质矿产勘查开发局,2012.

新疆维吾尔自治区地质矿产勘查开发局.新疆维吾尔自治区重要矿产区域成矿规律研究报告[R].乌鲁木齐:新疆维吾尔自治区地质矿产勘查开发局,2013.

新疆维吾尔自治区地质矿产勘查开发局第十一地质大队.新疆西昆仑乔尔天山—岔路口一带资源潜力评价立项设计[R].乌鲁木齐:新疆维吾尔自治区地质矿产勘查开发局,2012.

新疆维吾尔自治区地质矿产勘查开发局物化探大队.若羌县吐特卡—维宝西北一带铁铜铅锌多金属矿产评价设计[R].乌鲁木齐:新疆维吾尔自治区地质矿产勘查开发局,2012.

新疆最大钼矿资源价值超2000亿元[J].现代矿业,2010,26(10):127-127.

幸世军.赣南铌钽、稀土矿床地质特征及找矿方向[J].矿产与地质,2003,17(S1):447-450.

徐伯骏,曹新志,魏佳林,等.新疆伊犁阿希-塔吾尔别克-阿庇因迪成矿区金-铅锌成矿系列和成矿模型研究[J].地质找矿论丛,2014,29(4):495-505.

徐东宸.第四纪盐湖型钾盐矿床的航空γ能谱异常特征及找矿模式[J].铀矿地质,1994(4):233-237.

徐广东,郑有业,许荣科,等.青海绿梁山铜矿找矿信息的提取与成矿预测[J].地质与勘探,2013,49(3):444-452.

徐广平,张晓东,艾宁,等.宁夏卫宁北山地区铁矿区域成矿规律探讨[J].西北地质,2011,44(1):39-47.

徐国端.新疆野马泉金矿床地质特征及成因探讨[J].矿产与地质,2004,18(5):431-435.

徐少康.察尔汗盐湖钾盐矿床与晶间卤水分异的关系[J].盐湖研究,1996(2):64-69.

徐少康.再论察尔汗盐湖达布逊二级补给系统 S_3 盐层晶间卤水分异问题[J].盐湖研究,1995(4):23-33.
徐晟,刘君,金向兵,等.新疆鄯善县觉东铅锌矿成矿地质特征及成矿模式探讨[J].西部探矿工程,2013(2):125-128.
徐文礼,杨更,李建兵,等.塔里木盆地西部钾盐成矿条件分析[J].地质与勘探,2011,47(6):1099-1106.
徐学义,陈隽璐,高婷,等.西秦岭北缘花岗质岩浆作用及构造演化[J].岩石学报,2014,30(2):371-389.
徐学义,何世平,王洪亮,等.中国西北部地质概论——秦岭、祁连、天山地区[M].北京:科学出版社,2008.
徐学义,李向民,王洪亮,等.祁连山及邻区成矿地质背景图[M].北京:地质出版社,2007.
徐志刚,陈毓川,王登红,等.中国成矿区带划分方案[M].北京:地质出版社,2008.
许成,宋文磊,漆亮,等.黄龙铺钼矿田含矿碳酸岩地球化学特征及其形成构造背景[J].岩石学报,2009,25(2):422-430.
许国礼.可可托海花岗伟晶岩矿床中锂辉石矿物的富集规律[J].新疆有色金属,2010,33(6):7-9.
许靖华,钱作华连,卫袁,等.中国察尔汗湖钾盐蒸发泵成因[J].化工地质,1991(4):1-6.
许静.金的矿源层[J].地质论评,1992,38(4):311-315.
许荣科,郑有业,周宾,等.柴北缘绿梁山一带与造山作用相关的铜铅锌矿床成矿规律及找矿启示[J].西北地质,2012,45(1):192-201.
许寻会,王海岗.西秦岭铧厂沟地区金矿床成矿规律研究[J].西安科技大学学报,2014,34(3):331-336.
宣之强,焦鹏程,刘成林,等.新疆罗布泊钾盐矿床成因类型探讨[J].化工矿床地质,2011,33(1):21-26.
薛春纪,陈波,贾志业,等.新疆西天山莱历斯高尔-3571斑岩铜钼矿田地质地球化学和成矿年代[J].地学前缘,2011,18(1):149-165.
薛春纪,姬金生,张连昌,等.北祁连镜铁山海底喷流沉积铁铜矿床[J].矿床地质,1997,16(1):21-30.
薛天星,熊先孝,田升平.中国磷矿主要矿集区及其资源潜力探讨[J].化工矿床地质,2011,33(1):9-20.
闫海卿,贺宝林,刘巧峰,等.西秦岭大水金矿岩浆岩年代学、地球化学特征[J].地球科学与环境学报,2014,36(1):98-110.
闫海卿,贾慧敏,胡彦强,等.甘肃大水金矿岩浆岩 LA-ICP-MS 锆石 U-Pb 年龄及地质意义[J].矿床地质,2010,29:529-530.
闫海卿,赵焕强,丁瑞颖,等.甘肃北山大山头基性杂岩体 SHRIMP 锆石 U-Pb 年龄及其地质意义[J].西北地质.2012,45(4):216-227.
闫军武,刘智,高保明.新疆彩花沟含铜黄铁矿矿床地质特征及成因探讨[J].西部探矿工程,2011,23(9):159-162.
闫升好,陈文,王义天,等.新疆额尔齐斯金成矿带的 $^{40}Ar/^{39}Ar$ 年龄及其地质意义[J].地质学报,2004,78(8):500-506.
闫升好,陈文,王义天,等.额尔齐斯金矿成矿带的 ^{39}Ar-^{40}Ar 年龄及其地质意义[J].地质学报,2004,79(1):500-506.
闫升好,王安建,高兰,等.大水式金矿床地质特征及成因探讨[J].矿床地质,2000,19(2):126-137.
闫升好,张招崇,王义天,等.新疆阿尔泰南缘乔夏哈拉式铁铜矿床稀土元素地球化学特征及其地质意义[J].矿床地质,2005,24(1):25-32.
严芳玲.金堆城钼矿床中辉钼矿的产出特征[J].中国钼业,1998(2):18-20.
严芳玲.金堆城钼矿床中铅的分布规律及赋存特征研究[J].有色金属(矿山部分),2007,59(2):17-20.
严瑞,吴春伟.新疆和静县牙门沙拉铅锌矿床成因及找矿标志[J].科技风,2015(8):117.
炎金才.银洞子银铅矿床重晶石岩的地球化学特征[J].矿物学报,1995(1):61-67.
燕长海,陈曹军,曹新志,等.新疆塔什库尔干地区"帕米尔式"铁矿床的发现及其地质意义[J].地质通报,2012,31(4):549-557.
杨春亮,沈保丰,宫晓华.我国前寒武纪非金属矿产的分布及其特征[J].地质调查与研究,2005,28(4):257-264.
杨登美,刘新会.川陕甘金三角区金矿类型及地质特征[J].地质找矿论丛,2008,23(S):73-75.
杨凡,周湘志,李良林.都兰县红旗沟金矿断裂构造地球化学成矿机制探讨[J].青海科技,2008(3):31-35.
杨复.陕西府谷铝土矿地质特征及成矿条件初析[J].长安大学学报(地球科学版),1980(00):10-17.
杨富全,郭旭吉,黄承科,等.新疆阿尔泰托莫尔特铁(锰)矿成矿作用[J].岩矿测试,2012,31(5):906-914.
杨富全,刘锋,李凤鸣,等.新疆阿舍勒铜锌矿区(潜)火山岩 LA-MC-ICPMS 锆石 U-Pb 年龄及其地质意义[J].矿床地质,2013,32(5):869-883.
杨富全,王立本,叶庆同,等.西南天山锑矿床类型及典型矿床特征[J].成都理工学院学报,2002,29(5):545-550.
杨富全,王义天,李蒙文,等.新疆天山黑色岩系型矿床的地质特征及找矿方向[J].地质通报,2005,21(4):462-468.

杨富全,张志欣,屈文俊,等.新疆阿尔泰蒙库铁矿床的辉钼矿Re-Os年龄及意义[J].地质学报,2011,85(3):396-440.

杨国庆,杨春茂.甘肃省肃北县石硐沟铅锌银矿床地质特征及找矿方向[J].甘肃地质,2009,18(4):9-15.

杨合群,宋忠宝,王兴安,等.北祁连山大坂大岔地区蛇绿岩含矿性[J].西北地质,2003,36(3):50-56.

杨合群,宋忠宝,王兴安,等.北祁连山中西段塞浦路斯型铜矿特征、成矿作用及找矿标志[J].西北地质,2002,35(4):65-85.

杨合群,苏犁,宋述光,等.毕机沟层状杂岩体的形成年龄[J].西北地质科学,1993,14(2):110,123.

杨合群,赵东宏,王永和,等.北祁连西段镜铁山式铜矿预测要素及预测模型[J].现代地质,2009,23(2):269-276.

杨合群,赵国斌,姜寒冰,等.再论成矿系列与地质建造的关系[J].矿物岩石地球化学通报,2015,34(4):861-868.

杨合群,赵国斌,谭文娟,等.论成矿系列与地质建造的关系[J].地质与勘探,2012,48(6):1093-1100.

杨合群.钨锡矿与地球演化的关系[J].西北地质,2007,40(4):108-108.

杨建国,马中平,任有祥,等.北祁连山与斑岩有关的碲金型金矿床地质特征和成因模型[J].西北地质,2002,35(2):24-33.

杨建国,任有祥,李智佩,等.甘肃鹰嘴山金矿床地质地球化学研究[J].西北地质,2005,38(1):55-63.

杨建国,王磊,王小红,等.甘肃北山地区黑山铜镍矿化基性-超基性杂岩体SHRIMP锆石U-Pb定年及其地质意义[J].地质通报,2012,31(2-3):448-454.

杨建国,杨合群,杨林海,等.北山地区北东向构造对金钨锡钼(稀土)矿床控制作用初探[J].大地构造与成矿学,2004,28(4):404-412.

杨建国,杨林海,任有祥,等.北祁连山寒山金矿床成矿作用同位素地质年代学[J].地球学报,2005,26(4):315-320.

杨经绥,王希斌,史仁灯,等.青藏高原北部东昆仑南缘德尔尼蛇绿岩:一个被肢解了的古特提斯洋壳[J].中国地质,2004,31(3):225-239.

杨奎锋,范宏瑞,胡芳芳,等.白云鄂博陆缘裂谷系沉积物源与超大型稀土矿床含矿白云岩的成因探讨[J].地质学报,2012(5):775-784.

杨礼敬,胡晓隆,许亚玲,等.甘肃天水柴家庄金矿床地质特征及成矿机制探讨[J].黄金,2004,25(8):6-10.

杨力,陈福坤,杨一增,等.丹凤地区秦岭岩群片麻岩锆石U-Pb年龄:北秦岭地体中—新元古代岩浆作用和早古生代变质作用的记录[J].岩石学报,2010,26(5):1589-1603.

杨良哲,任刚,齐利平,等.东天山白石泉一带铜镍矿成矿模式及找矿模型[J].新疆地质,2011,29(4):428-432.

杨梅珍,曾键年,覃永军,等.大别山北缘千鹅冲斑岩型钼矿床锆石U-Pb和辉钼矿Re-Os年代学及其地质意义[J].地质科技情报,2010,29(5):35-45.

杨铭信,马彦波.祁连山重晶石矿床的初步观察[J].地质月刊,1958(11):31-31.

杨谦.察尔汗内陆盐湖钾矿层的沉积机理[J].地质学报,1982(3):281-292.

杨谦.柴达木盆地硼矿[J].沉积学报,1989,7(2):117-123.

杨青云.浅析青海省祁连县草大坂菱镁矿床成矿地质特征及找矿标志[J].青海国土经略,2014(5):68-69.

杨荣勇,徐兆文,陆现彩,等.东秦岭钼矿带成矿岩体与非成矿岩体的对比研究[J].矿物岩石,1996(3):49-53.

杨绍许,赵祥庭.天台山磷质岩系锰矿的成因及磷锰离析成矿的规律[J].中国锰业,1996(3):12-16.

杨绍许.陕西汉中天台山锰矿开发前景展望[J].中国锰业,1992,17(S1):34-39.

杨涛,朱赖民,李犇,等.西秦岭金龙山卡林型金矿床地质-地球化学及矿床成因研究[J].矿物学报,2012,32(1):115-130.

杨天奇.新疆库鲁克塔格地区大、小金沟金矿化区成矿作用模式及找矿[J].长春地质学院学报,1992,22(3):253-296.

杨文强,丁海波,刘良,等.新疆阿尔金南部迪木那里克铁矿赋矿地层的形成时代及其地质意义[J].地质通报,2012,31(12):2090-2101.

杨向荣,彭建堂,胡瑞忠,等.新疆塔里木盆地西南缘塔木铅锌矿床矿石管状构造特征与成因[J].岩石学报,2009,25(4):977-983.

杨向荣,彭建堂,胡瑞忠,等.新疆塔里木西南缘塔木铅锌矿硫同位素特征与成因[J].岩石学报,2010,26(10):3074-3084.

杨晓龙,温建康,武彪.铜镍多金属硫化矿生物浸出研究现状及进展[J].稀有金属,2012(5):822-829.

杨兴吉.安西县寒山剪切带构造蚀变岩型金矿床地质特征[J].甘肃地质学报,1999,8(1):42-48.

杨兴吉.甘肃安西县寒山金矿床控矿因素及找矿方向[J].地质与勘探,2007,43(1):49-53.

杨兴吉.甘肃省瓜州县花黑滩钼矿地质特征及成因分析[J].甘肃科技,2009,29(9):40-41.

杨兴科,姬金生,罗桂昌,等.东天山康古尔塔格金矿带构造与成矿规律[J].地质找矿论丛,1997,12(2):57-66.

杨学立.铜镍硫化物矿床深部找矿地球物理方法综合研究[D].北京:中国地质大学(北京),2012.

杨阳,王晓霞,柯昌辉,等.北秦岭蟒岭岩体的锆石 U-Pb 年龄、地球化学及其演化[J].矿床地质,2014,33(1):14-36.

杨耀民,方维萱.陕西大西沟重晶石菱铁矿—银碘子银铜铅多金属特大型矿床成矿成晕模式[J].有色金属矿产与勘查,1999,8(6):598-603.

杨屹,陈宣华,GeorgeGehrels,等.阿尔金山早古生代岩浆活动与金成矿作用[J].矿床地质,2004,23(4):464-472.

杨屹,陈宣华,靳红,等.新疆东昆仑黄羊岭锑矿床地质特征及成矿规律[J].新疆地质,2006,24(3):261-266.

杨屹,杨风,刘新营,等.阿尔金大平沟金矿床地质特征及成因初探[J].新疆地质,2002,20(1):44-48.

杨永春,刘家军,刘新会,等.南秦岭金龙山金矿床中砷的赋存特征及其对金沉淀的影响[J].中国地质,2011,38(3):701-715.

杨永强,陈永良,程丽红.新疆喀拉通克铜镍矿床综合信息找矿模型[J].地质找矿论丛,1998,(3):61-66.

杨永强,范继璋,程丽红.阿尔泰地区铜镍矿床综合信息找矿模型及成矿预测[J].长春科技大学学报,2000,30(2):157-160.

杨岳清,吕博,孟贵祥,等.内蒙古东七一山花岗岩地球化学、SHRIMP 锆石 U-Pb 年龄及岩体形成环境探讨[J].地球学报,2013,34(2):163-175.

杨志明,侯增谦,王贵仁,等.青海纳日贡玛斑岩(钼)铜矿床岩石成因及构造控制[J].岩石学报,2008,24(3):489-502.

杨钟堂,贾群子,肖朝阳,等.塔儿沟-小柳沟钨矿集区成矿条件及区域找钨[J].矿床地质,2002,(S1):515-518.

杨钟堂,李智明,乔耿彪,等.陕西省勉县后沟锰成矿特征、成矿模式及找矿标志[J].地质与勘探,2008,44(2):38-44.

杨钟堂,肖思云,肖朝阳,等.祁连成矿带钨成矿特征及其区域找矿标志[J].中国地质,2004,31(3):301-307.

姚国龙,覃志安,朱恺军,等.新疆莫托萨拉铁锰硅质岩特征及其成因探讨[J].地质找矿论丛,2000,15(4):307-313.

姚瑞增.洛南-豫西斑岩钼矿带成岩成矿构造作用浅析[J].河南地质,1986,4(4):14-19.

叶会寿,毛景文,李永峰,等.东秦岭东沟超大型斑岩钼矿 SHRIMP 锆石 U-Pb 和辉钼矿 Re-Os 年龄及其地质意义[J].地质学报,2006,80(7):1078-1088.

叶积龙,保守礼,祁俊霞,等.纳日贡玛铜钼多金属矿地质特征及找矿标志分析[J].青海大学学报(自然科学版),2010,28(2):54-60.

叶锦华,王立本,叶庆同,等.西南天山萨瓦亚尔顿金(锑)矿床成矿时代与赋矿地层时代[J].地球学报,1999,20(3):278-283.

叶霖,杨玉龙,高伟,等.陕南铜厂铜矿床成矿物质来源探讨[J].吉林大学学报(地球科学版),2012,42(1):92-103.

叶震宇.陕西西乡和镇巴地区三叠系中找岩盐、钾盐矿产的前景[J].陕西地质,1986,4(2):84-88.

伊其安,邱晓辰,卞翔,等.新疆博乐市库尔尕生铅锌矿地质特征[J].新疆有色金属,2013,(4):30-33.

伊有昌,陈树云,文雪峰.青海北祁连松树南沟造山型金矿床地质特征及矿床成因[J].黄金,2006,27(10):16-18.

阴江宁,肖克炎.Hopfield 神经网络在矿产资源评价中的应用——以新疆东天山铜镍硫化物矿床为例[J].地球物理学进展,2012,27(4):1708-1716.

殷先明,杜玉良,殷勇.甘肃花岗岩类成矿作用研究与找矿方向[J].西北地质,2005,38(4):25-31.

殷先明,任丰寿,徐家乐,等.甘肃岩金矿床[M].兰州:甘肃科学技术出版社,2000.

殷先明.甘肃省锰矿地质特征及地质勘查工作建议[J].甘肃地质,2007,(3):1-5.

尹意求,陈维民,王见唯,等.新疆温泉县北达巴特斑岩铜钼矿的蚀变带划分[J].新疆地质,2005,23(4):359-363.

尹意求,李嘉兴,胡兴平,等.新疆萨吾尔山布尔克斯岱浅成岩-构造蚀变岩型金矿床[J].地质与勘探,2004,40(2):1-6.

印建平,田培仁,戚学祥,等.西昆仑塔木-卡兰古铅锌铜矿带含矿岩系的地质地球化学特征[J].现代地质,2003,17(2):143-150.

应立娟,王登红,李健康,等.新疆乔夏哈拉铁铜金矿床与国内外 IOCG 矿床的对比研究[J].大地构造与成矿学,2008,32(3):338-345.

应立娟,王登红,梁婷,等.阿勒泰乔夏哈拉铁铜金矿床的地质特征及其特殊性[J].地质学报,2006,80(10):1572-1578.

应立娟,王登红,梁婷,等.新疆乔夏哈拉铁铜金矿的矿床成因及其成矿模式[J].矿床地质,2009,28(2):211-217.

应图真.硫磺山自然硫矿田成因探讨[J].化工地质,1980,(1):35-48.

永文富.新疆哈密土墩基性—超基性岩岩体特征及其含矿性研究[J].新疆有色金属,2002,(3):1-6.

尤关进,张忠平.甘肃大桥金矿地质特征及其发现的意义[J].甘肃地质,2009,19(4):1-8.

于红.陕西商南松树沟橄榄岩矿物地球化学特征及成因机理示踪[D].北京:中国地质大学(北京),2011.

于森,丰成友,赵一鸣,等.青海卡尔却卡铜多金属矿床流体包裹体地球化学及成因意义[J].地质学报,2014,88(5):903-917.

于浦生,邵介人,韩生福,等.北祁连山火山岩带金矿[M].北京:地质出版社,2000.

于晓飞,孙丰月,侯增谦,等.新疆塔什库尔干斯如依迭尔铅锌矿区花岗闪长岩锆石 U-Pb 定年及其意义[J].岩石学报,2012,28(12):4151-4160.

于晓飞,孙丰月,李碧乐,等.西昆仑大同地区加里东期成岩、成矿事件:来自 LA-ICP-MS 锆石 U-Pb 定年和辉钼矿 Re-Os 定年的证据[J].岩石学报,2011,27(6):1770-1778.

余吉远,李向民,马中平,等.南祁连化隆岩群 LA-ICP-MS 锆石 U-Pb 年龄及其地质意义[J].西北地质,2012,45(1):79-85.

余吉远,李向民,马中平,等.南祁连乙什春基性—超基性岩体 LA－ICP－MS 锆石 U-Pb 年龄及其地质意义[J].高校地质学报,2012,18(1):158-163.

余吉远,李向民,王国强,等.青海红沟地区哈曼大阪花岗岩体锆石 LA－ICP－MS 测年——对红沟铜矿床形成时代和成因的认识[J].地质与勘探,2010,45(4):592-598.

余金杰,闫升好.锑矿床研究若干问题初探[J].矿床地质,2000,18(2):166-172.

余金元,李建忠,李勇.甘肃省文县阳山金矿床成因探讨[J].地质学报,2010,30(2):170-173.

负培基.对鲸鱼铬铁矿床特征的一些认识[J].西北地质,1980(1):10-17.

袁峰,周涛发,岳书仓.新疆阿克提什坎金矿床稀土元素地球化学研究[J].中国稀土学报,2002,20(4):357-361.

袁见齐.钾盐矿床成矿理论研究的若干问题[J].地质论评,1980,26(1):59-59.

袁见齐.盐类矿床成因理论的新发展并论中国钾盐找矿问题[J].化工地质,1980(1):1-5.

袁建江,杨晓峰,张红军,等.新疆托克逊县忠宝钨矿床地质特征及找矿规律[J].科技视界,2011,(1):143-148.

袁万明,李红阳,邓军,等.玛曲格尔珂金矿田旋涡状构造及其控矿作用[J].岩石学报,2010,26(6):1785-1792.

袁万明,王世成,王兰芬.东昆仑五龙沟金矿床成矿热历史的裂变径迹热年代学证据[J].地球学报,2000,21(4):389-395.

袁忠信,白鸽.中国内生稀有稀土矿床的时空分布[J].矿床地质,2001,20(4):347-354.

岳素伟,林振文,邓小华,等.陕西省煎茶岭金矿 C、H、O、S、Pb 同位素地球化学示踪[J].大地构造学与成矿,2013,37(4):653-670.

岳相元,张贻,周雄.中祁连山东段上加克硫铁矿床地质特征[J].地质学报.2013,87(S):161-162.

云连涛.青海硫磺山自然硫矿田成矿物质来源与矿床成因探讨[J].化工地质,1988,(2):27-36.

臧启家.新疆某紫硫镍矿与河北某硫铜钴矿的成因[J].矿物学报,1984,15(1):74-77.

曾福基,李德彪,陶延林.青海省泽库县瓦勒根金矿地质特征及找矿前景分析[J].青海大学学报,2009,27(5):7-12.

曾庆栋,沈远超,刘铁兵,等.新疆北部布尔克斯岱金矿床 ^{40}Ar-^{39}Ar 同位素年代学研究[J].吉林大学学报,2005,35(1):12-16.

曾威,孙丰月,张雪梅,等.新疆西昆仑特格里曼苏砂岩型铜矿地质特征及成因探讨[J].地质找矿论丛,2012,27(3):284-290.

曾昭祥.新疆哈密黄山铜镍硫化物矿床地质特征[J].新疆地质,1991,9(4):291-306.

翟伟,孙晓明,高俊,等.新疆阿希金矿床赋矿围岩——大哈拉军山组火山岩 SHRIMP 锆石年龄及其地质意义[J].岩石学报,2006,22(5):1399-1404.

翟伟,孙晓明,苏丽薇,等.新疆阿希金矿:古生代的低硫型浅成低温热液金矿床[J].地学前缘,2010,17(2):266-285.

展新忠,张晓帆,陈川,等.新疆兴地Ⅱ号含铜镍杂岩体年代学及地质意义[J].新疆大学学报(自然科学版),2014,31(2):243-252.

战新志,张乾,董振生,等.几个独立银矿床矿物学研究[J].矿物学报,1999,19(4):465-469.

张本仁,陈德兴,胡以铿.陕西略阳煎茶岭镍矿床成矿及矿石变质过程的地球化学研究[J].地球科学,1986,11(4):351-365.

张本仁,陈德兴,李泽九,等.陕西柞水山阳成矿带区域地球化学[M].武汉:中国地质大学出版社,1989.

张长年,陈丹玲.八卦庙金矿成矿物理化学条件研究气[J].西北大学学报,1993,23(2):141-149.

张长青,娄德波,肖克炎,等.新疆哈密地区库姆塔格钼矿床地质特征和辉钼矿 Re-Os 同位素年龄[J].地质通报,2010,29(10):1586-1593.

张翀,宋玉财,侯增谦,等.青海沱沱河地区那日尼亚铅锌矿床地质与地球化学研究[J].岩石矿物学杂志,2013,32(2):291-304.

张传林,陆松年,于海峰,等.青藏高原北缘西昆仑造山带构造演化:来自锆石 SHRIMP 及 LA-ICP-MS 测年的证据[J].中国科学 D 辑:地球科学,2007,37(2):145-154.

张传林,于海锋,沈家林,等.西昆仑库地伟晶辉长岩和玄武岩锆石 SHRIMP 年龄:库地蛇绿岩的解体[J].地质论评,2004,50(6):639-643.

张春忙.贺兰山磷矿胶质磷块岩成因探讨[J],宁夏石油化工,2000(3):34-36.

张德全,党兴彦,佘宏全,等.柴北缘-东昆仑地区造山型金矿床的 Ar-Ar 测年及其地质意义[J].矿床地质,2005,24(2):87-98.

张德全,丰成友,李大新,等.柴北缘-东昆仑地区的造山型金矿床[J].矿床地质,2001,20(2):137-146.

张德全,孙桂英.祁连山金佛寺岩体的岩石学和同位素年代学研究[J].地球学报,1995(4):375-385.

张东阳,张招崇,艾羽,等.西天山莱历斯高尔一带铜(钼)矿成矿斑岩体矿物学特征及其成岩成矿意义[J].岩石矿物学杂志,2009,28(1):3-16.

张刚阳,郑有业,张建芳,等.西藏沙拉岗锑矿控矿构造及成矿时代约束[J].岩石学报,2011,27(7):2143-2149.

张恭勤.大巴山区晚震旦世陡山沱期海相沉积锰矿的地质特征及其成矿条件[J].地质与勘探,1986(7):10-16.

张国林,姚金炎,谷相平.中国锑矿类型及时空分布规律[J],矿床与地质,1998(5):306-312.

张国伟,张本仁,袁学诚,等.秦岭造山带与大陆动力学[M].北京:科学出版社,2001:1-855.

张洪瑞,魏刚锋,李永军,等.东天山大南湖岛弧带石炭纪岩石地层与构造演化[J].岩石矿物学杂志.2010,29(1):1-14.

张华,丁汝福,王书来,等.新疆富蕴县希勒库都克铜钼矿床地质特征[J].科学技术与工程,2011,11(4):705-709.

张华.新疆索尔库都克-哈腊苏铜(镍)钼金矿集区成矿条件与找矿评价研究[D].昆明:昆明理工大学,2012.

张辉,韩凤清,梁青生.柴达木盆地东台吉乃尔盐湖盐类沉积特征及成盐年代的初步研究[J].化工矿床地质,2001,23(2):83-85.

张辉,唐勇,吕正航.阿尔泰伟晶岩型稀有金属矿床找矿地球化学标志[J].矿物学报,2011(S1):320-320.

张惠欣,刘德仁.甘肃金昌红泉膨润土矿床地质特征[J].矿床地质,1985,4(3):71-78.

张建云.宁强冯家山砂岩型铬铁矿床的地质特征及成因[J].西北地质,1991(2):39-42.

张健,郑光华,刘庆云.喀拉通克铜镍矿物化探方法的应用效果[J].新疆地质,1989(2):13-21.

张江伟,张照伟,李文渊,等.新疆菁布拉克含铜镍矿杂岩体形成时代与地球化学特征[J].西北地质,2012,45(4):302-313.

张克川,杨继兵,陈静明.青海格尔木地区某铅锌银矿床成因与找矿方向分析[J].内蒙古科技与经济,2011,(8):51-52.

张兰英,曲晓明,辛洪波.镜铁山桦树沟铁铜矿区中酸性岩脉地球化学特征、锆石 U-Pb LA-ICP-MS 年龄及其地质意义[J].地质论评,2008,54(2):253-262.

张连昌,姬金生,李华芹,等.东天山康古尔塔格金矿带两类成矿流体地球化学特征及流体来源[J].岩石学报,2000,16(4):535-541.

张良旭.马衔山层控萤石矿床矿源岩含氟量及矿床稀土元素地球化学研究[J].兰州大学学报,1990,(1):85-92.

张民堂.钾盐矿床中的气体研究及应用[J].化工地质,1982(2):56-58.

张楠,林龙华,管波,等.青海坑得弄舍金-多金属矿床的成矿流体及物质来源研究[J].矿床地质,2012,31(S):691-692.

张祺,薛春纪,赵晓波,等.新疆西天山卡特巴阿苏大型金矿床地质地球化学和成岩成矿年代[J].中国地质,2015,42(3):411-437.

张强.罗布泊地区发现大型钾盐矿[J].农资科技,2002(4):44-45.

张勤山,杨六成,刘长征,等.三江北西段楚多曲矿床近东西向控矿断裂构造的识别及找矿意义[J].中国矿业,2015,24(S):258-266.

张青草.新疆富蕴索尔库都克铜(钼)矿石工艺矿物学研究[J].甘肃冶金,2010,32(3):39-42.

张锐,丁汝福,游军,等.希勒库都克铜钼矿地质与化探异常特征[J].有色金属(矿山部分),2011(5):27-35.

张胜业,李杰,周继强,等.小柳沟铜钨多金属矿区地质特征[J].地质与勘探,2002,38(4):33-35.

张胜业,魏庆林,周继强.甘肃小柳沟铜钨矿床找矿地质条件及找矿标志[J].桂林工学院学报,2001,21(4):328-333.

张寿岭.西北地区银矿床的地质特征及找矿建议[J].西北地质,1990(1):26-35.

张同良.新疆哈密香山铜镍矿中黄铁矿的标型特征和其找矿意义[D].乌鲁木齐:新疆大学,2012.

张彤,陈志勇,许立权,等.内蒙古卓资县大苏计钼矿辉钼矿铼-锇同位素定年及其地质意义[J].岩矿测试,2009,28(3):279-282.

张炜斌,张东阳,张招崇,等.南天山满大勒克蛇绿岩铬铁矿矿物学特征及其意义[J].岩石矿物学杂志,2011,30(2):243-258.

张翔,赵晓平,谢志峰.重磁方法在金川铜镍矿东延 M-15 异常勘查中的应用[J].物探与化探,2010,34(2):139-143.

张小连.黄山-镜儿泉铜镍矿床同韧性剪切变形与叠加机制研究[D].乌鲁木齐:新疆大学,2011.

张孝攀,王权锋,常鑫,等.陕西宁强火峰垭金地质及岩石地球化学特征[J].有色金属工程,2015,5(1):81-86.

张新虎,冯军,殷勇,等.甘肃肃北黑山镍铜矿床产出特征及对比研究[J].西北地质,2012,45(4):134-144.

张新虎,苟国朝,展积宝.北祁连地区主要金属矿床成矿系列及区域成矿作用[J].地球科学进展,1997,12(4):331-339.

张新虎,任丰寿,余超,等.甘肃成矿系列研究及矿产勘查新突破[J].矿床地质,2015,34(6):1130-1142.

张新虎,苏犁,崔学军,等.甘肃北山造山带玉山钨矿成岩成矿时代及成矿机制[J].科学通报,2008,53(9):1077-1084.

张新虎,汤中立,刘建宏,等.甘肃省矿床成矿系列研究[J].甘肃地质,2007,16(4):1-15.

张兴阳,顾家裕,罗平,等.塔里木盆地奥陶系萤石成因及其油气地质意义[J].岩石学报,2006,22(8):2220-2228.

张颖,陈衍景,祁进平,等.陕西旬阳公馆-青铜沟汞锑矿床地球化学研究[J].矿物学报.2010,30(1):98-106.

张永明,冯小明.甘肃省西和县邓家山铅锌矿控矿条件分析及围岩蚀变特征[J].甘肃科技,2015,31(2):46-49.

张永涛,郭贵恩,王洪泰.青海省陆日格铜钼矿矿床地质特征及成因研究[J].青海国土经略,2010(4):22-24.

张永伟,唐志华,任伯林,等.陕南锰矿资源开发利用的探讨[J].中国锰业,2001,19(3):1-2.

张元厚,李宗彦,张孝民,等.小秦岭金(钼)矿田北矿带推覆构造演化与成矿作用[J].吉林大学学报(地球科学版),2009,39(2):244-254.

张照伟,李文渊,高永宝,等.南祁连化隆地区小型侵入体铜镍成矿特征[J].西北地质,2012,45(4):192-203.

张照伟,李文渊,高永宝,等.南祁连化隆微地块铜镍成矿地质条件及找矿方向[J].地质学报,2009,83(10):1483-1489.

张照伟,李文渊,高永宝,等.南祁连亚曲含镍铜矿基性杂岩体形成年龄及机制探讨[J].地球学报,2012(6):925-935.

张照伟,李文渊,高永宝,等.南祁连裕龙沟岩体 ID-TIMS 锆石 U-Pb 年龄及其地质意义[J].地质通报,2012,31(S1):455-462.

张照伟,李文渊,高永宝,等.青海化隆基性—超基性岩带铜镍矿成矿条件与找矿潜力[J].西北地质,2012,45(1):140-148.

张照伟,李文渊,高永宝,等.青海省化隆县下什堂岩体地质-地球化学特征及其含矿性研究[J].大地构造与成矿学,2011,35(4):596-602.

张照伟,李文渊,郭周平,等.青海省阿什贡含镍矿镁铁-超镁铁岩体形成时代及其对成矿机制的启示[J].地球学报,2014,35(1):59-66.

张照伟,谢德胜,张江伟,等.新疆菁布拉克岩体地球化学特征及其对矿床成因的约束[J].矿物学报,2011(S1):431-432.

张照伟,赵东宏,李文渊,等.陕西省洛南县连花沟钼矿地质特征及找矿标志[J].西北地质,2008,41(1):74-80.

张振杰,吕新彪,陈超.新疆忠宝钨矿床成矿流体特征与演化[J].矿床地质,2011,30(6):1058-1068.

张正伟,张建军,黄海明,等.东秦岭北锑-汞矿带矿床特征及其构造控制作用[J].矿物岩石地球化学通报,2007,26(2):185-190.

张正伟,朱炳泉,常向阳,等.东秦岭钼矿带成岩成矿背景及时空统一性[J].高校地质学报,2001,7(3):307-315.

张志诚,何智祖,董钦伟.甘肃省肃北县红山井钼矿地质特征及找矿思路[J].甘肃科技,2012,28(15):27-30.

张志欣,杨富全,李超,等.新疆准噶尔北缘乔夏哈拉铁铜金矿床成岩成矿时代[J].矿床地质,2012,31(2):348-358.

张致昌.龙首山地区铌钽稀土矿床地质简介及找矿前景[J].西北地质,1990(4):13-17.

张宗清,杜安道,唐索寒,等.金川铜镍矿床年龄和源区同位素地球化学特征[J].地质学报,2004,78(3):359-365.

张宗清,刘敦一,付国民,等.北秦岭变质地层同位素年代研究[M].北京:地质出版社,1994.

张宗清,张国伟,唐索寒,等.鱼洞子群变质岩年龄及秦岭造山带太古宙基底[J].地质学报,2001,75(2):198-204.

张作衡,柴凤梅,杜安道,等.新疆喀拉通克铜镍硫化物矿床 Re-Os 同位素测年及成矿物质来源示踪[J].岩石矿物学杂志,2005,(4):285-293.

张作衡,毛景文,杨建民,等.北祁连加里东造山带塔儿沟夕卡岩-石英脉型钨矿床地质及成因[J].矿床地质,2002,21(2):200-211.

张作伦,曾庆栋,屈文俊,等.内蒙碾子沟钼矿床辉钼矿 Re-Os 同位素年龄及其地质意义[J].岩石学报,2009,25(1):212-218.

章振国,高继雷,张向文.塔里木盆地古代蒸发岩硫同位素地球化学研究[J].甘肃地质,2010(1):32-37.

赵长缨,陈清石,杨春辉.陕西安康地区辉绿岩体特征及钛磁铁矿成矿条件分析[J].甘肃地质,2012,21(4):39-45.

赵春波,吕希华,吴国学.内蒙古乌努格吐山铜钼矿地质特征及找矿方向[J].世界地质,2010,29(2):234-239.

赵春波,赵桂香,孙云东.Surpac 软件在乌努格吐山铜钼矿建模的应用[J].黄金,2010,31(2):34-36.

赵东宏,杨合群,刘玉琳,等.甘肃桦树沟铜矿床成矿年龄讨论[J].矿床地质,2003,22(2):134-140.

赵光仁,叶雅琴.甘肃塔儿沟石英脉型黑钨矿矿化特征及其富集规律[J].西北地质,1976(2):19-23.

赵光仁,叶永厚,童炳元.甘肃塔儿沟钨矿区域地质构造特征和成矿地质条件[J].西北地质,1972(5):19-26.

赵海杰,叶会寿,李超.陕西洛南县石家湾钼矿 Re-Os 同位素年龄及地质意义[J].岩石矿物学杂志,2013,30(1):90-98.

赵海香,蒋少涌,Frimmel H E,等.小秦岭地区车仓峪钼矿中黄铁矿微量元素原位 LA-ICP-MS 分析及其对矿床成因的指示意义[J].矿床地质,2010(S1):553-554.

赵恒乐,马玉周,郭利,等.哈密黄山东一带早泥盆世地层的发现及地质意义[J].新疆地质,2012,30(3):283-286.

赵鸿.我国硼矿床的类型及工业利用[D].北京:中国地质大学(北京),2007.

赵会庆.新疆托克逊地区可可乃克和彩华沟硫铁矿矿床地质地球化学特征及成因[D].天津:冶金工业部天津地质研究院,2000.

赵建仓,裴耀真,张宏发,等.镜铁山矿田铁铜矿成因研究及桦树沟西矿区成矿前景评价[J].甘肃科技,2013,29(9):45-50.

赵洁.新疆富蕴可可托海地区稀有金属定量预测与评价[D].北京:中国地质大学(北京),2008.

赵俊伟,孙丰月,李世金,等.青海北巴颜喀拉山地区浊积岩中金(锑)矿成矿地质特征——以大场—加给陇洼一带为例[J].黄金,2007,28(9):8-13.

赵利青,陈祥,周红,等.南秦岭金龙山微细浸染型金矿成矿时代[J].地质科学,2001,36(4):489.

赵路通,王京彬,王玉往,等.新疆索尔库都克铜钼矿床锆石 SHRIMP 年代学及其地质意义[J].岩石学报,2015,31(2):435-448.

赵民,郭月琴,赵国斌,等.甘肃阴洼沟金矿床矿石特征及金的赋存状态研究[J].黄金,2016,37(5):16-20.

赵仁夫,温志亮,杨鹏飞,等.新疆乌恰萨瓦亚尔顿铅锌矿床成矿地质特征及找矿远景[J].西北地质,2007,40(2):56-69.

赵生贵.祁连造山带特征及其构造演化[J].甘肃地质学报,1996,5(1):16-29.

赵省民,聂凤军,江思宏.敦煌方山口大型钒磷铀矿床的地质特征及成因[J].地球学报,2002,23(3):207-212.

赵省民,聂凤军,江思宏.浅议我国西北地区磷铀矿产资源的勘查与开发[J].中国地质,2000,282(11):26-28.

赵双喜,王永刚,黎存林,等.柴达木盆地西北缘牛鼻子梁铜镍矿矿床特征及其发现意义[J].西北地质,2012,45(1):202-210.

赵希璋,吕鸿图,刘金坤,等.甘肃省永靖县王台萤石-重晶石矿化特征及其找矿意义[J].甘肃地质,1991(1):89-95.

赵新生,韩文清.新疆和硕县南山双峰岭一带金矿初探[J].新疆工学院学报,1999,20(3):226-230.

赵彦庆,叶得金,李永琴,等.西秦岭大水金矿的花岗岩成矿作用特征[J].现代地质,2003,17(2):151-156.

赵志长.萨尔托海超基性岩及铬铁矿床地质构造特征[J].西北地质,1980(2):1-9.

郑大中,郑若锋.论钾盐矿床的物质来源和找矿指示[J].盐湖研究,2006,14(4):9-17.

郑大中.硼氢化物是形成硼矿床的重要迁移形式[J].盐湖研究,2000,8(4):1-4.

郑绵平,张震,张永生,等.我国钾盐找矿规律新认识和进展[J].地球学报,2012,33(3):280-294.

郑勇,陈俊,庞建材,等.新疆哈密北山黑山岭一带基性岩 SHRIMP 测年及地质意义[J].新疆地质,2009,27(4):320-324.

中国地质科学院矿产综合利用研究所.新疆回风口地区锑金多金属资源远景调查立项报告[R].北京:中国地质科学院矿产综合利用研究所,2012.

中国建筑材料工业地质勘查中心甘肃总队.甘肃省萤石矿、菱镁矿、重晶石矿资源潜力评价成果报告[R].北京:中国建筑材料工业地质勘查中心,2012.

中国科学青海盐湖研究所一室.大浪滩钾镁盐矿床矿物成分的研究[J].盐湖科技资料,1975(S1):32-43.

中国科学院地质研究所.关于基性岩、超基性岩与铬镍矿的研究[J].科学通报,1959,4(20):699-701.

中国冶金地质总局西北地质勘查院.新疆策勒县恰哈铜金矿远景调查立项报告[R].中国冶金地质总局,2010.

钟富善,王瑞全,郝钢力,等.新疆哈密市天宇镍矿特征及成因初探[J].新疆有色金属,2008,31(4):31-35.

周兵,孙义选,孔德懿.新疆大红柳滩地区稀有金属成矿地质特征及找矿前景[J].四川地质学报,2011,31(3):288-292.

周刚,董连慧,秦纪华,等.新疆多拉纳萨依金矿一带花岗岩类形成时代及其对金矿成矿作用的制约[J].中国地质,2015,42(3):677-690.

周宏,龚智.甘肃小柳沟铜钨矿区穹隆构造控矿特征[J].甘肃冶金,2004,26(2):10-12.

周宏伟,党龙,张利.新疆冰草沟矿床铀、磷相关性研究[J].新疆地质,2012,30(2):221-225.

周会武,李志林.玉石沟铬铁矿床的成因[J].甘肃地质学报,1995(1):44-45.

周济元,崔炳芳,陈世忠,等.新疆哈密马庄山金(银)矿床地质特征及成因[J].矿床地质,2002,(S1):791-795.

周济元,崔炳芳,肖惠良,等.新疆若羌县红十井金矿地质特征及深部成矿预测[J].地质学报,2003,77(1):104-112.

周继强.甘肃小柳沟铜钨矿床矿石特征[J].桂林工学院学报,2004,24(3):269-272.

周建厚,丰成友,王辉,等.新疆祁曼塔格卡沟于铁多金属矿辉钼矿Re-Os年龄及其地质意义[J].地质与勘探,2014,50(1):1-7.

周涛,刘悟辉,戴塔根,等.新疆富蕴县乔夏哈拉铜(金)矿床成因[J].物探与化探,2008,32(2):131-134.

周涛发,袁峰,岳书仓,等.新疆阿克提什坎金矿床石英$^{40}Ar/^{39}Ar$快中子活化年龄及其意义[J].地质论评,2000,46(5):466-471.

周廷贵,周继强,刘芳.小柳沟铜钨矿区矿化特征及找矿方向[J].地质找矿论丛,2001,16(4):252-256.

周廷贵,周继强,宋史刚,等.小柳沟铜钨矿田矿化特征及找矿方向[J].地质与勘探,2002,38(2):37-41.

周小康,杜少喜,彭海练,等.塔里木南缘铁克里克铁矿成矿地质条件与找矿前景分析[J].陕西地质,2009,27(1):27-36.

周小平.新疆阿克陶县布伦口铜矿地质特征[J].新疆有色金属,2006(1):18-23.

周英森.喀拉通克铜镍硫化矿床Y_1号岩体岩相划分及岩石特征[J].新疆地质,1987,5(3):9-15.

周作峡.硫化镍矿床的类型及其成矿富集作用[J].地质与勘探,1973(4):1-6.

朱江,吕新彪,彭三国,等.甘肃花牛山金矿床成矿年代、流体包裹体及稳定同位素研究[J].大地构造与成矿学,2013,37(4):641-652.

朱炳玉.新疆阿尔泰可可托海稀有金属及宝石伟晶岩[J].新疆地质,1997(2):97-115.

朱丹,刘天佑,代小强.宁夏卫宁北山金场子-二人山岩体重磁资料处理解释[J].工程地球物理学报,2015,12(6):766-771.

朱奉三,杨连生,黄健.中国前寒武纪变质杂岩中金矿床地质及成矿作用[C]//全国金矿地质工作会议文献,1986.

朱华平,李虹,张汉成,等.陕西柞山地区穆家庄铜矿铅同位素地球化学与成矿物质来源[J].中国地质,2001,32(4):634-640.

朱华平,张德全,刘平等.陕西柞山地区穆家庄铜矿稀土元素地球化学特征[J].中国地质,2001,31(1):85-90.

朱建军.浅谈东天山镜儿泉铜镍矿的成因及成矿规律[J].新疆有色金属,2011,34(1):1-3.

朱建军.新疆哈密土墩铜镍矿勘查探究[J].新疆有色金属,2011,34(2):17-18.

朱俊亭.西北地区主要铬铁矿床的分类[J].西北地质,1975(1):47-56.

朱赖民,丁振举,姚书振,等.西秦岭甘肃温泉钼矿床成矿地质事件及其成矿构造背景[J].科学通报,2009,54(16):2337-2347.

朱赖民,李犇,熊潇,等.北秦岭铜峪VHMS型铜矿床赋矿火山岩地球化学、锆石U-Pb年龄及其地质意义[J].矿物学报,2013(S):382-383.

朱凌霄,王勇,王斌,等.喀拉通克铜镍矿3号矿床地质特征及成因浅析[J].新疆有色金属,2011,34(3):1-3.

朱明田,武广,解洪晶,等.新疆西天山莱历斯高尔斑岩型铜钼矿床辉钼矿Re-Os同位素年龄及流体包裹体研究[J].岩石学报,2010,26(12):3667-3682.

朱铭.秦岭地区花岗岩的K-Ar等时线年龄和^{39}Ar-^{40}Ar年龄及其地质意义[J].岩石学报,1995,11(2):179-192.

朱松彬,陈代忠.陕南震旦纪锰矿主要类型、地质特征及找矿方向[J].西北地质,1983,(3):9-17.

朱小辉,陈丹玲,刘良,等.柴北缘锡铁山地区镁铁质岩石的时代及地球化学特征[J].地质通报,2012,31(12):2079-2089.

朱英.中国及邻区大地构造和深部构造纲要-全国1:100万航磁异常图的初步解释[M].北京:地质出版社,2004.
朱允铸,吴必豪.柴达木盆地第四纪钾盐研究取得新进展[J].中国地质,1991(2):25-26.
朱志敏,熊小林,初凤友,等.新疆东天山白山钼矿深部岩体地球化学特征及成因意义[J].岩石学报,2013,29(1):177-197.
祝朝辉,卢欣祥,罗照华,等.东秦岭斑岩型钼矿研究的几点新进展[J].矿物学报,2009,29(S1):111-112.
祝平.明铁盖罗布盖子沟多金属矿化区地质特征与成矿模式[J].西北地质,2001,34(3):54-61.
祝瑞勤,奚小双,吴堑虹,等.广西平果堆积型铝土矿成矿封闭环境研究[J].大地构造与成矿学,2011,35(3):386-393.
祝新友,汪东波,王书来.新疆阿克陶县塔木-卡兰古铅锌矿带矿体地质特征[J].地质与勘探,2000,36(6):32-35.
祝新友,王京彬,刘增仁,等.新疆乌拉根铅锌矿床地质特征与成因[J].地质学报,2010,48(5):694-702.
庄道泽.新疆东天山成矿地质条件与综合信息预测模型研究[D].长春:吉林大学,2005.
卓士顺,佟玉树.青海省同德—泽库—河南一带汞-锑-钨矿床地质特征[J].西北地质,1980(4):25-29.
邹日,冯本智.营口后仙峪硼矿容矿火山-热水沉积岩系特征[J].地球化学,1995(S1):46-54.
邹天人,徐珏,陈伟十,等.塔里木盆地北缘碱性岩型稀有稀土矿床[J].矿床地质,2002(S1):845-848.
邹治平,黄传俭.甘肃省肃北蒙古族自治县塔儿沟钨矿床特征[R].1988.
左国朝.甘肃白银厂黄铁矿型多金属矿床火山岩系的时代[J].中国地质,1985(5)17-18.
Chen D L,Liu L,Sun Y,et al. LA-ICP-MS zircon U-Pb dating for high-pressure basic granulite from North Qinling and its geological significance[J]. Chinese Science Bulletin,2004,49(18):1901-1908.
Chen R Y. Fluid inclusions and isotopic geochemistry of the sorkuduk skarnoid copper-molybdenum ore deposit,Xinjiang,China [J]. Scientia geologica sinica,1995,4(1):65-71.
He S P,Wang H L,Chen J L,et al. Zircon U-Pb chronology of Kuanping rock group by LA-ICP-MS and its geological significance [J]. Acta Geologica Sinica,2007,81(1):79-87.
Li Y F,Mao J W,Hu H B,et al. Geology,distribution,types and tectonic settings of Mesozoic molybdenum deposits in East Qinling area [J]. Mineral deposits,2005,24(3):292-304.
Liu J H,Zhang X H,Zhao Y Q,et al. A study of minerogenetic series of West Qinling region in Gansu Province and its ore-prospecting significance[J]. Mineral deposits,2006,25(6):727-734.
Liu Y G,Lv X B,Zhang Z J,et al. Genesis of Daqiao gold deposit in Xihe County,Gansu Province [J]. Mineral deposits,2011,30(6):1085-1099.
Niu C Y,Xue W M,Li S R,et al. Prediction and Evaluation of the Comprehensive information on the Gold Resource in Western Qinling Ore belt [J]. Gold Science And Technology,2009,17(2):1-7.
Peng D M. Motianling high area metal minerals survey easy analyse [J]. Gold Science and Technology,2003,11(6):1-10.
Wang B. Geological-Geochemical Features and Genesis of Xiaoqinling Gold Deposit[D]. Beijing:China University of Geosciences,2009.
Wang H L,Xu X Y,Chen J L,et al. Constraints from Zircon U-Pb Chronology of Yudongzi Group Magnetite-Quartzite in the Lueyang Area,Southern Qinling,China [J]. Acter geologica sinica,2011,85(8):1284-1290.
Wang Z L,Yang Z M,Yang Z S,et al. Narigongma porphery molybdenite copper deposit,noerthern extension of Yulong copper belt:evidence from the age of Re-Os isotope[J]. Acta Petrologica Sinica,2008,24(3):503-510.
Xu Z G,Chen Y C,Wang D H,et al. The Division Scheme of Minera lization Zones in China[M]. Beijing:Geological Publishiing House,2008.
Yang Li,Chen F K,Yang Y Z,et al. Zircon U-Pb ages of the Qinling Group in Danfeng area:Recording Mesoproterozoic and Neoproterozoic magmatism and Early Paleozoic metamorphism in the North Qinling terrain [J]. Acta Petrologica Sinica,2010,26(5):1589-1603.(in Chinese with English abstract)
Yang Y C,Liu J J,Liu X H,et al. Mode of occurrence of arsenic and its influence on the precipitation of gold in the Jinlongshan gold deposit,southern Qinling[J]. Geology in China,2011,38(3):701-715.
Yu H. Mineral Geochemical Characteristics and Genetic Mechanism of Olivine Rocks in Shangnan,Shanxi[D]. Beijing:China University of Geosciences(Beijing),2011.
Yue Y J,Liou J G. Two-stage Evolution Model for the Altyn Tagh Fault,China [J]. Geology,1999,27:227-230.

Zha X F, Dong Y P, Li W, et al. Uplifting Process of Foping Dome in Southern Qinling: Constrained by Structural Analysis [J]. Geotectonica et Metallogenia, 2010, 34(3): 331-339.

Zhang G W, Zhang B R, Yuan X C, et al. Qinling Orogenic Belt and Continental Dynamics [M]. Beijing: Science Press, 2001.

Zhang Z Q, Liu D Y, Fu G M, et al. Study of Isotope Geochronology of Metamorphic Straigraphy of North Qinling [M]. Beijing: Geological Publishing House, 1994.

Zhang Z Q, Zhang G W, Tang S H, et al. On the age of metamorphic rocks of the Yudongzi Group and the Archean Crystalline Basement of the Qinling Orogen [J]. Acta gelogica sinica, 2001, 75(2): 198-204.

Zhou M F, Lesher C M, Yang Z X, et al. Geochemistry and petrogenesis of 270Ma Ni-Cu-(PGE) sulfide-bearing mafic intrusions in the Huangshan district, eastern Xinjiang, Northwest China: Implications for the tectonic evolution of the Central Asian orogenic belt[J]. Chemical Geology, 2004, 209: 233-257.